U0386583

深入理解
分布式共识算法

释慧利◎编著

清华大学出版社

北京

内 容 简 介

本书结合理论知识、算法模拟和源码解析，从多个维度详细剖析分布式共识算法的基本原理和应用实践，涵盖分布式共识算法的方方面面。同时本书对共识算法开发中的重点和难点问题进行了重点讲解，并提供精心准备的练习题供读者巩固和提高所学的知识。另外，作者针对重点内容录制了教学视频，以帮助读者高效、直观地学习。

本书共 10 章，分为 4 篇。第 1 篇分布式相关概念与定理，主要介绍集群、状态机和共识等相关概念，以及 BASE 和 CAP 理论等相关知识；第 2 篇常见分布式共识算法原理与实战，主要介绍二阶段提交（2PC）协议、三阶段提交（3PC）协议、Paxos、ZAB 和 Raft 等相关知识；第 3 篇 Paxos 变种算法集合，主要介绍 Paxos 变种算法的发展历程，以及 Fast Paxos 和 EPaxos 等变种算法的相关知识；第 4 篇番外——FLP 定理，简要介绍 FLP 定理的相关知识。本书按照"背景知识→运行过程→算法模拟→证明脉络"的过程层层推进，介绍算法知识，并为每种算法提供经典类库源码解析。

本书内容丰富，讲解由浅入深，适合刚开始接触分布式开发的人员全面学习共识算法，也适合资深架构人员借鉴设计思路，还适合中间件开发人员、系统运维工程师、相关培训学员和高校相关专业的学生阅读。

图书在版编目（CIP）数据

深入理解分布式共识算法 / 释慧利编著. —北京：清华大学出版社，2023.3
ISBN 978-7-302-63003-6

Ⅰ. ①深… Ⅱ. ①释… Ⅲ. ①区块链技术－算法理论 Ⅳ. ①TP311.135.9

中国国家版本馆 CIP 数据核字（2023）第 040066 号

责任编辑：王中英
封面设计：欧振旭
责任校对：徐俊伟
责任印制：杨 艳

出版发行：清华大学出版社
　　　　　网　　　址：http://www.tup.com.cn, http://www.wqbook.com
　　　　　地　　　址：北京清华大学学研大厦 A 座　　　邮　　编：100084
　　　　　社 总 机：010-83470000　　　　　　　　　邮　　购：010-62786544
　　　　　投稿与读者服务：010-62776969，c-service@tup.tsinghua.edu.cn
　　　　　质量反馈：010-62772015，zhiliang@tup.tsinghua.edu.cn
印 装 者：北京国马印刷厂
经　　销：全国新华书店
开　　本：185mm×260mm　　　印　张：20　　　字　数：475 千字
版　　次：2023 年 4 月第 1 版　　　　　　印　次：2023 年 4 月第 1 次印刷
定　　价：89.80 元

产品编号：100606-01

前　　言

随着分布式技术的兴起，分布式共识算法逐渐被很多程序员所熟知。分布式共识算法不仅应用于区块链领域，还应用于后端开发中，常见的中间件开发也能看到它的身影。作为中间件使用人员，学习分布式共识算法可以进行中间件调优并快速定位问题。例如，当 ZooKeeper 的读性能不足时，可以适当地增加 Observer 成员；当 ZooKeeper 处理不了写请求时，可以先排除 ZooKeeper 是否正在进行 Leader 选举。因此，无论是中间件使用人员和开发人员，还是区块链开发人员，都有必要学习分布式共识算法。

分布式共识算法的学习资料比较稀缺，大部分论文是由国外学者发表的，读者能找到的资料少之又少，这给学习相关知识带来了较大的困难。国内图书市场上虽然有几本介绍分布式算法的书籍，但是这些书基本上都只针对某个算法进行介绍。而在实际开发中，开发人员往往需要了解更多的分布式共识算法，知道它们的优缺点，只有这样才能设计出更加适合自己业务场景的系统架构。

为了帮助开发人员全面、系统地学习和掌握分布式共识算法，笔者耗费两年多的时间编写本书，从理论知识到算法模拟，再到源码解析，多维度深入剖析分布式共识算法的基本原理和实际应用。

本书源自笔者学习分布式共识算法时整理的学习笔记，意图为相关学习人员尤其是初学者给出一个学习分布式共识算法的路线图。本书介绍大部分常见的分布式共识算法，并对各种算法进行总结与对比，分析它们的优缺点，结合当前流行的一些经典类库和中间件的源码，逐步印证算法的实现过程。希望本书能为国内分布式开发和应用添砖加瓦，能为读者学习分布式共识算法提供一些帮助。

本书特色

1．内容全面

本书涵盖当前流行的绝大多数分布式共识算法，如 Paxos、ZAB、Raft，以及 Fast Paxos 和 EPaxos 等变种算法，为读者提供一个完整和系统的学习路线图。另外，本书在介绍完每种算法后会将其和其他算法进行对比，并给出有针对性的习题供读者巩固和提高。

2．讲解详细

本书结合理论知识、算法模拟和源码解析，从多个维度详细剖析分布式共识算法的基本原理和应用实践，并绘制大量的原理图直观地展示每种算法运行和交互的过程，还对容易混淆的问题进行重点说明，帮助读者答疑解惑。

3．由浅入深

本书遵循由浅入深的原则，按照"背景知识→运行过程→算法模拟→证明脉络"的过程介绍相关算法，即便是刚接触分布式共识算法的初学者，也可以通过阅读本书对相关算法有一个完整和系统的认识。

4．源码详解

本书介绍每种算法时都会提供经典类库源码解析，从而加深读者对分布式共识算法的理解。读者对照源码进行学习，更加贴近实际开发，学习效果更好。

5．视频讲解

笔者对书中的重点和难点内容有针对性地录制了教学视频，以帮助读者更加高效、直观地进行学习。但需要注意的是，视频只是辅助手段，主要起引导作用，读者还是要把主要精力放在对图书内容的系统阅读上。

本书内容

第1篇　分布式相关概念与定理

本篇涵盖第1、2章，详细介绍分布式领域的各种定理，包括 CAP 和 BASE 定理等。本篇内容是分布式技术学习的指路明灯，可以帮助读者更好地理解算法的设计理念。

第2篇　常见分布式共识算法原理与实战

本篇涵盖第3～6章，首先从二阶段提交（2PC）协议和三阶段提交（3PC）协议开始讲起，然后引入 Paxos、ZAB 和 Raft 算法，最后对分布式事务（Seata）、状态机（PhxPaxos）和注册中心（ZooKeeper）进行详细介绍。本篇内容对相关人员的开发实践会有很大的帮助。

第3篇　Paxos 变种算法集合

本篇涵盖第7～9章，对共识算法进行拓展，涵盖 Paxos 变种算法的主要发展历程，并着重对 Fast Paxos 和 EPaxos 算法进行详细介绍。Paxos 变种算法的设计思路可以有效帮助开发人员针对自己的分布式场景进行优化。

第4篇　番外——FLP 定理

本篇涵盖第10章，简要介绍 FLP 定理的相关内容。FLP 定理是异步网络中的一座很难翻越的大山，它警示开发人员，在异步网络中不要试图设计出一个完全正确的共识算法。

读者对象

- ❑ 想全面学习分布式共识算法的人员；
- ❑ 基于分布式场景进行开发的人员；
- ❑ 中间件开发人员；
- ❑ 系统运维工程师；
- ❑ 相关培训学员；
- ❑ 高校相关专业的学生。

配套资料获取

本书涉及的源码和配套教学视频需要读者自行下载。读者可以在清华大学出版社的网站（www.tup.com.cn）上搜索到本书页面，并在该页面找到"资源下载"栏目，然后单击"网络资源"按钮进行下载，也可以通过"售后支持"给出的微信公众号进行下载。

售后支持

很惭愧，笔者的学问不深，能提供给读者的也只有一些学习笔记和心得体会。笔者的文笔可能不够优美，甚至书中可能还存在谬误，希望各位读者海涵，如果把阅读的注意放在笔者的语言疏漏上，就等同于"责明于垢鉴矣"。

读者在阅读本书时如果发现错漏，或者有其他疑问，可以在笔者的微信公众号"并发笔记"的后台发私信或者留言，笔者将不定期进行确认和答复这些问题，并给出勘误表。笔者也希望能通过微信公众号这个小天地和读者朋友们一起学习与探讨分布式开发的相关话题。另外，本书还提供售后服务邮箱（bookservice2008@163.com），读者也可以通过该邮箱反馈书中存在的问题或者提出自己在学习时存在的疑问。

微信搜一搜

🔍 并发笔记

"并发笔记"微信公众号入口

致谢

感谢所有在互联网上贡献研究成果的学者们！
感谢所有参与本书审读和查漏补缺的前辈们！
感谢为本书纠错和提供帮助的各位网友们！

感谢为本书出版付出努力的马翠翠老师和欧振旭编辑！

感谢清华大学出版社参与本书出版的所有人员，没有你们的精益求精，就没有本书的高质量出版！

最后祝读者学习快乐！

释慧利

目　　录

第1篇　分布式相关概念与定理

第1章　分布式共识算法概述···2

1.1　分布式架构的演进···2

1.2　集群与状态机···3

1.2.1　分布式与集群··3

1.2.2　容错能力··4

1.2.3　状态机简介··4

1.3　共识简介···5

1.3.1　共识的概念··5

1.3.2　共识与集群··5

1.3.3　共识与副本··6

1.3.4　共识与一致性··7

1.3.5　共识算法的发展历程···7

1.4　拜占庭故障··7

1.4.1　拜占庭的背景知识···7

1.4.2　拜占庭解决方案··8

1.5　本章小结···10

第2章　从 ACID 和 BASE 到 CAP··11

2.1　ACID——追求一致性···11

2.2　BASE 理论——追求可用性···11

2.2.1　BASE 理论的三个方面···12

2.2.2　BASE 理论的应用··12

2.3　CAP——分布式系统的 PH 试纸···13

2.3.1　CAP 定理···14

2.3.2　为什么 C、A、P 三者不可兼得···15

2.3.3　CAP 的应用··16

2.4　本章小结···16

第 2 篇 常见分布式共识算法原理与实战

第 3 章 2PC、3PC——分布式事务的解决方案 ·································· 18

3.1 二阶段提交协议 ·· 18

    3.1.1 二阶段提交协议简述 ·· 18

    3.1.2 故障恢复 ·· 20

    3.1.3 二阶段提交协议的优缺点 ·· 23

    3.1.4 空回滚和防悬挂 ·· 23

3.2 三阶段提交协议 ·· 25

    3.2.1 三阶段提交协议简述 ·· 25

    3.2.2 故障恢复 ·· 28

    3.2.3 三阶段提交协议的优缺点 ·· 29

3.3 二阶段提交协议在 Seata 中的应用 ·· 29

    3.3.1 AT 模式 ·· 30

    3.3.2 事务管理者 ·· 32

    3.3.3 资源管理者 ·· 35

    3.3.4 事务协调者 ·· 42

3.4 本章小结 ·· 46

第 4 章 Paxos——分布式共识算法 ·· 48

4.1 Paxos 的诞生 ·· 48

4.2 初探 Paxos ·· 49

    4.2.1 基本概念 ·· 49

    4.2.2 角色 ·· 50

    4.2.3 阶段 ·· 51

4.3 Paxos 详解 ·· 54

    4.3.1 Paxos 模拟 ·· 54

    4.3.2 Prepare 阶段 ·· 55

    4.3.3 Accept 阶段 ·· 56

    4.3.4 活锁 ·· 58

    4.3.5 提案编号选定 ·· 59

4.4 Paxos 的推导过程 ·· 60

    4.4.1 推导 ·· 60

    4.4.2 多数派的本质 ·· 63

4.5 Multi Paxos 详解 ·· 64

    4.5.1 Multi Paxos 简介 ·· 64

    4.5.2 Leader 选举 ·· 66

4.6　工程实现 68
4.6.1　一些优化 68
4.6.2　对读请求进行优化 70
4.6.3　并行协商 71
4.6.4　Instance 的重确认 72
4.6.5　幽灵日志 73
4.7　Paxos 在 PhxPaxos 中的应用 74
4.7.1　PhxPaxos 分析 75
4.7.2　PhxPaxos 初始化 80
4.7.3　协商提案 82
4.7.4　数据同步 91
4.7.5　Master 选举 95
4.7.6　成员变更 98
4.8　本章小结 99
4.9　练习题 100

第 5 章　ZAB——ZooKeeper 技术核心 101
5.1　Chubby 简介 101
5.1.1　Chubby 是什么 101
5.1.2　为什么选择锁服务 102
5.1.3　需求分析 103
5.1.4　Chubby 集群架构 104
5.2　ZooKeeper 的简单应用 107
5.2.1　ZooKeeper 是什么 107
5.2.2　数据节点 108
5.2.3　Watch 机制 110
5.2.4　ACL 权限控制 111
5.2.5　会话 113
5.2.6　读请求处理 113
5.3　ZAB 设计 114
5.3.1　ZooKeeper 背景分析 114
5.3.2　为什么 ZooKeeper 不直接使用 Paxos 116
5.3.3　ZAB 简介 118
5.3.4　事务标识符 120
5.3.5　多数派机制 121
5.3.6　Leader 周期 121
5.4　ZAB 描述 122
5.4.1　Leader 选举阶段 122

5.4.2 成员发现阶段 ···································· 122

5.4.3 数据同步阶段 ···································· 123

5.4.4 消息广播阶段 ···································· 124

5.4.5 算法小结 ·· 124

5.5 ZooKeeper 中的 ZAB 实现 ······························· 125

5.5.1 选举阶段 ·· 126

5.5.2 成员发现阶段 ···································· 129

5.5.3 数据同步阶段 ···································· 130

5.5.4 消息广播阶段 ···································· 133

5.5.5 算法小结 ·· 134

5.5.6 算法模拟 ·· 135

5.5.7 提案的安全性 ···································· 139

5.6 ZooKeeper 成员变更 ·································· 140

5.6.1 变更过程 ·· 141

5.6.2 并行变更 ·· 142

5.7 ZooKeeper 源码实战 ·································· 142

5.7.1 启动 ·· 142

5.7.2 Leader 选举 ····································· 144

5.7.3 Follower 和 Leader 初始化 ······················· 148

5.7.4 成员发现阶段 ···································· 151

5.7.5 数据同步阶段 ···································· 154

5.7.6 消息广播阶段 ···································· 157

5.8 本章小结 ··· 162

5.9 练习题 ··· 163

第 6 章 Raft——共识算法的宠儿 ······························· 164

6.1 Raft 简介 ·· 164

6.1.1 Raft 诞生的背景 ·································· 164

6.1.2 可理解性 ·· 165

6.1.3 基本概念 ·· 165

6.2 Raft 算法描述 ·· 167

6.2.1 Leader 选举 ····································· 167

6.2.2 日志复制 ·· 170

6.2.3 日志对齐 ·· 173

6.2.4 幽灵日志 ·· 174

6.2.5 安全性 ·· 175

6.2.6 Raft 小结 ······································· 176

6.3 算法模拟 ··· 177

　　　6.3.1　Leader 选举 ･･ 177

　　　6.3.2　日志复制 ･･ 178

　　　6.3.3　日志对齐 ･･ 180

　6.4　成员变更 ･･ 181

　　　6.4.1　联合共识 ･･ 182

　　　6.4.2　工程实践 ･･ 185

　　　6.4.3　单个成员变更 ･･ 188

　6.5　日志压缩 ･･ 191

　6.6　网络分区 ･･ 192

　　　6.6.1　成员变更中的分区 ･･ 192

　　　6.6.2　对称网络分区 ･･ 193

　　　6.6.3　非对称网络分区 ･･ 194

　6.7　非事务请求 ･･ 194

　　　6.7.1　线性一致性 ･･ 195

　　　6.7.2　Leader Read 方案 ･･ 196

　　　6.7.3　Raft Log Read 方案 ･･ 196

　　　6.7.4　Read Index 方案 ･･･ 196

　　　6.7.5　Lease Read 方案 ･･･ 197

　6.8　Parallel Raft 并行协商 ･･･ 198

　　　6.8.1　乱序协商 ･･ 199

　　　6.8.2　Merge 阶段 ･･ 200

　6.9　Raft 源码实战——SOFAJRaft ･･･ 202

　　　6.9.1　SOFAJRaft 简介 ･･･ 203

　　　6.9.2　Leader 选举 ･･･ 205

　　　6.9.3　日志复制 ･･ 212

　　　6.9.4　非事务请求 ･･ 219

　　　6.9.5　成员变更 ･･ 221

　6.10　本章小结 ･･ 223

　　　6.10.1　Raft 与 Paxos 的异同 ･･･ 223

　　　6.10.2　Raft 与 ZAB 的异同 ･･ 224

　6.11　练习题 ･･ 225

第 3 篇　Paxos 变种算法集合

第 7 章　Paxos 变种算法的发展史 ･･ 228

　7.1　Disk Paxos 简介 ･･ 228

　　　7.1.1　算法描述 ･･ 229

　　　　7.1.2　Disk Paxos 小结 ·· 230

　　7.2　Cheap Paxos 简介 ··· 230

　　　　7.2.1　算法描述 ··· 231

　　　　7.2.2　Cheap Paxos 小结 ·· 232

　　7.3　Generalized Paxos 简介 ·· 233

　　7.4　Stoppable Paxos 简介 ··· 234

　　7.5　Mencius 简介 ·· 235

　　7.6　Vertical Paxos 简介 ··· 237

　　　　7.6.1　算法描述 ··· 237

　　　　7.6.2　算法模拟 ··· 238

　　　　7.6.3　Vertical Paxos 小结 ·· 240

　　7.7　本章小结 ·· 240

第 8 章　Fast Paxos——C/S 架构的福音 ·· 242

　　8.1　Fast Paxos 简介 ·· 242

　　　　8.1.1　背景介绍 ··· 242

　　　　8.1.2　基本概念 ··· 243

　　8.2　算法详述 ·· 244

　　　　8.2.1　算法设计 ··· 244

　　　　8.2.2　Fast Paxos 模拟 ·· 245

　　　　8.2.3　Learn 阶段 ·· 246

　　8.3　Quorum 推导 ··· 246

　　　　8.3.1　决策条件 ··· 247

　　　　8.3.2　计算 Quorum ·· 248

　　8.4　Classic Round 简介 ··· 249

　　　　8.4.1　提案冲突 ··· 249

　　　　8.4.2　选择提案值的规则 ··· 250

　　　　8.4.3　证明 ··· 252

　　8.5　提案恢复 ·· 253

　　　　8.5.1　基于协调者的恢复 ··· 253

　　　　8.5.2　基于非协调者的恢复 ··· 254

　　8.6　本章小结 ·· 254

第 9 章　EPaxos——去中心化共识 ··· 255

　　9.1　EPaxos 简介 ·· 255

　　　　9.1.1　共识算法对比 ··· 255

　　　　9.1.2　认识 EPaxos 算法 ·· 256

　　　　9.1.3　基本概念 ··· 258

　　9.2　协商协议 ·· 260

9.2.1　Prepare 阶段 ·· 260

9.2.2　PreAccept 阶段 ·· 263

9.2.3　Paxos-Accept 阶段 ·· 264

9.2.4　Commit 阶段 ··· 265

9.2.5　特殊的 Quorum ·· 266

9.3　执行协议 ··· 268

9.3.1　互相依赖 ·· 268

9.3.2　执行过程 ·· 269

9.3.3　拓扑排序 ·· 270

9.3.4　寻找强连通分量 ·· 271

9.3.5　EPaxos 排序 ··· 272

9.4　算法证明 ··· 272

9.4.1　执行的一致性 ·· 273

9.4.2　执行的顺序性 ·· 274

9.5　Optimized-EPaxos 简介 ··· 274

9.5.1　Prepare 阶段 ··· 275

9.5.2　论证 $\text{Quorum}_{\text{Fast}}$ ·· 278

9.6　算法模拟 ··· 279

9.6.1　协商协议 ·· 279

9.6.2　Prepare 阶段 ··· 282

9.7　成员变更 ··· 284

9.8　工程优化 ··· 285

9.8.1　巨大的消息体 ·· 285

9.8.2　读请求处理 ·· 285

9.9　本章小结 ··· 286

9.9.1　EPaxos 与 Paxos 的异同 ··· 286

9.9.2　EPaxos 与 Raft、ZAB、Multi Paxos 的异同 ···················· 287

9.10　练习题 ·· 288

第 4 篇　番外——FLP 定理

第 10 章　FLP——不可能定理 ·· 290

10.1　FLP 定理概述 ··· 290

10.1.1　FLP 简介 ··· 290

10.1.2　FLP 的环境模型 ··· 290

10.1.3　Paxos 为什么是正确的 ·· 291

10.2　FLP 的证明 ·· 292

10.2.1　基础定义 ··· 292

10.2.2　完全正确 ··· 292

10.2.3　引理 1 ·· 293

10.2.4　引理 2 ·· 293

10.2.5　引理 3 ·· 294

10.2.6　证明 ·· 296

10.3　FLP 的指导意义 ··· 296

练习题答案 ··· 298

参考文献 ··· 303

第1篇
分布式相关概念与定理

▸▸ 第 1 章　分布式共识算法概述

▸▸ 第 2 章　从 ACID 和 BASE 到 CAP

第1章　分布式共识算法概述

互联网的发展是非常迅猛的。第一代电子管计算机诞生于 1946 年，在 1973 年提出 Internet 之后，1977 年就诞生了第一台彩色的图形化个人计算机，之后，互联网用户呈爆炸式增长。随之而来的问题是计算机作为服务器的计算能力显得力不从心。

为了满足互联网用户的正常使用需求，必须研发出算力更强的大型计算机，在这个背景下诞生了 IBM 公司，其凭借超强的计算能力和稳定性占据了大型计算机的大部分市场。但是大型计算机却有难以弥补的缺点：

❑ 价格高，普通企业负担不了。

❑ 使用成本高，大型计算机过于复杂，日常维护需要专业的技术人员。

❑ 风险高，应用部署在单台计算机上，当发生故障时，将影响整个公司的业务。

随着用户数量的不断增长，大型计算机也存在算力不足的隐患，这也限制了互联网的规模，因此必须"思变"。

1.1　分布式架构的演进

从最早的集中式架构发展至今天的 Serverless，我们正经历着这一变化过程，因此笔者不打算描述变化的细节。无论是计算性能还是复杂的业务逻辑，都暴露了传统集中式应用的弊端。在过去的集中式应用中，一个系统不仅包含业务逻辑的计算，还要负责数据的持久化，这种架构的瓶颈很明显，开销大多用在数据读/写的 I/O 上，而不是业务服务上。于是在后来的架构中抽象出了数据库服务和静态文件服务，通过约定的协议为业务系统提供数据存储和读取服务。在这次升级中，可以有针对性地为数据库服务提供 I/O 性能更好的硬件，也可以对独立的存储系统进行技术优化，这极大地降低了业务系统的复杂度，也使得业务系统可以专注于业务逻辑的处理。这种架构称为垂直架构，它是大多数人刚接触编程时所了解的架构形式。

随着业务的发展我们观察到，一些公共服务也可以抽象为单独的服务，像数据库服务一样，可以对它进行单独的部署和有针对性的优化，这种架构称为分布式架构。分布式架构的大致发展过程如图 1.1 所示。

在这个演进的过程中还做了其他优化，如数据库读写分离、缓存数据库和搜索引擎等，这里不再细说。

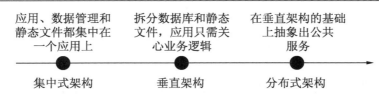

图 1.1　分布式架构演进过程

1.2　集群与状态机

通过一系列的迭代优化，系统变得层次清晰，但是随着业务的增长，服务器的计算能力仍然显得力不从心。于是研究者开始在多台服务器上部署相同的应用，以提升整体服务的并发处理能力，这种部署方式称为集群。集群是指拥有相同功能的一组成员，它们联合起来整体向外提供服务。

1.2.1　分布式与集群

分布式是指将同一个应用的不同功能模块分别部署，它们之间通过约定的通信协议进行交互。例如，一个小的服装店，开业初期老板负责店内的所有工作，包括接待、导购和打扫卫生等，后来小店的生意慢慢好起来，为了给客户提供更优质的服务，老板将接待、导购和打扫卫生的工作分配给了不同的员工，每个员工仅负责单一的工作，这样就可以把自己的工作做到极致。

集群是指将同一个应用部署在多台服务器上，它们拥有相同的功能，所有成员都是平等的。小服装店的生意逐渐红火，原本负责接待、导购和打扫卫生的员工忙不过来，于是在原先的三个岗位上分别又增加了一位新员工，以减轻每个岗位的工作压力。

可以看到，分布式和集群的概念并不冲突，分布式架构也可以用集群的方式部署。接待、导购和打扫卫生的工作组成了一个分布式系统，而接待、导购和打扫卫生这些岗位又是一个小小的集群。

在后端部署的过程中，"分布式+集群"的部署方式也很常见。如图 1.2 所示，我们将原本的订单服务拆解为库存服务和支付服务，同时，为了提升并发处理能力，为库存服务和支付服务采用集群部署，并为此增加负载均衡策略。例如，当创建一个订单时，订单服务根据负载均衡策略，会将请求分发给支付服务集群和库存服务集群中的任意成员来完成。

图 1.2　"分布式＋集群"部署示意

1.2.2　容错能力

集群除了能提升并发处理能力外，还常用于满足容错性。我们期望当个别成员发生故障时，不会影响整体服务的可用性。在如图 1.2 所示的案例中，很显然支付服务集群和库存服务集群中的任意一个成员发生故障都不会影响它们的整体服务。

但在实际场景中，很多公司的集群部署只是针对应用模块（如支付服务和库存服务），对背后的数据管理服务（如数据库）采用集群部署是很困难的。换句话说，在实际生产场景中，库存服务集群和支付服务集群中的每个成员都访问了同一个数据库服务。这个唯一的数据库服务是不满足容错性的，因为我们无法要求它永远正确地运行下去。要解决数据库的容错问题，集群仍是最有效的方式，这里有以下两种方案：

- □ 主备同步，在正常运行中只有主成员，当主成员发生故障时，备用成员晋升为主成员。
- □ 多个成员组成集群，整体向外提供服务，当单个成员发生故障时，不影响整体服务的可用性。

第一种方案相对简单，很多公司常采用这种方案实现数据库的容灾。但问题在于：在主成员将数据同步给备用成员之前，如果主成员宕机，那么这部分数据就会丢失。另外，在备用成员晋升为主成员期间，服务仍然是不可用的，并且这个晋升操作极有可能需要人工参与。

第二种方案则较为困难，因为每个成员都是对等的服务，所以其中一个成员发生故障并不会影响其他成员。但这个方案要求多个成员之间保持数据完全对齐，才能提供正确的服务。这个方案的好处在于，当一个成员发生故障时，不会影响整体服务的可用性。那么多个成员之间应该如何保持数据完全对齐呢？答案就是状态机。

1.2.3　状态机简介

Lamport 在 1984 年首次提出状态机。状态机一词取于数学领域，它被定义为一组状态和一个转换函数。状态机从一个初始状态开始，每一次输入都将传入转换函数，使得状态机进入一个新的状态。在下一个输入到来之前，其状态保持不变。

状态机具有确定性，一个确定的输入只会到达一个确定的状态。这个特性可以保证多个状态机从相同的初始状态开始，按照相同的顺序将一系列的输入传给转换函数之后，都会达到一致的状态。

我们可以将集群中的成员看成一个个状态机，如果所有成员都从相同的初始状态开始启动且运行正常，并按照相同的输入顺序执行转换函数，那么最终所有成员的状态都将是一样的。

状态机解决了集群满足容错性的必要条件（数据对齐），它被认为是一种实现容错服务的常规方法。

1.3 共识简介

基于状态机的分布式系统最关键的是决定输入的顺序。因为相同的输入顺序才能使所有非错误的成员达到相同的状态，这样才能保证每个成员之间的数据一致，并且能随时构建无限多个一模一样的完整状态机。

为了使一组成员拥有相同顺序的一组输入，我们需要在状态机上再设计一个保证协议，即共识算法，这就是本书的重点内容。

1.3.1 共识的概念

一组成员组成一个分布式共识系统，它服务于多个客户端，每个客户端都可以提出多个提案，从而组成一个提案集合。共识系统的每个成员都可以从提案集合中选择任意一个值，共识算法需要保证：从客户端看来，系统中的所有成员都选择了同一个提案。换句话说，共识算法就是让多个成员在外界看起来像单个成员。

共识问题是指，在分布式系统中，要求一组（可能发生故障的）成员根据它们（可能冲突）的输入，就共同输出达成共识。在分布式环境中，每个成员都可能因为请求顺序而接受不同的值，并且每个成员都可能会发生故障，甚至可能存在恶意伪造请求成员的问题，因此，想让所有成员按照相同的顺序执行一系列的操作是不容易的。

另外，因为应用场景不一样，共识算法也存在明显的区别。在区块链应用中，系统建立在去中心化的环境下，每个成员都提供平等的服务，系统没有一个权威的中心来处理运行中出现的异常问题。因此，一些不法分子通过部署大量的恶意成员来影响最终达成决策的值，基于此，区块链系统通常会附加一些激励模型和治理模型来激励正常工作的成员，使越来越多愿意正常工作的成员加入共识决策中，以增加恶意成员"作恶"的成本。

传统的后端分布式系统通常部署在局域网环境中，这极大地减少了出现恶意成员的概率。同时，我们也可以设立一个具有特殊角色的成员来处理运行中产生的异常情况，本书所讨论的内容也基于这一环境，如 ZooKeeper 中使用的 ZAB 协议和 Raft 算法等。

但这并不意味着完全对等的部署架构在后端开发中就不会存在，引入权威的中央成员会极大地降低系统的可用性和横向扩展性。可用性的降低是因为中央权威成员也可能会出现故障，横向扩展性的降低是因为中央权威成员的特殊性意味着它不可能大规模地部署，当大规模出现中央权威成员时，系统又会退化为去中心化。因此仍然有一些后端的分布式系统采用弱中心化的算法，如 Multi Paxos 等，也有一些中间件在规划采用 EPaxos，如 Cassandra。

1.3.2 共识与集群

共识算法运行在集群之上，单个成员谈不上共识。集群在没有共识算法时，能提升的只是并发处理能力，而共识是为了所有成员都认同某一个值，如图 1.3 所示，集群和共识系统的区别为：左边是现在常用的集群部署方案，Server 1、Server 2 和 Server 3 拥有相同的服务功能，它们通过 Nginx 进行负载均衡，分发用户的请求，而它们读取的是同一个数据库服务；右边是共识系统，其中，客户端指的是业务系统，共识系统同样由三个具有相同功能的成员组成，但它们拥有自己的数据库服务。

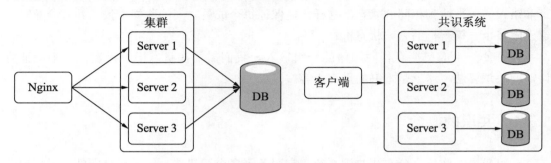

图 1.3　集群与共识

共识与集群的最大区别是成员之间数据的处理方式不同。集群通常需要引入一个额外的存储服务来保证数据的一致性；而共识是为了解决数据的一致性而存在的，因此共识系统不需要依赖外部的存储服务。例如，ZooKeeper 就不需要额外的存储服务，而是依赖自身的 ZAB 协议就能使各成员之间的数据保持一致，但是业务逻辑系统通常需要引入一个公共的数据库服务。

1.3.3　共识与副本

在设计一个数据库时，为了满足容错性，需要多个成员同时提供数据库服务。在执行写操作时，如何使每个成员的数据保持一致，有以下两种方案。

❑ 使用副本模式。约定特殊角色的成员（如 Leader），让 Leader 执行写操作，然后将请求转发给备用成员（Slave）。这种方案存在两个问题：一是数据延迟，二是数据不一致。Slave 的数据不是最新的，要读取最新的数据，只能将压力放在 Leader 身上，因此 Leader 将成为读请求的瓶颈。数据不一致的问题表现在 Leader 处理成功，但 Slave 未接收到对应的数据（或 Slave 处理失败）。另外，在数据不一致的情况下，如果 Leader 发生故障，那么将会丢失一部分数据。

❑ 所有成员都执行写操作。在所有成员执行写操作成功之后，本次写操作才算执行成功。这种方案存在的问题是，写操作受限于运行缓慢成员的处理时效，而且无法保证所有成员都能成功执行写操作，这又会降低系统的可用性。当一个成员不能成功写入时，整个系统就会写入失败，而这种可能性又是极大的；再者，我们还要处理失败场景的回滚，当一个成员处理失败时，理应让所有处理成功的成员回滚到执行操作之前的状态，而回滚操作也有失败的可能性，这是一个无穷尽的循环。

因此，共识问题只有通过共识算法才能解决。这里举一个简单的采用多数派（一半以上的成员）决策的例子。如果一个写操作有多数派成员成功执行，那么该操作就认为已达成共识。这种方式允许集群中存在运行缓慢的成员，也允许一部分成员发生故障。而如何在多数派成员思想上提供正确的服务，就是本书要介绍的重点内容，即共识算法。

1.3.4　共识与一致性

首先，笔者的观点是共识不等于一致，但将 Consensus 翻译成"一致性"也能理解。在汉语中，"达成共识""达成一致"的含义是一样的，网上也有很多文章在使用"一致"一词，而没有使用"共识"。笔者并不强制读者怎样理解，这里只是笔者对于这两个词的理解。

对于外界的观察者来看，共识系统中的所有成员的数据是保持一致的，但是实际情况却不是完全一致的，因此一致包含共识，这也是笔者的观点。

例如，在 CAP 定理中描述的 C 才是真正的一致性（即所有成员的数据都是一致的）。CAP 定理中描述了一致性、可用性和分区容错性三者只能取其二，这也是基于这三者都为100%的强度情况下得出的结论。共识算法可以理解为放弃一部分成员的一致性而增加了可用性，具体将在后面章节中继续讲解。

因此，本书的内容"共识"比"一致"更合适。

1.3.5　共识算法的发展历程

本小节分享一下在共识算法的发展过程中一部分公开发表的论文，感兴趣的读者可以查阅相关论文进行学习。

- ❑ 1978 年，Lamport, *Time, Clocks, and the Ordering of Events in a Distributed System*。
- ❑ 1982 年，Lamport, Shostak, Pease, *The Byzantine Generals Problem*。
- ❑ 1985 年，Fischer, Lynch, Paterson, *FLP: Impossibility of Distributed Consensus with One Faulty Process*。
- ❑ 1989 年，Lamport, *Paxos Published*。
- ❑ 1998 年，Lamport, *The Part-Time Parliament*。
- ❑ 1999 年，Castro, Barbara Liskov, *PBFT: Practical Byzantine Fault Tolerance*。
- ❑ 2001 年，Lamport, *Paxos Mode Simple*。

1.4　拜占庭故障

1.4.1　拜占庭的背景知识

拜占庭故障是 Lamport 在 1982 年提出的泛化问题。它描述的是，在拜占庭帝国的将军们必须全体一致地决定是否攻打某一支敌方军队。将军们分别把守自己的阵地，商量作战计划时无法聚在一起讨论，只能通过通信兵来沟通。而在这些将军中可能有一些将军或者通信兵被敌方贿赂，从而影响作战计划。这些背叛者可以采取任意行动（进攻或者防守），也可以欺骗其他将军（即向其他将军提供假的行动计划），从而使得一部分将军发起进攻指令，另一部分将军继续防守。如果背叛者达到了这一目的，则任何作战行动都注定是要失败的。

例如，在三个将军{A, B, C}参与的战斗中，存在一个背叛者 C，为了统一作战计划，他们决定少数服从多数。如图 1.4 所示，当商量作战计划时，将军 A 将"进攻"计划发送给将军 B 和 C；将军 B 将"防守"计划发送给将军 A 和 C；而将军 C 在收到他们的计划后，为了促使战斗失败，向将军 A 发送"防守"计划，向将军 B 发送"进攻"计划。

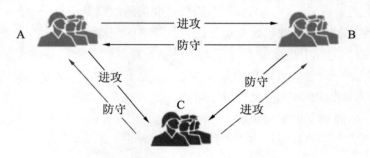

图 1.4　拜占庭将军问题示意

于是，将军 A 收到两票"防守"计划，采用防守方案，将军 B 收到两票"进攻"计划，采用进攻方案。最终只有将军 B 发起了进攻，寡不敌众，将军 B 战败。接下来敌军再进攻将军 A，使得拜占庭帝国就此陨落。

在分布式环境中，也可能存在一些恶意成员，它们会伪造处理结果，甚至散播不正确的消息，这在区块链的应用中很常见。而在后端的分布式应用中，排除人为的故意为之，我们开发的系统也可能存在漏洞，黑客趁机植入木马，从而破坏系统的安全性，虽然出现这些情况的可能性是极低的，但是仍不能绝对排除。

1.4.2　拜占庭解决方案

虽然拜占庭故障不好解决，但并非不可解决，涉及容错和密码学等专业领域。Lamport 证明了在同步网络下，通过验证消息真伪且背叛者不超过 1/3 的情况下才有可能达成共识。

这里介绍一种 Lamport 在论文中提到的解决方案。我们需要再增加一支军队来容忍不超过 1/3 的背叛者。继续上面的案例，将军 C 依旧作为背叛者。算法分为两个阶段，并且约定如果没有收到作战指令时默认为防守。

在第一阶段，一位将军将自己的作战指令发送给了其他将军，如图 1.5 所示。

在第二阶段，收到作战指令的将军将自己的作战计划发送给了排除将军 D 的其他将军，接着所有将军按照"少数服从多数"的约定执行作战计划。而将军 C 为了干扰作战，发送了防守指令，如图 1.6 所示。

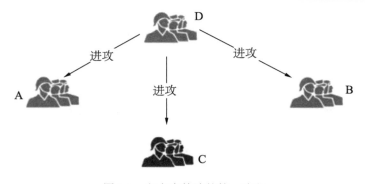

图 1.5　拜占庭算法的第一阶段

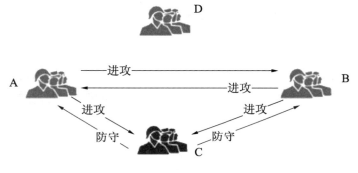

图 1.6　拜占庭算法的第二阶段

将军 A 和 B 都收到了两票（包含自己）进攻指令和一票防守指令，最终，将军 A、B 和 D 都执行进攻指令，保证战争取得了胜利。

如果背叛者在第一阶段发起作战指令会不会有不同的结果呢？将军 C 在第一阶段向将军 D 发送了进攻指令，而向将军 A、B 发送了防守指令，如图 1.7 所示。

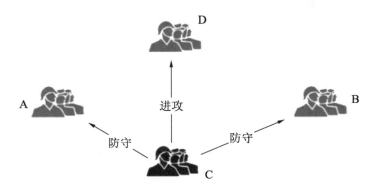

图 1.7　背叛者发起第一阶段的作战指令

第二阶段，每个将军将自己的作战指令发给其他将军，最终将军 A、B 和 D 都收到两票防守和一票进攻的指令，因此采取防守战略，统一了作战指令，如图 1.8 所示。

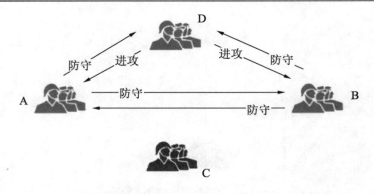

图 1.8　背叛者发起第二阶段的作战指令

可以看到，在背叛者数量少于 1/3 的情况下，无论背叛者如何折腾，在第二阶段的协商过程中，都一定能保证作战指令的一致性。另外，在容忍背叛者数量固定的情况下，应满足成员总数为 3F+1 的条件，其中，F 为能够容忍的背叛者的数量。

在后端的生产实践中，拜占庭故障的解决成本非常高且出现概率极低。通常，我们在设计算法时，默认不会发生拜占庭故障。本书介绍的算法都是非拜占庭算法，即在不出现拜占庭故障的环境下设计出来的。

1.5　本　章　小　结

本章介绍了分布式算法的演变过程及相关概念，还介绍了一种拜占庭故障的解法。寥寥几页并不足以讲述分布式算法的发展历程。这里要提醒读者的是，分布式→状态机→共识算法，是一个层层递进的过程，而并非在某一个时刻突然出现的一个跨时代的产物。

- 分布式：突破了集中式架构的瓶颈。
- 状态机：满足了容错性。
- 共识算法：保证了状态机的输入一致。

共识问题是指就某一个值或者操作，如何在多个成员中达成共识。这里的共识并不等同于一致，共识强调的是，在外界观察者看来系统所有成员的数据是保持一致的；而一致性则是指集群中的所有成员数据真正地保持一致。通常，共识算法只会要求大多数成员的数据保持一致即可。

拜占庭故障是指在分布式环境中，可能会有恶意成员破坏算法的安全性。拜占庭故障解决起来非常复杂，它需要 3F+1 的成员总数来保证算法的安全性。而在后端的分布式环境中这种故障不常出现，因此我们默认该故障是不会发生的。

第 2 章　从 ACID 和 BASE 到 CAP

我们戏称 CAP 定理为分布式系统的"PH 试纸",因为 CAP 定理提到的两种系统架构 AP 和 CP 是对 ACID 和 BASE 的延伸。ACID 在英文中有"酸"的含义,对应系统设计的强一致性;而 BASE 在英文中有"碱"的含义,在分布式系统中正是放弃强一致性的解决方案。两者虽然对立,但却又有着千丝万缕的联系。

2.1　ACID——追求一致性

在数据库系统中,ACID 为了保证数据的完整性,总结出了事务的 4 个特性:原子性(Atomicity)、一致性(Consistency)、隔离性(Isolation)和持久性(Durability)。

- ❑ 原子性:在一组操作中,要么全部操作执行成功,要么全部操作执行失败,不存在中间数据,也不存在部分操作执行成功或失败的情况。在事务执行的过程中,如果某一个操作失败了,那么整个事务操作都将回滚(Rollback),恢复至事务开始的状态。
- ❑ 一致性:事务的所有操作不会破坏数据的完整性,一个系统在数据完整的状态下执行事务之后,数据仍然是完整的。这里的完整性包含以下两个方面:
  - ➢ 规则完整性,包含数据类型和精度。
  - ➢ 数据完整性,操作执行串联性,符合预期结果。
- ❑ 隔离性:在多个事务在执行期间,事务与事务之间互不影响。
- ❑ 持久性:在事务执行成功之后,所有操作的执行结果都是永久的,哪怕服务发生故障。

2.2　BASE 理论——追求可用性

Base 架构模型最早可以追溯到 1997 年由 Eric Brewer 分享的名为 *Cluster-Based scalable Network Services* 的演讲。随后 2008 年 Ebay 工程师 Dan Pritchett 在论文 *Base: An Acid Alternative* 中给出了实现 Base 架构模型的解决方案,至此,Base 理论逐渐被大众所熟知。

Dan Pritchett 在论文中强调的是实现 BASE 的方案,通过引入消息队列和幂等达到最终的一致性,就是论文中给出的解决方案。而 Eric Brewer 在演讲中提出了一种弱于 ACID 特性的架构模型,为了系统的健壮性而依赖于软状态,这是可用性与一致性进行的一场交易。为此，Eric Brewer 团队为这个架构模型选择了一个新词，即 BASE。这个词明显是刻意为之，ACID 有酸性的意思，BASE 有碱性的意思，二者对立。

2.2.1　BASE 理论的三个方面

BASE 理论是对一致性和可用性权衡后所得的结果。BASE 理论的核心思想是：在某些场景中，无须做到强一致性，以保证系统的可用性，同时每个应用可以采用适当的方式使系统数据达到最终的一致性。BASE 理论主要包含基本可用（Basically Available）、软状态（Soft State）和最终的一致性（Eventually Consistent）三个方面。

- ❑ 基本可用：当分布式系统出现故障的时候，允许损失部分可用性，但不等于系统不可用。这里的损失部分可用性通常包括两个方面：响应时间的损失和在功能上降级。
  - ➤ 响应时间的损失：当部分节点宕机或者机房出现故障时，在请求增加响应时间的基础上需要给客户端返回正确的结果，而不是拒绝服务。
  - ➤ 在功能上降级：当处于流量高峰时，一部分请求可能会返回降级的数据，而不会真正请求后端核心系统，以保证后端系统的稳定性。
- ❑ 软状态：指允许系统中的数据存在中间状态，并认为该状态不会影响系统的整体可用性，即允许节点之间的数据同步存在延迟。对比 ACID 中的原子性，我们认为，在 ACID 事务中，所有操作要么全部成功，要么全部失败。当 ACID 事务结束后不会残留事务的中间状态，而 BASE 理论中的软状态则是指允许出现事务的中间状态。例如，节点之间的投票协商和多副本之间的数据同步都需要进行网络交互，交互过程中的状态即是软状态的一种体现。
- ❑ 最终的一致性：系统的所有副本在经过一个时间期限后最终达到一致的状态。在 BASE 理论中，系统允许出现事务的中间状态（软状态），但是在经过一个时间期限后，要求事务结束，所有操作要么全部成功，要么全部失败。

对于不同的业务场景和架构设计，时间期限长短有较大的差异，只要整体在用户能够接受的范围内即可。每个应用可以根据自身的业务特点、采用适当的方式使系统最终达到一致性。

2.2.2　BASE 理论的应用

BASE 理论应用于多个微服务之间的调用，大多数应用都会被拆分为多个负责单一功能的服务，一个用户请求往往需要多个服务配合才能完成。而对于任何一个强一致性系统，可用性都是所依赖服务的可用性的乘积。例如，在一个事务中涉及三个服务之间的操作，假设每个服务的可用性为 99.9%，则整个事务的可用性为 99.9%×99.9%×99.9%≈99.7%，相当于每 30 天发生故障的时间增加了 86min。

将一个大型系统拆分为多个微服务是势在必行的，但因此会降低系统的可用性，导致行业内长时间形成困局。而解决这一困局的方案则是 BASE 理论。在允许存在软状态的基础上，我们只需要保证整个事务的基本可用性和最终的一致性即可，而并不需要实时保证强一致性。实现这个方案，通常采用异步补偿机制。

例如，在一个电商系统中，下单操作需要三个服务配合完成，如图 2.1 所示。

❑ 访问支付服务：通知银行扣款。

❑ 访问库存服务：扣除购买商品的库存。

❑ 访问积分服务：为用户增加积分。

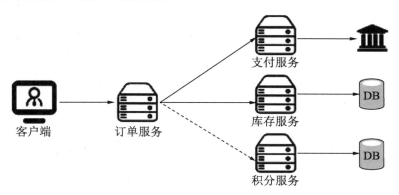

图 2.1　订单系统设计

如果采用异步补偿机制，则需要明确哪些操作属于非关键操作，如果非关键操作失败，则应允许业务流程继续执行，然后再异步补偿非关键操作，以此来降低非关键操作失败对整个事务可用性的影响。

在该案例中，订单系统在完成三个操作的过程中，如果支付系统和库存系统都正常处理完成，但是积分系统出现异常，此时通常不会放弃本次操作。因为在整个事务中，我们认为给用户增加积分属于非关键操作。非关键操作失败后，可以通过定时任务和消息队列在下单完成后再给用户增加积分。

如果因为用户余额不足或库存不足而造成支付系统或库存系统中的任意一个发生故障，我们通常需要回滚本次事务。因为在整个事务中，我们认为支付操作和库存操作属于关键操作。

在实现异步补偿机制时需要注意以下几点：

❑ 每个补偿操作都应设置重试机制，且需要实现幂等。

❑ 整个事务应由工作流驱动，记录每个分支数据的处理结果。

❑ 对于事务状态，通常需要提供特殊的接口进行查询。

❑ 对于所有分支事务，需要提供回滚事务的接口。

2.3　CAP——分布式系统的 PH 试纸

CAP 是前人对架构设计经验的总结，它仿佛是系统设计航线上的一盏明灯，给出了明确的设计准则。在设计分布式系统架构时，CAP 具有良好的指导作用，通过适当的取舍最大限度地满足需求。

2.3.1 CAP 定理

1．CAP猜想

CAP 定理是 Brewer 在 2000 年的 *Towards Robust Distributed Systems*[①]演讲中提出的猜想。在演讲中，Brewer 对 ACID 和 BASE 做了进一步对比分析，在 ACID 的一致性（Consistency，简写为 C）和 BASE 的可用性（Availability，简写为 A）的基础上扩展出了一个新的维度，即分区容错性（Partitions Tolerance，简写为 P），以此组成 CAP 猜想，并对 CAP 第一次做出如下解释：

❑ 一致性：所有节点的数据时时保持一致。

❑ 可用性：任何情况都能够处理客户端的每个请求。

❑ 分区容错性：发生分区时，系统应该持续提供服务。

CAP 猜想的核心思想是：任何分布式系统，其一致性（C）、可用性（A）和分区容错性（P）最多只能满足其中的两个，如图 2.2 所示。

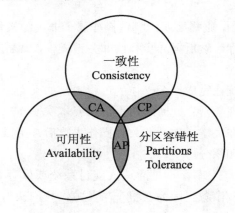

图 2.2 CAP 定理

任何分布式系统都可归为三类架构：CP、AP 和 CA。它们的特性总结如下：

❑ CP（锁定事务资源）：所有节点的数据需要时时保持一致性，这意味着当处理写请求时，需要锁定各分支事务的资源。当发生分区时，各节点之间不能连通，请求完成所需时间将依赖分区的恢复时间。在此期间为了确保返回客户端数据的准确性且不破坏一致性，可能会因为无法响应最新数据而拒绝响应，即放弃 A。

❑ AP（尽最大能力提供服务）：要求每个节点拥有集群的所有能力或数据，能自己处理客户端的每个请求，这样才能实现尽最大能力容错的要求。当发生分区时，可以通过缓存或者本地数据来处理客户端的请求，以达到可用性，但是各个节点数据将会出现不一致的情况，即放弃 C。

[①] https://sites.cs.ucsb.edu/~rich/class/cs293b-cloud/papers/Brewer_podc_keynote_2000.pdf。

❑ CA（本地一致性）：在不考虑 P 的情况下，意味着集群正常运行，一致性和可用性是可以同时满足的（一个正确的系统就应该符合这个要求）。但是网络本身是不可靠的，分区永远可能会发生，因此选择 CA 的系统通常会在发生分区时让各子分区满足 CA。

2．CAP定理描述

2002 年，Lynch 在发表的 *Brewer's Conjecture and the Feasibility of Consistent, Available, Partition-Tolerant WebServices* 论文中证明了 CAP 猜想，从此 CAP 猜想上升为定理。同时，Lynch 对 CAP 进行了更具体的第二次描述：

❑ 一致性：被形容为原子性和串行化，每个读/写操作都像是一个原子操作，并且像是全局排好序一样，后面的读操作一定能读到前面的写操作。这意味着在分布式系统中执行一个操作就像在单节点上执行一样。

❑ 可用性：系统中未发生故障的节点接收的每个请求都必须产生响应，即每个请求最终都必须终止，但是不要求终止之前所需时间长短。

❑ 分区容错性：允许在集群中丢失任意数量的消息（请求），因为当发生分区时，A 分区发送到 B 分区的消息可能会全部丢失。

这听起来更加通俗易懂。一致性必须保证每个请求都是原子的，即使由于分区导致任意的消息不能被传递。可用性必须保证每个请求都响应，即使由于分区导致任意的消息丢失。分区容错性需要保证，即使分区中只存在一个节点，也要返回有效的原子响应。

2.3.2　为什么 C、A、P 三者不可兼得

在分布式系统中，各个组件必然部署在不同的节点上，因为网络本身是不可靠的，所以必然会出现子网络，也一定存在延迟和数据丢失的情况，即网络分区是必然存在的。因此 P（分区容错性）是分布式系统必须要面对和解决的问题（因为你无法保证系统运行的环境永远不发生网络分区）。

C、A、P 三者不可兼得，变成如何在 C（一致性）和 A（可用性）二者之间进行抉择。可以举个例子来说明：在分布式环境中，为了确保系统的可用性，通常将数据复制到多个备份节点上，而复制的过程需要通过网络交互。当发生网络分区时，将面临如下两个选择：

❑ 如果坚持保持各节点之间的数据一致性（选择 C），则需要等待网络分区恢复后，将数据复制完成才可以对外部提供服务。在这期间发生网络分区时将不能对外提供服务，因为它不能保证数据的一致性。

❑ 如果选择可用性（选择 A），则当发生网络分区时，依然需要对外提供服务。但是由于网络分区的原因，同步不了最新的数据，因此返回的数据可能不是最新的（与其他节点不一致）数据。

由此可见，当发生网络分区时，我们只能在 C 和 A 之间选择其一。

2.3.3　CAP 的应用

CAP 的指导作用是，在架构设计中，不要浪费精力去设计一个满足一致性、可用性和分区容错性三者的完美系统，而需要根据自己的业务场景进行取舍。值得注意的是，CAP 的一致性和可用性表现为强一致性和完全（100%）可用性。

在实际生产中，更加需要的是二者之间的调节剂，对一致性和可用性的强度进行调节，使系统在用户允许和业务要求的情况下，让系统的一致性和可用性达到最佳状态，而不是非黑即白。事实上，在实际生产中，也不需要 100% 的强一致性和 100% 的完全可用性。

例如，在一个跨区域的电商平台中，任何数据的修改都需要跨区域地通知其他节点完成数据同步。

在商家对商品详情进行修改的场景中，并不要求在所有的节点上该商品的信息都保持实时同步，而只要在经过一个期间后所有区域的用户都能看到修改后的内容，且这个期间是用户允许的情况即可。在本次修改的请求中，并不依赖所有节点成功响应，可用性便会有相应的提升。

在用户购买商品的场景中，对库存的修改相对来说一致性要求更高一些，期望的是当最后一个库存商品被购买后，所有区域的用户都能看到该商品已售罄的状态。为了实现库存实时同步，在用户购买商品的请求中，需要依赖所有节点成功响应，可用性便会有所降低。

2017 年，Brewer 也曾描述过类似的场景。Brewer 以 Spanner[①] 系统为例，进一步阐述了 CAP。在文中 Brewer 提出，Spanner 满足"实际上的 CA"（Effectively CA）系统。从架构上来讲，Spanner 选择的是一致性，即出现网络分区时，Spanner 放弃了可用性，以保证数据的一致性。很明显，Spanner 更符合 CAP 中的 CP 架构，但是 Spanner 通过多副本的设计也拥有了很高的可用性，当少数副本发生网络分区时，可以由其他副本处理用户请求，对于用户感知来说 Spanner 仍然是可用的。在实际开发中追求的应该是用户感知的可用性，需要在一致性和可用性之间权衡。

2.4　本章小结

本章从 ACID 和 BASE 出发，引出了 CAP，并阐述了 CAP 诞生的过程，还举例描述了 BASE 和 CAP 的应用场景。CAP 给我们的指导性在于：一致性、可用性和分区容错性三者不可兼得。

另外，在实际场景中，需要更多关注"实际上的 CA"，在一致性和可用性之间进行权衡和取舍，使得系统在满足需求所要求的一致性强度下，达到最优的可用性。

---

① Spanner：可扩展、多版本、分布式、同步复制数据库。

第 2 篇
常见分布式共识算法原理与实战

▸▸ 第 3 章　2PC、3PC——分布式事务的解决方案

▸▸ 第 4 章　Paxos——分布式共识算法

▸▸ 第 5 章　ZAB——ZooKeeper 技术核心

▸▸ 第 6 章　Raft——共识算法的宠儿

第 3 章　2PC、3PC——分布式事务的解决方案

第 2 章我们总结出了三种系统架构：CA、CP 和 AP。那么如果要设计一个强一致性的 CP 架构系统，该如何实现呢？针对这一需求，逐渐衍生出了二阶段提交（Two-Phase Commit，简称 2PC）协议和三阶段提交（Three-Phase Commit，简称 3PC）协议。

3.1　二阶段提交协议

二阶段提交协议是一个基于协调者的强一致性原子提交协议。目前，大多数关系型数据库都使用二阶段提交协议来完成分布式事务。例如，Oracle 和 MySQL 所支持的 XA 协议[①]也可归于二阶段提交协议。因此，二阶段提交协议在分布式系统中被广泛地用于解决分布式事务的相关问题。

3.1.1　二阶段提交协议简述

在分布式系统中，由于各个分支事务[②]只能知道自己执行的结果是成功还是失败，并不清楚其他分支事务的执行结果，因此需要设计一个协调者的身份，各个分支事务向协调者上报执行状态，再由协调者根据各个分支事务的执行结果决定全局事务的提交或回滚。为了更好地描述算法过程，定义了两种角色：协调者（Coordinator）和参与者（Participant）。

- ❏ 协调者：可以由事务发起者充当，也可以由第三方组件充当，如 Seata 的 TC 角色。协调者维护全局事务和分支事务的状态，驱动全局事务和分支事务提交或回滚。
- ❏ 参与者：通常由各个资源管理者充当，负责执行各个分支事务提交或回滚，并向协调者汇报执行状态。

二阶段提交协议，顾名思义由两个阶段组成，即准备阶段和提交回滚阶段。第一阶段用于各个分支事务的资源锁定，第二阶段用于全局事务的提交或回滚。

---

① XA协议，由X/Open组织提出，规范了数据库（RM）和事务管理（TM）之间的接口。
② 分支事务，支持ACID特性的最小单元，与同级的分支事务互不干扰。一个全局事务由多个分支事务组成。

1．阶段一：准备阶段

准备阶段，又称为投票阶段（Vote Request），由协调者向参与者发送请求，以询问当前事务能否处理成功。当参与者收到请求后，开启本地数据库事务，执行分支事务的内容，但是此时并不会提交分支事务。参与者根据执行分支事务的结果，反馈给协调者 Yes 或者 No，表示该分支事务是否可以提交，如图 3.1 所示。

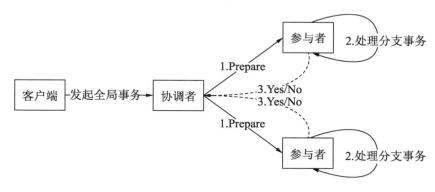

图 3.1   准备阶段示意

（1）开启全局事务。当协调者收到客户端的请求后，它分别将各个分支事务需要处理的内容通过 Prepare 请求发送给所有参与者，然后询问各个参与者能否正常处理自己的分支事务，并等待各个参与者进行响应。

（2）处理分支事务。当参与者收到 Prepare 请求后便锁定事务资源，然后尝试执行各自的分支事务，记录 Undo 和 Redo 信息，但并不提交分支事务。

（3）汇报分支事务状态。参与者根据第（2）步执行的结果，向协调者汇报各自的分支事务状态。例如，Yes 表示自己的分支事务可以正常提交，No 表示自己的分支事务不能提交。

2．阶段二：提交/回滚阶段

在准备阶段，参与者会向协调者汇报 Yes/No 两种状态；而在阶段二，也有对应的两种处理方式：提交全局事务和回滚全局事务。

协调者在超过约定的时间内没有收到全部参与者的响应时，或者在收到所有参与者的响应中存在部分分支事务的状态为 No 时，便会发起全局事务回滚。如果收到的所有分支事务的状态都为 Yes，便会发起全局事务提交，同时向客户端返回全局事务结果，结束本次全局事务，如图 3.2 所示。

（1）驱动全局事务提交/回滚。如果协调者在超过约定的时间内收到第一阶段所有参与者的响应，且所有分支事务的状态为 Yes，则向所有参与者发起 Commit 请求，否则向所有参与者发起 Rollback 请求。

（2）提交/回滚分支事务。参与者根据第一阶段记录的 Redo 和 Undo 信息对各自的分支事务进行提交或回滚，并释放第一阶段的锁定事务资源。

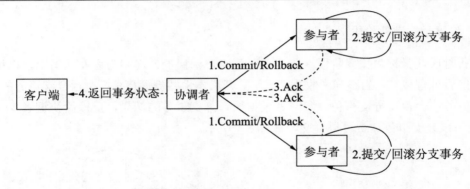

图 3.2　提交阶段示意

（3）汇报分支事务状态。参与者在处理提交/回滚分支事务后，向协调者反馈自己负责的分支事务状态。

（4）关闭全局事务。当协调者收到所有参与者的反馈后，向客户端返回结果并关闭本次事务。

以上就是二阶段提交的整个过程，相对来说是比较易懂的。掌握二阶段提交协议需要理解以下两个要素：

❑ 应用场景：适用于强一致性场景。例如，在分布式事务中，多个分支事务组成的整体操作需要具备原子性。

❑ 核心思想：将一个事务拆分成两个阶段，先尝试后提交，以实现整个事务的原子性。

在无故障的情况下，二阶段提交协议是易于理解的，并且可以比较直观地画出它交互的过程，但是当出现网络延迟、丢包或节点故障时，细节变得至关重要。下面两节将从网络延迟、丢包和节点故障等方面来完善二阶段提交协议。

3.1.2　故障恢复

组成二阶段提交协议的任何一个节点都需要考虑发生故障（宕机）的情况。在发生故障后，需要考虑如何继续保证二阶段提交协议的正确性。根据节点角色，可以总结为三种异常状态：协调者发生故障、部分参与者发生故障，以及协调者和部分参与者都发生故障。

1.　协调者发生故障

下面将协调者发生故障分为两种情况来讲解。

当协调者发生故障后，备用节点成为新的协调者参与进来。如果新上任的协调者想继续保证二阶段提交协议的正确性，则需要完成上一任协调者（故障的协调者）未完成的工作。

第一种情况是，如果上一任协调者在处理最后一条全局事务中已经完成了第二阶段的所有工作，那么新的协调者自然不需要做任何操作。但是上一任协调者在第一阶段发送 Prepare 请求后就发生了故障，此时所有正常处理了 Prepare 请求的参与者都处于阻塞状态，所需的事务资源也处于锁定状态，如图 3.3 所示。

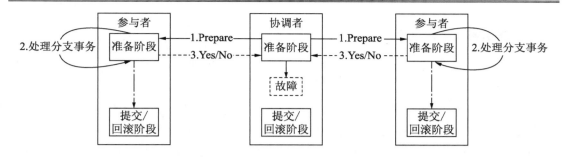

图 3.3　协调者故障示意

此时，新上任的协调者需要继续完成第二阶段的工作，以便使所有参与者释放第一阶段锁定的事务资源，从而离开阻塞状态。至于新上任的协调者在第二阶段发送的请求是Commit 还是 Rollback，需要先询问所有参与者第一阶段执行的情况。如果所有参与者都正常处理 Prepare 请求，则新任的协调者需要向所有参与者发送 Commit 请求，通知其提交事务，释放事务资源；否则，新任的协调者需要向所有参与者发送 Rollback 请求，执行回滚操作，释放事务资源。

第二种情况是，协调者已经开启了第二阶段的工作，但是只给部分参与者发送了Commit 或 Rollback 请求，还有一部分参与者未收到 Commit 或 Rollback 请求。当新上任的协调者在询问所有参与者执行情况时，如果有参与者在第二阶段执行了 Commit 或Rollback 请求，则需要以该参与者的执行指令为准，通知其他参与者执行相同的指令，以保证所有参与者执行相同的指令并离开阻塞状态。

在协调者恢复的过程中，新上任的协调者需要先询问所有参与者的事务执行状态，存在以下几种情况：

- ❑ 如果一个或多个参与者在第一阶段反馈的分支事务状态为 No，或者在第二阶段执行了 Rollback 操作，那么新上任的协调者需要发送 Rollback 请求给所有参与者回滚分支事务。
- ❑ 如果一个或多个参与者在第二阶段执行了 Commit 操作，那么新上任的协调者可以大胆地发送 Commit 请求给所有参与者提交分支事务。
- ❑ 如果所有参与者在第一阶段反馈 Yes，但是在第二阶段没有执行任何操作，那么新上任的协调者将继续执行第二阶段的提交操作。

这里假设新上任的协调者一定知道上一任协调者有未完成的全局事务。实现这一假设的办法有很多种，可以要求协调者实时将自己的数据进行落盘，那么新上任的协调者就可以直接访问上一任协调者所记录的数据，也可以以主备实时同步的形式部署备用的协调者。在此基础上，新上任的协调者可以根据自己的数据继续执行第二阶段的提交操作，而无须要求参与者为每个分支事务提供查询接口，这样可以使系统足够通用。

例如，新上任的协调者根据本地数据观察到一部分参与者在第一阶段的操作执行成功，而另一部分参与者的执行结果不明确，那么协调者也可以发起 Rollback 请求，虽然另一部分参与者的执行结果也是成功的，但是并不影响协议的正确性。

2．部分参与者发生故障

同样，在参与者发生故障，新的参与者加入集群后也要继续完成发生故障的参与者未完成的工作。

第一种情况是，如果参与者在处理最后一条事务时已经完成第一阶段的工作，并向协调者反馈了分支事务状态后发生的故障，此时协调者可以继续处理第二阶段的工作，发送 Commit 或 Rollback 请求，并通知其他未发生故障的参与者完成第二阶段的工作，同时释放锁定的事务资源。但是此时发生故障的参与者未能收到协调者第二阶段的请求，如图 3.4 所示。

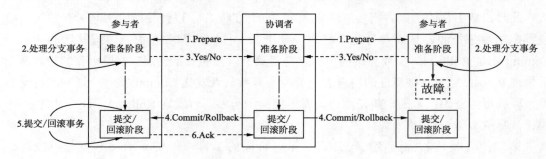

图 3.4　参与者故障示意 1

在这种情况下，新加入的参与者通常会主动与协调者通信，询问最后一条事务需要执行的指令并完成相应的工作，然后释放事务资源。

第二种情况是，参与者未完成第一阶段的工作，协调者因等待参与者的响应而超时进而发起 Rollback 请求，通知其他未发生故障的参与者执行回滚操作，然后释放事务资源，如图 3.5 所示。

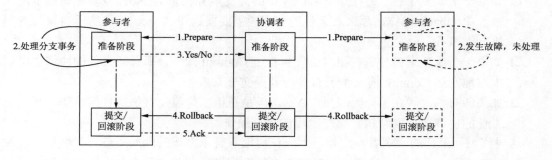

图 3.5　参与者故障示意 2

在这种情况下，由于发生故障的参与者未完成第一阶段的工作，没有留下与最后一条事务有关的任何数据，新加入的参与者感知不到该事务的存在，自然不需要做额外的工作也能保持协议的正确性。当然，如果你的系统对 Rollback 的事务比较敏感，也可以让新加入的参与者询问协调者，取得这条未完成的事务，然后执行 Rollback 操作。

3．协调者和部分参与者都发生故障

协调者和部分参与者都发生故障的情况是协调者发生故障和部分参与者发生故障的

整合，恢复起来要稍微麻烦一些。任何单方面的恢复都不足以使协议正常运行，因此这里描述的是，有新上任的协调者且发生故障的参与者也恢复过来之后的运行逻辑。

在全局事务结束之前，参与者询问协调者全局事务的状态是没有意义的。因此新上任的协调者需要先推进全局事务的状态，这个过程与只有协调者故障的恢复逻辑一致。而恢复过来的参与者也能在这个过程中使分支事务达到期望的状态。

3.1.3　二阶段提交协议的优缺点

二阶段提交协议的优点很明显：容易理解、原理简单。但可以很容易地发现，二阶段提交协议并没有注重容错问题。笔者将它的缺点归纳为几个方面：同步阻塞、数据不一致、单点问题和脑裂。

- ❑ 同步阻塞：二阶段提交协议的阻塞主要体现在参与者需要协调者的指令才能执行第二阶段的操作。当协调者发生故障时，参与者在第一阶段锁定的资源将一直无法释放。
- ❑ 数据不一致：在第二阶段，如果因为网络异常而导致一部分参与者收到 Commit 请求，而另一部分参与者没有收到 Commit 请求，那么结果将是一部分参与者提交了事务，而另一部分参与者无法提交。
- ❑ 单点问题和脑裂：
  - ➤ 单点问题：二阶段提交协议过于依赖协调者，当协调者发生故障时，整个集群将不可用。
  - ➤ 脑裂：当集群中出现多个协调者时，将不能保证二阶段提交协议的正确性。

3.1.4　空回滚和防悬挂

空回滚是指在第一阶段，当发生网络丢包时，协调者发送的 Prepare 请求没有送达参与者。根据协调者的超时规则，协调者在等待参与者超时后将发送 Rollback 请求给所有参与者。如果此时网络恢复，参与者将会收到 Rollback 请求，而在此之前参与者并没有处理过第一阶段的任何工作，如图 3.6 所示。

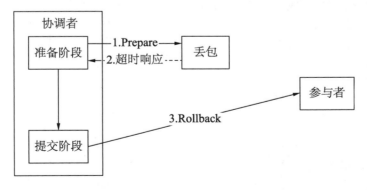

图 3.6　空回滚示意

在实现二阶段提交协议的过程中，需要特别关注空回滚的情况，使二阶段提交的协议能够支持该场景，而不会抛出客户端无法理解的异常。解决这个问题的常规方案是，由协调者生成一个全局唯一的事务 XID，协调者每次发送请求时都需要携带 XID，参与者在第一阶段的请求中需要将 XID 记录在自己的日志中，在第二阶段处理之前，先去日志中查询 XID 的处理情况。例如，当参与者收到第二阶段的请求时，若发现携带的 XID 不在日志中，则可以选择不处理，伪代码块如下（空回滚处理）：

```
// 第一阶段
insert <prepare.xid> into prepare-logs

// 第二阶段
if(rollback.xid not in prepare-logs){
    return;
}
```

在消息完全丢失的情况下，其实是很容易处理的，但是还存在另外一种情况，那就是网络延迟。在第一阶段，协调者发送的 Prepare 请求在网络传输过程中会出现阻塞或者延迟等情况，此时协调者会在参与者的响应超时后再发送 Rollback 请求，使参与者在处理完 Rollback 请求后才能接收到 Prepare 请求，如图 3.7 所示。

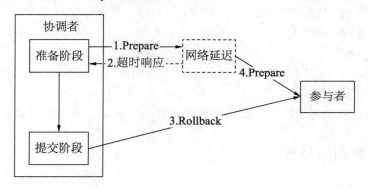

图 3.7   防悬挂示意

在实际场景中，参与者应该拒绝迟来的 Prepare 请求。但是怎样才能确定收到的 Prepare 请求是上一个事务还是一个新事务的开始呢？在允许空回滚的基础上，要拒绝空回滚之后到来的 Prepare 请求应该怎么办呢？这种情况称为防悬挂，需要在第二阶段处理之前也记录一条日志，在第一阶段处理之前查询该日志。如果查询到该日志，则抛弃 Prepare 请求，伪代码块如下（防悬挂）：

```
// 第二阶段
insert <rollback.xid, Rollback> into rollback-logs
if(rollback.xid not in prepare-logs){
    return;
}

// 第一阶段
if(prepare.xid in rollback-logs){
    return;
}
```

🔔**注意**：这里存在竞态条件，即 Rollback 请求和 Prepare 请求同时被送达参与者。当参与者并行处理 Rollback 请求和 Prepare 请求时，如果在第一阶段的条件判断之前 Rollback 请求还未记录日志，那么此时在 rollback-logs 中不存在当前 XID 的记录，参与者会认为该 Prepare 请求是一个新事务的开始，并且会完成该 Prepare 请求的所有工作。这将造成该参与者一直阻塞，事务资源也将一直被锁定，因为不会再有另一个 Rollback 请求通知它回滚当前事务，这并不符合我们的期望。

解决竞态条件的办法有很多种，可以在代码中加锁或者发放访问日志的令牌，还可以在关系型数据库中插入一条以 XID 为唯一键的记录，相信读者也有自己的解决方案，此处不再赘述。

3.2　三阶段提交协议

在 3.1.3 小节中我们指出了二阶段提交协议所存在的问题，其中，同步阻塞、数据不一致的问题最严重，希望能有另一种方式，既能满足二阶段提交协议的强一致性，又不存在同步阻塞和数据不一致的困扰。在二阶段提交协议的基础上进行优化，由此衍生出了三阶段提交协议。

3.2.1　三阶段提交协议简述

三阶段提交协议和二阶段提交协议一样，通过名称就可以看出其大致的运行过程。三阶段提交协议顾名思义由三个阶段组成，其核心是将二阶段提交协议中的第一阶段一分为二，形成由询问阶段、预提交阶段和提交阶段组成的事务提交协议。

这一改动使得算法的过程变为：询问→锁定事务资源→提交事务。将锁定事务资源滞后，可以降低事务资源锁定的范围，如果在集群中存在个别不具备处理事务能力的参与者，那么可以提前中断事务，而不像二阶段提交协议一样，从一开始就锁定所有参与者的事务资源。

另外，为了解决同步阻塞问题，三阶段提交协议增加了超时机制，解决了当协调者宕机时，参与者无法释放事务资源的问题。这里增加的超时机制主要体现在参与者等待协调者的请求超时后，将会执行默认的提交/中断指令。

1. 阶段一：CanCommit询问阶段

和二阶段提交协议类似，事务开启时也是由协调者发起的。协调者在询问阶段将各个分支事务内容通过 CanCommit 请求分别发送给所有参与者，参与者收到 CanCommit 请求后，根据自身逻辑判断能否执行本次事务，然后将结果汇报给协调者，如图 3.8 所示。

（1）开启全局事务。协调者收到客户端开启事务的请求后，会向所有参与者发送一个包含事务内容的 CanCommit 请求，询问是否可以执行本次事务。

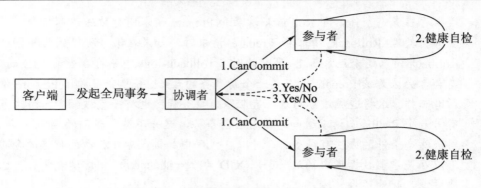

图 3.8　询问阶段示意

（2）健康自检。参与者收到 CanCommit 请求后，需要完成以下两项工作，但并不需要锁定事务资源。

□ 检查自身健康。例如，检查自身与协调者之间的连接，以及自身处理执行事务的能力。
□ 判断能否执行本次事务，判断是否与其他事务冲突。

（3）汇报分支事务状态。参与者根据第（2）步执行的结果，向协调者汇报各自的分支事务状态。Yes 表示自己的分支事务可以正常提交，No 表示自己的分支事务不能提交。

2. 阶段二：PreCommit预提交阶段

在询问阶段，如果协调者收到了参与者汇报的 No 响应或者等待参与者汇报超时，则协调者会中断全局事务，向所有参与者发送 Abort 请求；同样，参与者在这一阶段等待协调者的请求超时后也会自行中断分支事务。由于在询问阶段，参与者没有锁定任何事务资源，因此对预提交阶段的中断事务操作，参与者只需要更新分支事务的状态即可。

如果协调者收到了所有参与者的 Yes 响应，则会发起 PreCommit 请求，进入预提交阶段，如图 3.9 所示。

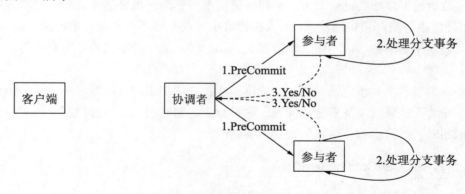

图 3.9　预提交阶段示意

（1）驱动预提交。协调者由询问状态变为预提交状态，并向所有参与者发送 PreCommit 请求，同时等待参与者的响应。

（2）处理分支事务。参与者收到 PreCommit 请求后，更新自己的状态为预提交状态，然后锁定事务资源，尝试执行各自的分支事务，记录 Undo 和 Redo 信息，但并不提交分支事务。

（3）汇报分支事务状态。参与者处理完分支事务后，需要向协调者反馈自己负责的分支事务的状态。

3．阶段三：DoCommit提交阶段

同样，根据预提交阶段的结果，提交阶段也存在两种情况。如果协调者收到预提交阶段的反馈存在 No 的响应，或者等待参与者的反馈超时，则会中断全局事务。中断全局事务的过程如下：

（1）发送中断请求。由协调者向所有参与者发送 Abort 请求，通知所有参与者中断分支事务。

（2）分支事务回滚。参与者根据阶段二中记录的 Undo 信息来执行回滚操作，并释放占用的事务资源。

（3）反馈回滚结果。参与者向协调者反馈回滚结果。

（4）关闭全局事务。协调者关闭全局事务，并向客户端返回失败的消息。

如果在预提交阶段所有参与者反馈的状态为 Yes，则执行提交事务请求。值得注意的是：经过前两个阶段的缓冲，参与者会认为全局事务是值得提交的。在提交阶段，参与者等待协调者的请求超时后会自行提交分支事务。

提交全局事务是由协调者发送 Commit 请求给所有参与者，参与者收到 Commit 请求后，提交分支事务并释放事务资源，如图 3.10 所示。

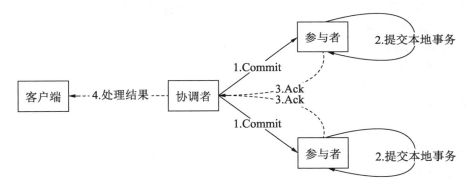

图 3.10　提交阶段示意

提交全局事务的过程如下：

（1）发送提交请求。协调者从预提交状态变为提交状态，然后向所有的参与者节点发送 Commit 请求。

（2）分支事务提交。参与者收到 Commit 请求后，更新自己的状态为"提交状态"，并提交自己的分支事务，同时释放占用的事务资源。

（3）反馈提交结果，参与者向协调者反馈提交结果。

（4）关闭全局事务。协调者关闭全局事务，并向客户端返回成功消息。

3.2.2　故障恢复

由于三阶段提交协议的超时和自动提交/中断机制，大部分情况下都能够保证协议的正确性。这里同样以协调者发生故障和部分参与者发生故障的情况来描述，至于协调者和部分参与者同时发生故障的情况，与二阶段提交协议一样，可以拆分为协调者恢复和参与者恢复两种情况。

相比于二阶段提交协议，三阶段提交协议在故障恢复时更加友好，多数情况下参与者可以根据自身的数据来执行对应的指令，而不用向协调者询问。

1.　协调者发生故障

不得不承认，引入超时机制将会影响协议的正确性。根据协调者发生故障的时刻，协议将存在以下几种情况：

- ❑ 如果协调者发生故障之前，全局事务正处于第一阶段，那么所有参与者在等待协调者的请求超时后都会默认执行 Abort 指令。
- ❑ 如果在协调者发生故障之前，全局事务正处于第二阶段，则存在两种情况：
  - ➢ 如果所有参与者都完成了第二阶段的工作，那么根据超时机制，所有参与者最终都会提交分支事务。
  - ➢ 如果一部分参与者完成了第二阶段的工作，另一部分参与者未完成第二阶段的工作，那么根据超时机制，一部分参与者将提交分支事务，另一部分参与者将中断分支事务，造成数据不一致。
- ❑ 如果在协调者发生故障之前，全局事务正处于第三阶段，那么所有参与者在等待协调者的请求超时后都会自行提交分支事务。

上面穷举了协议存在的所有场景，在这些场景中只有一种情况会导致算法不安全，即一部分参与者完成了第二阶段的工作，另一部分参与者未完成第二阶段的工作。

要解决这个问题，需要引入心跳机制，让参与者能察觉协调者的运行状态。当参与者监察到协调者发生异常且自己处于第二阶段时，那么应该临时停用超时机制，等待新的协调者的 Commit/Abort 请求。这个约束需要满足心跳超时要远小于等待协调者的超时，这样才能在等待协调者超时之前察觉到协调者的异常。

新上任的协调者需要先询问所有参与者最后一条全局事务的处理情况。在上面的例子中，新上任的协调者将会收到一部分参与者执行了 Abort 操作，一部分参与者仍处于第二阶段完成的状态，因此新上任的协调者会发送 Abort 请求给所有参与者，这样协议就能正确恢复了。

另外，在其他场景中，参与者虽然能自己保证协议的正确性，新上任的协调者仍需要询问所有参与者的执行情况，以维护全局事务的状态。

2.　部分参与者故障

参与者发生故障的情况比较简单，恢复过来的参与者只需要向协调者获取全局事务的状态，然后执行对应的指令即可。我们同样穷举所有的情况。

- ❑ 如果在参与者发生故障之前，全局事务正处于第一阶段，那么无论该参与者是否已经完成了第一阶段的工作，协调者将会在第一阶段等待超时或者第二阶段等待超时后，中断全局事务，发生故障的参与者恢复后，可自行中断分支事务。

- ❑ 如果在参与者发生故障之前，全局事务正处于第二阶段，同样存在两种情况：
  - ➢ 参与者未完成第二阶段的工作，协调者将会在第二阶段等待超时后，中断全局事务，发生故障的参与者恢复后，自行中断事务即可，因为第二阶段没有自己的参与，全局事务一定会执行中断操作。
  - ➢ 参与者完成了第二阶段的工作，其有可能向协调者反馈 Yes，也可能没有反馈，根据约定，全局事务有可能会提交也可能会中断。参与者恢复过来之后应该向协调者询问其情况，然后执行对应的指令。

- ❑ 如果在参与者发生故障之前，全局事务正处于第三阶段，那么无论该参与者是否已经完成第三阶段的工作，在参与者故障恢复之后，都应该向协调者询问全局事务的状态，而不能自行提交分支事务，因为其他参与者在第二阶段可能会执行失败，导致全局事务中断。

3.2.3　三阶段提交协议的优缺点

三阶段提交协议就是为了解决二阶段提交协议同步阻塞的问题而诞生的。它有如下几个优点：

- ❑ 通过增加超时机制和自动提交/中断功能，减少了参与者的阻塞范围。在二阶段提交协议中，参与者必须要等待协调者的请求后才能执行第二阶段，而在三阶段提交协议中，参与者在等待协调者的请求超时后，可以根据自己的处境来执行相应的操作，离开阻塞状态。

- ❑ 增加的 CanCommit 阶段降低了事务资源锁定的范围，不会像二阶段提交协议一样从一开始就锁定所有的事务资源，三阶段提交协议在排除个别不具备处理事务能力的参与者之后，再进入第二阶段的锁定事务资源。

三阶段提交协议虽然解决了以上问题，但同时也引入了新的麻烦：

- ❑ 多增加一个阶段等于增加了复杂度，同时多增加的 RPC 交互也会降低整个协议的协商效率。

- ❑ 在某些情况下必然会造成数据的不正确。在三阶段，由于丢包或者协调者发生异常，导致一部分参与者收到了 PreCommit 请求，另一部分参与者没有收到 PreCommit 请求。因为超时机制，没收到 PerCommit 请求的参与者会执行 Abort 操作，而收到了 PreCommit 请求的参与者在等待第三阶段的 Commit 请求超时后，会自动提交分支事务，从而造成整个协议的不正确。

3.3　二阶段提交协议在 Seata 中的应用

Seata 是一款解决微服务架构的分布式事务的框架，其在阿里巴巴经历了多年的"双十一"洗礼。通过多年的沉淀与累积，Seata 如今已成为分布式事务的首选框架，它提供了多种事务模式，如 XA 模式、TCC 模式、Saga 模式，以及本节要介绍的 AT 模式。

在 Seata 的架构设计中主要存在三个角色，即事务管理者、资源管理者和事务协调者。

❑ 事务管理者（TM）：负责驱动事务协调者（TC）执行全局事务的开启、提交和回滚操作，其通常由发起全局事务的业务服务充当。

❑ 资源管理者（RM）：按照事务协调者（TC）的指令，执行分支事务的提交或回滚操作，并向事务协调者汇报分支事务的状态。其一般由全局事务中涉及的所有下游服务充当。

❑ 事务协调者（TC）：维护全局事务的状态，执行全局事务的提交和回滚操作，驱动资源管理者（RM）执行分支事务的提交和回滚操作，由 Seata-Server[①]充当事务的协调者。

3.3.1　AT 模式

AT 模式是基于二阶段提交协议演变而来的。它与二阶段提交协议一样分为两个阶段来实现多个分支事务之间的原子提交。与二阶段提交协议不同的是，AT 模式缩小了分支事务资源的锁定范围。

1．第一阶段

AT 模式在第一阶段的任务执行完后，会释放分支事务资源，不需要像二阶段提交协议一样，要等到整个协议完成协商之后才能释放资源，具体的执行逻辑如下。

第一阶段，TM 向 TC 注册全局事务，TC 会为本次全局事务生成唯一的 XID 并返回给 TM，后续 TM 与 RM 交互的请求都会携带 XID。当 RM 收到 TM 执行的指令后，需要先获得本地锁才能执行分支事务并记录 Undo 和 Redo 日志。RM 根据 Undo 日志所涉及的数据向 TC 申请该数据的全局锁，在获得全局锁之后，RM 会提交本地事务并释放本地锁。最后 RM 向 TC 和 TM 上报分支事务执行的状态，完成第一阶段的工作，如图 3.11 所示。

2．第二阶段

第二阶段，在 TM 调用 RM 的过程中，如果存在一个或多个 RM 处理发生异常的情况，则 TM 将向 TC 发送 Rollback 指令，TC 将向所有 RM 发送 Rollback 指令，在等待所有 RM 反馈之后，删除全局事务，释放全局锁。

在 RM 收到回滚的指令后，RM 依然拥有事务数据的全局锁，但没有获得本地锁，因此，RM 需要重新获得本地锁，然后根据第一阶段记录的 Undo 日志对数据进行重做，即将数据恢复至全局事务开启前的状态，提交重做事务后，释放本地锁。最后，RM 向 TC 上报分支事务状态，TC 释放全局锁，完成本次全局事务的回滚，如图 3.12 所示。

---

① Seata-Server是Seata提供的独立部署的事务协调器。

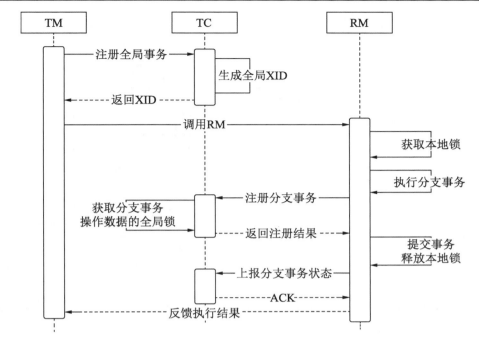

图 3.11　AT 模式——第一阶段示意

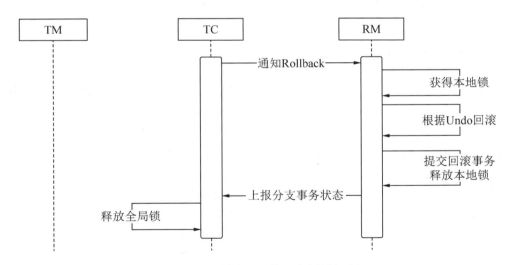

图 3.12　AT 模式——第二阶段回滚示意

　　细心的读者可能会想，RM 执行 Rollback 指令时，分支事务是拥有全局锁的，为什么还需要重新获得本地锁呢？这个问题将在 3.3.3 小节讲解 RM 回滚的代码时一起解答。

　　在第二阶段，另一种情况就是提交全局事务。在 TM 调用 RM 的过程中，如果所有 RM 都正常完成工作，那么 TM 将向 TC 发送提交指令，当 TC 收到指令后，会立即给 TM 反馈提交成功的响应，然后异步处理提交指令。在处理提交操作中，TC 将向所有 RM 发送 Commit 指令并删除全局事务，释放全局锁。

　　相比 Rollback 指令来说，Commit 指令对 RM 的工作要简单许多。由于在第一阶段，各个分支事务都已经完成提交，因此对于第二阶段的 Commit 指令，RM 只需要删除 Undo 日志即可，如图 3.13 所示。

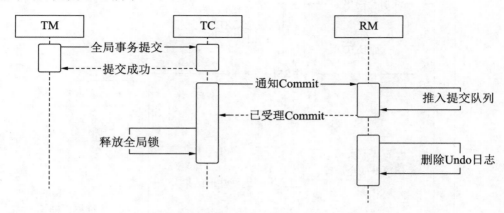

图 3.13　AT 模式——第二阶段提交示意

为了提高执行 Commit 指令的效率，RM 在收到 Commit 指令后，应实时反馈给 TC 成功的信息，TC 也应立即释放全局锁，RM 则在异步线程处理 Commit 指令。由于 Commit 指令只需要删除响应的 Undo 日志即可，所以在该阶段即使发生故障也没有关系，不会影响其他事务的处理。在实际情况中，Seata 采用的是批量删除，以减少与数据库交互的次数。

3．AT模式与二阶段提交协议的区别

AT 模式与二阶段提交协议的最大区别在于，AT 模式缩小了分支事务资源锁定的范围。虽然 AT 模式提高了系统的工作效率，但其复杂度也相对提高了，由于 AT 模式在第一阶段就提交了分支事务，因此在第二阶段也需要有相应的变化，具体总结如下：

- ❑ 第一阶段提交分支事务，释放本地锁和事务资源，以提高系统的工作效率。
- ❑ 增加了 Undo 日志，用于第二阶段的回滚。
- ❑ 第二阶段提交异步化，进一步提高了正常工作的协商效率。
- ❑ 第二阶段回滚操作需要根据 Undo 日志，对第一阶段已提交的事务进行反向补偿。

3.3.2　事务管理者

从本小节开始，将按照 3.3.1 小节 AT 模式的原理来解析 Seata，你可以了解二阶段提交协议在 Seata 中的实际应用。为了保证逻辑清晰，我们分别从 TM、TC 和 RM 的角度来介绍它们所负责的工作。

本小节使用的 Seata 版本为 1.3.0，以电商平台的下单为例，提供了 3 个服务：Order、Account 和 Storage。用户调用 Order 服务进行下单，Order 服务分别调用 Account 服务进行扣款，调用 Storage 服务来减少商品库存，然后在自己的数据库中记录订单信息，如图 3.14 所示。

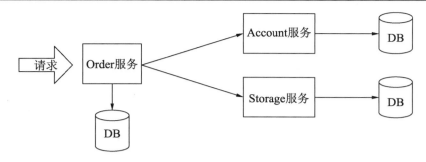

图 3.14　订单处理逻辑示意

可以发现，在一次全局事务中，Order、Account 和 Storage 都属于全局事务的 RM，负责执行分支事务的提交和回滚操作；Order 还兼任全局事务的 TM，负责驱动全局事务的提交和回滚操作。而 TC 将由 Seata-Server 来承担，负责管理全局事务的状态及与 TM 和 RM 的交互。

在 Seata 中使用@GlobalTransactional 注解修饰的方法，都属于全局事务的范围。根据该注解开启和结束全局事务，需要 Seata 为事务方法增加代理对象。搜索 GlobalTransactional.class，找到 GlobalTransactionScanner 扫描全局事务。在 GlobalTransactionScanner.wrapIf-Necessary()方法中增加使用@GlobalTransactional 注解修饰的类的代理，代码（TM——增加代理）如下：

```
// @see io.seata.spring.annotation.GlobalTransactionScanner#wrapIfNecessary
protected Object wrapIfNecessary(Object bean, String beanName, Object
cacheKey) {
    // 如果未使用分布式事务，则不需要增加代理
    if (disableGlobalTransaction) {
        return bean;
    }
    // 省略 try、synchronized 代码
    ...
interceptor = null;
    // 判断是不是 TCC 事务
    if (TCCBeanParserUtils.isTccAutoProxy(bean, beanName, application
Context)) {
        interceptor = new TccActionInterceptor(TCCBeanParserUtils.
getRemotingDesc(beanName));
    } else {
        // 省略代码：判断是否使用@GlobalTransactional 修饰
        ...
        if (interceptor == null) {
            if (globalTransactionalInterceptor == null) {
                // 初始化代理，failureHandlerHook 用于全局事务失败后的回滚事务操作
                globalTransactionalInterceptor = new GlobalTransactional
Interceptor(failureHandlerHook);
                ConfigurationCache.addConfigListener(
                    ConfigurationKeys.DISABLE_GLOBAL_TRANSACTION,
                    (ConfigurationChangeListener)globalTransactional
Interceptor);
            }
            interceptor = globalTransactionalInterceptor;
        }
    }
```

```
    // 省略代码：增加当前对象其他功能的代理
    ...
    PROXYED_SET.add(beanName);
    return bean;
}
```

GlobalTransactionScanner 继承自 AbstractAutoProxyCreator 类，其中的 wrapIfNecessary()方法会在 Spring 创建 Bean 之后回调。

在 wrapIfNecessary()方法中，可以看到 Seata 对 Bean 具体增强的方式使用的是 JDK 动态代理，主要实现由 GlobalTransactionalInterceptor 中的 invoke()方法完成。在 invoke()方法中，调用了 TransactionalTemplate 的 execute()方法。在 execute()方法中可以看到整个 AT 模式的全貌，代码的整体思路如下。

（1）封装事务对象。

❑ 获取或者创建全局事务，根据上下文的 XID 判断：

➢ 如果不存在 XID，则创建角色为 TM（GlobalTransactionRole.Launcher）；

➢ 如果存在 XID，则根据 XID 获取全局事务对象，角色为 RM（GlobalTransaction-Role.Participant）。

❑ 处理全局事务传播方式。

（2）开启全局事务。

❑ 如果角色为 TM，则向 TC 发送开启事务请求。

❑ 如果角色为 RM，则忽略开始事务操作。

（3）回滚事务。

❑ 如果角色为 TM，则向 TC 发送回滚请求。

❑ 如果角色为 RM，则忽略回滚事务操作。

（4）提交事务。

❑ 如果角色为 TM，则向 TC 发送提交请求。

❑ 如果角色为 RM，则忽略提交事务操作。

（5）清理。

具体代码（TM-AT 处理全貌）如下：

```
// @see io.seata.tm.api.TransactionalTemplate#execute
public Object execute(TransactionalExecutor business) throws Throwable {
    // 1.封装事务对象
    TransactionInfo txInfo = business.getTransactionInfo();
    if (txInfo == null) {
        throw new ShouldNeverHappenException("transactionInfo does not exist");
    }
    // 1.1 获取或者创建全局事务，根据上下文的 XID 进行判断
    GlobalTransaction tx = GlobalTransactionContext.getCurrentOrCreate();
    SuspendedResourcesHolder suspendedResourcesHolder = null;
    try {
        // 省略代码：@GlobalTransactional 中的事务的传播方式（propagation）
        ...
        try {
            // 2.开启事务
            beginTransaction(txInfo, tx);
            Object rs = null;
            try {
```

```
            // 业务处理逻辑，即分支事务处理
            rs = business.execute();
        } catch (Throwable ex) {
            // 3.回滚事务
            completeTransactionAfterThrowing(txInfo, tx, ex);
            throw ex;
        }
        // 4.提交事务
        commitTransaction(tx);
        return rs;
    } finally {
        // 5.清理
        triggerAfterCompletion();
        cleanUp();
    }
} finally {
    tx.resume(suspendedResourcesHolder);
}
}
```

3.3.3　资源管理者

RM 的工作较多一些，在 3.3.1 小节中可以看到，驱动 RM 完成工作涉及几个角色：第一阶段，由 TM 直接调用 RM 执行分支事务；第二阶段，由 TC 通过 RPC 消息驱动完成分支事务的提交或回滚操作。因此，这两个阶段的入口也不一样。

1．RM的第一阶段

当 RM 处理分支事务的 SQL 语句时，需要分析事务的内容，解析 SQL 语句并生成 Undo 和 Redo 日志。因此，RM 会重写 PreparedStatement 对象，使该对象在执行 SQL 语句时完成上述工作。

这里 Seata 重写的类是 PreparedStatementProxy，在该类的 execute()方法中，先根据 SQL 类型分别处理 INSERT、UPDATE 和 DELETE 语句，代码（RM-SQL 分类处理）如下：

```
// @see io.seata.rm.datasource.exec.ExecuteTemplate#execute
public static <T, S extends Statement> T execute(List<SQLRecognizer>
sqlRecognizers, StatementProxy<S> statementProxy, StatementCallback<T, S>
statementCallback, Object... args) throws SQLException {
    String dbType = statementProxy.getConnectionProxy().getDbType();
    Executor<T> executor;
    if (CollectionUtils.isEmpty(sqlRecognizers)) {
        executor = new PlainExecutor<>(statementProxy, statementCallback);
    } else {
        if (sqlRecognizers.size() == 1) {
            SQLRecognizer sqlRecognizer = sqlRecognizers.get(0);
            switch (sqlRecognizer.getSQLType()) {
                case INSERT:
                    executor = EnhancedServiceLoader.load(InsertExecutor.
class, dbType, new Class[]{StatementProxy.class, StatementCallback.class,
SQLRecognizer.class}, new Object[]{statementProxy, statementCallback,
sqlRecognizer});
                    break;
                case UPDATE:
                    executor = new UpdateExecutor<>(statementProxy, statement
```

```
Callback, sqlRecognizer);
                break;
            case DELETE:
                executor = new DeleteExecutor<>(statementProxy, statement
Callback, sqlRecognizer);
                break;
            case SELECT_FOR_UPDATE:
                executor = new SelectForUpdateExecutor<>(statementProxy,
statementCallback, sqlRecognizer);
                break;
            default:
                executor = new PlainExecutor<>(statementProxy, statement
Callback);
                break;
        }
    } else {
        executor = new MultiExecutor<>(statementProxy, statementCallback,
sqlRecognizers);
    }
}
T rs;
try {
    // 执行事务
    rs = executor.execute(args);
} catch (Throwable ex) {
    if (!(ex instanceof SQLException)) {
        ex = new SQLException(ex);
    }
    throw (SQLException) ex;
}
return rs;
}
```

以 UPDATE 语句为例，UpdateExecutor 提供了 beforeImage()和 afterImage()方法，用于获取事务执行前后的镜像并生成 Undo 和 Redo 日志，然后将 Undo 和 Redo 日志与分支事务一起提交至本地数据库。

UpdateExecutor 提供的是各个功能的实现模板，而串联这些功能模板的方法是 AbstractDMLBaseExecutor. executeAutoCommitFalse()方法，其调用链如图 3.15 所示。

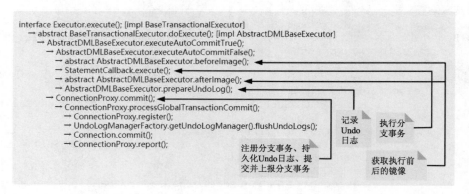

图 3.15　RM 第一阶段示意

AbstractDMLBaseExecutor.executeAutoCommitTrue()的主要工作有两部分，一部分是执行分支事务，另一部分是提交分支事务。在完成这些工作之前，和 3.3.1 小节介绍的一样，

RM 需要先获得本地锁，整体思路如下：

（1）在执行分支事务之前，先获得本地锁。

（2）执行分支事务。

❑ 解析 SQL 语句，获取 SQL 语句执行之前的数据镜像。

❑ 执行分支事务。

❑ 解析 SQL 语句，获取 SQL 语句执行之后的数据镜像。

❑ 封装并追加 Undo 和 Redo 日志。

（3）提交事务。

代码（RM-执行分支事务）如下：

```
// @see io.seata.rm.datasource.exec.AbstractDMLBaseExecutor#executeAuto
CommitTrue
protected T executeAutoCommitTrue(Object[] args) throws Throwable {
    ConnectionProxy connectionProxy = statementProxy.getConnectionProxy();
    try {
        connectionProxy.setAutoCommit(false);
        // 1.获得本地锁
        return new LockRetryPolicy(connectionProxy).execute(() -> {
            // 2.执行分支事务
            T result = executeAutoCommitFalse(args);
            // 3.提交分支事务
            connectionProxy.commit();
            return result;
        });
    } catch (Exception e) {
        LOGGER.error("execute executeAutoCommitTrue error:{}", e.getMessage(), e);
        if (!LockRetryPolicy.isLockRetryPolicyBranchRollbackOnConflict()) {
            connectionProxy.getTargetConnection().rollback();
        }
        throw e;
    } finally {
        connectionProxy.getContext().reset();
        connectionProxy.setAutoCommit(true);
    }
}


// @see io.seata.rm.datasource.exec.AbstractDMLBaseExecutor#executeAuto
CommitFalse
protected T executeAutoCommitFalse(Object[] args) throws Exception {
    if (!JdbcConstants.MYSQL.equalsIgnoreCase(getDbType()) && getTableMeta().
getPrimaryKeyOnlyName().size() > 1)
    {
        throw new NotSupportYetException("multi pk only support mysql!");
    }
    // 2.1 获取 SQL 执行之前的数据镜像
    TableRecords beforeImage = beforeImage();
    // 2.2 执行分支事务
    T result = statementCallback.execute(statementProxy.getTargetStatement(),
args);
    // 2.3 获取 SQL 执行之后的数据镜像
    TableRecords afterImage = afterImage(beforeImage);
    // 2.4 准备 Undo 和 Redo 日志
    prepareUndoLog(beforeImage, afterImage);
    return result;
}
```

提交事务是由 ConnectionProxy.processGlobalTransactionCommit()完成的。Undo 和 Redo
日志的提交是和分支事务的提交一起完成的。RM 在提交分支事务之前，需要向 TC 注册
分支事务以获得全局锁，整体思路如下：

（1）向 TC 注册分支事务，以获得全局锁。

（2）将执行分支事务时生成的 Undo 和 Redo 日志持久化。

（3）提交分支事务。

（4）向 TC 上报分支事务状态。

代码（RM-提交分支事务）如下：

```
// @see io.seata.rm.datasource.ConnectionProxy#processGlobalTransaction
Commit
private void processGlobalTransactionCommit() throws SQLException {
    try {
        // 1.向 TC 注册分支事务
        register();
    } catch (TransactionException e) {
        recognizeLockKeyConflictException(e, context.buildLockKeys());
    }
    try {
        // 2.将 Undo 和 Redo 日志持久化
UndoLogManagerFactory.getUndoLogManager(this.getDbType()).flushUndoLogs
(this);
        // 3.提交分支事务
        targetConnection.commit();
    } catch (Throwable ex) {
        // 4.向 TC 上报分支事务状态
        report(false);
        throw new SQLException(ex);
    }
    if (IS_REPORT_SUCCESS_ENABLE) {
        // 5.向 TC 上报分支事务状态
        report(true);
    }
    context.reset();
}
```

2．RM的第二阶段

前面提到，RM 第二阶段的工作是由 TC 发送的 RPC 消息驱动的，因此需要先寻找处
理 RPC 消息的入口。当 RM 启动时，会在 GlobalTransactionScanner 中调用 RMClient.init()
完成 RPC 消息处理器的注册，代码（RM-注册 RPC 消息处理器）如下：

注：在 Seata 的 RPC 消息枚举中，以_RESULT 结尾的消息是响应回复的消息。如果读
者对其他处理感兴趣，可以通过 RPC 消息找到自己想要了解的代码。

```
// @see io.seata.core.rpc.netty.RmNettyRemotingClient#registerProcessor
private void registerProcessor() {
    // 1.注册第二阶段提交消息处理器
    RmBranchCommitProcessor rmBranchCommitProcessor = new RmBranchCommit
Processor(getTransactionMessageHandler(), this);
    super.registerProcessor(MessageType.TYPE_BRANCH_COMMIT, rmBranchCommit
Processor, messageExecutor);
    // 2.注册第二阶段回滚消息处理器
```

```
        RmBranchRollbackProcessor rmBranchRollbackProcessor = new RmBranch
RollbackProcessor(getTransactionMessageHandler(), this);
        super.registerProcessor(MessageType.TYPE_BRANCH_ROLLBACK, rmBranch
RollbackProcessor, messageExecutor);
        // 3.注册删除 Undo 日志消息处理器
        RmUndoLogProcessor rmUndoLogProcessor = new RmUndoLogProcessor
(getTransactionMessageHandler());
        super.registerProcessor(MessageType.TYPE_RM_DELETE_UNDOLOG, rmUndoLog
Processor, messageExecutor);
        // 省略代码：注册回复 TC 请求的响应处理器
        ...
        // 省略代码：注册心跳处理器
        ...
}
```

RmBranchCommitProcessor()和 RmBranchRollbackProcessor()分别负责处理 RM 第二阶段的提交和回滚操作。第二阶段的调用链路很长，中间调用都是将请求传送下去，并没有其他额外的工作。以提交操作为例，调用链路如图 3.16 所示。

图 3.16　RM 第二阶段示意

RM 第二阶段的提交操作，只需要释放全局锁并且异步将 Undo 日志删除即可，因为在第一阶段 RM 已经提交了分支事务。实际情况是，RM 将提交操作推入队列中，然后异步批量删除日志，代码（RM-提交事务）如下：

```
public BranchStatus branchCommit(BranchType branchType, String xid, long
branchId, String resourceId, String applicationData) throws Transaction
Exception {
    // 将 XID、branchId 和 resourceId 推入队列
    if (!ASYNC_COMMIT_BUFFER.offer(new Phase2Context(branchType, xid,
branchId, resourceId, applicationData))) {
        LOGGER.warn("Async commit buffer is FULL. Rejected branch [{}/{}]
will be handled by housekeeping later.", branchId, xid);
    }
    return BranchStatus.PhaseTwo_Committed;
}

private void doBranchCommits() {
    Map<String, List<Phase2Context>> mappedContexts = new HashMap<>
(DEFAULT_RESOURCE_SIZE);
    // 省略代码：将队列中的元素放入 mappedContexts 里
    ...
    for (Map.Entry<String, List<Phase2Context>> entry : mappedContexts.
entrySet()) {
```

```
        Connection conn = null;
        DataSourceProxy dataSourceProxy;
        try {
            // 省略代码：初始化 conn 和 dataSourceProxy
            ...
            List<Phase2Context> contextsGroupedByResourceId = entry.get
Value();
            Set<String> xids = new LinkedHashSet<>(UNDOLOG_DELETE_LIMIT_
SIZE);
            Set<Long> branchIds = new LinkedHashSet<>(UNDOLOG_DELETE_LIMIT_
SIZE);
            // 省略代码：将 mappedContexts 中的 XID 和 branchId 放入 xids 和 branchIds 集合中
            ...
            try {
                // 省略代码：根据 XID 和 branchId 生成 SQL，然后执行删除操作
                ...
UndoLogManagerFactory.getUndoLogManager(dataSourceProxy.getDbType()).
batchDeleteUndoLog(xids, branchIds, conn);
            } catch (Exception ex) {
                LOGGER.warn("Failed to batch delete undo log [" + branchIds
+ "/" + xids + "]", ex);
            }
            if (!conn.getAutoCommit()) {
                conn.commit();
            }
        } catch (Throwable e) {
            conn.rollback();
        } finally {
            // 省略代码：关闭资源
            ...
        }
    }
}
```

RM 第二阶段的回滚操作要复杂一些，需要生成反向 SQL 语句，用于将已提交的数据恢复到事务执行之前的镜像，恢复成功后将 Undo 日志删除即可。回滚操作还需要考虑回滚失败的场景，如果回滚失败，则需要重试，直到回滚成功，整体思路如下：

（1）根据 XID 和 branchId 获取 Undo 日志。

（2）判断是不是防悬挂日志。

（3）生成反向 SQL 语句并执行。

分析原始 SQL，根据原始 SQL 的类别（Insert、Update 和 Delete），分别生成对应的反向 SQL 语句。

（4）删除 Undo 日志或插入防悬挂日志，判断 Undo 日志是否存在。

❑ 如果存在，则删除当前的 Undo 日志。

❑ 如果不存在，则说明没有执行第一阶段，插入一条防悬挂日志，避免迟来的第一阶段请求。

（5）提交回滚事务。

代码（RM-回滚事务）如下：

```
// @see io.seata.rm.datasource.undo.AbstractUndoLogManager#undo
public void undo(DataSourceProxy dataSourceProxy, String xid, long
branchId) throws TransactionException {
    Connection conn = null;
```

```
    ResultSet rs = null;
    PreparedStatement selectPST = null;
    boolean originalAutoCommit = true;
    // 循环重试，直至回滚成功
    for (; ; ) {
        try {
            conn = dataSourceProxy.getPlainConnection();
            // 关闭自动提交，使回滚操作和 Undo 日志处理一起提交
            if (originalAutoCommit = conn.getAutoCommit()) {
                conn.setAutoCommit(false);
            }
            // 查询 Undo 日志
            selectPST = conn.prepareStatement(SELECT_UNDO_LOG_SQL);
            selectPST.setLong(1, branchId);
            selectPST.setString(2, xid);
            rs = selectPST.executeQuery();
            boolean exists = false;
            while (rs.next()) {
                exists = true;
                int state = rs.getInt(ClientTableColumnsName.UNDO_LOG_LOG_
STATUS);
                // 判断是不是防悬挂日志
                if (!canUndo(state)) {
                    return;
                }
                String contextString = rs.getString(ClientTableColumnsName.
UNDO_LOG_CONTEXT);
                Map<String, String> context = parseContext(contextString);
                byte[] rollbackInfo = getRollbackInfo(rs);
                String serializer = context == null ? null : context.get
(UndoLogConstants.SERIALIZER_KEY);
                UndoLogParser parser = serializer == null ? UndoLogParser
Factory.getInstance()
                        : UndoLogParserFactory.getInstance(serializer);
                BranchUndoLog branchUndoLog = parser.decode(rollbackInfo);
                try {
                    setCurrentSerializer(parser.getName());
                    List<SQLUndoLog> sqlUndoLogs = branchUndoLog.getSqlUndo
Logs();
                    if (sqlUndoLogs.size() > 1) {
                        Collections.reverse(sqlUndoLogs);
                    }
                    for (SQLUndoLog sqlUndoLog : sqlUndoLogs) {
                        TableMeta tableMeta = TableMetaCacheFactory.getTable
MetaCache(dataSourceProxy.getDbType()).getTableMeta(
                                conn, sqlUndoLog.getTableName(), dataSourceProxy.
getResourceId());
                        sqlUndoLog.setTableMeta(tableMeta);
                        AbstractUndoExecutor undoExecutor = UndoExecutor
Factory.getUndoExecutor(
                                dataSourceProxy.getDbType(), sqlUndoLog);
                        // 生成反向 SQL 并执行
                        undoExecutor.executeOn(conn);
                    }
                } finally {
                    removeCurrentSerializer();
                }
            }
            if (exists) {
                // 删除 Undo 日志
```

```
            deleteUndoLog(xid, branchId, conn);
            // 提交回滚操作
            conn.commit();
        } else {
            // 插入一条全局事务完成的 Undo 日志，用于防悬挂
            insertUndoLogWithGlobalFinished(xid, branchId, UndoLogParser
Factory.getInstance(), conn);
            // 提交回滚操作
            conn.commit();
        }
        return;
    } catch (Throwable e) {
        if (conn != null) {
          conn.rollback();
        }
        throw new BranchTransactionException(BranchRollbackFailed_
Retriable, String
            .format("Branch session rollback failed and try again later
xid = %s branchId = %s %s", xid,
                branchId, e.getMessage()), e);
    } finally {
        // 省略代码：关闭资源
        ...
    }
  }
}
```

在 3.3.1 小节中提过，在第二阶段回滚时，RM 需要重新获取本地锁，这里的本地锁只需要锁住 Undo 日志便能保证数据的正确性。在常量 SELECT_UNDO_LOG_SQL 中，使用 FOR UPDATE 并且配合 Connection.setAutoCommit(false)来实现加锁。

为了方便描述，将需要回滚的分支事务记作 TX_R，其他任意分支事务记作 TX_O。此时 TX_R 拥有所需数据的全局锁，TX_O 即使修改了 TX_R 所需的数据，也会因为向 TC 申请不到所需数据的全局锁（注册分支事务消息），导致 TX_O 不能正常处理分支事务而回滚。因此，数据的正确性是毋庸置疑的。

为什么需要锁住 Undo 日志呢？因为 RM 需要保证一个分支事务只能被回滚一次。FOR_UPDATE＋Connection.setAutoCommit(false)保证只在一个分支事务下回滚，即要么回滚成功，Undo 日志被删除；要么回滚失败，Undo 日志还在，然后重试即可。

3.3.4　事务协调者

TC 属于全局事务的协调者，其和 TM 和 RM 交互的 RPC 消息比较多。根据消息类型，TC 有 5 种消息处理器：

❑ RM/TM 请求的消息处理器（如全局事务开始、分支事务注册等）。

❑ RM/TM 响应的消息处理器（如分支提交响应、分支回滚响应）。

❑ RM 注册的消息处理器。

❑ TM 注册的消息处理器。

❑ 心跳消息处理器。

TC 启动是由 io.seata.server.Server#main()的读者完成的。在 TC 启动的过程中，TC 会注册以上列举的 RPC 消息处理器。感兴趣的读者可以在 NettyRemotingServer.register-

Processor()方法中查看。本小节重点关注的是 RM/TM 请求的消息处理器（ServerOnRequest-Processor）。

ServerOnRequestProcessor 会按照消息类型，将请求发送至指定的消息处理器上进行处理。在其注释中可以看到对应的关系，具体代码（TC-消息路由）如下：

```
/**
 * message type:
 * RM:
 * 1) {@link MergedWarpMessage}
 * 2) {@link BranchRegisterRequest}
 * 3) {@link BranchReportRequest}
 * 4) {@link GlobalLockQueryRequest}
 * TM:
 * 1) {@link MergedWarpMessage}
 * 2) {@link GlobalBeginRequest}
 * 3) {@link GlobalCommitRequest}
 * 4) {@link GlobalReportRequest}
 * 5) {@link GlobalRollbackRequest}
 * 6) {@link GlobalStatusRequest}
 */
```

这里的每一种消息调用链路都是直接传递下去的，没有额外的逻辑分支，最后都会交由 TCInboundHandler 中重载的 handle()方法来完成。下面的内容将按照 AT 模式的各种消息的使用顺序来介绍 TC 的处理过程。

1. 全局事务开启消息

在 TC 收到的所有消息中，TypeCode 等于 MessageType.TYPE_GLOBAL_BEGIN 的消息，称为全局事务开启消息。由 TM 向 TC 发送，当 TC 收到 TYPE_GLOBAL_BEGIN 消息时，意味着需要启动一个新的全局事务。开启新的全局事务需要 BranchRegisterRequest 完成以下三项工作，调用链路如图 3.17 所示。

图 3.17　全局事务开启消息示意

（1）创建 GlobalSession，包括：封装事务信息（AppliactionId、Status 等），生成 XID（由 IP+Port+Uuid 组合而成），根据配置（sessionStoreMode）为 GlobalSession 设置生命周期监听器，用于持久化事务和更新事务状态等。

（2）回调全局事务生命周期监听器。执行 GLOBAL_ADD 操作，持久化全局事务，全局事务的状态为 GlobalStatus.Begin。

（3）返回全局事务 XID。

2．分支事务注册消息

分支事务注册消息是 RM 在提交本地事务之前向 TC 申请全局锁而发送的消息。TypeCode 为 MessageType.TYPE_BRANCH_REGISTER，在 TC 收到消息之后，交由 BranchRegisterRequest 驱动来完成消息的处理。TC 的具体工作流程如下，调用链路如图 3.18 所示。

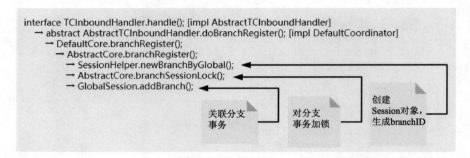

图 3.18　分支事务注册消息示意

（1）创建 BranchSession，包括：

❑ 封装事务信息（AppliactionData 和 XID 等）。

❑ 生成 branchID。

（2）根据配置（store.lock.mode）对分支事务加锁。

❑ 根据 LockKey（由 RM 传输而来）解析需要上锁的行数据。

❑ 根据配置对行数据进行加锁（@see io.seata.core.lock.Locker#acquireLock）。

（3）将分支事务和全局事务进行关联。

❑ 回调全局事务生命周期监听器，执行 BRANCH_ADD 操作，持久化分支事务。

❑ 将分支事务记录在全局事务中。

（4）返回分支事务 branchID。

3．分支事务上报消息

分支事务上报消息是在 RM 完成分支事务提交之后，向 TC 上报分支事务的状态而发送的消息。TypeCode 为 MessageType.TYPE_BRANCH_STATUS_REPORT，在 TC 收到消息之后，交由 BranchReportRequest 驱动来完成消息的处理。TC 的具体工作如下，调用链路如图 3.19 所示。

图 3.19　分支事务上报消息示意

（1）根据 XID 获取 GlobalSession。

（2）修改分支事务状态，包括回调全局事务生命周期监听器，执行 BRANCH_UPDATE 操作修改分支事务状态。

4．全局事务提交消息

全局事务提交消息是在 TM 调用所有 RM，并且所有 RM 都正常完成工作后，由 TM 通知 TC 全局事务可以提交的消息。TypeCode 为 MessageType.TYPE_GLOBAL_COMMIT，TC 收到消息后，主要的工作是维护全局事务状态，并通知分支事务提交。在 AT 模式中，具体的提交过程是异步处理的，TC 会实时向 TM 返回全局事务已提交的状态。调用链路如图 3.20 所示。

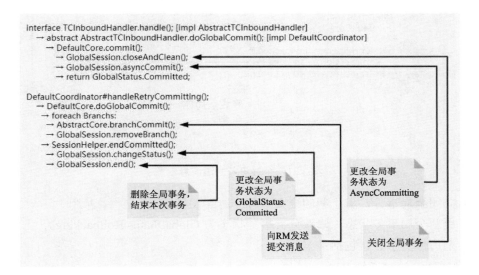

图 3.20　全局事务提交消息示意

消息处理的步骤如下：

（1）关闭全局事务，防止新的分支事务注册。

（2）更新全局事务状态，修改分支事务状态为 GlobalStatus.AsyncCommitting。

（3）向 TM 返回全局事务已提交的消息。

异步完成提交的步骤如下：

（1）由线程池驱动全局事务提交。

（2）遍历所有分支事务，包括：

❑ 向 RM 发送提交消息。

❑ 删除分支事务。

（3）更新全局事务，包括：

❑ 修改分支事务状态为 GlobalStatus.Committed。

❑ 回调全局事务生命周期监听器，执行 GLOBAL_REMOVE 操作，删除全局事务。

5. 全局事务回滚消息

全局事务回滚消息是在 TM 调用 RM 的过程中存在一个或多个 RM 异常的情况，使得全局需要回滚，由 TM 通知 TC 全局事务需要回滚的消息。TypeCode 为 MessageType.TYPE_GLOBAL_ROLLBACK，TC 在收到消息后，主要的工作是维护全局事务状态，通知分支事务进行回滚，调用链路如图 3.21 所示。

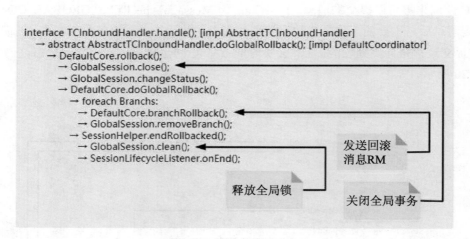

图 3.21　全局事务回滚消息示意

（1）关闭全局事务，防止新的分支事务注册。

（2）更新全局事务状态，修改分支事务状态为 GlobalStatus.Rollbacking。

（3）遍历分支事务，包括：

❑ 发送回滚消息通知 RM。

❑ 删除分支事务。

（4）结束全局事务，包括：

❑ 修改分支事务状态为 GlobalStatus. Rollbacked。

❑ 释放全局锁。

❑ 回调生命周期监听器，执行 GLOBAL_REMOVE，删除全局事务。

3.4　本章小结

本章主要介绍了二阶段提交协议和三阶段提交协议的内容，它们的逻辑并不复杂，关键在于理解以下几个要点。

❑ 适用场景：实现强一致性系统。

❑ 优缺点：

➤ 二阶段提交协议存在同步阻塞、数据不一致、单点问题和脑裂的问题。

➤ 三阶段提交协议通过引入超时自动提交或回滚降低了同步阻塞的范围，通过增加 CanCommit 阶段降低了事务资源锁定的范围。

> 三阶段提交协议增加了一轮 RPC 消息,降低了协商效率,自动提交或回滚机制必定会造成在某些情况下数据不一致。

❑ 空回滚和防悬挂是在工程实现过程中必须要考虑的问题,需要了解各自的解决方案。

由于三阶段提交协议在某些情况下数据一致的不确定性,所以在工程实现中,工程师通常会选择二阶段提交协议。

本章的另一部分内容以 Seata 的 AT 模式为例,讲解了在实际工程中,如何通过二阶段提交协议来实现强一致性系统。理解 AT 模式的关键是理解三个角色在协商过程中所负责的工作,以及 AT 模式和二阶段提交协议的区别。

三个角色:

❑ TM:定义全局事务的范围,驱动 TC 完成全局事务的提交和回滚。TM 通常由系统的上游服务充当,如在电商平台下单示例中的 Order 服务。

❑ RM:分支事务的真正执行者,管理分支事务处理的资源,并向 TC 上报分支事务的状态。RM 通常由全局事务涉及的所有下游服务充当,如在电商平台下单示例中的 Order 服务、Account 服务和 Storage 服务。

❑ TC:维护全局事务的状态,按照 TM 的指令执行全局事务的提交和回滚操作,驱动分支事务的提交和回滚。TC 由 Seata-Server 充当。

AT 模式和二阶段提交协议的区别如下:

❑ 第一阶段提交分支事务,释放本地锁和事务资源。

❑ 第二阶段提交异步化。

❑ 第二阶段回滚需要根据 Undo 日志,执行反向补偿。

第 4 章 Paxos——分布式共识算法

Paxos 是学习分布式算法的必经之路，也是目前公认的解决分布式共识问题最有效的算法之一，在过去的几十年里，其一度成为分布式共识的代名词，占据着绝对的主导地位。Chubby 的作者 Mike Burrows 说过，世上只有一种共识算法，那就是 Paxos，其他共识算法都源于 Paxos。由此可见，Paxos 是共识算法的一门必修课。

Paxos 解决了在分布式系统中如何使某个值（提案指令）在集群中达成共识的问题。这简化了分布式环境的复杂性，使一组成员可以虚拟为一个成员向客户端提供服务。并且在分布式环境中总会存在诸多故障（如网络分区、消息延迟和丢包等），而 Paxos 的另一个使命就是在这种"不可靠"的情况下依旧保持算法的正常运行，这称为容错。

4.1 Paxos 的诞生

第 3 章深入介绍了二阶段提交协议和三阶段提交协议。在实现强一致性的系统中，它们都能工作得很好。但是在大多数场景中并不需要 100%的强一致性算法，相反，我们期望的是当一部分成员不能正常工作的时候，整个集群还能良好地运行，并保证数据的正确性。例如，在实现多副本的同步中，我们希望能允许部分副本同步失败，而不影响其他副本进行同步。

二阶段提交协议和三阶段提交协议存在的另一个问题是过度依赖协调者，这将导致性能瓶颈局限于单成员，以及网络分区导致的脑裂问题。这些都是在分布式环境中难以解决的痛点。

为了解决这些难题，Paxos 应运而生，它从诞生之初就背负着重要的使命。1998 年，Lamport 在论文 *The Part-Time Parliament* 中首次提出了 Paxos 算法，他以一个名为 Paxos 的小岛为例，描述了 Paxos 小岛的政府采用会议投票的形式来决策提案（民众的提议）的过程。但是参与会议的人员更热衷于创造财富，而不愿意将自己的时间过多地浪费在会议上，因此 Paxos 小岛的政府提出以兼职的形式参与会议，参加会议的人员可以随意出入会议厅，即使是会议主持人，也可以随时离场，但是，一旦离开会议厅，就相当于放弃投票。

由此看来，Paxos 小岛的兼职会议像极了分布式系统所面临的问题。会议需要达成的结果就是所有人都认同某一个提案，这与分布式系统就某一个值在各个成员中达成共识的状态呼应；参与会议的人员可以随时离场，这可以看作在分布式系统中不可靠的服务器成员。因此，Paxos 小岛的兼职会议采用的决策方式很可能就是分布式系统所面临的问题的解决方案。

Lamport 第一次以 Paxos 小岛对提案的决策方式讲述了 Paxos 算法的运行过程,但是这种幽默并没有被大众接受。直到 2001 年,Lamport 才以 *Paxos Made Simple* 为题重新发表了论文,这次他放弃了以故事为背景的描述方式,而是用通俗易懂的文字从科研角度再次对 Paxos 算法进行了严谨的解释,之后,Paxos 的追随者变得越来越多。

4.2　初探 Paxos

多数人都认为 Paxos 是晦涩难懂的,其实不然,至少 Basic Paxos 不难,它的算法逻辑没有想象的那么复杂,因此读者在阅读本节的内容时不要有压力。Paxos 让人比较难以理解的是它的推导过程,因为将一个算法的推导过程陈述给他人,这件事本身就是有难度的。

本节将 Paxos 算法逻辑放在前面讲解,而将 Lamport 的推导过程放在后面讲解。先了解 Paxos 的整个运行过程,然后了解其推导过程相对会容易一些。

4.2.1　基本概念

在学习 Paxos 之前,有必要先了解一些关键概念。

- □ 容错:在系统运行的过程中对故障的容忍程度。在分布式环境中,通常会出现成员故障、网络分区和网络丢包等问题,分布式容错是指在允许发生这些问题的情况下,系统依然能正常工作。
- □ 共识:在对等的成员集合中,让每个成员都认可某一个值,其与一致稍有差别。一致要求每个成员的数据完全相同;而共识并不要求数据完全相同,只要求客户端从任意成员处获取的值是相同的即可。

例如,有 A、B 两个客户端,它们都对共识系统中的 X 进行赋值。A 需要设置 X=1,B 需要设置 X=2,那么最终让 A 和 B 从共识系统中都获得同一个值（X=1 或者 X=2）的结果就是达成共识。

- □ 多数派:多数派思想串联了整个协商过程,因此需要提前了解一下。多数派是指在一个集群中超过一半以上的成员组成的集合,即成员个数大于 $\lfloor N/2 \rfloor$[①]+1（N 为成员总数）的集合。按照多数派的描述,在一组成员 Π 中,任意一个多数派 Q 满足以下条件:

$$\forall q \in Q : Q \subseteq \Pi$$
$$\forall Q_1, Q_2 \subseteq \Pi : Q_1 \cap Q_2 \neq \varnothing$$

多数派的设定可以在保证安全的情况下有效地提高容错性。例如,当成员总数为 5 时,多数派的数量为 $\lfloor 5/2 \rfloor + 1 = 3$,剩余的 2 个成员称为少数派。通常,少数派就是算法能够

---

① $\lfloor N/2 \rfloor$:向下取整,如 N=3 时,$\lfloor N/2 \rfloor$=1。

容忍允许出现故障的成员数。

❑ Instance：将其看作一个个单调递增的存储列表更容易理解，它用于存储达成共识后的提案。随着 Paxos 运行时间的增加，这个列表会变得无限长。在协商发生冲突时可能不会有任何提案达成共识，因此这个列表是允许存在空洞的。通常我们会在空洞的 Instance 上再运行一轮 Paxos，使用默认值 Noop 来填充。

在 Lamport 的论文中提到，在一个 Instance 上选择一个提案需要进行多轮 RPC 消息交互，这种方式过于保守且低效。为了解决这个问题，Lamport 提出了 Multi Paxos，即在一轮协商过程中多个 Instance 选择多个提案的优化方案。为了区分优化前和优化后的算法，将前者称为 Basic Paxos，将后者称为 Multi Paxos。

在论文中，Lamport 仅给出了 Multi Paxos 关键部分的实现，对于细节方面却给工程师们留下了无限的想象空间。由此衍生出大量的过度解读，出现了不同版本的 Multi Paxos 实现，但是它们的整体思路都是围绕如何优化消息交互次数和 Leader 的选举等展开的。

❑ 提案编号：指一个单调递增的整数，它标识着一轮协商，提案协商之前需要生成一个全局唯一的提案编号。在 Basic Paxos 中，一轮协商只会在一个 Instance 上达成共识，因此在没有冲突的情况下提案编号和 Instance 是同步递增的；而在 Multi Paxos 中，一个提案编号可能应用于多个 Instance 上。

一开始就灌输这些概念，确实不是最好的方法，但是可以避免概念混淆。如果读者觉得比较难理解，在学习了 4.3 节的内容之后就会理解了。

另外，在 Paxos 中还存在很多意思相近的词，为了方便叙述，先提前总结一下它们的含义。

❑ 提案：由提案编号和提案指令组成的实体。提案编号标识该提案所处的协商轮次，提案指令是指需要达成共识的内容，它可以是一个值或一个指令等。有些地方也习惯把提案指令称为决议。

❑ 通过、批准、选择：它们都表示 Acceptor 同意某一请求或提案。为了在某些地方不引起歧义，本文约定：Acceptor 同意 Prepare 请求时使用"通过"一词，Acceptor 同意 Accept 请求时使用"批准"一词，多数派 Acceptor 同意某一 Accept 请求时，则意味着该提案达成共识，使用"选择"一词。

另外，Lamport 为了帮助工程师更好地理解 Paxos，抽象出了三个角色和三个阶段。

❑ 角色：Proposer（提案者）、Acceptor（接受者）和 Learner（学习者）。

❑ 阶段：Prepare 阶段、Accept 阶段和 Learn 阶段。

4.2.2　角色

1. Proposer

Proposer 是整个算法的发起者，它驱动协商的进程，相当于会议的主持人，向所有的参会人员公布提案，发起投票并统计投票。

在 Paxos 算法中，Proposer 的主要工作是驱动算法的运转。Proposer 在收到客户端的请求后将其封装为一个提案（Proposal），并将该提案发送给所有的接受者，根据接受者的响应情况，驱动算法决定是否需要继续往下运行。

2. Acceptor

Acceptor 是提案的真正决策者，相当于会议的参会人员，当参会人员收到会议主持人的提案后，需要向主持人表决自己是否支持该提案。

在 Paxos 算法中，Acceptor 的主要工作是对提案进行抉择，它在收到 Proposer 发来的提案后，根据预先约定的规则对提案进行投票，向 Proposer 反馈自己的投票结果。

3. Learner

Learner 不参与提案的发送和决策，只是被动地接受提案选定的结果，相当于小岛上的民众。当一个提议被选择后，会议将达成的提议公之于众，这意味着该提议不会再修改，不会再变化。

Learner 不参与算法的决策过程，因此它们不是 Paxos 集群的重要组成部分，它们可以全部失败，也可以全部与集群断开连接，而不损害 Paxos 的正确性。之所以说它们可以全部失败，是因为我们随时可以重放已达成共识的提案，从而构建与失败前一模一样的Learner。

在 Paxos 中，Learner 仅用于实现状态机，执行状态转移操作，这可以理解为所服务的业务实现。例如，在实现一个分布式数据库时，每一条 DML[①]语句都是一个提案，每个提案达成共识后，交由 Learner 执行对应的更新操作，并记录对应的业务数据。

而在工程实现中，Learner 承担的更多，它可以实现扩展读性能和同步落后数据。

❑ 扩展读性能：当 Proposer 和 Acceptor 处理客户端的读请求达到瓶颈时，可以扩展 Learner。因为它不参与协商过程，增加 Learner 的数量也不会影响协商效率。另一种情况则是，当客户端需要跨地域访问 Paxos 集群时，可以在客户端所在地域增加 Learner，客户端直接访问当前地域的 Learner 可以降低读请求的网络延迟。

❑ 同步落后数据：Paxos 允许少数成员数据落后，当集群中的多数派成员的数据处于落后状态时，需要先同步落后数据才能协商新的提案。当新成员上线时，也需要先扮演学习者学习过去已被选择的提案。

4.2.3　阶段

1. Prepare阶段

Prepare 阶段是协商过程的开始阶段，当 Proposer 收到客户端的写请求时，Proposer 会为此生成全局唯一递增的提案编号 M，并向所有 Acceptor 发送包含提案编号的 Prepare 请求，记作[M,]。当 Acceptor 收到提案[M,]的 Prepare 请求后，会根据约定的规则决定是否

---

① DML：数据操作语句，包含 Insert、Update 和 Delete。

需要响应 Prepare 请求。

- 如果 M 大于 Acceptor 已经通过的 Prepare 请求中的最大提案编号，则通过本次 Prepare 请求，并承诺在当前 Prepare 请求的响应中，反馈已经批准的 Accept 请求中最大编号的提案指令；如果没有批准任何 Accept 请求，则在 Prepare 请求的响应中反馈 Nil。
- 如果 M 小于等于 Acceptor 已通过的 Prepare 请求中最大的提案编号，则拒绝本次 Prepare 请求，不响应 Proposer。

⏻注意：响应 Nil 和不响应并非相同的动作。如果不响应，Proposer 可以认为该 Acceptor 拒绝了 Prepare 请求，或者该 Acceptor 发生了故障；如果响应 Nil，则意味着该 Acceptor 通过了 Prepare 请求，并且该 Acceptor 没有批准任何一个提案。

根据 Acceptor 处理 Prepare 请求的规则，如果 Acceptor 通过了 Prepare[M,]请求，则向 Proposer 做出以下承诺：

- 不再通过编号小于等于 M 的提案的 Prepare 请求。
- 不再批准编号小于 M 的提案的 Accept 请求。
- 如果 Acceptor 已经批准提案编号小于等于 M 的 Accept 请求，则承诺在提案编号为 M 的 Prepare 请求的响应中，反馈已经批准的 Accept 请求中最大编号的提案指令；如果没有批准任何 Accept 请求，则在 Prepare 请求的响应中反馈 Nil。

⏻注意：在 Prepare 请求中，Proposer 只会发送提案编号，也就是[M,]，提案指令需要根据 Acceptor 的响应才能确定。

2. Accept阶段

在 Proposer 收到多数派的 Acceptor 的响应后，由 Proposer 向 Acceptor 发送 Accept 请求，此时的 Accept 请求包含提案编号和提案指令，记作提案[M, V]。Acceptor 收到提案[M, V]的 Accept 请求后，会根据以下约定对 Proposer 进行反馈。

- 如果 Acceptor 没有通过编号大于 M 的 Prepare 请求，则批准该 Accept 请求，即批准提案[M, V]，并返回已通过的最大编号（也就是[M,]）。
- 如果 Acceptor 已经通过编号为 N 的 Prepare 请求，且 $N>M$，则拒绝该 Accept 请求，并返回已通过的最大编号（也就是[N,]）。

当拒绝 Accept 请求时，Acceptor 可以直接忽略 Accept 请求，不执行响应 Proposer 的操作，也可以给 Proposer 反馈自己已通过的最大提案编号，只要让 Proposer 明确知晓自己的决策，就不会影响 Paxos 的正确性。

在实践中，无论拒绝或接受 Accept 请求，Acceptor 都会给 Proposer 反馈自己通过的最大提案编号。因为在下一轮协商中，Proposer 可以基于响应中的提案编号进行递增，而不用尝试逐个递增提案编号。而 Proposer 可以对响应的提案编号和 Prepare 阶段所使用的提案编号进行比较，如果二者相等，则意味着对应的 Acceptor 批准了该 Accept 请求，否则为拒绝。

如果多数派的 Acceptor 批准了该 Accept 请求，则记作提案[M, V]已被选择或者提案已达成共识；如果没有多数派的 Acceptor 批准该 Accept 请求，则需要回到 Prepare 阶段重新进行协商。

值得关注的是：提案中 V 的值，如果在 Prepare 请求响应中，部分 Acceptor 反馈了提案指令，则 V 为 Prepare 请求反馈中最大的提案编号对应的提案指令，否则 V 可以由 Proposer 任意指定。

3. Learn阶段

Learn 阶段不属于 Paxos 的协商阶段，它的主要作用是将达成共识的提案交给 Learner 进行处理，然后执行状态转移操作。如何让 Learner 知晓已达成共识的提案有以下几种方案可供选择。

- ❑ 进行 Proposer 同步。在协商的过程中，只有提案对应的 Proposer 才知道提案是否已达成共识和最终达成共识的真正提案。因此在 Accept 阶段，如果一个提案已达成共识，那么由 Proposer 立即将该提案发送给 Learner 是最简单的方案。
- ❑ 转发 Accept 请求给 Learner。当 Acceptor 批准一个 Accept 请求时，会将其转发给 Learner，Learner 需要判断是否有多数派的 Acceptor 给它发送了同样的 Accept 请求，以决定是否需要执行状态转移，这要求 Learner 承担一部分属于 Paxos 的计算能力。
- ❑ 在 Acceptor 之间交换已批准的 Accept 请求。当 Acceptor 批准一个 Accept 请求时，会将其广播给其他 Acceptor，那么所有的 Acceptor 都可以判断提案是否已达成共识，并将达成共识的提案发给 Learner。这样做明显又增加了一轮消息交互，但好处是，每个 Acceptor 都可以为提案记录是否已达成共识的标志，这可以使得读请求不必再执行一轮协商，具体在 4.6.2 小节中再展开介绍。

对于第二种和第三种方案，当发生提案冲突而导致没有任何提案达成共识时，Learner 不会为任何提案执行状态转移操作，本次计算和消息交互的开销就白费了。所以第一种方案仍是最简单有效的。但是通常来说，Learner 是一个集合，如何高效地让所有的 Learner 都拥有某个已达成共识的提案是值得思考的问题，通常有三种数据同步方案可供选择。

- ❑ 逐一同步。

最简单的方式是，当触发 Learn 阶段时，Proposer 将逐个向所有的 Learner 发送需要达成共识的提案。

这种方案虽然简单，但是会明显增加 Proposer 的负担，并且同步效率也不高，如果 Learner 的数量为 N，则 Proposer 需要发送 N 个消息才能完成所有的 Learner 同步。

- ❑ 选举主 Learner。

选举主 Learner 是指将提案发送给其他 Learner 的工作，由 Proposer 交给主 Learner 代为完成。在触发 Learn 阶段时，Proposer 只需要将已达成共识的提案发送给主 Learner，然后由主 Learner 将其转发给其他 Learner 即可。

这种方案解放了 Proposer 同步的工作，但同时也引入了另一个问题，即需要考虑主 Learner 的可用性。当主 Learner 出现故障时，其他的 Learner 将无法获取后续达成共识的提案。

为了解决主 Learner 出现故障的问题，最有效的方式是选举多个主 Learner，同样，

Proposer 只需要将已达成共识的提案发送给所有的主 Learner 即可。主 Learner 集合当然不能过大，毕竟每增加一个主 Learner 就会增加一份 Proposer 的工作。

❑ 流言传播。

当 Learner 的集合实在过大时，可以考虑选择流言传播，即 Gossip 协议。它不属于本书的内容，这里仅做简述：当有数据发生变更时，Gossip 通过各个成员之间互相感染来传播数据。Gossip 的传播能力是极强的，除非人为阻断传播，否则它会将变更的数据复制到整个集群中，哪怕该集群有成千上万个成员。

4.3　Paxos 详解

了解了各个角色在每个阶段的工作内容后，本节将从两个方面介绍 Paxos。先通过伪代码的形式整体梳理一遍 Paxos，有了整体的印象之后，再以图文的形式细化每个阶段的协商过程。

4.3.1　Paxos 模拟

Paxos 的协商过程由 4 个 RPC 交互来完成，下文分别称为 Prepare、PrepareResp、Accept 和 AcceptResp。前两者发生在 Prepare 阶段，后两者发生在 Accept 阶段。每个 RPC 消息需要完成的工作如下，交互过程可参考表 4.1。

（1）当 Proposer 收到客户端请求时，首先要为提案生成一个递增的、全局唯一的提案编号 N，具体如何生成编号，将在 4.3.5 小节介绍。

（2）Proposer 向所有的 Acceptor 发送 Prepare[N,]请求。

（3）在 Acceptor 收到 Prepare[N,]请求后，会和自己所通过的 Prepare 请求中最大的提案编号 MaxNo 进行比较。

❑ 如果 N>MaxNo，则更新 MaxNo 的值为 N，并通过 PrepareResp[AcptNo, AcptValue] 请求向 Proposer 反馈自己所批准的最大的提案编号和其对应的提案指令。

❑ 如果 N≤MaxNo，则忽略本次 Prepare 请求。

（4）如果 Proposer 未收到多数派的反馈，则回到 Prepare 阶段，递增提案编号，重新协商；如果 Proposer 收到多数派的反馈，则按照以下规则选择提案指令 Value，向 Acceptor 发送 Accept[N, Value]请求。

❑ 如果在反馈中存在一个 AcptValue 的值不为 Nil，则使用所有反馈中提案编号最大的提案指令作为自己的提案指令 Value。

❑ 如果在所有反馈中 AcptValue 都为 Nil，则由 Proposer 任意指定提案指令 Value。

（5）Acceptor 收到 Accept[N, Value]请求后，会和自己所通过的 Prepare 请求中最大的提案编号 MaxNo 进行比较。

❑ 如果 N=MaxNo，则更新自己所批准的提案编号和提案指令，并通过 AcceptResp [MaxNo]向 Proposer 反馈 MaxNo。

❑ 如果 N<MaxNo，则忽略本次 Accept 请求。

（6）如果 Proposer 未收到多数派的反馈，则回到 Prepare 阶段，递增提案编号，重新协商；如果 Proposer 收到多数派的反馈，则说明该提案已被选择，在各个 Acceptor 之间达成共识。

表 4.1　Paxos模拟

Proposer	Acceptor
N：当前协商提案的提案编号 MaxNo：Acceptor通过的Prepare请求的最大提案编号 AcptNo：Acceptor批准的Accept请求的最大提案编号 AcptValue：Acceptor批准的Accept请求的最大提案指令	
Begin: 　N = 1 + Max(N, 0) 　Send **Prepare[N,]** to all Acceptor	**OnPrepare[N,]**: 　If N > Max(MaxNo, 0) 　　MaxNo = N 　　Reply **PrepareResp[AcptNo, AcptValue]**
OnPrepareResp[AcptNo, AcptValue]: 　Log$_{pre}$ ← PrepareResp[AcptNo, AcptValue] 　If Count(Log$_{pre}$) < Majority 　　If the wait times out 　　　Goto Begin; Return 　　Return 　If PrepareResp∈Log$_{pre}$, PrepareResp.acptValue != Nil 　　Value = PrepareResp.AcptValue (for highest AcptNo) 　Send **Accept[N, Value]** to all Acceptor	**OnAccept[N, Value]**: 　If N = MaxNo 　　AcptNo = N 　　AcptValue = value 　　Reply **AcceptResp[MaxNo]**
OnAcceptResp[MaxNo]: 　Log$_{acpt}$ ← AcceptResp[MaxNo] 　If Count(Log$_{acpt}$) < Majority 　　If the wait times out 　　　Goto Begin; Return 　　Return 　Done, Value is chosen	

4.3.2　Prepare 阶段

在实际情况中存在多个 Proposer，这就意味着算法在运行过程中会同时出现多个提案，而每个提案也会影响 Prepare 和 Accept 请求。但是只要每个提案遵循上述规则，Paxos 就一定能保证数据的正确性。

为了更好地描述多个 Proposer 同时协商产生的冲突，假设存在由 2 个 Proposer 和 3 个 Acceptor 组成的 Paxos 集群。任意一个提案获得 2 个及以上的 Acceptor 支持，即构成多数派。

Proposer A 收到客户端指令 Add，Proposer B 收到客户端指令 Minus，Proposer A 和 Proposer B 分别生成提案编号，其中，Proposer A 的提案编号为 1，Proposer B 的提案编号为 2。在 Prepare 阶段它们交互的结果如图 4.1 所示。

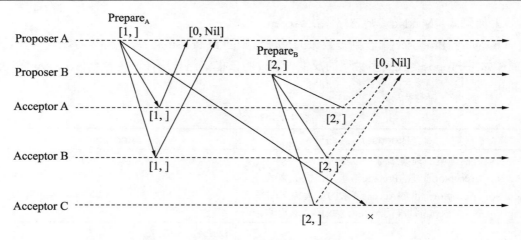

图 4.1　Prepare 阶段示意

（1）Proposer A 和 Proposer B 分别进入 Prepare 阶段，通过 $Prepare_A[1,]$ 请求和 $Prepare_B[2,]$ 请求分别将提案编号发给各个 Acceptor。

（2）Acceptor A 和 Acceptor B 在收到 $Prepare_A[1,]$ 请求后，由于之前没有通过任何提案的 Prepare 请求，因此选择通过 $Prepare_A[1,]$ 请求。

由于 Acceptor A 和 Acceptor B 没有批准过任何 Accept 请求，它们的 AcptNo＝0、AcptValue＝Nil，因此给 Proposer A 反馈的结果为 $PrepareResp_A[0, Nil]$。

（3）Acceptor C 在收到 $Prepare_B[2,]$ 请求之后再收到 $Prepare_A[1,]$ 请求，因为 $Prepare_B$ 的提案编号大于 $Prepare_A$ 的提案编号，因此拒绝 $Prepare_A[1,]$ 请求，不给 Proposer A 反馈任何信息。

（4）Acceptor A 和 Acceptor B 在收到 $Prepare_B[2,]$ 请求后，虽然之前通过了 $Prepare_A[1,]$ 请求，但是 $Prepare_B[2,]$ 的提案编号大于 $Prepare_A[1,]$ 的提案编号，因此选择通过 $Prepare_B[2,]$ 请求。

同样，由于 Acceptor A 和 Acceptor B 没有批准过任何提案的 Accept 请求，它们的 AcptNo＝0、AcptValue＝Nil，因此给 Proposer B 的反馈结果也为 $PrepareResp_B[0, Nil]$。

此时，Proposer A 获得了 2 个 Acceptor 的反馈，Proposer B 获得了 3 个 Acceptor 的反馈，即它们都获得了多数派的支持，可以开启各自在 Accept 阶段的工作了。

4.3.3　Accept 阶段

如果 Proposer 没有获得多数派 Acceptor 的支持，则需要回到 Prepare 阶段重新协商；如果获得了多数派 Acceptor 的支持，就可以开启 Accept 阶段，使提案指令在各个成员之间达成共识。

在发送 Accept 请求之前，Proposer 还需要先确定提案指令。如果在 Prepare 请求响应中提案指令不是 Nil，则选择在所有响应中提案编号最大的提案指令作为自己的提案指令；如果在所有的响应中提案指令都为 Nil，则可以由 Proposer 自己指定提案指令。

在 Proposer A 和 Proposer B 收到的反馈中，提案指令都为 Nil，它们可以将客户端的指令作为提案指令，即 Proposer A 的最终提案为[1, Add]，Proposer B 的最终提案为[2, Minus]，在 Accept 阶段它们交互的结果如图 4.2 所示。

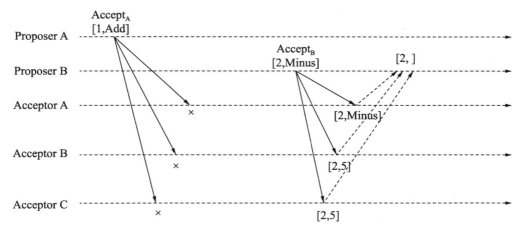

图 4.2　Accept 阶段示意

（1）Proposer A 通过 Accept$_A$[1, Add]请求给各个 Acceptor 发送提案。

（2）Acceptor A、Acceptor B 和 Acceptor C 在收到 Accept$_A$[1, Add]请求之前都通过了 Prepare$_B$[2,]请求，这意味着它们都不会再批准提案编号小于 2 的 Accept 请求。根据约定，它们将丢弃 Accept$_A$[1, Add]请求。

（3）Proposer A 在等待超时后没有收到任何反馈，就知道 Accept$_A$[1, Add]请求没有获得任何 Acceptor 的支持，Proposer A 需要回到 Prepare 阶段重新进行协商。

（4）同样，Proposer B 通过 Accept$_B$[2, Minus]请求给各个 Acceptor 发送提案。

（5）Acceptor A、Acceptor B 和 Acceptor C 在收到 Accept$_B$[2, Minus]请求之前没有通过编号大于 2 的 Prepare 请求，它们都将批准 Accept$_B$[2, Minus]请求，并反馈 AcceptResp$_B$[2,]给 Proposer B。

（6）Proposer B 在接收到多数派的 Acceptor 都反馈了 AcceptResp$_B$[2,]请求后，就知道自己的 Accept$_B$ 请求已获得多数派 Acceptor 的支持，提案[2, Minus]达成共识，完成协商过程。

至此，我们详细地描述了 Paxos 的协商过程。在实际项目中，为了保证已达成共识的提案，不再改变，约定 Proposer 阶段需要返回上一轮 Accept 阶段可能达到共识的提案，具体如下：

❑ 如果 Acceptor 已经批准了任意的 Accept 请求，则承诺在 PrepareResp 请求中反馈已批准的提案编号和已批准的提案指令。

❑ Proposer 需要从 PrepareResp 请求中找出最大的提案编号作为自己的提案指令。

我们需要想象这样一个场景，Proposer B 发出的 Prepare$_B$[3,]请求获得了多数派 Acceptor 的支持，随后发起 Accept$_B$[3, Mod]请求，在此过程中，Proposer A 发起 Prepare$_A$[4,]请求。各个 Acceptor 收到请求的顺序及处理情况如下：

❑ Acceptor A 先收到 Accept$_B$[3, Mod]请求，再收到 Prepare$_A$[4,]请求，按照约定会批准 Accept$_B$[3, Mod]请求，也会通过 Prepare$_A$[4,]请求，并向 Proposer A 反馈

PrepareResp$_A$[3, Mod]。

- ❑ Acceptor B 和 Acceptor C 先收到 Prepare$_A$[4,]请求，再收到 Accept$_B$[3, Mod]请求，按照约定，Acceptor B 和 Acceptor C 会通过 Prepare$_A$[4,]请求，并拒绝 Accept$_B$[3, Mod]请求。

此时，Accept$_B$[3, Mod]请求未获得多数派 Acceptor 的支持。Prepare$_A$[4,]请求获得了多数派 Acceptor 的支持，但是在 Prepare$_A$[4,]请求的反馈中包含非 Nil 的提案指令，即[3, Mod]。因此，Proposer A 会选择 Mod 作为自己的提案指令，并发起 Accept$_A$[4, Mod]请求给各个 Acceptor，具体情况如图 4.3 所示。

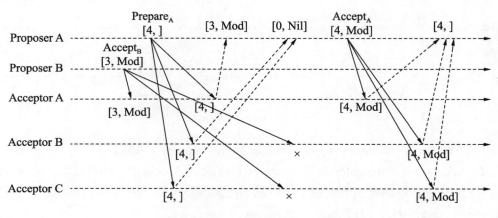

图 4.3　Prepare 和 Accept 干扰示意

4.3.4　活锁

活锁是指多个 Proposer 同时发起提案时，每个提案的 Prepare 请求和 Accept 请求交叉运行，相互干扰，导致最终选不了任何一个提案。

现在 Proposer A 和 Proposer B 同时发起提案，Proposer A 发起的 Prepare$_A$[1,]请求获得了多数派 Acceptor 的支持，在发起 Accept$_A$[1, Add]请求之前，Proposer B 发起的 Prepare$_B$[2,]请求获得了多数派 Acceptor 的支持。根据约定，多数派的 Acceptor 将拒绝批准 Accept$_A$[1, Add]请求，导致 Proposer A 需要重新发起 Prepare$_A$[3,]请求，而 Prepare$_A$[3,]请求又会导致 Proposer B 即将发起的 Accept$_B$[2, Mod]请求获取不到多数派 Acceptor 的支持。以此类推，最终，Proposer A 和 Proposer B 的提案都不能达成共识，如图 4.4 所示。

可以发现，在排除成员故障和网络异常的情况下（因为多数派的 Acceptor 同时都发生故障的可能性比较小），Proposer 未能获得多数派的支持，一定是发生了提案冲突。在此情况下，如果继续发起下一轮协商，则很有可能会陷入以上循环中。

为了缓解这个问题，在生产实践中，可以设定最小发起协商的超时，也就是说，在这个约定时间内，主动给其他 Proposer 一个机会，避免争夺。约定在 Proposer 的 Accept 请求遭到拒绝后，需要等待最小发起协商的超时后，才允许发起下一轮协商。而这个超时需要远大于正常协商所需要的时间，这样才能保证不干扰其他 Proposer 的协商进程。具体的优化方案，还需要通过大量的实践来检验。

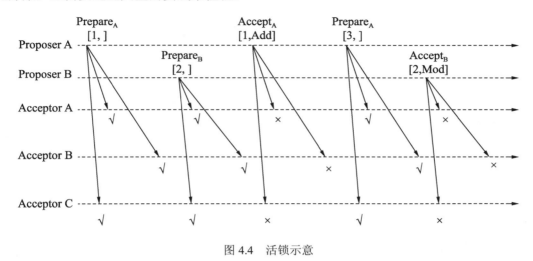

图 4.4　活锁示意

另外，Lamport 在论文中也提到了 Multi Paxos 的解决方案，也可以有效地缓解提案发生冲突的问题，即通过减少发起协商的成员数量来降低提案发生冲突的概率，具体将在 4.5 节中介绍。另外，在 Multi Paxos 的基础上还可以进一步降低活锁带来的影响，这一点在 PhxPaxos 中已进行了深入实践，具体将在 4.7.3 小节详细探讨。

4.3.5　提案编号选定

生成提案编号是一个简单的问题，我们需要保证的是任意两个提案编号都不能相同，且提案编号保持自增。为了实现这个需求，最简单的方式就是提供一个额外的生成提案编号的服务，所有 Proposer 在发起提案之前，都需要先向该服务申请一个唯一的自增编号。这种方式存在的问题很明显，那就是不能确保这个额外服务的可靠性。

另一个方案是为每个 Proposer 设定一个编号 I（$I \geq 0$），在生成提案编号时，使用公式 $N \times J + I$（N 为 Proposer 个数，J 属于每个 Proposer 本地提出的提案顺序）。假设存在 3 个 Proposer，其编号分别为 0、1 和 2，则生成的提案编号如表 4.2 所示。

表 4.2　提案编号选定

	第 1 个提案	第 2 个提案	第 3 个提案	第 4 个提案	第 5 个提案
Proposer 0	3	6	9	12	15
Proposer 1	4	7	10	13	16
Proposer 2	5	8	11	14	17

当然，也可以使用 Timestamp[①]作为提案编号，为了防止提案编号发生冲突，还需要为每个成员设置唯一的 ID，与 Timestamp 联合生成提案编号，其中，Timestamp 作为提案编号的高位，只要成员之间的时间误差不要过大，就能保证提案编号的唯一递增。

---

① Timestamp：时间戳。

4.4　Paxos 的推导过程

想要学习一门算法，除了需要了解算法的运行逻辑外，还需要了解算法的推导过程，只有了解了它是怎么来的，才能清楚地知道该算法在运行过程中每个步骤的真实含义。在 *Paxos Made Simple* 中有大量的篇幅都在描述 Paxos 推导的过程。因此，虽然本节的内容难度稍大，但是希望读者不要跳过它。

4.4.1　推导

首先，应该把注意力聚焦在分布式环境所面临的问题上：在由多个成员组成的集群中，如果某一个值或指令被选择了，那么客户端无论访问哪个成员都会返回相同的值或指令。仔细分析这个问题，它包含多层含义。

（1）客户端会发出多个指令，每个成员所认可的值或指令都应该一样。

（2）只有一个值或指令被集群选中，它才能被客户端获取。

（3）传送的通道不可靠，可能存在消息丢失、消息延迟等情况，但不考虑拜占庭故障模型[①]。

（4）服务器不可靠，应该允许存在少部分成员出现故障的情况。

选择一个提案指令，最简单的方式就是把这份工作交给一个 Acceptor 来完成，Acceptor 只需要选择第一个到达的提案指令即可。但是让一个 Acceptor 负责这个任务不太可靠，因为它总有一天会停机，那时系统将不可用。

在这个基础上，多个 Acceptor 共同选择提案指令才是比较可靠的。如果 Proposer 向一组 Acceptor 发起提案指令，那么怎样才能算该提案指令被选中呢？是否有必要约定所有的 Acceptor 都批准某一提案指令才算该提案指令被选中呢？答案是否定的！因为 Acceptor 会出现故障，要求所有的 Acceptor 都批准某个提案指令是比较苛刻的，也是没有必要的，只需要多数派（超过一半的数量）的 Acceptor 批准同一个提案指令即可。

需要多数派成员批准的原因是两个多数派之间至少会存在一个共同的 Acceptor，为了保证达成共识的提案指令的唯一性，即不存在两个提案指令同时被选择的情况，我们要求这个共同的 Acceptor 只能批准一个提案指令，这样就能保证共识算法的正确性。因此，我们要求所有的 Acceptor 只批准它收到第一个提案指令即可满足这一要求，即得到 P1（我们以 P 代表推导结论，推导结论 1 即为 P1，以此类推）。

P1．Acceptor 必须批准它接收的第一个提案指令。

按照 P1 执行算法，存在投票被瓜分的情况。如果每个 Acceptor 都批准它接收的第一个提案指令，那么可能会导致每个提案指令只获得一个 Acceptor 的支持，最终所有的提案

---

① 拜占庭故障模型：指存在恶意服务器，它会做出一些恶意行动，如恶意篡改消息，将正确消息不发送给其他服务器，将错误消息发给其他服务器，重复发送消息等。

指令都没有获得多数派的支持，即没有一个提案指令被选择。

这意味着 Acceptor 不能只批准第一个提案指令，应该允许它批准多个提案指令；同时，为了保证算法的安全性，在 Acceptor 批准的所有提案指令中，同一时间只能有一个有效的提案指令，这个有效的提案指令就是在当前时刻 Acceptor 所认可的提案指令。那么确定哪个提案指令有效呢？

我们需要给提案指令增加一个提案编号，即[提案编号, 提案指令]表示一个提案，用最大的提案编号标识最新的有效提案。由于 Acceptor 允许批准多个提案，因此就不能用任意值作为提案指令了。原因是，当一个提案[M, V]获得多数派 Acceptor 的支持时，V 就已经被选择了，如果 Acceptor 还能批准后续的提案，那么就必须要求后续 Acceptor 批准的提案指令也为 V。

P2．如果一个提案[M, V]被选择了，那么后续被批准的编号更高的提案所包含的提案指令都是 V。

如果一个提案被选择了，那么一定存在一个及以上的 Acceptor 批准了该提案，继续完善 P2，会得到 P2A。只要能保证 P2A，就能满足 P2。

P2A．如果一个提案[M, V]被选择了，那么任何 Acceptor 批准的编号更高的提案所包含的提案指令都是 V。

只要求 Acceptor 是不足以保证安全性的。试想一下，如果存在两个 Proposer，第一个 Proposer 的提案[M_1, V_1]已经获得了多数派集合 Q_1 的支持，即提案[M_1, V_1]已被选择。此时，第二个 Proposer 提出了提案[M_2, V_2]，且 $M_2 > M_1$，$V_2 \neq V_1$，并将提案[M_2, V_2]发送给了 Acceptor C，且 $C \notin Q_1$。按照 P1 的约定，C 应该批准提案[M_2, V_2]，但是却违背了 P2A（因为提案[M_1, V_1]已被选择，但是 Acceptor C 即将批准的提案[M_2, V_2]中的 $V_2 \neq V_1$）。

因此，需求继续增强 P2A，从提案提出的时候开始约定提案指令，进而得出 P2B。

P2B．如果一个提案[M, V]被选择了，那么此后，任何 Proposer 提出的编号更高的提案包含的提案指令都是 V。

因为如果一个提案被选择了，那一定是被 Proposer 提出过，也就是说 P2B 包含 P2A，只要满足 P2B，就能满足 P2A。

接下来应该考虑如何满足 P2B，只需要在提案[M_1, V_1]被选择时，保证任意编号为 M_n（$M_n > M_1$）的提案指令为 V_1 即可。要知道，一个提案[M_1, V_1]被选中，一定是获得了一个由 Acceptor 组成的多数派集合 Q_1 的支持，同时，因为在两个多数派集合中一定存在一个共同的 Acceptor，所以约定，在提案[M_n, V_n]提出之前，一定存在一个由 Acceptor 组成的多数派集合 Q_n 满足以下任意一个条件，就能保证 $V_n = V_1$。

- ❏ 条件一：在 Q_n 中没有 Acceptor 批准编号小于 M_n 的提案。
- ❏ 条件二：在 Q_n 的任意一个 Acceptor 批准的所有提案（编号小于 M_n）中，V_n 是编号最大对应的提案指令。

满足条件一就能满足 P2B，原因是，没有 Acceptor 批准编号小于 M_n 的提案，这意味着提案[M_1, V_1]不存在，自然就不用比较 V_n 是否等于 V_1。

对于条件二，需要用归纳法来理解。在 Proposer 提出提案[M_2, V_2]时，多数派 Q_2 需要满足条件二，即 V_2 是 Q_2 中任意一个 Acceptor 批准的最大编号的提案指令。而 Q_2 与批准提案$[M_1, V_1]$组成多数派 Q_1 的交集一定不为空，同时在 Q_1 中任意一个 Acceptor 批准的提案指令都为 V_1，这意味着 $V_2 = V_1$。以此类推，$V_{n-1} = V_1$。因此，只要满足条件二，V_n 一定等于 V_1。

通过上述总结得出 P2C，只需要保证满足 P2C 的要求，那么就能满足 P2B，进而满足 P2A，P2 也得以满足。

P2C．对于任意的 M 和 V，如果提案$[M, V]$被提出，那么一个由 Acceptor 的多数派组成的集合 Q 满足以下任意一个条件：

❑ 条件一：在 Q 中没有 Acceptor 批准编号小于 M 的提案；

❑ 条件二：在 Q 的任意一个 Acceptor 批准的所有提案（编号小于 M）中，V 是编号最大的提案指令。

从 P2C 来看，一个提案的提出，需要先由 Proposer 确定提案指令，这自然不是在一个阶段就能完成的事情。Proposer 在正式发起提案之前，需要先和多数派的 Acceptor 取得联系，并询问编号为 M 的提案指令。Acceptor 可以给 Proposer 返回没有批准过的提案指令（P2C 条件一）；也可以给 Proposer 返回已批准的最大编号的提案指令，因此 Proposer 需要从所有的响应中选择最大编号的提案指令作为 V，进而满足 P2C 的条件二。

同时，Acceptor 不能在反馈给 Proposer 上述两种响应后，立刻批准一个编号比 M 小的提案指令。因为这有可能在提案$[M, V]$提出的那一刻违背了 P2C 的条件。例如，在 Proposer 收到多数派 Acceptor 没有批准任何提案的响应，准备发起提案$[M_1, V_1]$之前，多数派的 Acceptor 都批准了提案$[M_2, V_2]$（$M_1 > M_2$，$V_1 \neq V_2$）。那么提案$[M_1, V_1]$的提出就违背了 P2C，因为没有一个多数派的集合能满足 P2C 的任意一个条件。

因此 Proposer 在询问提案指令的同时也要求 Acceptor 不能批准提案编号小于自己询问的提案编号，并且 Proposer 发起的提案指令需要根据询问结果来指定，这样就推导出了 Proposer 的整个实现过程。

（1）Proposer 生成提案编号 M 并将提案编号发送给 Acceptor（即 Prepare 请求），然后询问所批准的提案指令并要求 Acceptor 回应：

❑ 一个不再批准编号小于等于 M 提案指令的承诺。

❑ 如果已批准编号小于 M 的提案，则反馈最大编号的提案指令。

（2）如果 Proposer 收到多数派的反馈，那么就可以提出提案$[M, V]$并发送给 Acceptor（Accept 请求），其中，V 是反馈中编号最大的提案指令，或者是 Proposer 指定的任意指令。

我们已经推导出 Proposer 的工作过程，现在应该考虑 Acceptor。Acceptor 会收到两种来自 Proposer 的请求：Prepare 请求和 Accept 请求。Prepare 请求可以理解为 Acceptor 向 Proposer 按照约定许下的承诺；Accept 请求则是履行承诺。只有当 Acceptor 没有通过编号大于 M 的 Prepare 请求时，才能批准编号为 M 的 Accept 请求。由于该承诺，Acceptor 也可以放弃那些编号较小（小于已承诺的编号）的 Prepare 请求。

例如，Acceptor 已通过了编号为 M_1 的 Prepare 请求，当收到编号为 M_0（$M_0 < M_1$）的 Prepare 请求时，Acceptor 则可以拒绝回应编号为 M_0 的 Prepare 请求。因为 Acceptor 不会再批准编号为 M_0 的 Accept 请求了，所以回应编号为 M_0 的 Prepare 请求也是多余的。

因此，Acceptor 的算法内容很简单，只需要履行对 Proposer 的承诺即可，即 P1A。

P1A. 当且仅当 Acceptor 没有通过一个编号大于 M 的 Prepare 请求时，它才可以批准一个编号为 M 的提案指令。

整理 Proposer 和 Acceptor 的工作内容，可以得到 Paxos 在两个阶段的协商过程。

Prepare 阶段：

❑ Proposer 生成唯一提案编号 M，通过 Prepare 请求给 Acceptor 发送编号。

❑ Acceptor 收到 Prepare 请求，如果 M 小于等于自己之前通过的 Prepare 请求的最大编号，则 Acceptor 拒绝该 Prepare 请求；否则，Acceptor 通过该 Prepare 请求，并向 Proposer 反馈约定的内容。反馈内容为已批准的 Accept 请求最大编号对应的提案指令（如果存在的话）。

Accept 阶段：

❑ Proposer 在收到多数派 Acceptor 的反馈后，可以发起提案 [M, V]，其中，V 为反馈的最大编号对应的提案指令，或者自由指定。通过 Accept 请求给 Acceptor 发送提案。

❑ Acceptor 收到 Accept 请求后，如果 M 小于自己之前通过的 Prepare 请求的最大编号 N，则 Acceptor 拒绝该 Accept 请求；否则，Acceptor 批准该 Accept 请求，向 Proposer 反馈通过的 Prepare 请求的最大编号 M。

❑ Proposer 在收到多数派 Acceptor 的反馈后，意味着该提案已被选择，即达成共识；否则，需要回到 Prepare 阶段，重新协商。

4.4.2　多数派的本质

多数派的思想贯穿 Paxos，而多数派只是一种实现方式。了解多数派的本质，需要重新审视 Prepare 和 Accept 两阶段的含义。

为了保证已达成共识的提案不会再改变，需要确保在此之前是否有提案已经达成共识，因此我们需要在 Prepare 阶段收集之前的协商结果。而对于真正发起提案指令的 Accept 阶段的唯一要求就是，发起的提案指令要么是已达成共识的提案，要么是在集群中没有任何提案达成共识，可以发起任意的提案指令。

要满足 Accept 阶段的约束条件，就必须要求在 Prepare 阶段和 Accept 阶段之间存在能够交流信息的媒介。而处理 Prepare 阶段和 Accept 阶段的成员不一定是同一组成员，因此我们需要为它们建立一个强关系。

约定一个成员在同一时间只能批准一个提案指令，只需要保证 Prepare 阶段的成员和 Accept 阶段的成员存在交集，这些相交的成员就是能够交流信息的媒介。定义处理 Prepare 阶段的成员集合为 $Quorum_R$，处理 Accept 阶段的成员集合为 $Quorum_W$。

满足本轮协商只会有一个提案达成共识的规则如下：

R1. $Quorum_R$ 和 $Quorum_W$ 必须相交，即 $Quorum_R \cap Quorum_W \neq \varnothing$。

满足已达成共识的提案不会再改变，即本轮在 Accept 阶段发起的提案指令，要么是已达成共识的提案，要么是在集群中没有任何提案达成共识，可以发起任意的提案指令。设定 R2 规则如下：

R2. 本轮（i）的 $Quorum_R$ 与之前所有轮次中任意一轮（$i-x$）的 $Quorum_W$ 必须相交，即 $i\text{-}Quorum_R \cap (i-x)\text{-}Quorum_W \neq \varnothing$。

根据 R2 规则，进一步约束提案值的选取规则：在过去的第 i 轮中有一个提案 v 达成共识了，那么一定满足 $i\text{-}Quorum_W$ 都批准了这个提案，而 R2 保证在 i 轮之后的任意一轮的 $(i+x)\text{-}Quorum_R$ 中至少有一个成员一定会读到 v，那么第 $i+x$ 轮都将以 v 作为 Accept 阶段的提案指令。

因此算法只需要用 $Quorum_R$ 一轮一轮地向前查找，直到有一轮的提案指令集合 V 不全是 Nil，就可以不再向前查找了，从 V 中选择一个值进入 Accept 阶段。因为每一轮都可能提出不同的提案指令，所以我们可能在 $Quorum_R$ 中收到多个不同的提案指令，但它们的提案编号（轮次）一定是不相同的（因为一个提案编号只对应一个 Proposer，而一个 Proposer 只能提出一个提案指令），并且在它们之间只有提案编号最大的提案才有可能达成共识。

这是因为在一轮又一轮的运行中，R2 保证如果在过去的一轮 i 中已有提案达成共识，那么 $i+1$ 一定可以获得这个值，并在后续的协商轮次中传递。只有第 i 轮没有任何值达成共识，$i+1$ 一轮才可能提出自己的提案编号。因此选择最大的提案编号对应的提案指令可以保证算法的正确性。

根据 R1 和 R2 规则，可以得出，任意的 $Quorum_R$ 和 $Quorum_W$ 相交，就能保证已达成共识的提案进行传递，进而保证算法的正确性。根据这个推论，得到以下条件，满足以下条件就能设计正确的共识算法。令成员总数为 N、$Quorum_R$ 数量为 R，$Quorum_W$ 数量为 W。

$$R+W > N$$

显然，"多数派"是满足以上条件的且是最简单的实现方式。根据这个条件，可以设计动态的 Quorum，例如，第 7 章将要介绍的 Vertical Paxos。

4.5　Multi Paxos 详解

在 4.3 节中我们对 Basic Paxos 有了比较详细的了解，当然不会止步于此。勤于思考和总结，才能更好地前行。我们应该稍稍思考一下 Basic Paxos 的"痛点"，然后尝试解决，这样才能更深入地了解 Paxos。

4.5.1　Multi Paxos 简介

首先，Basic Paxos 需要通过多轮的 Prepare 和 Accept 阶段才能对一个值达成共识，这种做法其实是过于保守的，RPC 交互次数多，则网络延迟也会相应增大，加上活锁的存在概率，实际上，Basic Paxos 协商的效率是很低的。因此，我们不妨大胆一些，省略一些非关键性的交互，以找到一个优化的方案。

根据经验，较低的消息复杂度可以提高吞吐量，在同等的带宽中，传输通道的大小是不变的，消息交互次数变少了，自然就有更多的带宽可用于发送实际的提案命令。Lamport

在论文的末尾提到了对 Basic Paxos 的优化,虽然篇幅较少,但是仍然给了我们一个正确的方向,即 Multi Paxos。之所以被叫作 Multi Paxos,是因为一开始它想解决的问题就是运行一轮 Paxos,使多个值或指令达成共识。为了实现这个目标,相比于 Basic Paxos,Multi Paxos 进行了以下几点改进:

❑ 引入 Leader 角色,只能由 Leader 发起提案,减少了出现活锁的概率。

❑ 在没有提案冲突的情况下,省略 Prepare 阶段,优化成一阶段。

如图 4.5 所示,Multi Paxos 并不需要每次协商都执行 Prepare 阶段的任务,在执行一次 Prepare 阶段的任务,获得了多数派 Acceptor 的承诺之后,后续连续的提案只需要执行 Accept 阶段的任务即可。因为不存在其他的提案争取 Acceptor 的承诺,所以 Leader 可以认为 Acceptor 一定会批准自己后续提出的提案。

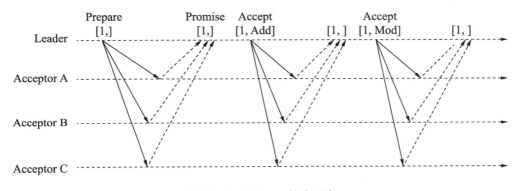

图 4.5　Multi Paxos 协商示意

当然,Multi Paxos 允许同时存在多个自认为是 Leader 的成员,并且允许它们同时发起提案,只要各个 Leader 按照算法约定运行,便不会影响其算法安全性。在每个 Leader 发起第一个提案之前,都会执行一次 Prepare 阶段的任务,以获得多数派 Acceptor 的承诺。在一个 Acceptor 承诺了新 Leader 的提案编号之后,意味着之前对其他 Leader 承诺的提案编号将失效,之前 Leader 发起的 Accept 请求自然会遭到拒绝,如图 4.6 所示。

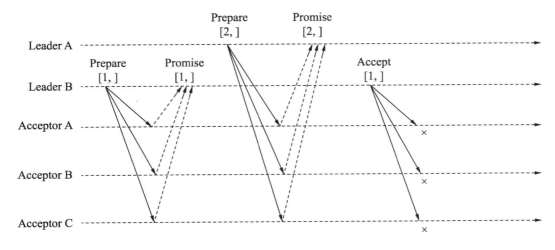

图 4.6　多 Leader 协商示意

Leader A 后续发起的 Prepare 请求，更新了多数派 Acceptor 所承诺的编号，这导致 Leader B 后续发起的 Accept 请求遭到了拒绝。如果 Leader B 需要继续发起提案，则需要再次发起编号大于 2 的 Prepare 请求，如 Prepare$_B$[3,]请求。

由此看来，当多个 Leader 同时发起提案时，并不会影响算法的正确性。但是值得注意的是：Leader 成员的个数并不会与写性能成正比。相反，大批量的 Leader 存在，将会导致写性能的效率退化到 Basic Paxos。在实际情况中，我们希望大部分时间只有一个 Leader 发起提案，这样才能最大程度地发挥 Multi Paxos 的效果。接下来一起看看如何选举出 Leader。

4.5.2　Leader 选举

本小节的内容是非常重要的，Multi Paxos 的资料相对较少，基本上只能靠自己脑补来完成，因此，在学习 Paxos 的时候很容易有自己的见解，在理解上也容易出现偏差，这里将介绍业界工程实现比较多的一种方式。

引入 Leader 角色是实现 Multi Paxos 的关键，我们可以把 Leader 理解成特殊的 Proposer，这可能也是 Lamport 对于 Leader 的选举只字未提的原因。但是，因为这一部分内容的缺失，工程师们都按照自己的理解去实现 Leader 这个角色，导致在工程实现上略有争议。

一种实现方式是在集群没有 Leader 时，运行一轮 Basic Paxos，选举出新的 Leader 并让其他的成员都认可该 Leader，然后由该 Leader 发起提案。这种方式其实是没有必要的，Leader 本身并不需要刻意地选举，因为它本身就是特殊的 Proposer，只是在优化 Prepare 阶段的过程中给 Proposer 取的一个新名字而已。

我们先不考虑 Leader 如何选举，以及它能发挥什么作用，先说一下引入 Leader 这个角色的原因。回到 Multi Paxos 所解决的问题上，也就是：运行一轮 Paxos，使多个提案指令达成共识。要使一轮 Paxos 的多个提案指令达成共识，就需要找到多个提案指令之间的联系。

前面我们着重介绍了 Paxos 的协商过程，为了描述 Paxos 对一系列的提案进行协商的过程，我们引入 Instance 一词，一个 Instance 与一个提案协商对应，即运行一轮 Multi Paxos 可以使多个 Instance 达成共识。

同时，使用 InstanceId 标识 Instance 的序号，要求一个 Instance 协商完成之后，才能执行下一个 Instance，并且 InstanceId 会进行相应的递增。这意味着 Instance 的顺序反映了提案达成共识的顺序。为了方便理解，我们可以把 Instance 类比成 Log（日志），当一个提案指令被选择后，将记录一条 Log，即相当于在一个 Instance 中选择了一个提案。

目前 Paxos 集群收到了 5 个请求，需要进行协商，那就是运行 5 次 Basic Paxos，分别在 5 个 Instance 中选择对应的提案指令。每次 Basic Paxos 都需要先执行 Prepare 阶段的任务，这个重复的阶段只是为了获得 Acceptor 的承诺，如表 4.3 所示。

表 4.3　Basic Paxos的协商过程

	Instance 1	Instance 2	Instance 3	Instance 4	Instance 5
Prepare	Prepare$_A$[1,]	Prepare$_A$[2,]	Prepare$_A$[3,]	Prepare$_A$[4,]	Prepare$_A$[5,]
Promise	1	2	3	4	5
Accept	Accept$_A$ [1, Add]	Accept$_A$ [2, Miuns]	Accept$_A$ [3, Divide]	Accept$_A$ [4, Minus]	Accept$_A$ [5, Mod]
Chosen	[1, Add]	[2, Miuns]	[3, Divide]	[4, Minus]	[5, Mod]

可以发现，在连续发起提案的情况下，Promise 的编号也是连续的。这意味着，如果某个 Proposer 的编号 N 获得多数派 Acceptor 的承诺，那么该 Proposer 将不再更新 N 的值，且不存在当其他 Proposer 尝试获得 Acceptor 的承诺时，Promise 的编号一直为 N 的情况。也就是说，多数派 Acceptor 对该 Proposer 做出的承诺一直有效。因此，该 Proposer 可以使用编号 N 发起多次 Accept 请求，从而使多个提案指令达成共识，如表 4.4 所示。

表 4.4　Promise不变的情况

	Instance 1	Instance 2	Instance 3	Instance 4	Instance 5
Prepare	Prepare$_A$[1,]				
Promise	1	1	1	1	1
Accept	Accept$_A$ [1, Add]	Accept$_A$ [1, Miuns]	Accept$_A$ [1, Divide]	Accept$_A$ [1, Minus]	Accept$_A$ [1, Mod]
Chosen	[1, Add]	[1, Miuns]	[1, Divide]	[1, Minus]	[1, Mod]

在没有 Prepare 阶段执行的情况下，Promise 的编号也不会更新，Proposer 是可以连续通过 Accept 阶段发起提案的，Acceptor 也可以根据约定，批准相应的提案。但是这个优化是基于只有一个 Proposer 发起提案的情况下，显然这并不符合对于 Paxos 的期望，因为单点的问题总是不可靠的。

基于以上原因，于是引入了 Leader 角色，只能由 Leader 发起提案，并且允许多个 Leader 同时发起提案。但是要求在 Leader 发起提案之前先执行一次 Prepare 阶段的任务，以获得多数派 Acceptor 的承诺；如果 Acceptor 承诺了一个新的更大的编号，那么其之前对 Leader 的承诺将失效，如表 4.5 所示。

表 4.5　Multi Paxos多Leader提案

	Instance 1	Instance 2	Instance 3	Instance 4	Instance 5
Prepare	Prepare$_A$[1,]	Prepare$_B$[2,]			
Promise	1	2	2	2	2
Accept	Accept$_A$ [1, Add]	Accept$_B$ [2, Divide]	Accept$_A$ [1, Minus]	Accept$_B$ [2, Minus]	Accept$_B$ [2, Mod]
Chosen	[1, Add]	[2, Divide]	×	[2, Minus]	[2, Mod]

此时，提案编号的含义也发生了变化，它不再是唯一的提案标识，更像是 Leader 的任期编号，或者是唯一的一轮 Paxos，这就达到了 Multi Paxos 的目的。我们优化了 Prepare 阶段，以便运行一轮 Multi Paxos 能让多个提案在 Instance 中达成共识。

虽然 Multi Paxos 允许多个 Leader 存在，但是多个 Leader 之间会相互干扰，一个 Leader 的 Prepare 阶段会打断另一个 Leader 的 Accept 阶段，导致 Multi Paxos 退化至 Basic Paxos，发挥不出 Multi Paxos 的最大协商效率。因此，选择单一的 Leader 只是为了保证算法的活跃程度，避免出现活锁，并且频繁的选举过程也不是我们想看到的，因此我们要想办法保持当前的 Leader 身份，确保连续的 Accept 阶段不被打断。

答案就是：租赁（Lease）机制。只需要要求 Acceptor 收到一个心跳消息或者 Accept 请求后，在一个租期内拒绝发起 Prepare 请求即可。这意味着不会再有新的 Leader 诞生，在未来很长一段时间内只会存在唯一的 Leader，它可以连续地执行 Accept 阶段的任务不需要执行 Prepare 阶段的任务。

因此本节推荐的 Leader 选举方式是：不需要刻意地选举，只需要 Acceptor 按照约定进行运算，Leader 就会被选举出来。在其他资料中也把 Prepare 阶段称为 Leader 选举。

4.6 工 程 实 现

4.6.1 一些优化

1. NACK消息

可以观察到，Proposer 在处理 PrepareResp 和 AcceptResp 时，至少需要等待多数派的反馈才能做出判断。当 Proposer 提案编号落后于集群时，它一定获取不到多数派的反馈，只能等待触发超时策略。

NACK 消息是指在 Acceptor 处理 Prepare 和 Accept 请求时，当请求提案编号 $N<$MaxNo 时，Acceptor 不选择忽略该请求，而是回复 NACK 消息（如 PrepareResp(NACK)），加快 Proposer 的收敛。

另外，如果在 NACK 消息中携带 MaxNo（如 Prepare(NACK, MaxNo)），则可以避免 Proposer 一轮又一轮的逐个递增提案编号的尝试。如果 Proposer 需要重新进入 Prepare 阶段，则可以在 MaxNo 的基础上递增，跳过 MaxNo 之前的提案编号。

2. 跳过Accept阶段

如果在 Prepare 阶段收到多数派的 Acceptor 都批准了某一个提案指令，则可以直接结束协商。因为在过去的某个时刻，这个提案已经达成共识了，只是未能被集群所知晓。

3. Confirm请求

Proposer 在 Accept 阶段得到多数派的支持后，发送一轮 Confirm 请求给所有的 Acceptor，通知 Acceptor 为该提案记录已达成共识的标记。

后续如果 Acceptor 收到其他 Proposer 发出的 Prepare 和 Accept 请求，则可以直接告诉 Proposer 这个提案已经达成共识，不用再执行 Accept 阶段的工作。

同时，Confirm 请求是不用携带提案指令的，只需要携带提案指令的摘要即可。因为当发起 Confirm 请求的条件一定时，Proposer 已经明确知道该提案复制了多数派的 Acceptor，所以只需要告诉 Acceptor 某个提案已达成共识即可，摘要用于 Acceptor 判断自己批准的提案指令和达成共识的提案指令是不是一致的。

对于那些没有拥有该提案的 Acceptor，或者已批准提案指令的摘要和在 Confirm 请求中摘要不相等的 Acceptor，需要执行一轮 Prepare 阶段的任务来获取该提案。

4．选举Proposer

多个 Proposer 的协商进程会互相影响产生活锁，因此可以选出一个具有特殊意义的 Proposer。在算法运行过程中，其他成员把收到的写请求都转发给该 Proposer，让它单独发起协商，这样可以极大减少产生活锁的概率。

当这个特殊的 Proposer 发生故障时，其他 Proposer 仍然可以自己发起协商，也可以等待集群中下一任特殊的 Proposer 诞生。

5．准备资源

在 Prepare 阶段是不会发出提案指令的，而会争取发起提案指令的所有权。因此，Prepare 可以在收到客户端请求之前执行任务，收到客户端请求后可以直接执行 Accept 阶段的任务。

如果有一些成员已经批准了某个提案指令，则可以提前执行 Prepare 阶段的任务，这样能尽早发现情况，从而发起下一轮协商。

6．多角色部署

在实际场景中，并非每个成员只负责某一角色的工作，通常，一个成员同时扮演着 Proposer、Acceptor 和 Learner 角色。当一个成员提出提案时，它是 Proposer；这个提案也会发送给它自己来决策，那么此时它又是 Acceptor；在提案被选择后，被动地接受提案，又成了 Learner。最终，Proposer 只负责驱动 Paxos 进程，Acceptor 只负责提案的抉择，Learner 才拥有所有数据，负责数据的持久化。这样做的好处是，在同一个物理成员中的 Proposer、Acceptor 和 Learner 可以共享数据，至少可以节省一轮 Proposer→Acceptor、Proposer→Learner 的消息。

7．Quorum的动态调整

通过 4.4.2 小节对 $Quorum_R$ 和 $Quorum_W$ 的介绍，我们可以将 Quorum 调整为一个极端值来最大化地提升读请求的效率。例如，成员总数为 N，$Quorum_R$ 数量为 R，$Quorum_W$ 数量为 W，将 Quorum 调整为：

$$R=1 ; \quad W=N$$

那么任意一个 Acceptor 都可以根据自己的本地数据来处理读请求；在处理写请求时，Proposer 需要获得所有 Acceptor 的支持才算达成共识。

这么做的问题是写请求不再能容忍故障了。不过没有关系，在写请求持续出错时，我们继续动态调整 Quorum，使其能够继续满足容错：

$$R=W=\lfloor N/2 \rfloor+1$$

接下来的协商则重新以多数派进行抉择，自然也能容忍少数派发生故障。

动态调整 Quorum 设定，最重要的是需要权衡写请求出错的次数，在达到约定的出错次数后，才需要动态调整 Quorum。

同样，这个优化方法也可以应用于写请求，不过不能再像优化读请求那么极端了，毕竟我们不希望一个成员发生故障从而使数据丢失。

4.6.2　对读请求进行优化

正常来说，Paxos 负责提案的协商，最终的提案指令会输入状态机，而状态机通常会提供与业务相关的读服务。读请求的应用场景相对较少，但是我们还需要了解一下。例如，日志重放和新成员上线，都需要获取过去已被选择的提案，本小节中的客户端是指需要获取提案的成员，如刚上线的新成员。

由于 Paxos 的写请求只需要多数派正常响应即可，所以这会造成任意两个 Acceptor 之间对提案批准的情况可能不一致。同时，为了满足一个提案被选择后不会被改变的事实，因此处理读请求的成员不能是 Acceptor，只能由 Leader、Proposer 或 Learner 来处理。

由于 Leader 和 Proposer 不参与提案的抉择，所以它们不知道在某个 Instance 上选择了哪个提案，最终导致读请求也需要执行一轮 Paxos，在 Prepare 阶段收到多数派相同的响应后，才能明确地回应客户端。这里，在 Prepare 阶段，会出现以下三种情况。

- ❑ 情况一：在多数派的响应中，AcptValue 都为 Nil，意味着该 Instance 项没有任何提案被选择，直接给客户端返回没有提案被选择的指令即可。
- ❑ 情况二：在多数派的响应中，AcptValue 相同，意味着该 AcptValue 已被选择，在这种情况下也可以明确地向客户端返回 AcptValue 就是已被选择的提案指令。
- ❑ 情况三：在情况一和情况二不满足的条件下，当出现任意个 AcptValue 不为 Nil 时，需要选取 AcptNo 最大的 AcptValue 作为 Accept 请求的提案指令，使得多数派批准该 AcptValue 后，才能给客户端返回 AcptValue 已被选择的指令。

可能有读者担心情况三会让系统出现不可预估的异常。其实不然，我们仔细分析一下，出现情况三的可能性只有两种。

- ❑ AcptValue 确实获得了多数派的批准，但后续少量的成员发生故障宕机了，导致在处理读请求时没有获得多数派的响应批准 AcptValue。在这种情况下，再执行一次 Paxos 是没有任何问题的，在正常运行过程中，Paxos 也允许类似的情况发生。
- ❑ AcptValue 确实没有获得多数派的批准，在处理读请求时，自然也没有多数派的响应。导致这种情况出现的原因一定是多个提案发生冲突，当时的写请求 Leader 一定没有给客户端回复任何响应，因此在读请求时，完成之前 Leader 未完成的工作也不会有任何歧义。

在工程实现中，对每个读请求都执行一轮 Paxos，将极大影响读请求的时效，这是难以接受的。而且读请求期望的是有更多成员能处理，而不是仅限于 Leader。解决这一问题的根本方案是，让 Acceptor 成员都明确地知道哪些提案被多数派批准了，这样 Acceptor

就可以根据自己的数据响应客户端了，而不用再麻烦 Leader 执行一轮 Paxos。

为了让所有处理读请求的 Acceptor 都能知道哪些提案被多数派批准了，有以下三种方案可供选择。

- ❑ Acceptor 之间互相广播所批准的 Accept 请求，这样 Acceptor 就可以通过计算多数派来判断提案是否已达成共识，并为该提案记录已达成共识的标记。在处理读请求时，Acceptor 可以根据本地的数据给客户端响应已达成共识的提案，对于未记录达成共识的标记，仍需要执行一轮 Paxos 进行确认。
- ❑ 引入 Confirm 请求，这是在实际工程中深入实践过的方案。即在 Accept 阶段的提案达成共识后，Leader 向 Acceptor 发送一轮 Confirm 请求，通知该提案已达成共识，这些 Acceptor 则为其记录已达成共识的标记。

处理 Confirm 请求相对简单，只需要插入一条对应 Instance 项的 Confirm 日志即可。当处理读请求时，先判断需要查询的 Instance 项是否存在 Confirm 日志，如果存在 Confirm 日志，则直接返回给客户端对应的内容即可；如果不存在 Confirm 日志，则需要通知 Leader 按照 Paxos 的流程执行一轮协商，并记录 Confirm 日志。

- ❑ Learner 也是处理读请求的"好手"，由于 Learner 只会接受已达成共识的提案，所以让 Learner 在执行状态转移之前顺便记录提案数据即可。

读取提案通常是为了构建新的状态机，而 Learner 本身就包含状态机的数据。我们可以让 Learner 为状态机生成快照文件，当需要构建新的状态机时，同步快照文件即可，无须将过往的提案逐一同步给新成员，然后一条条地输入状态机。

采用 Learner 处理读请求需要注意，Learner 的提案数据会有延迟，处理读请求的 Learner 本身就是有提案数据缺失的。在实际场景中，可以结合其他方案开发出更高效的系统。例如新成员上线时，可以先向 Learner 索取快照文件，然后再通过执行 Prepare 阶段的任务获取在快照中不存在的提案数据。具体的快照实现还包含 Checkpoint 的设定，我们在 4.7 节将对照 PhxPaxos 来了解它是怎么实现的。

4.6.3　并行协商

在 Multi Paxos 中，新 Leader 晋升后需要执行一轮 Prepare 阶段的任务，这标志着对后续无限个 Instance 项拥有执行 Accept 阶段任务的权利。由于 Instance 项是连续的，所以每次都需要在前一个 Instance 项达成共识后，才能执行下一个 Instance 项的 Accept 阶段的任务。

新任 Leader 已经知道被选择的提案存放在 InstanceId 为 1～50 的 Instance 项中，接下来它要为剩余的 51～+∞ 的 Instance 项选择提案。正常来说，它需要依次按照 InstanceId 的顺序 $Instance_{51}$，$Instance_{52}$，$Instance_{53}$，$Instance_{54}$，…，$Instance_{+∞}$ 执行 Accept 阶段的任务。

这种串行的协商效率是低下的，应该要允许多个 Instance 并行协商。因为每个 Instance 项执行的 Paxos 都是独立运行的，所以并行协商并不会影响 Paxos 的安全性，依然能保证每一个 Instance 项只会有一个提案被选择。在上述例子中，$Instance_{51}$ 未选择提案之前，Leader

可以在 Instance$_{52}$ 上提出下一个提案。

允许并行协商，自然能整体提高写入性能，但是系统也要能容忍并行协商带来的问题。并行协商的问题主要体现在以下两个方面。

- ❑ 在 Instance$_{52}$ 已选择出提案之后，Instance$_{51}$ 的项协商失败，没有任何提案被选定，导致出现中断的 Instance 项。在极端情况下，假设允许 N 个 Instance 并行协商，就有可能出现 N 个空洞的 Instance 项。
- ❑ 当成员变更时，需要考虑给正在协商中的 Instance 项一个比较大的缓冲时间。
- ❑ 对于已达成共识的 Instance，需要等它之前的 Instance 达成共识之后才能输入状态机。

为了支持并发协商，Learner 需要严格按照 Instance 的顺序执行状态转移操作而并发协商存在空洞的 Instance 项，状态机又不能因此停止输入。在这种情况下，当出现空洞的 Instance 项时，需要使用默认提案（如 Noop）进行协商，使其达到共识后才能将后续 Instance 上的提案输入状态机。

4.6.4　Instance 的重确认

虽然 Multi Paxos 引入了 Leader 角色，但是本质上还属于去中心化的算法或弱中心化的算法。当新 Leader 晋升时，它并不知道上一任 Leader 有哪些提案已经达成共识了，因此 Leader 需要对一些不确定的 Instance 进行重确认，即再执行一轮 Paxos。

虽然可以通过 Confirm 请求记录达成共识的标记，但是上一任 Leader 有可能未完成提案协商。不确定的 Instance 分为两类：

- ❑ 新 Leader 已批准，但不知道是不是被多数派批准的 Instance。
- ❑ 新 Leader 未批准的 Instance。

1. 新Leader已批准的Instance

有一个 5 个成员的集群，当成员 A 当选 Leader 之时，在 T1 时刻，在 Instance$_{51}$ 上提出的提案[N, V]在 A、B 两个成员中批准了，成员 C、D、E 未收到该提案；在 T2 时刻，成员 A 发生故障宕机了；在 T3 时刻，成员 B 当选 Leader，如表 4.6 所示。

表 4.6　新Leader已批准的提案

	T1	T2	T3
	Node A	×	Node B
Node A	批准 Instance$_{51}$	宕机	宕机
Node B	批准 Instance$_{51}$	批准 Instance$_{51}$	批准 Instance$_{51}$
Node C			
Node D	未批准 Instance$_{51}$		
Node E			

此时，成员 B 只知道自己的 Instance$_{51}$ 已批准了[N, V]，对于提案[N, V]是否已被多数派的 Acceptor 批准，只有上一任 Leader 成员知道。因此，成员 B 需要对 Instance$_{51}$ 再执行一轮完整的 Paxos 进行重确认。

显然，在这种情况下，再执行一轮 Paxos，最终，所有成员都会在 Instance$_{51}$ 上批准提案[N, V]，进行重确认时，使提案[N, V]Instance$_{51}$ 在上达成共识，与 4.6.2 小节中读请求时的情况三一样，是不会给客户端反馈异常的。

在实践中，新 Leader 上任后对每一个 Instance 项都进行重确认，这个代价是很大的。因此我们只需要对那些没有 Confirm 日志的 Instance 项进行重确认即可。同时，在正常协商过程中，Confirm 请求是允许丢失任意数量的，因为新 Leader 上任后会继续推进不存在 Confirm 日志的 Instance 项的 Confirm 请求。

2．新Leader未批准的提案

因为 Paxos 允许少数成员的数据落后，新晋升的 Leader 有可能就是少数派中的一员，所以新 Leader 有很大的可能落后于集群多数派的数据。对于这种"空洞"的 Instance 项，新 Leader 需要补全这些"空洞"。

有一个 5 个成员的集群，成员 A 当选 Leader 之时，在 T1 时刻，在 Instance$_{52}$ 上提出的提案[N, V]在 A、B、C 三个成员中批准了，成员 D、E 未收到该提案；在 T2 时刻，成员 A 发生故障宕机了；在 T3 时刻，成员 D 当选 Leader，如表 4.7 所示。

表 4.7　新Leader未批准的提案

	T1	T2	T3
	Node A	×	Node D
Node A	批准 Instance$_{52}$	宕机	宕机
Node B	批准 Instance$_{52}$	批准 Instance$_{52}$	批准 Instance$_{52}$
Node C	批准 Instance$_{52}$	批准 Instance$_{52}$	批准 Instance$_{52}$
Node D	未批准 Instance$_{52}$		
Node E			

显然 Instance$_{52}$ 已经获得了多数派的批准，它被选择后，意味着后续不管发生什么，也不会改变所选择的提案。但是，在成员 D 当选 Leader 之后，它并不知道在 Instance$_{52}$ 上已经选择了哪个提案，更不知道有多少个像 Instance$_{52}$ 一样已被多数派批准且它不知道的 Instance 项。Leader 自然也需要对这类 Instance 进行重确认，但在执行重确认之前，Leader 需要先知道重确认结束的 Instance 项，即在集群所有成员中 InstanceId 最大的 Instance 项。Leader 需要向其他成员询问它们各自已批准的最大 Instance 项，以响应中最大 InstanceId 为重确认的结束 Instance 项，其中，Leader 的 Instance 项内容为空，就是 Leader 落后的 Instance 项。Leader 需要对这些空 Instance 项补全，并且为其记录 Confirm 日志。

4.6.5　幽灵日志

幽灵日志是由于重确认设计不当而引发的错误，它可能会使多次读请求之间返回给客户端的结果不一样。这种错误在设计中特别容易忽略，因此这里单独介绍一下。

在一个 3 个成员的集群中，在 T1 时刻，成员 A 成为 Leader，在 $Instance_0 \sim Instance_{50}$ 上提出了提案，其中，在 $Instance_0 \sim Instance_{20}$ 上的提案获得了多数派（A、B、C）的批准，$Instance_{21} \sim Instance_{50}$ 上的提案只获得了成员 A 的批准；在 T2 时刻，成员 A 宕机，成员 B 晋升为 Leader，由于成员 A 宕机，成员 B 的重确认截至 $Instance_{20}$，并在 $Instance_{21} \sim Instance_{70}$ 上提出了提案，但是只有 $Instance_{70}$ 上的提案获得多了多数派的批准；在 T3 时刻，成员 A 重新恢复 Leader 的身份，开始执行重确认操作，因为在 T1 时刻成员 A 已批准了 $Instance_{21} \sim Instance_{50}$ 上的提案，重确认的过程会让多数派也批准 $Instance_{21} \sim Instance_{50}$ 上的提案，如表 4.8 所示。

表 4.8　幽灵日志

	T1	T2	T3
	Node A	Node B	Node A
Node A	$Instance_0 \sim Instance_{50}$	宕机	$Instance_0 \sim Instance_{70}$
Node B	$Instance_0 \sim Instance_{20}$	$Instance_0 \sim Instance_{20}$, $Instance_{70}$	$Instance_0 \sim Instance_{70}$
Node C	$Instance_0 \sim Instance_{20}$	$Instance_0 \sim Instance_{20}$, $Instance_{70}$	$Instance_0 \sim Instance_{70}$

在 T2 时刻执行读请求，$Instance_{21} \sim Instance_{50}$ 将会返回没有提案被选择的结果，而在 T3 时刻执行读请求，$Instance_{21} \sim Instance_{50}$ 又会像幽灵一样告诉客户端，这里有已被选择的提案，并且是 T1 时刻提出的提案。

幽灵日志出现的根本原因是 Paxos 将一个不确定的 Instance 响应发给了客户端，而一个确定的 Instance 只有一种状态，即已达成共识。

解决幽灵日志的方案是结合 Confirm 请求，在处理客户端的读请求时，一定要明确 Instance 已记录 Confirm 日志才能返回结果。

在 T2 时刻，当发现 $Instance_{21} \sim Instance_{50}$ 没有 Confirm 日志时，应该先进行重确认。在上述例子中，唯一保存有 $Instance_{21} \sim Instance_{50}$ 的成员 A 已经宕机，最终会以默认值 Noop 进行协商并达成共识，使其记录 Confirm 日志。

在 T3 时刻，成员 A 恢复过来后也要对 $Instance_{21} \sim Instance_{50}$ 进行重确认，成员 A 会发现在这一段 Instance 上 Noop 已达成共识，因此成员 A 也应该更新自己批准的提案为 Noop，并为其记录 Confirm 日志。

在这种约定下，无论在 T2 时刻还是 T3 时刻，客户端只会收到 Noop 达成共识的结果。

4.7　Paxos 在 PhxPaxos 中的应用

Paxos 虽好，但能用于生产环境的工程实现较少，Java 语言开发的类库更是寥寥可数。就目前情况来看，Multi Paxos 的工程实现较为成熟的是微信团队开源的 PhxPaxos[①]，本节

---

① PhxPaxos 源码地址为 https://github.com/Tencent/phxpaxos。

使用的版本是 PhxPaxos 1.1.3[①]。PhxPaxos 已经应用于很多的开源项目中,如 PaxosStore 和 PhxQueue 等,其对于算法的安全性、协商性能和吞吐量等已经过大量实践,是学习 Paxos 路上强有力的指路明灯。

本节所介绍的 PhxPaxos 是基于 C++语言实现的,对于习惯使用 Java 语言的读者,可以参考 WPaxos[②]。WPaxos 的类名、架构设计及实现思路基本可以参考 PhxPaxos。WPaxos 由 58 同城开发,它也经历了一系列实际应用场景的"洗礼"。PhxPaxos 和 WPaxos 都实现了以下功能:

❑ 在无冲突的情况下,优化 Prepare 阶段,节省了 RPC 交互和写盘次数。

❑ 引入 Paxos-Group,多个分组之间可以并行协商多个值。

❑ 批量协商,将多个请求合并,提高吞吐量。

❑ 可以后接任意实现的状态机,适应多种应用场景。

❑ 数据落后成员可向集群内的任意成员学习同步数据。

4.7.1 PhxPaxos 分析

1. PhxPaxos应用场景

Paxos 用于解决在一个集群中如何就某个值达成共识。Paxos 是共识算法,自然用来解决共识问题。那么什么情况下会特别关注数据一致性呢?下面以 Paxos 应用最多的场景——多副本同步和实现状态机为例来分析。

在不使用 Paxos 的情况下思考,如何使多个副本之间都认同某一个值呢?我们能想到的最简单的方案就是,在写入更新数据时,通知所有副本也写入更新数据,但是这种方案存在一些问题,导致部分副本在写入更新数据时不成功。

接着我们再思考,如果存在部分副本写入不成功,那么是否可以让写入成功的副本执行回滚操作,从而使所有副本回到执行操作之前的状态呢?这又引入了另外的问题。例如,如果执行回滚操作失败,应该怎么处理呢?或者等部分副本执行回滚操作后,那些原本因为阻塞导致写入失败的副本恢复过来并且写入成功了该怎么处理呢?这将是一个无终止的询问!使用 Paxos 将让这些问题迎刃而解。

Paxos 的另一个应用场景是实现分布式状态机,协助状态机完成输入。根据状态机的特性,初始状态一致,只要输入一致,那么最终输出的状态也是一致的。而 Paxos 能保证集群中的每个成员都认可同一个提案,如果将已达成共识的提案作为输入的话,那么每台机器的状态机的输入都是一致的,因此每台机器上的状态机最终的输出也是一致的。

基于状态机,可以有无限的想象,状态机可以是任意实现,如分布式数据库、分布式注册中心、分布式配置中心,甚至是根据业务定制的任意实现。只要以 Paxos 达成共识后的提案作为输入,每个状态机的数据最终必定保持一致。

---

① PhxPaxos 1.1.3 版本的下载地址为 https://github.com/Tencent/phxpaxos/releases/tag/v1.1.3。

② WPaxos 源码的下载地址为 https://github.com/wuba/WPaxos。

本小节所介绍的 PhxPaxos 用于协助完成状态机的输入。PhxPaxos 只是 Paxos 算法的一个实现，尽管 PhxPaxos 完成了如 Prepare 阶段和成员变更等复杂的优化，但是并没有提供满足任何业务需求的实现方案，我们需要通过 PhxPaxos 提供的状态机接口来实现跟业务相关的需求。状态机的实体贯穿 PhxPaxos 的整个运行过程，在 PhxPaxos 中需要区分以下两类状态机，后面会分别进行讲解。

- 内置状态机（InsideSM）：MasterStateMachine 用于选举 Master，SystemVSM 用于实现成员变更。
- 外部状态机：使 PhxPaxos 用户自定义的状态机，通过用来实现业务需求，由 SMFac 来管理。

2．协商流程

PhxPaxos 处理写请求的流程与 Paxos 协商提案几乎一致。客户端的请求由提案者（Proposer）处理，Proposer 通过网络发送 Prepare 和 Accept 请求给接受者（Acceptor），在提案达成共识之后，会通知学习者（Learner）学习该提案，并由 Learner 将该提案作为状态机的输入执行状态转移，如图 4.7 所示。

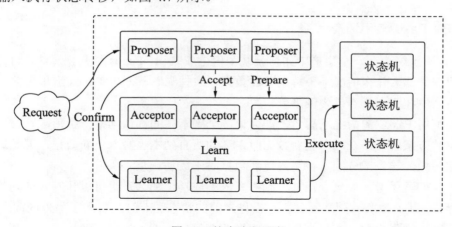

图 4.7　协商流程示意

3．架构设计

PhxPaxos 角色的定义非常严格，并且分工明确。一个提案达成共识的过程需要 Proposer 和 Acceptor 协同完成，另外还需要 Leaner 对齐已达成共识的提案。在将 Paxos 工程化的过程中，并不需要将每个角色设计成相互独立的服务。相反，将所有角色整合成一个进程，在工程实现中更加便利。因为处在同一个进程中，Learner 和状态机可以简单地取得达成共识的提案，Proposer 和 Acceptor 之间也可以共享 InstanceId。

4.5.3 小节我们介绍了可以同时对多个 Instance 并行协商，并且不会影响 Paxos 的正确性（一个 Instance 只能选择一个提案指令）。但是这将引入另外的问题：当 Instance 中断和成员变更时需要等待较长的缓冲时间，而这个缓冲时间外部无法观察到，这将增加工程实现的难度。

在 PhxPaxos 中，默认只能同时存在一个 Instance 协商，一个 Instance 协商完成之后，才能进行下一个 Instance 协商，这种串行的协商方式对 CPU 的利用比较低。为了解决这个困境，PhxPaxos 引入了 Paxos-Group，即 Paxos 组，各组之间相互隔离，互不影响。

在一个 PhxPaxos 进程中，可以执行任意个 Paxos-Group，每个 Group 监听不同的端口，并且每个 Group 都有完整的角色，即 Proposer、Acceptor、Learner 和状态机。每个 Group 都可以独立地运行 Paxos 算法，也可以独立挂载状态机。

这样，在多个 PhxPaxos 进程组成的集群中，就允许存在多个 Paxos-Group。每个 Group 相互独立运行，互不干扰，所有 Group 之间可以并行协商提案，以并行协商多个提案的方式来提高 CPU 的利用率，如图 4.8 所示。

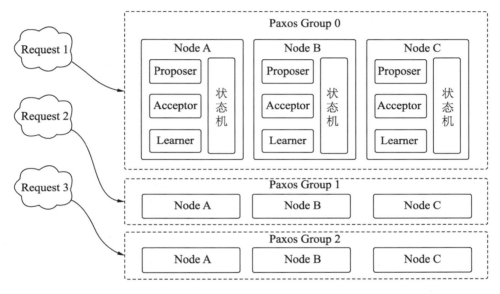

图 4.8　Paxos-Group 示意

基于 Group 的特性，一个 PhxPaxos 集群可以服务多个不同的状态机，即不同的业务。例如，当实现分布式数据库时，可以将元数据和表数据使用两个 Group 来完成，以达到在创建表的同时更新其他表的数据。如图 4.9 所示，Group 0 服务于元数据请求的协商，Group 1 服务于表数据请求的协商。

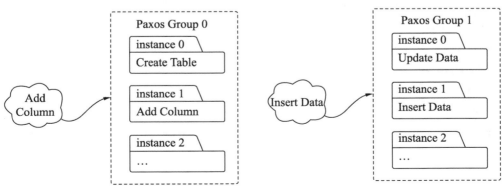

图 4.9　Paxos-Group 并行协商示意

最后，我们对进程、Group 和 Instance 的关系做一个总结：

❑ 在一个物理成员中，可以运行多个 PhxPaxos 进程，即多个 PhxPaxos 成员。

❑ 每个进程都包含角色，即 Proposer、Acceptor、Learner 和 SM。

❑ 每个进程可以启动多个 Group 监听不同的端口。

❑ 一个 Group 只能同时协商一个 Instance，多个 Group 之间可以并行协商多个 Instance。

4. 数据对齐

PhxPaxos 的存储应该分为两部分，一部分是状态机，另一部分是 Paxos-Log。状态机需要存储状态转移后的数据，这一部分由使用者定制，并不是 PhxPaxos 所关心的。Paxos-Log 是 Paxos 协商日志，按照 Instance 的顺序记录了每个 Paxos-Instance 达成共识的提案。当集群重启或者状态机丢失数据时，可以通过 Paxos-Log 重放（重新播放）之前的提案，并重新输入状态机。

在介绍数据对齐之前，需要先增强 Instance 的约束：

❑ 一个 Group 同时只有一个 Instance 在协商，只有当一个 Instance 达成共识后，才会开启下一个 Instance。

❑ InstanceId 由每个 PhxPaxos 成员本地递增生成，因此每个 PhxPaxos 成员所处的 Instance 都有可能不相同。

❑ 只有处于同一 Instance 的成员才能参与 Instance 协商。

因为 Paxos 只要求多数派的成员支持即可，自然会出现少数的成员 Instance 落后的情况，如表 4.9 所示。成员 C 在参与 $Instance_1$ 的协商后，成为集群的少数派，落后于成员 A 和 B，成员 B 在参与 $Instance_3$ 协商后，并不知道 $Instance_3$ 已经达成共识了，还没有对 Instance 进行自增，因此只有成员 A 正在处于 $Instance_4$，因为没有多数派的成员处于 $Instance_4$，所以 $Instance_4$ 必然得不到多数派的支持。

表 4.9　Instance落后

Node A	$Instance_0$	$Instance_1$	$Instance_2$	$Instance_3$	$Instance_4$
Node B	$Instance_0$	$Instance_1$	$Instance_2$	$Instance_3$	
Node C	$Instance_0$	$Instance_1$			

上面这种情况，属于 PhxPaxos 所允许的正常情况。要解决这种情况，需要 Learner 的参与。Learner 会向其他成员询问自己所处的 Instance 达成共识的提案，根据 Instance 的约束，只有当一个 Instance 达成共识后，才会协商下一个 Instance。如果 Learner 发现其他成员的 InstanceId 大于自己的 InstanceId，则说明自己所处的 Instance 在其他成员中已经达成共识了，Learner 直接学习该 Instance 上的提案即可。

最终的学习结果是，成员 B 和 C 都会向成员 A 学习 $Instance_3$ 及之前的提案，因此所有成员都处于 $Instance_4$，如表 4.10 所示，此时 $Instance_4$ 才能获得多数派的支持，完成协商。

表 4.10　Learner的学习结果

Node A	$Instance_0$	$Instance_1$	$Instance_2$	$Instance_3$	$Instance_4$
Node B	$Instance_0$	$Instance_1$	$Instance_2$	$Instance_3$	$Instance_4$
Node C	$Instance_0$	$Instance_1$	$Instance_2$	$Instance_3$	$Instance_4$

在 PhxPaxos 实现中，有多种方式可以触发 Learner 学习。Proposer 的 Accept 请求获得多数派的支持后会广播消息，通知 Learner 进行学习该提案；Acceptor 在收到 Accept 请求后，如果发现自己所处的 Instance 于 Accept 请求中的 Instance 仅落后一个 Instance，则会先通知 Learner 学习上一个 Instance 的提案，然后再处理 Accept 请求。

5．Checkpoint简介

因为 Paxos-Log 是无限增长的，而磁盘存储是有限的。随着系统的持续运行，迟早有一天磁盘将无法存放越来越大的 Paxos-Log。为了解决这个问题，PhxPaxos 提出了 Checkpoint 机制。Checkpoint 的核心思想就是：至 Paxos-Log 的某一项 Instance 为止，为之前的 Paxos-Log 生成状态机的快照，从而可以删除在该 Instance 之前所有的 Paxos-Log。

Checkpoint 并非像它的字面意思（检查某个关键的阈值）那么简单，它包含两部分内容：生成快照和快照同步。

要为一个持续写入的系统生成快照是困难的，甚至有的系统在持续写入的情况下根本无法生成快照，而且快照的管理和传输由状态机来实现并不合情理，状态机只关心自己的业务实现。

为了解决这个"痛点"，我们需要为状态机构建一个镜像，按照 Paxos-Log 的顺序，输入与正常运行的状态机一样的数据，最终它们能保持完全一致的状态，我们称这一份状态机数据为 Checkpoint 快照，如图 4.10 所示。

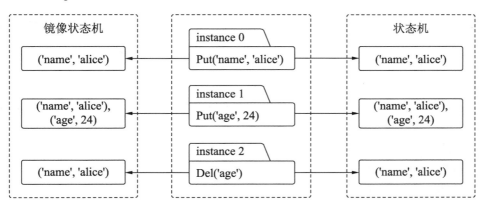

图 4.10　镜像状态机示意

有了这个镜像状态机，当其他成员需要快照数据时，可以让镜像状态机的线程随时停止工作，在没有数据写入的情况下，将这份快照数据发送给其他成员使用。至镜像状态机的最后一个输入为止，在该输入之前的所有 Paxos-Log 都可以删除。

有了快照之后，下一步是约定快照同步的条件。每个 PhxPaxos 都需要维护一个

MinChosenInstanceID 变量，MinChosenInstanceID 之前的 Instance 都已经通过 Checkpoint 生成快照了。当一个成员所处的 InstanceId 小于某个成员 MinChosenInstanceID 时，就会触发快照同步。

虽然 Checkpoint 能快速对齐历史的 Instance，但是这个操作仍然是繁重的，直接传输快照文件，体积大，传输慢，除了新成员上线，应该尽量避免使用快照同步。减少快照同步的方法是尽量保存较多的 Paxos-Log，因此需要 PhxPaxos 使用者根据自己的业务场景进行权衡。

Checkpoint 的应用场景有很多，除了解决 Paxos-Log 庞大的问题，当新成员上线时，也可以减少新成员学习之前 Instance 的成本，有了快照数据的新成员只需要通过 Learner 学习 Checkpoint 之后的 Instance 即可。

4.7.2　PhxPaxos 初始化

在 PhxPaxos 的 sample 文件夹中，提供了三个案例供我们参考，这三个案例分别是 phxecho、phxelection 和 phxkv。其中，phxecho 提供的状态机 PhxEchoSM 用于显示状态机的输入，即 Paxos 达成共识的指令，其逻辑简单，作为学习的案例比较合适。

phxecho 案例启动的入口是 main.cpp，在 main 方法中主要完成三件事：初始化参数，启动 Paxos，接收输入并执行 Paxos 完成协商。需要关注的是以下两个方法，后面将按照这两个方法的思路进行分析。

- ❑ PhxEchoServer.RunPaxos()：初始化 Paxos，包含运行配置和网络等。
- ❑ PhxEchoServer.Echo()：协商提案指令。

1. 启动Paxos

在 PhxEchoServer 的 RunPaxos 方法中构建 Options 对象，存放启动 Paxos 时所需要的配置。

在 RunPaxos 方法中可以看到与 Group 相关的内容，Group 的数量可以任意指定，并且每个 Group 可以挂载多个互不相同的状态机。关于 Group 的实现，只需要为每个 Group 设置不同的 ID，在执行 Paxos 时，根据 GroupId 使用相应的 Group 实例进行协商，在达成共识后，将达成共识的提案指令传入相应的状态机即可。

```
int PhxEchoServer::RunPaxos() {
    Options oOptions;
    // 省略代码：构建其余的参数
    ...
    oOptions.iGroupCount = 1;
    GroupSMInfo oSMInfo;
    oSMInfo.iGroupIdx = 0;
    // 关联 PhxEchoSM 状态机
    oSMInfo.vecSMList.push_back(&m_oEchoSM);
    oOptions.vecGroupSMInfoList.push_back(oSMInfo);
    ret = Node::RunNode(oOptions, m_poPaxosNode);
    if (ret != 0) {
        printf("run paxos fail, ret %d\n", ret);
        return ret;
```

```
    }
    return 0;
}
```

2．初始化

将 Options 对象传入 Node::RunNode()，PhxPaxos 的所有关键方法都定义在 Node 类中，包括发起提案、成员变更和 Master 相关的接口等。

在 RunNode()中创建 PNode 对象，通过 PNode.Init()初始化日志存储、网络、创建 Master、Group 以及批量发起提案和初始化状态机。

- 日志存储。默认使用 LevelDB[①]记录 Instance 协商结果，可随时返回当前成员最大或最小的 InstanceId 及 Master 的信息。
- 网络：初始化当前成员与其他成员的 TCP 连接和 UDP 连接。因为 Paxos 运行环境本就设想为了可以丢失任意数量的消息，同时因为 UDP 的高效，在协商提案过程中的消息传输使用 UDP，除非消息内容超过 UDP 传输的最大长度。另外，Learner 在学习提案时考虑传输数据过大问题，因此会直接采用 TCP 传输数据。
- 批量发起提案：可以由使用者决定开启或关闭。在开启情况下，PhxPaxos 会将客户端的多个请求合并发起提案，以减少通信和协商次数。
- 初始化状态机：仅仅只是将状态机和 Group 关联起来，方便在提案达成共识后，每个 Group 调用自己的状态机。

因为 Group 的初始化会依赖上述这些对象，所以应该在上述准备工作完成之后再开始 Group 的初始化。此时会将上面提到的两个内置状态机（MasterStateMachine 和 SystemVSM）与 Group 关联。其中，SystemVSM 包含 PhxPaxos 成员信息，会先从日志存储中获取上一次运行的成员信息，如果没有获得上一次运行的成员信息，则使用本次启动的配置传入的成员信息初始化 SystemVSM。

每个 Group 都有完整的 Paxos 角色，意味着 Proposer、Acceptor 和 Learner 的初始化会在此时完成，具体代码可以参考 Instance::Init()，下面只介绍各个角色初始化时完成的工作。

（1）Acceptor 初始化，具体包括：

- 从日志存储中获取上一次运行的最大 InstanceId。
- 加载最大 InstanceId 的值，包含承诺的提案编号（PromiseID）、批准的提案编号（AcceptedID）、批准的提案指令（AcceptedValue）及 Checksum 等信息。

（2）Checkpoint 初始化，具体包括：

- 加载本地已被选择的最小的 InstanceId，并非快照的截止的 InstanceId。后续如果其他成员学习的 InstanceId 小于该 InstanceId，则需要直接传输快照文件。
- 加载本地已被选择的最大的 InstanceId，并非快照的截止的 InstanceId。

（3）Proposer 初始化：加载提案编号，对 Acceptor 承诺的提案编号加 1 作为自己下一次发起提案的提案编号。

---

① LevelDB：Google 开源的持久化 K-V 单机数据库。

（4）Learner 初始化：开启一个不断学习的定时任务（Timer_Learner_Askforlearn_noop）。

至此，初始化基本完成，接着 PNode.Init()会启动每个 Group，并且如果需要的话，PhxPaxos 会在 Group 初始化完成之后为每个 Group 选举出 Master，具体代码可以参考 MasterMgr::RunMaster，至于 Master 的选举会在 4.7.5 小节讲解。

Group 启动时涉及两个关键的类，作用如下：

❑ LearnerSender：在后台监听，一旦发现有 Instance 被选择，就驱动 Learner 去学习。

❑ IOLoop：在后台处理各类任务，包括收到的 RPC 消息（Prepare 消息和 Prepare 回复消息等），定时任务（Learner 定时学习任务等）和新提案通知消息等。

3．重放Paxos-Log

重放 Paxos-Log 也属于 Group 初始化的一部分，在 Checkpoint 初始化之后，会根据本地状态机 Checkpoint 快照的 InstanceId 确定重放开始的 Instance，这里将存在两种情况。

如果 Checkpoint 快照的 InstanceId，小于在 Acceptor 中上一次运行的最大 InstanceId，则会重放 Checkpoint 快照所缺失的 Paxos-Log，然后将 Instance 输入状态机，完成状态转移操作。Paxos-Log 重放的逻辑并不复杂，只需要将重放的 InstanceId 从本地读取出来，将该 Instance 选择的提案指令输入状态机即可，具体代码可以参考 Instance::PlayLog()方法。

🔔注：由于日志重放时可能会将同一个 Instance 多次输入状态机上，所以状态机的状态转移函数需要支持幂运算等特性。

如果 Checkpoint 快照的 InstanceId，大于在 Acceptor 中上一次运行的最大 InstanceId，则存在以下几种情况。

❑ 当前成员从其他成员处获得了 Checkpoint 快照并进行了重启。

❑ Paxos-Log 数据被损坏。

❑ Checkpoint 数据被损坏。

前两种情况，都可以以 Checkpoint 快照为正确的数据，删除本地所有的 Paxos-Log，而 Checkpoint 快照之后的 Paxos-Log 可以通过 Learner 向其他成员学习获得。

第三种情况，因为 Checkpoint 数据损坏，又没有 Paxos-Log 可供重放，在这种情况下，PhxPaxos 将不能继续保持安全性。虽然可以通过其他成员学习 Paxos-Log，但是其他成员也有可能删除了这一段 Paxos-Log。

4.7.3　协商提案

协商提案分为两部分，一部分是 Proposer 驱动提案协商，另一部分是 Acceptor 处理提案。发起提案从 Node::Propose 开始，由 PNode 实现。

发起提案时引入了一个新概念 Committer。Committer 可以理解成 Proposer 的增强类，为 Proposer 增加两个功能：重试和串行协商。同时，因为 Proposer 驱动协商是异步的，需要 Committer 轮训异步处理结果，然后返回给客户端。

同一个提案指令，默认重试 3 次，可以在 Committer::NewValueGetID()找到相应的代码。

串行协商是为了保证一个 Group 在同一时刻内一个成员只能发起一个提案。在 PhxPaxos
中一个 Group 对应一个 Committer 对象，而 Committer 中多数都是全局变量，因此需要保
证在同一时刻只有一个提案使用这些全局变量。

Committer 将提案指令提交给 Proposer 的过程，是通过在 IOLoop 的队列中推入一个通
知消息，让后台线程持续监听 IOLoop 中的队列，由 Instance::CheckNewValue()检查是否需
要发起新的提案，最终由 Proposer::NewValue()完成提案的发起。Multi Paxos 优化 Prepare
阶段的实现也在这里有所体现。

```
int Proposer::NewValue(const std::string &sValue) {
    // 省略代码：设置 Prepare 和 Accept 超时
    ...
根据 m_bCanSkipPrepare 和 m_bWasRejectBySomeone 来判断是否可以跳过 Prepare 阶段
    if (m_bCanSkipPrepare && !m_bWasRejectBySomeone) {
        Accept();
    } else {
        Prepare(m_bWasRejectBySomeone);
    }
    return 0;
}
```

与 Paxos 略有不同的是，只要存在一个 Acceptor 拒绝过 Proposer 的 Prepare 请求或者
Accept 请求，就需要重新执行 Prepare 阶段的任务，这里的拒绝包含：响应超时和正常拒
绝。因为存在活锁的问题，如果有一个 Acceptor 拒绝了 Accept 请求，那么很有可能是有其
他的 Proposer 发起了更高编号的 Prepare 请求，所以当前 Proposer 如果继续执行 Accept 阶
段的任务是有可能失败的。这样做可以继续降低活锁带来的影响，选择提前结束当前的
Accept 阶段的任务，直接进入下一轮协商。

标准的 Paxos 在发生活锁时，需要依次经历 Accept 阶段→Prepare 阶段→Accept 阶段，
而直接进入下一轮则可以减少 Accept 阶段的一次延迟。这种做法的本质是降低了重新发起
下一轮协商的条件，原本需要 F+1 个 Acceptor 拒绝才需要发起下一轮协商，降低后的条件
变为只需要有一个 Acceptor 拒绝即可，所以加大了执行 Prepare 阶段任务的概率。

进一步思考重新发起下一轮协商的条件。当 Acceptor 集群较大时，只要有一个 Acceptor
拒绝就会重新发起下一轮协商，这个概率未免也太高了。而条件在[1, F+1]范围内的所有值
都是可以选择的，具体权衡，我们需要经过实践来决定。

1. Prepare阶段

接着介绍 Proposer::Prepare()，该方法发送 Prepare 请求给所有的 Acceptor，并且会添
加一个 Prepare 请求超时的任务（Timer_Proposer_Prepare_Timeout），代码如下：

```
void Proposer::Prepare(const bool bNeedNewBallot) {
    // 省略代码：重置全局变量
    ...
    PaxosMsg oPaxosMsg;
    oPaxosMsg.set_msgtype(MsgType_PaxosPrepare);
    oPaxosMsg.set_instanceid(GetInstanceID());
    oPaxosMsg.set_nodeid(m_poConfig->GetMyNodeID());
    oPaxosMsg.set_proposalid(m_oProposerState.GetProposalID());
    // 初始化计数器，用于记录多数派响应等
```

```
    m_oMsgCounter.StartNewRound();
    // 添加 Prepare 超时后重试 Prepare 任务
    AddPrepareTimer();
    // 向 Acceptor 广播 Prepare 消息
    BroadcastMessage(oPaxosMsg);
}
```

无论在 Prepare 阶段是否发生超时，Timer_Proposer_Prepare_Timeout 任务都会在 Prepare 超时的那一刻执行。在任务执行过程中，Timer_Proposer_Prepare_Timeout 会判断当前所处的 InstanceId 与发起超时任务时所处的 InstanceId 是否相同。如果二者不相同，则说明该 Instance 已经完成协商，开始了下一个 Instance 的协商，不需要执行任何处理；如果二者相同，说明在 Prepare 阶段真的发生了超时，则会立即调用 Proposer::Prepare() 重新进入 Prepare 阶段。

Base::BroadcastMessage()广播 Prepare 请求的时候，广播的成员列表不会包含自己，可以在 Communicate::BroadcastMessage()中找到不广播给自己的代码，并且在广播 Prepare 请求之前会让自己先处理该请求。如果自己未能通过该 Prepare 请求，则不会继续广播 Prepare 请求给其他 Acceptor 了，这个要求明显是刻意为之，与 Acceptor 根据提案编号判断请求有效性相关，我们后面再介绍。

Base::BroadcastMessage()的代码块如下：

```
int Base::BroadcastMessage(const PaxosMsg &oPaxosMsg, const int iRunType,
const int iSendType) {
    if (iRunType == BroadcastMessage_Type_RunSelf_First) {
        // 自己先处理 Prepare 请求
        if (m_poInstance->OnReceivePaxosMsg(oPaxosMsg) != 0) {
            return -1;
        }
    }
    string sBuffer;
    int ret = PackMsg(oPaxosMsg, sBuffer);
    if (ret != 0) {
        return ret;
    }
    // 广播消息
    ret = m_poMsgTransport->BroadcastMessage(m_poConfig->GetMyGroupIdx(),
sBuffer, iSendType);
    return ret;
}
```

NetWork::OnReceiveMessage()收到 Prepare 消息后，会直接将消息推入 IOLoop 的队列中，IOLoop 后台线程会将新消息交给 Instance::OnReceive()来处理。这里将区分是共识协商相关的消息（PaxosMsg）还是 Checkpoint 相关的消息（CheckpointMsg），然后根据 PaxosMsg 里的 msgtype 将消息路由至 Proposer、Acceptor 或者 Learner 来处理，消息描述如表 4.11 所示。

表 4.11　消息类型

类型（前缀MsgType_Paxos）	描　　述	发　送　者	处　理　者
Prepare	Prepare请求	Proposer	Acceptor
PrepareReply	Prepare请求回复	Acceptor	Proposer
Accept	Accept请求	Proposer	Acceptor
AcceptReply	Accept请求回复	Acceptor	Proposer

类型（前缀MsgType_Paxos）	描　述	发　送　者	处　理　者
Learner_ProposerSendSuccess	Proposer 达成共识后通知所有Learner；或者Acceptor处理Accept请求，通知自己的Learner处理上一个Instance	Proposer、Acceptor	Learner
Learner_AskforLearn	定时任务驱动，学习某个Instance	学习者	被学习者
Learner_SendLearnValue	回复所需学习的Instance内容	被学习者	学习者
Learner_SendLearnValue_Ack	回复学习结果	学习者	被学习者
Learner_SendNowInstanceID	回复自己所处的Instance	被学习者	学习者
Learner_ComfirmAskforLearn	告知被学习者，可以开始发送Instance了	学习者	被学习者
Learner_AskforCheckpoint	向被学习者获取Checkpoint快照	学习者	被学习者

　　Acceptor 处理相关消息的入口是 Instance::ReceiveMsgForAcceptor()，这里有一个关于 Learner 的优化，如果自己所处的 Instance 比消息中的 Instance 仅落后一个 Instance，则会先让 Learner 处理上一个未完成的 Instance，然后再处理相关的消息。这种做法可以降低 Acceptor 数据落后于集群而导致协商失败的概率。如果只落后一个 Instance，那么在一轮协商中，多同步一个 Instance 的延迟是可以接受的。相比 Acceptor 直接拒绝本轮消息，这个方案明显是更优的选择，因为一旦协商失败，就需要再执行一轮完整的 Paxos。

　　如果 Acceptor 所处的 Instance 与消息中的 Instance 相同，则由 Acceptor::OnPrepare() 完成 Prepare 请求处理。如果消息中的提案编号大于等于 Acceptor 所承诺的提案编号，则会通过该 Prepare 请求并给 Proposer 返回已批准的提案指令；否则拒绝该 Prepare 请求。

　　与标准 Paxos 不同的是，PhxPaxos 在拒绝 Prepare 请求时，也会给 Proposer 返回承诺的提案编号，这个修改可以让 Proposer 无须一轮又一轮地逐个尝试递增提案编号，而是可以在 Acceptor 反馈的提案编号基础上递增，以跳过一些没必要的尝试。

　　另外，还有一点与标准 Paxos 不同，那就是 Acceptor 判断提案编号使用的是大于等于，而 Paxos 要求的是大于，这一点我们在后面再讲解。

　　Acceptor::OnPrepare()的代码如下：

```
int Acceptor::OnPrepare(const PaxosMsg &oPaxosMsg) {
    PaxosMsg oReplyPaxosMsg;
    oReplyPaxosMsg.set_msgtype(MsgType_PaxosPrepareReply);
    // 省略代码：set 相关变量
    ...
    BallotNumber oBallot(oPaxosMsg.proposalid(), oPaxosMsg.nodeid());
    if (oBallot >= m_oAcceptorState.GetPromiseBallot()) {
        // 如果消息中的提案编号大于自己承诺的提案编号，则通过 Prepare 请求
        if (m_oAcceptorState.GetAcceptedBallot().m_llProposalID > 0) {
            // 如果之前已经批准了其他提案指令，将提案指令在返回消息中反馈给 Proposer
            oReplyPaxosMsg.set_value(m_oAcceptorState.GetAcceptedValue());
        }
        // 更新自己承诺的提案信息
        m_oAcceptorState.SetPromiseBallot(oBallot);
        // 将自己批准的信息持久化并写入 Paxos-Log
        int ret = m_oAcceptorState.Persist(GetInstanceID(), GetLastChecksum());
```

```
        if (ret != 0) {
            return -1;
        }
    } else {
        // 拒绝 Prepare 请求，将承诺的提案编号在返回消息中反馈给 Proposer
        oReplyPaxosMsg.set_rejectbypromiseid(m_oAcceptorState.GetPromise
Ballot().m_llProposalID);
    }
    // 向 Proposer 反馈消息
    SendMessage(oPaxosMsg.nodeid(), oReplyPaxosMsg);
    return 0;
}
```

Acceptor 给 Proposer 回复 MsgType_PaxosPrepareReply 消息后，同样，由 IOLoop 路由至 Proposer::OnPrepareReply()。在 Proposer 处理之前，会先判断消息中的 Instance 与 Proposer 所处的 Instance 是否相同，如果不相同，说明该 Prepare 回复是否已经过期了，只有当 Instance 达成共识后，Proposer 才会协商下一个 Instance。两个 Instance 不相同的情况只能是消息中的 Instance 已经达成共识了，当前集群正在协商下一个 Instance，因此 Proposer 会执行该消息后续的处理逻辑。

Proposer 根据消息的内容，增加通过或者拒绝的计数器，并且使用消息提案中编号最大的提案指令作为接下来 Accept 请求的提案指令。如果收到多数派 Prepare 请求通过的消息，则进入 Accept 阶段；如果收到多数派 Prepare 请求拒绝的消息，则增加定时任务重新进入 Prepare 阶段；其他情况是没有收到足够多的消息，Proposer 应该继续等待，代码如下：

```
void Proposer::OnPrepareReply(const PaxosMsg &oPaxosMsg) {
    if (oPaxosMsg.proposalid() != m_oProposerState.GetProposalID()) {
        // 消息中的提案编号不等于自己的提案编号，说明自己已经增加了一轮提案编号，该消
        //   息属于过期消息
        return;
    }
    // 增加计数器
    m_oMsgCounter.AddReceive(oPaxosMsg.nodeid());
    if (oPaxosMsg.rejectbypromiseid() == 0) {
        // rejectbypromiseid 是 Acceptor 承诺的提案编号，等于 0 说明 Acceptor 通过
        //   了 Prepare 请求
        BallotNumber oBallot(oPaxosMsg.preacceptid(), oPaxosMsg.preaccept
nodeid());
        // 增加通过的计数器
        m_oMsgCounter.AddPromiseOrAccept(oPaxosMsg.nodeid());
        // 使用消息提案中编号最大的提案指令作为自己的提案指令
        m_oProposerState.AddPreAcceptValue(oBallot, oPaxosMsg.value());
    } else {
        // 增加拒绝的计数器
        m_oMsgCounter.AddReject(oPaxosMsg.nodeid());
        // 如果标记拒绝，则会让下一次提案开始于 Prepare 阶段并增加一轮提案编号
        m_bWasRejectBySomeone = true;
        m_oProposerState.SetOtherProposalID(oPaxosMsg.rejectbypromiseid());
    }
    if (m_oMsgCounter.IsPassedOnThisRound()) {
        // 已收到多数派的通过消息，进入 Accept 阶段
```

```
        m_bCanSkipPrepare = true;
        Accept();
    } else if (m_oMsgCounter.IsRejectedOnThisRound()
            || m_oMsgCounter.IsAllReceiveOnThisRound()) {
        // 已收到多数派的拒绝消息，增加定时任务，重新进入 Prepare 阶段
        AddPrepareTimer(OtherUtils::FastRand() % 30 + 10);
    } else {
        // 未收到足够的消息
    }
}
```

2．Accept阶段

接着来到 Accept 阶段，在该阶段中，Proposer::Accept()方法发送 Accept 请求给所有的 Acceptor，并且会添加一个 Accept 请求超时的任务（Timer_Proposer_Accept_Timeout）。与 Prepare 阶段稍有不同，Proposer 是在广播 Accept 请求之后自己再处理 Accept 请求，代码如下：

```
void Proposer::Accept() {
    // 标记 Proposer 所处的状态，退出 Prepare，进入 Accept
    ExitPrepare();
    m_bIsAccepting = true;

    PaxosMsg oPaxosMsg;
    oPaxosMsg.set_msgtype(MsgType_PaxosAccept);
    oPaxosMsg.set_instanceid(GetInstanceID());
    oPaxosMsg.set_nodeid(m_poConfig->GetMyNodeID());
    oPaxosMsg.set_proposalid(m_oProposerState.GetProposalID());
    oPaxosMsg.set_value(m_oProposerState.GetValue());
    oPaxosMsg.set_lastchecksum(GetLastChecksum());
    // 清空计数器
    m_oMsgCounter.StartNewRound();
    // 增加 Accept 超时任务
    AddAcceptTimer();
    // 向所有 Acceptor 广播消息
    BroadcastMessage(oPaxosMsg, BroadcastMessage_Type_RunSelf_Final);
}
```

与 Prepare 请求一样，无论 Accept 阶段是否超时，超时任务都会被执行，其执行逻辑也与 Prepare 阶段大致相同，并且广播 Accept 请求不会包含其自身，而是直接调用 Instance::OnReceivePaxosMsg()来完成自己的决策。

其他的 Acceptor 收到请求后，也是由 Instance::OnReceivePaxosMsg()处理。同样，先让 Learner 处理上一个未完成的 Instance，再处理本次请求。Acceptor 根据请求中的提案编号与自己的比较来决定是否批准该 Accept 请求，代码如下：

```
void Acceptor::OnAccept(const PaxosMsg &oPaxosMsg) {
    PaxosMsg oReplyPaxosMsg;
    oReplyPaxosMsg.set_instanceid(GetInstanceID());
    oReplyPaxosMsg.set_nodeid(m_poConfig->GetMyNodeID());
    oReplyPaxosMsg.set_proposalid(oPaxosMsg.proposalid());
    oReplyPaxosMsg.set_msgtype(MsgType_PaxosAcceptReply);
    BallotNumber oBallot(oPaxosMsg.proposalid(), oPaxosMsg.nodeid());
    if (oBallot >= m_oAcceptorState.GetPromiseBallot()) {
```

```
        // 如果消息的提案编号大于自己承诺的编号，则批准 Accept 请求
        m_oAcceptorState.SetPromiseBallot(oBallot);
        m_oAcceptorState.SetAcceptedBallot(oBallot);
        m_oAcceptorState.SetAcceptedValue(oPaxosMsg.value());
        // 持久化 Instance 接收的提案指令并写入 Paxos-Log
        int ret = m_oAcceptorState.Persist(GetInstanceID(), GetLastChecksum());
        if (ret != 0) {
            return;
        }
    } else {
        // 拒绝 Accept 请求并返回自己承诺的提案编号
        oReplyPaxosMsg.set_rejectbypromiseid(m_oAcceptorState.GetPromise
Ballot().m_llProposalID);
    }
    // 回复消息
    SendMessage(oPaxosMsg.nodeid(), oReplyPaxosMsg);
}
```

Proposer 收到 MsgType_PaxosAcceptReply 消息后，会分别增加批准或者拒绝的计数器。如果收到多数派 Accept 请求批准的消息，则通知 Learner 提案被选择；如果收到多数派 Accept 请求拒绝的消息，则增加定时任务重新进入 Prepare 阶段；其他情况是没有收到足够多的消息，Proposer 应该继续等待，代码如下：

```
void Proposer::OnAcceptReply(const PaxosMsg &oPaxosMsg) {
    // 省略代码：安全校验
    ...
    // 增加计数器
    m_oMsgCounter.AddReceive(oPaxosMsg.nodeid());
    if (oPaxosMsg.rejectbypromiseid() == 0) {
        // 增加批准计数器
        m_oMsgCounter.AddPromiseOrAccept(oPaxosMsg.nodeid());
    } else {
        // 增加拒绝计数器
        m_oMsgCounter.AddReject(oPaxosMsg.nodeid());
        // 标记拒绝，让下一次提案在 Prepare 阶段开始，并增加一轮提案编号
        m_bWasRejectBySomeone = true;
        m_oProposerState.SetOtherProposalID(oPaxosMsg.rejectbypromiseid());
    }
    if (m_oMsgCounter.IsPassedOnThisRound()) {
        // 已收到多数派的批准消息，更新 Proposer 的状态
        ExitAccept();
        // 协商完成，通知 Learner 该 Instance 已被选择
        m_poLearner->ProposerSendSuccess(GetInstanceID(), m_oProposerState.
GetProposalID());
    } else if (m_oMsgCounter.IsRejectedOnThisRound()
            || m_oMsgCounter.IsAllReceiveOnThisRound()) {
        // 已收到多数派的拒绝消息，增加定时任务，重新进入 Prepare 阶段
        AddAcceptTimer(OtherUtils::FastRand() % 30 + 10);
    }
}
```

至此，一个提案协商过程已全部展现，协商过程及涉及的消息类型如图 4.11 所示，以方便读者阅读和调试。

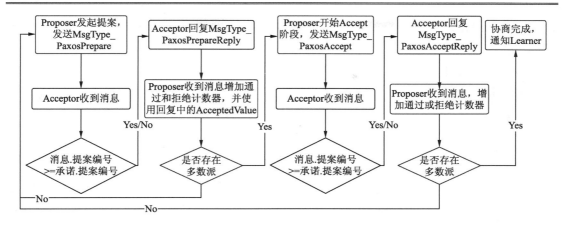

图 4.11　协商消息路由示意

3．批量协商提案

批量协商提案是 PhxPaxos 所优化的功能，通过将多个提案指令打包一起协商来减少协商的次数，增大吞吐量。

实现批量协商的核心类是 ProposeBatch，当 PhxPaxos 收到客户端新的提案指令时，先将提案指令推入队列，如果队列中的数量达到某个阈值或者等待时间过长，则会协商提案。等这一批提案协商完成后，才会给客户端返回协商结果，具体的代码如下：

```cpp
int ProposeBatch::Propose(const std::string &sValue, uint64_t &llInstanceID
                , uint32_t &iBatchIndex, SMCtx *poSMCtx) {
    Notifier *poNotifier = nullptr;
    int ret = m_poNotifierPool->GetNotifier(GetThreadID(), poNotifier);
    if (ret != 0) {
        return Paxos_SystemError;
    }
    // 将提案指令推入队列
    AddProposal(sValue, llInstanceID, iBatchIndex, poSMCtx, poNotifier);
    // 根据条件判断是否需要开始协商
    if (NeedBatch()) {
        // 从队列中获取需要协商的提案指令
        vector<PendingProposal> vecRequest;
        PluckProposal(vecRequest);
        // 开始协商提案
        DoPropose(vecRequest);
    }
    // 持续等待协商结果
    poNotifier->WaitNotify(ret);
    return ret;
}
```

真正的批量协商提案 ProposeBatch::DoPropose() 只是将多个提案指令打包成一个值，然后以协商单个提案的方式完成协商，也就是说这一批提案指令都在一个 Instance 上被选择，然后逐个通知那些还在等待的线程，告诉它们批量协商已经结束了，可以给客户端返回相应的结果了。

当需要获取这些提案，如读取某个 Instance 或者将提案指令输入状态机时，需要通过

SMCtx::m_iSMID 变量来判断是否属于批量协商的 Instance，从而解析出多个提案指令，代码如下：

```cpp
// 获取 Instance
int PNode::GetInstanceValue(const int iGroupIdx, const uint64_t llInstanceID,
                            std::vector<std::pair<std::string, int> > &vecValues) {
    string sValue;
    int iSMID = 0;
    int ret = m_vecGroupList[iGroupIdx]->GetInstance()->GetInstanceValue
(llInstanceID, sValue, iSMID);
    if (iSMID == BATCH_PROPOSE_SMID) {
        // 如果是批量协商的 Instance，则解析出多个提案指令
        BatchPaxosValues oBatchValues;
        bool bSucc = oBatchValues.ParseFromArray(sValue.data(), sValue.size());
        if (!bSucc) {
            return Paxos_SystemError;
        }
        for (int i = 0; i < oBatchValues.values_size(); i++) {
            const PaxosValue &oValue = oBatchValues.values(i);
            vecValues.push_back(make_pair(oValue.value(), oValue.smid()));
        }
    } else {
        vecValues.push_back(make_pair(sValue, iSMID));
    }
    return 0;
}
// 输入状态机
bool SMFac::Execute(const int iGroupIdx, const uint64_t llInstanceID
                    , const std::string &sPaxosValue, SMCtx *poSMCtx) {
    int iSMID = 0;
    memcpy(&iSMID, sPaxosValue.data(), sizeof(int));
    std::string sBodyValue = string(sPaxosValue.data() + sizeof(int),
sPaxosValue.size() - sizeof(int));
    if (iSMID == BATCH_PROPOSE_SMID) {
        BatchSMCtx *poBatchSMCtx = nullptr;
        if (poSMCtx != nullptr && poSMCtx->m_pCtx != nullptr) {
            poBatchSMCtx = (BatchSMCtx *) poSMCtx->m_pCtx;
        }
        // 解析出多个提案指令并逐个输入状态机
        return BatchExecute(iGroupIdx, llInstanceID, sBodyValue, poBatchSMCtx);
    } else {
        return DoExecute(iGroupIdx, llInstanceID, sBodyValue, iSMID, poSMCtx);
    }
}
```

4．细节重申

可以发现，在 PhxPaxos 与标准 Paxos 中，Acceptor 处理逻辑不同，Acceptor 根据提案编号判断请求是否有效时，PhxPaxos 使用的是 $N \geq MaxNo$，而标准的 Paxos 要求的是 $N > MaxNo$。这个等式是保证 Paxos 正确性的关键，我们需要着重关注 Acceptor 处理规则的临界点。

在 Acceptor 处理 Prepare[N,]请求中，如果临界点约束为 $N \geq MaxNo$，则会让 Proposer 无法选择 Accept 阶段的提案值，使协商无法继续。

影响临界点正确性的因素是：一个提案编号只能提出一个提案值。按照 4.3.5 小节提案编号的生成公式，我们很容易保证一个提案编号只属于一个 Proposer，在正常运行时，

一个 Proposer 在一个提案编号中只能提出一个提案值。但是我们忽略了一种异常情况，假设存在 3 个 Acceptor 集群{Acceptor A, Acceptor B, Acceptor C}：

（1）Proposer 的提案编号为 1，并且 Prepare[1,]请求获得了多数派的支持，随后发起 Accept[1, Add]请求，但是只有 Acceptor A 收到且批准了该 Accept 请求，此时在集群中只有 Acceptor A 持久化了[1, Add]请求。

（2）Proposer 发生故障且磁盘繁忙，在发生故障之前，未能将提案编号为 1 的提案数据持久化。与此同时，Acceptor A 也发生了故障。

（3）Proposer 恢复过来，因为察觉不到提案编号 1 的存在，所以继续使用提案编号 1，发起 Prepare[1,]请求。如果临界点约束为 $N \geqslant MaxNo$，那么 Prepare[1,]请求将继续获得多数派的支持。因为 Acceptor B 和 Acceptor C 未收到任何的 Accept 请求，所以 Proposer 可以发起任意提案值 Accept[1, Minus]，但只有 Acceptor C 收到了且批准了该 Accept 请求。

（4）Acceptor A 恢复过来，此时 Acceptor A 批准了[1, Add]，Acceptor C 批准了[1, Minus]。

（5）Proposer 的 Accept 请求未能获得多数派的支持，于是发起下一轮协商。

（6）Proposer 的 Prepare[2,]请求获得了 Acceptor A、Acceptor B 和 Acceptor C 的支持，但是在所有响应中存在两个提案值 Add 和 Minus 且它们的提案编号都为 1，此时 Proposer 不知道接下来应该使用 Add 还是 Minus。

按照标准的 Paxos 约定（$N > MaxNo$），当 Proposer 第二次使用提案编号 1 进行协商时，将不会获得多数派的支持，不会出现以上情况。在 PhxPaxos 中使用 $N \geqslant MaxNo$ 并且没有出现 Bug 的原因，在 Proposer 广播 Prepare 请求时，要求 Proposer 自己先处理 Prepare 请求，且处理成功后再广播 Prepare 请求，这使得同一个 Proposer 不会在同一个提案编号上提出不同的提案值。

当使用 $N \geqslant MaxNo$ 时，Proposer 一定要先处理 Prepare 请求，从而使 Proposer 处理 Prepare 请求和广播 Prepare 请求变为串行的，这明显降低了吞吐量。PhxPaxos 在广播 Prepare 请求之前，Proposer 先处理 Prepare 请求，在广播 Accept 请求之后，Proposer 再处理 Accept 请求，这明显是刻意为之。笔者没有想到这样修改的好处，因此没有给出两个不同方案的建议。

4.7.4　数据同步

数据同步也就是Paxos的Learn阶段。Learner在PhxPaxos中是非常重要的角色，Instance 对齐及状态机的状态转移都由它来完成。Learner 处理的消息类型很多，因此梳理它的工作思路很重要。在 PhxPaxos 中以下三种情况会触发 Learner 完成相应的工作。

- ❑ Proposer 获得多数派的支持，即提案达成共识后，通知所有的 Learner 完成该提案的状态转移和 Instance 对齐工作。
- ❑ Acceptor 处理 Prepare 和 Accept 请求之前，驱动 Learner 完成上一个已达成共识的提案的状态转移和 Instance 对齐工作。
- ❑ PhxPaxos 启动时设置的定时任务，驱动 Learner 向其他成员学习自己没有的提案，并完成对应提案的状态转移和 Instance 对齐工作。

1. 单个Instance对齐

第一种情况是提案协商的尾声，正常情况下，所有 Learner 都会收到该消息并完成相应的处理。如果发生网络丢包，则导致部分 Learner 没有接收到该消息，因此便有了第二种情况，由 Acceptor 自行创建消息来驱动本成员中的 Learner 角色完成相应的工作。

以上两种情况都是通过类型为 MsgType_PaxosLearner_ProposerSendSuccess 的消息来驱动的。Learner 收到该消息后，只需要更新 Learner 的状态信息，具体代码可以在 Learner::OnProposerSendSuccess()中找到。这里我们关注的是 Learner 处理消息后的工作，即状态转移和 Instance 对齐，代码如下：

```
int Instance::ReceiveMsgForLearner(const PaxosMsg &oPaxosMsg) {
    if (oPaxosMsg.msgtype() == MsgType_PaxosLearner_ProposerSendSuccess) {
        m_oLearner.OnProposerSendSuccess(oPaxosMsg);
    }
    // 省略代码：消息路由
    ...
    // 判断是否为需要执行学习的消息
    if (m_oLearner.IsLearned()) {
        SMCtx *poSMCtx = nullptr;
        // 是否为自己提交的提案指令
        bool bIsMyCommit = m_oCommitCtx.IsMyCommit(m_oLearner.GetInstanceID(),
m_oLearner.GetLearnValue(), poSMCtx);
        // 执行状态转移
        if (!SMExecute(m_oLearner.GetInstanceID(), m_oLearner.GetLearnValue(),
bIsMyCommit, poSMCtx)) {
            m_oCommitCtx.SetResult(PaxosTryCommitRet_ExecuteFail,
                           m_oLearner.GetInstanceID(), m_oLearner.
GetLearnValue());
            m_oProposer.CancelSkipPrepare();
            return -1;
        }
        {
            // 这个 Instance 的所有工作都已完成，通知 Proposer 给客户端返回结果
            m_oCommitCtx.SetResult(PaxosTryCommitRet_OK, m_oLearner.
GetInstanceID(), m_oLearner.GetLearnValue());
            if (m_iCommitTimerID > 0) {
                m_oIOLoop.RemoveTimer(m_iCommitTimerID);
            }
        }
        m_iLastChecksum = m_oLearner.GetNewChecksum();
        // 清理 Proposer、Acceptor 和 Learner 信息（批准的值，学习的值及计数器等）
        // 对齐 Instance（移动至下一个 Instance，InstanceId++）
        NewInstance();
        m_oCheckpointMgr.SetMaxChosenInstanceID(m_oAcceptor.GetInstanceID());
    }
    return 0;
}
```

只有在当前成员执行完状态转移操作后，才会移动至下一个 Instance。也就是说，在 Learner 完成状态转移之前，当前成员的所有角色都处于上一个 Instance 阶段，尽管此时其他成员的 Proposer 角色可能已经在下一个 Instance 上提出提案。

2．多个Instance对齐

第三种情况通常发生在成员刚加入集群且落后于集群较多的 Instance 场景。在这种情况下采取同步的方式有两种，一种是通过 Checkpoint 快照同步，另一种是连续地发送落后的 Instance 给需要的成员。具体情况稍微复杂一点，涉及的消息类型也比较多，需要将消息类型串连起来，才能简洁地描述 Learn 的整个过程。Learn 阶段的消息交互示意如图 4.12 所示，为了方便叙述，将正在学习的成员记作 $Node_{ask}$，被学习的成员记作 $Node_{ans}$。

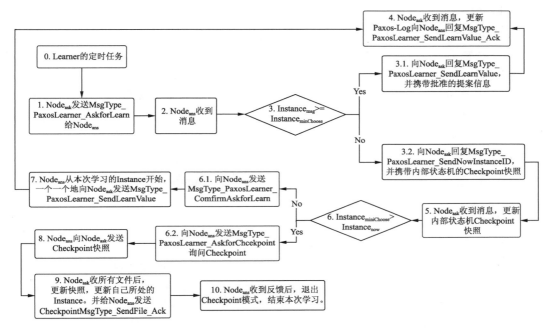

图 4.12　Learn 阶段的消息交互示意

限于篇幅，具体代码请读者自行对比查看，这里根据图 4.12，着重介绍 Learner 的学习过程。

（0～1）在 4.7.2 小节中提到，Learner 启动时会增加一个 Timer_Learner_Askforlearn_noop 定时任务，所有任务都是由 IOLoop::DealwithTimeoutOne() 来驱动的，该任务最终由 $Node_{ask}$ 调用 Learner::AskforLearn() 向所有成员（$Node_{ans}$）发送 MsgType_PaxosLearner_AskforLearn 消息，以询问 $Node_{ans}$ 某个 Instance 的批准结果。

（2～3）$Node_{ans}$ 收到询问 Instance 的消息后，会和消息中的 Instance（记作 $Instance_{msg}$）和本地快照中最小已选择的 Instance（记作 $Instance_{miniChoose}$）进行比较。

（3.1）如果 $Instance_{msg} \geq Instance_{miniChoose}$，那么通过 MsgType_PaxosLearner_SendLearn-Value 将该 Instance 上批准的提案信息发送给 $Node_{ask}$。

（4）$Node_{ask}$ 收到消息后，将消息中的数据写入自己的 Paxos-Log 即可完成 Learn 阶段，如果有需要的话，还会通过 MsgType_PaxosLearner_SendLearnValue_Ack 消息，给 $Node_{ans}$ 反馈自己学习的结果。

（3.2）如果 $Instance_{msg} < Instance_{miniChoose}$，则说明可以直接传输 Checkpoint 快照，不用

$Node_{ask}$ 逐个向 $Node_{ans}$ 学习 Instance。首先，$Node_{ans}$ 记录学习开始的 Instance（即 $Instance_{msg}$），再给 $Node_{ask}$ 回复 MsgType_PaxosLearner_SendNowInstanceID 消息并携带 $Instance_{cp.miniChoose}$。如果有需要的话，携带的信息还应包括 SystemVSM 和 MasterStateMachine 的 Checkpoint 快照数据。

（5～6）在 $Node_{ask}$ 收到消息后，即会使用消息中的 SystemVSM 和 MasterStateMachine 的 Checkpoint 快照数据。因为在这个过程中，$Node_{ask}$ 也可能和其他成员进行学习，所以需要再比较一次 $Node_{ans}$ 的 $Instance_{miniChoose}$ 和 $Node_{ask}$ 此时所处的 Instance（记作 $Instance_{now}$）。

（6.1）如果此时 $Node_{ans}$ 的 $Instance_{cp.miniChoose} \leqslant Node_{ask}$ 的 $Instance_{now}$，那么 $Node_{ask}$ 向 $Node_{ans}$ 发送 MsgType_PaxosLearner_ComfirmAskforLearn 消息。

（7）$Node_{ans}$ 开启后台线程（LearnerSender），从（3.2）步中记录的 Instance 开始，逐个发送 MsgType_PaxosLearner_SendLearnValue 给 $Node_{ask}$ 完成学习。

（6.2）如果此时 $Node_{ans}$ 的 $Instance_{cp.miniChoose} > Node_{ask}$ 的 $Instance_{now}$，那么 $Node_{ask}$ 向 $Node_{ans}$ 发送 MsgType_PaxosLearner_AskforCheckpoint 消息，获取状态机的 Checkpoint 快照数据。

（8）$Node_{ans}$ 开启后台线程（CheckpointSender），将状态机的 Checkpoint 快照文件逐一发送给 $Node_{ask}$。Checkpoint 传输的逻辑均可以在 CheckpointSender::SendCheckpoint() 中找到，其消息交互如下：

❑ 向 $Node_{ask}$ 发送 CheckpointMsgType_SendFile 消息，其 Flag 为 CheckpointSendFile-Flag_BEGIN，标记文件传输开始。

❑ 逐一向 $Node_{ask}$ 发送 Checkpoint 快照文件，其 Flag 为 CheckpointSendFileFlag_ING。

❑ 向 $Node_{ask}$ 发送 CheckpointMsgType_SendFile 消息，其 Flag 为 CheckpointSendFile-Flag_END，标记文件传输结束。

（9）$Node_{ask}$ 收到所有文件后，直接使用 Checkpoint 快照数据，并更新 Proposer、Acceptor 和 Learner 所处的 Instance，以及 Checkpoint 的信息（MiniChooseInstance 等）。完成这些操作后，给 $Node_{ans}$ 返回 CheckpointMsgType_SendFile_Ack 消息。

（10）$Node_{ans}$ 退出 Checkpoint 传输，结束本次学习过程。

3．LearnerSender

每一个 Learner 都配了一个 LearnerSender，它们分工明确。Learner 负责向其他成员学习 Instance 上被批准的提案，LearnerSender 负责将自己在 Instance 上批准的提案发给其他需要的成员。与其设计类似的还有 CheckpointSender，这里取其一介绍。

LearnerSender 提供的 Prepare() 和 Comfirm() 方法，分别用在前面的步骤（3.2）和步骤（7）中。Prepare() 方法用于标记 LearnerSender 正在执行数据对齐任务（PhxPaxos 不允许一个 LearnerSender 并行执行多个数据对齐的任务），同时记录需要发送的起始的 InstanceId，Comfirm() 方法用于标记要执行发送的 Instance。

🔔说明：Comfirm() 并非笔者手误写错了，截止 PhxPaxos 1.1.3 版本，在 PhxPaxos 的代码中仍然是这个单词。

接着 LearnerSender 会持续观察是否存在已确认的需要发送的 Instance，当存在需要发送的 Instance 时，通过 LearnerSender::SendLearnedValue()方法，从开始的 Instance 到当前 Learner 所处的 Instance 为止逐一发送 Instance，代码如下：

```
void LearnerSender::SendLearnedValue(const uint64_t llBeginInstanceID
                    , const nodeid_t iSendToNodeID) {
    uint64_t llSendInstanceID = llBeginInstanceID;
    int ret = 0;
    uint32_t iLastChecksum = 0;
    // 限速，控制发送速度，以免影响正常协商
    int iSendQps = LearnerSender_SEND_QPS;
    int iSleepMs = iSendQps > 1000 ? 1 : 1000 / iSendQps;
    int iSendInterval = iSendQps > 1000 ? iSendQps / 1000 + 1 : 1;
    int iSendCount = 0;
    while (llSendInstanceID < m_poLearner->GetInstanceID()) {
        // 逐一发送，发送 MsgType_PaxosLearner_SendLearnValue 消息
        ret = SendOne(llSendInstanceID, iSendToNodeID, iLastChecksum);
        // 省略代码：成功校验，增加计数器
        ...
    }
    m_iAckLead = LearnerSender_ACK_LEAD;
}
```

4．Follower

Follower 也是为了快速实现 Instance 对齐而引入的角色。有了 Follower，Learner 之间可以主动发送 Instance，让对方拥有落后于自己的数据。如果成员 A 向成员 B 学习了 Instance，成员 A 变成为成员 B 的 Follower，当成员 B 学习到任何 Instance 时，会主动将广播消息给它所有的 Follower。

当 Learner 收到其他成员询问 Instance 的消息（MsgType_PaxosLearner_AskforLearn）时，就会将该消息的发送者追加至自己的 Follower 列表。当 Learner 收到 Proposer 将某个提案指令达成共识后发出的消息（MsgType_PaxosLearner_ProposerSendSuccess）时，会给 Follower 列表成员发送包含自己批准的提案信息的消息（MsgType_PaxosLearner_SendLearnValue）。

读者可能担心会形成 Follower 环链，但是这并不会影响什么，因为只有在收到 MsgType_PaxosLearner_ProposerSendSuccess 消息时，才会给 Follower 广播自己批准的提案信息，而广播的消息类型是 MsgType_PaxosLearner_SendLearnValue，所以并不会使驱动学习的消息循环发送。

4.7.5　Master 选举

对于 Paxos 的介绍近乎尾声，但是我们仍没有发现需要引入一个中心化角色的必要性。无论在提案协商阶段还是 Learner 阶段，每个成员都可以提出提案，也可以学习任意成员批准的提案信息，那么 Master 角色是用来解决什么问题的呢？

在 4.6.2 小节中我们知道，读请求也需要运行一轮 Paxos，为了解决这个问题，引入了 Confirm 机制。在 PhxPaxos 中是通过 Master 成员来解决读请求的，很多时候我们都希望读

到最新的数据，引入 Master 之后，这一问题将迎刃而解。

在 Master 上，我们要求读写请求都在 Master 上进行，在这种约束下，Master 是一定知道某一个 Instance 在集群中的批准情况的，自然可以根据自己的 Paxos-Log 给客户端返回读请求的数据。

Master 和 Leader 有本质的区别，Leader 是我们在优化 Prepare 阶段出现的角色，它没有真实的实体定义，只是为了减少提案冲突情况的发生，因此是允许在集群中同一时间存在多个 Leader 的。Master 是为了解决读请求而刻意引入的，并且在一个集合内，任意时刻，仅有一个成员称为 Master。

Master 是一个严格的单点角色，选举 Master，只能是共识算法，这里当然选择的是 Paxos。Paxos 虽然能保证只有一个成员被选举为 Master，但是还不够，因为单点的问题总是不可靠的，我们希望 Master 出现故障后，其他的成员能自动晋升为 Master，接替它的工作。于是，我们为 Master 建立租约机制。

租约机制是指当一个成员晋升 Master 后，在一定租期内，它一直都是 Master，在这个租期内，不能有其他成员来竞选 Master。同时，为了保证 Master 的稳定性，在 Master 租期到期后，Master 成员可以发起续期，这种连任情况，能保证 Master 一直是同一成员，只有在该成员发生故障或租期过期后，才会有其他成员晋升为新的 Master。

为了保证 Master 连任，需要保证 Master 的续期操作，并且在租期结束之前完成。假设存在三个成员的集群，如图 4.13 所示，因为成员 B、C 在成员 A 决策是否晋升为 Master 时，一定是成员 A 真实地发起了竞选 Master 的消息，并且成员 A 发起竞选消息的时刻 T1 一定早于成员 B、C 收到消息的 T2、T3 时刻。在 T1、T2、T3 时刻中增加一个恒定的租期 LeaseTime，那么成员 A 的租期结束时间一定早于成员 B 和 C，那么成员 A 在它的租期内的任意时刻发起续期，都能满足连任。

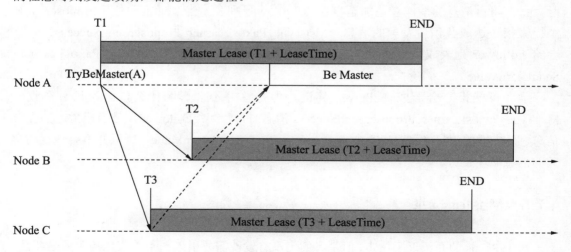

图 4.13　Master 租约示意

在 PhxPaxos 中，MasterStateMachine 状态机用于来实现 Master 的管理，MasterMgr 用来实现 Master 的选举。启动 Group 后将开启 MasterMgr 的后台线程持续观察 Master 的情况，如果需要续期或者竞选 Master，则会调用 Paxos 的 API 将自己的成员信息当作提案指令发起提案，代码如下：

```
void MasterMgr::TryBeMaster(const int iLeaseTime) {
    nodeid_t iMasterNodeID = nullnode;
    uint64_t llMasterVersion = 0;
    // 从 MasterStateMachine 状态机中获取当前 Master 的信息
    m_oDefaultMasterSM.SafeGetMaster(iMasterNodeID, llMasterVersion);
    if (iMasterNodeID != nullnode && (iMasterNodeID != m_poPaxosNode->
GetMyNodeID())) {
        // 已有 Master 且 Master 不是自己，所以不用续期，不用竞选
        return;
    }
    // 将自己的成员信息打包成提案指令
    std::string sPaxosValue;
    if (!MasterStateMachine::MakeOpValue(m_poPaxosNode->GetMyNodeID(),
llMasterVersion
        , iLeaseTime, MasterOperatorType_Complete, sPaxosValue)) {
        return;
    }
    // Master 的过期时刻
    uint64_t llAbsMasterTimeout = Time::GetSteadyClockMS() + (iLeaseTime -
100);
    uint64_t llCommitInstanceID = 0;
    SMCtx oCtx;
    oCtx.m_iSMID = MASTER_V_SMID;
    oCtx.m_pCtx = (void *) &llAbsMasterTimeout;
    // 发起提案
    int ret = m_poPaxosNode->Propose(m_iMyGroupIdx, sPaxosValue, llCommit
InstanceID, &oCtx);
}
```

在 MasterMgr::TryBeMaster() 中可以看到，是否需要执行续期或者竞选 Master，是通过 MasterStateMachine::SafeGetMaster() 返回的值（当前的 Master 信息）判断的，状态机 MasterStateMachine 的状态转移函数只需要更新当前的 Master 信息即可。

值得注意的是，自己晋升 Master 和其他成员晋升 Master 的租期过期时刻稍有差别，具体可以参考以下代码：

```
int MasterStateMachine::LearnMaster(const uint64_t llInstanceID
    , const MasterOperator &oMasterOper, const uint64_t llAbsMasterTimeout) {
    std::lock_guard<std::mutex> oLockGuard(m_oMutex);
    // 省略代码：安全校验
    ...
    // 持久化
    int ret = UpdateMasterToStore(oMasterOper.nodeid(), llInstanceID,
oMasterOper.timeout());
    if (ret != 0) {
        return -1;
    }
    // 更新当前的 Master 信息
    m_iMasterNodeID = oMasterOper.nodeid();
    if (m_iMasterNodeID == m_iMyNodeID) {
        // 自己晋升 Master，使用消息中的过期时间（提出提案时间+租期）作为过期时刻
        m_llAbsExpireTime = llAbsMasterTimeout;
    } else {
        // 其他成员晋升 Master，使用（当前时间+租期）作为过期时刻
        m_llAbsExpireTime = Time::GetSteadyClockMS() + oMasterOper.timeout();
    }
```

```
    m_iLeaseTime = oMasterOper.timeout();
    m_llMasterVersion = llInstanceID;
    // 省略代码：Master 变更回调
    ...
    return 0;
}
```

4.7.6　成员变更

PhxPaxos 的成员变更参考自 Raft，相关内容将在第 6 章介绍。成员变更采用的是一次变更一个成员，这是高效且简单的。在 PhxPaxos 中，每个成员保存同一份成员配置是由 Paxos 来完成的。同样，PhxPaxos 也提供了 SystemVSM 状态机可以实时更新和管理最新的成员配置，代码如下：

```
// 更新成员配置
int PNode::ProposalMembership(SystemVSM *poSystemVSM, const int iGroupIdx,
        const NodeInfoList &vecNodeInfoList, const uint64_t llVersion) {
    // 打包成员配置, vecNodeInfoList 已包含新成员信息
    string sOpValue;
    int ret = poSystemVSM->Membership_OPValue(vecNodeInfoList, llVersion,
sOpValue);
    if (ret != 0) {
        return Paxos_SystemError;
    }
    SMCtx oCtx;
    int smret = -1;
    oCtx.m_iSMID = SYSTEM_V_SMID;
    oCtx.m_pCtx = (void *) &smret;
    uint64_t llInstanceID = 0;
    // 发起提案
    ret = Propose(iGroupIdx, sOpValue, llInstanceID, &oCtx);
    if (ret != 0) {
        return ret;
    }
    return smret;
}
// SystemVSM 的状态转移
bool SystemVSM::Execute(const int iGroupIdx, const uint64_t llInstanceID
        , const std::string &sValue, SMCtx *poSMCtx) {
    SystemVariables oVariables;
    bool bSucc = oVariables.ParseFromArray(sValue.data(), sValue.size());
    if (!bSucc) {
        return false;
    }
    // 省略代码：安全校验
    ...
    // 更新成员配置
    oVariables.set_version(llInstanceID);
    int ret = UpdateSystemVariables(oVariables);
    if (ret != 0) {
        return false;
    }
    // 刷新成员列表。协商时，广播消息、增加计数器都会用到成员列表
    RefleshNodeID();
    return true;
}
```

　　因为只能一个接一个地协商，并且在一个 Group 内不会并行协商，所以在同一时刻一定会存在一份有效的成员配置。当然，也可能会出现两个成员同时收到变更成员配置请求的情况，这种情况的协商结果要么是提案发生冲突，最终只有一个提案被选择，要么是一个提案被选择之后，另一个提案再被提出，这同样能保证在同一时刻，只会存在一份有效的成员配置。

4.8　本　章　小　结

　　共识算法：在分布式系统中，如何让集群的每个成员都认同某个值（提案指令），"一致"是要求每个成员的数据完全相同；而"共识"并不要求数据相同，只要求从任意成员上获取的值是相同的即可。

　　Paxos 是一个具有高度容错性的共识算法，它的容错性来源于只需要多数派的正常响应。达成有效共识的关键在于，提案指令直到第二阶段才会被真正提出。

　　Paxos 分为两个阶段，即 Prepare 阶段和 Accept 阶段，如果在两阶段都获得多数派的支持，则视为提案通过。

　　❑ Prepare 阶段：不发送提案指令，只发送提案编号，意义在于争取 Acceptor 的承诺，并获取在 Acceptor 中已被批准的提案指令。

　　❑ Accept 阶段：真正提出提案指令，使该提案指令在集群中达成共识。

　　Paxos 的局限性：

　　❑ 活锁：提案之间互相冲突，导致最终没有任何一个提案被选择。

　　❑ RPC 交互次数多，在没有发生提案冲突的情况下，最少需要进行四轮 RPC 交互才能达成共识。

　　Paxos 的应用场景：

　　❑ 多副本存储。

　　❑ 分布式状态机，由 Paxos 来确定操作顺序，并按照顺序输入状态机执行状态转移，从而使每个状态机最终的状态是一致的。

　　为了解决 Paxos 的局限性，Multi Paxos 引入了 Leader 角色，提升了协商效率，降低了活锁概率。

　　❑ 只能由 Leader 发起提案，由于允许多个 Leader 存在，所以只是减少了活锁的概率，并不能完全杜绝活锁。

　　❑ 在没有提案冲突的情况下，省略 Prepare 阶段，优化成一阶段。

　　PhxPaxos 是业界比较优秀的 Multi Paxos 实现，优化了 Prepare 阶段，通过 Checkpoint 进行数据快速对齐，PhxPaxos 支持挂载多个状态机，当提案达成共识后，PhxPaxos 会将该提案指令输入状态机并执行状态转移操作。另外，需要重点关注 PhxPaxos 与标准 Paxos 的不同之处。

　　❑ 在 PhxPaxos 中，如果在上一轮协商中有一个 Acceptor 拒绝了 Prepare 和 Accept 请求，则直接开启下一轮协商，而不是要求 $F+1$ 个 Acceptor 拒绝。

- 在 PhxPaxos 中，Acceptor 根据提案编号校验请求有效性时，使用的是大于等于的条件，而标准的 Paxos 要求大于即可。
- 在 PhxPaxos 中，Acceptor 在拒绝 Prepare 请求后会给 PhxPaxos 反馈自己所通过的最大的提案编号。
- PhxPaxos 增加了几个新特性：支持多个 Group，它们之间互不影响；多个提案可以进行批量协商等。

4.9　练　习　题

（1）为什么需要有多个 Acceptor？单个 Acceptor 有什么问题？

（2）提案编号解决了什么问题？

（3）有三个成员的集群 A、B、C，其中，A 和 B 批准提案[4, 6]，C 没有通过任何提案。此时 C 收到客户端请求，提案指令为 5 且 C 的提案编号为 4。通过 Basic Paxos 后，最后集群的每个成员批准的提案应该是什么？

（4）有五个成员的集群 A、B、C、D、E，其中，A、B 批准了提案[1, X]，D、E 批准了提案[2, Y]。这时另一个提案的 Prepare 请求发起 Prepare[3,]，按照 P2C 的约定，A、B 应该返回[1, X]作为 Prepare 的响应，D、E 应该返回[2, Y]作为 Prepare 的响应，那么这时编号为 3 的提案值使用 X 还是 Y 呢？

（5）Multi Paxos 在没有提案冲突的情况下，在 Prepare 阶段最少执行多少次？最多执行多少次？

（6）有三个成员的集群 A、B、C，其中，A 发起 $Prepare_A$[1,]请求获得 A、B、C 的支持，B 发起 $Prepare_B$[2,]请求获得 B、C 的支持，二者都获得多数派的支持，并且提案指令都由自己指定。Proposer A 发送 $Accept_A$[1, X]，Proposer B 发送 $Accept_B$[2, Y]。最终，A 批准提案[1, X]，B、C 批准了提案[2, Y]，这样就形成一致性了吗？

第 5 章 ZAB——ZooKeeper 技术核心

学习完 Paxos 后，相信读者已经感受到了共识算法的乐趣。Paxos 的确是一道不错的"开胃菜"，但是它并不管饱。由于 Multi Paxos 只提供了大致的实现思路，没有描述具体的实现细节，在工程实现上，只能由工程师根据自己的经验在实践中不断试错。因此，行业内并没有一个完整的 Multi Paxos 实现标准，但是共识问题急需解决，于是便诞生了许多基于 Paxos 多数派思想的共识算法，ZAB（ZooKeeper Atomic Broadcast）就是其中一员。

ZAB 算法是 ZooKeeper[①]的核心技术，理解 ZooKeeper 的关键在于 ZAB 算法。ZAB 贯穿 ZooKeeper 的整个运行过程，包括事务请求处理、崩溃恢复及 Leader 选举等。

5.1 Chubby 简介

由于 ZooKeeper 解决的问题与 Chubby 大同小异，所以我们先来了解一下 Chubby 架构设计及其背景。

Chubby 是 Google 开发的分布式锁服务，着力解决分布式系统的协调问题，为分布式系统提供一个粗粒度锁服务的同时，还提供了可靠的小容量数据存储服务。在 Google 内部，GFS 和 Bigtable 都使用 Chubby 来完成 Master 的选举，并在 Chubby 存储了少量的元数据。

Chubby 并不开源，我们对它的了解也仅限于 Google 公开的论文 *The Chubby lock service for loosely-coupled distributed systems*，本节以该论文为基础对其进行简单的介绍。

5.1.1 Chubby 是什么

从应用层面来看，Chubby 是一个分布式锁服务。这里的"锁"就是开发人员理解的"加锁"和"解锁"的概念，Chubby 管理着所有锁的资源。通过 Chubby，多个客户端能对自己所需要的资源进行"加锁"，客户端可以在排他模式下持有（写）锁，也允许任意数量的客户端在共享模式下持有（读）锁。另外，即使有成百上千个客户端同时观察某个资源锁的状态，Chubby 也可以高效地工作。

从实现层面来看，Chubby 更像是一个小文件系统，每一个文件和目录即代表一个锁资源。一个典型的目录树如下：

---

① ZooKeeper：分布式应用程序协调服务。

```
/ls/ofcoder/luckydraw/8ac30870
```

Chubby 提供了专门的 API，客户端能像操作 UNIX 一样，创建和删除文件。与 UNIX 相比，Chubby 更加简洁，主要表现在以下两方面。

- Chubby 为了拥有更好的查询性能而放弃了目录权限，文件的访问权限由文件自身决定，与它的父级目录的权限无关。
- Chubby 不支持将文件从一个目录移动至其他目录，这可以降低客户端观察锁资源的复杂度。

在 Chubby 的目录树中，每一层的目录和文件被统称为节点。为了适应更多的场景，Chubby 提供了永久节点和临时节点。临时节点会在 Chubby 失去与创建它的客户端的连接后自行删除。临时节点通常起到指示性的作用，基于这一特性，可以非常便利地实现分布式系统的成员管理。例如，当新成员上线时，该成员会创建一个用于标识自己的临时节点，其他成员则可以立刻感知到该成员；当一个临时节点被删除时，其他成员可以快速地知道对应的成员已经下线。

5.1.2　为什么选择锁服务

读者可能有疑惑，为什么 Chubby 团队不是提供一个 Paxos 类库或标准的框架来实现状态机，而是直接提供一个锁服务状态机呢？Chubby 团队给出了 4 个理由，这也是 ZooKeeper 选择继续沿用 Chubby 设计思想的原因。

1．锁服务更简单

通常来讲，系统开发之初并没有高可用性的设计。但随着业务和客户量的增长，可用性变得更加重要，于是主成员和副本就被加入设计中。虽然选举主成员可以在共识的类库上装载状态机来完成（具体请参考 4.7.5 小节的内容），但是使用锁服务更加简单。可以约定，当副本持有某一个锁资源时，即晋升为主成员，而其他副本也可以通过文件信息获知当前主成员的信息。当主成员出现故障而异常下线时，其他副本也可以通过观察临时节点来得知主成员的状态。很明显，这种方案比增加共识协商的设计方案更加简单。

2．命名服务

命名服务[①]在分布式系统中起着重要的作用，通常用于分布式系统成员的地址定位。锁服务更适合用来实现命名服务，可以将少量的数据存储在 Chubby 的节点文件中，再由 Chubby 通过一个机制来公布文件信息，这样就能提供命名服务了，客户端无须再依赖另一个服务专门来实现命名服务。

事实上，Chubby 通过监听机制来完成对文件信息的公布，这一机制可以方便客户端实时获知文件数据变更的内容，这对于命名服务来说是巨大的诱惑。例如，客户端如果能够

---

① 命名服务：共享资源，唯一标识一个实体，可以根据给定的名称进行资源或对象的地址定位，并获取有关的属性信息。

实时地更新 DNS 列表，就能实时找到最新的可以访问的地址，这样能极大地缩减客户端故障持续的时间。这也是 Chubby 能作为命名服务的优势。

3．锁服务更易上手

对于锁来说，很多程序员都比较了解并熟悉它的使用，但对于共识算法而言，可能大部分程序员并不了解，而且要实现一个 Paxos 的状态机，显然要麻烦得多。

4．锁服务更好用

Paxos 使用多数派机制进行决策，因此需要多个副本的参与。例如，在 5 个副本的 Chubby 集群中，需要保证至少有 3 个副本能够正常运行。相比之下，锁服务在一个客户端的情况下也能安全地提供服务。也就是说，锁服务并不要求客户端的数量，而提供 Paxos 的类库需要强制要求客户端的数量。

当然，可以选择让客户端扮演 Paxos 中的 Proposer 角色，再提供一个"共识服务"的集群扮演 Paxos 中的 Acceptor 角色。这种设计同样不要求客户端的数量，并且也能提供安全的服务。其实，锁服务也是这种设计。

5.1.3　需求分析

锁服务最重要的要求就是安全，Chubby 设计的首要目标是可用性和安全性。在保证可用性和安全性的前提下，Chubby 需要满足以下需求。

1．提供基于锁接口的API

为了继续降低开发人员的学习难度，基于锁的接口可以让开发人员更易上手。因此需要给客户端提供额外的类库，并且在类库中提供基于锁接口的 API。

2．可以存储少量数据

提供小文件存储少量数据，不用额外维护第二服务存储数据，无论提供命名服务还是主节点的数据，都可以通过文件信息来宣传。

3．支持事件通知

随着业务的发展，Chubby 必须允许成千上万的客户端观察存储的数据，因此 Chubby 处理读请求的压力就会增大。为了降低 Chubby 的压力，客户端需要提供缓存功能。

如何让缓存数据和 Chubby 数据保持一致呢？使用通知机制比客户端定时轮询更适合，因为定时轮询的间隔时间并不容易取得一个最优值。例如，当 Chubby 用于命名服务时，某一个服务下线，在客户端下一次定时轮询之前将一直使用错误的缓存数据，而客户端一直访问一个已下线的服务势必会发生异常。

另外，通知机制必须要求客户端在收到事件通知后能获得最新的数据，因此 Chubby 必然是处理完了相应的操作后再传递事件。客户端可以在任意节点上订阅一系列事件，当这些事件被满足时，会由 Chubby 异步传递给客户端。事件类型如下：

- ❑ 节点内容变更。
- ❑ 子节点变更。
- ❑ Chubby Master 变更。
- ❑ 锁已失效，通常发生在网络故障场景中。
- ❑ 锁被获取，用于选举出一个主节点。
- ❑ 锁冲突，与其他客户端获取锁的请求冲突。

4．高度容错

作为其他系统重度依赖的服务，Chubby 的可用性直接影响其依赖的系统。在可用性上，Chubby 提供了多副本设计，副本之间使用 Paxos 进行数据同步。这意味着 Chubby 完整地继承了 Paxos 的容错性，在异步消息的网络环境中，允许数据丢包和网络延迟等。此外，只要有多数派的副本存活，Chubby 就能在保证安全性的情况下提供正常的服务。

5.1.4　Chubby 集群架构

1．客户端类库

无论是基于锁接口和缓存，还是基于与 Chubby 的 RPC 交互及 Master 平滑切换等，都要求客户端和 Chubby 密切配合。为了让开发人员能更加方便地使用 Chubby，Chubby 团队为这些功能提供了客户端类库，如图 5.1 所示。上层应用的操作在经过客户端类库的封装后，由客户端类库调用 Chubby。

图 5.1　Chubby 交互示意

2．Master选举

一个 Chubby 集群被称为 Chubby Cell，一个 Chubby Cell 由多个副本/成员（通常是 5 个）组成。副本之间采用共识算法选举出 Master，Master 的晋升需要获得多数派副本的选票，并且要求这些副本保证在接下来的一个期限内不会选举出新的 Master，这个期限称为 Master 租期。在租期内，Master 可以发起续期，重新获得多数派副本的选票后会继续延长 Master 租期，以保证一个稳定的 Master；当 Master 出现故障，将会与其余副本失去联系，其余副本会在租期到期后重新运行选举操作。

Master 选举是为了处理客户端的读写请求，其余副本只需要简单地复制 Master 的更新操作即可。图 5.2 描述了客户端的读写请求过程。客户端先向副本询问 Master 的信息，获得 Master 的地址后，接下来客户端会将读写请求发送给 Master，直到 Master 不再响应。

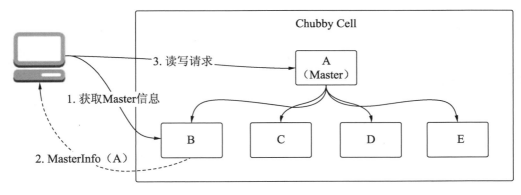

图 5.2　Chubby 读写过程示意

Master 在收到客户端的写请求后，使用共识算法将更新操作发送给所有副本，只有获得多数派副本处理成功的消息后，该请求才会被认为已成功处理。Master 在收到读请求后，只需要根据自己的数据进行相应处理即可，而不需要其余副本的参与。

3．Master故障恢复

客户端与 Master 之间会建立一个会话（Session）来进行所有的网络交互，通过心跳机制互相感知对方的存在，并且维护这个会话的活性，这一过程被称为 KeepAlive。

图 5.3 简单地描述了 Master 和客户端类库交互的过程，在正常运行的过程中，Master 收到 KeepAlive 请求时会在 Master 上阻塞该请求，直到 KeepAlive 即将超时才会响应该请求，并且在响应中包含下一次 KeepAlive 的超时，客户端收到反馈后，会立刻发起下一次的 KeepAlive 请求。KeepAlive 的超时会为 Master 的负载而动态调整，高负载的 Master 会适当增加 KeepAlive 的超时，以减少处理 KeepAlive 请求的频率。

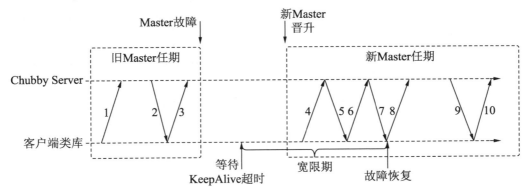

图 5.3　Chubby Master 故障恢复示意

如果 Master 出现故障，客户端类库在等待超时后会进入危险（Jeopardy）状态，并向上层应用发送 Jeopardy 事件。由于此时客户端并不知道和 Master 网络交互的真实情况，因此不会中断本地与 Master 的会话。客户端类库在等待一个宽限期（Grace Period）之后才会给上层应用发送 Expired 事件，表明与 Master 的会话已过期，不能提供服务。如果在宽限期之内，客户端能与新的 Master 建立新的会话，则意味着故障已经恢复，可以正常提供服务，客户端类库会向上层应用发送 Safe 事件。

在进入宽限期之初，客户端类库会清空本地缓存，客户端类库不会根据自己的任何数据处理上层应用的任何请求。在整个宽限期内，客户端类库会阻塞上层应用的所有操作，直到与新的 Master 建立新的会话或者宽限到期，以免在这个不确定的期间内调用 Chubby 而产生歧义。

宽限期的存在意味着当切换 Master 时，上层应用能够平滑地过度，如果宽限期足够长，上层应用最多只会感知到操作时间增加了。

在图 5.3 中，中间的交互是 KeepAlive 请求，在旧的 Master 任期内，当请求 1 达到 Master 时，Master 会进行阻塞，直到 KeepAlive 即将超时才会给客户端类库发送请求 2，并携带下一次 KeepAlive 的超时。

当客户端类库收到反馈后会立刻发起请求 3。此时旧的 Master 出现故障，客户端在 KeepAlive 超时后，发送 Jeopardy 事件进入宽限期。

在宽限期内，客户端发现新 Master 晋升，于是和新 Master 取得联系，发送请求 4，由于客户端类库还处于上一任 Master 的任期中，所以新 Master 会拒绝请求 4。

客户端类库发起新 Master 任期的请求 6，新 Master 确认后，回复请求 7。至此，客户端类库才能与新 Master 正常交互，发送 Safe 事件，结束宽限期。

4. 数据存储

Chubby 一开始使用 Berkeley BD[①]来存储节点数据。Berkeley BD 类似于 K-V 数据库，可以将其理解成一个大型的 Hash 表。Chubby 将节点的路径名称作为 Key 进行保存，这种存储方式对查询非常友好，对每个文件的访问只需要在数据库中进行一次查询即可，但缺陷是 Chubby 不得不放弃与 UNIX 一样基于路径的权限控制。

Berkeley BD 使用共识算法可以在一组服务器上复制其数据库日志，但该功能是近期提供的，并且使用的用户较少。相比其他更受关注的功能，Berkeley BD 团队没有花费更多的精力去维护数据库日志复制的功能。于是，Chubby 自己实现了一个简单的数据存储器，提供写日志和快照的功能，并且与 Berkeley BD 一样，数据库日志复制依然采用分布式共识算法。Chubby 提供的快照功能，每隔几小时，Master 就会将快照备份至其他位置。与 PhxPaxos 类似，备份不仅用于灾难恢复，还可用于新成员上线前的数据对齐。

综上所述，我们最终得出一个清晰、简单的存储模型，其主要分为三层，如图 5.4 所示。

❑ 数据库日志：保存 Chubby 的事务操作日志，通过 Paxos 将事务日志复制到所有的副本中。

❑ 数据库：可以理解为事务日志达成共识后执行的状态转移的状态机。以键值对的形

---

① Berkeley BD：开源的文件数据库，使用方式与内存数据库类似，不需要像关系型数据库一样进行 SQL 解析等。

式存储每个节点的信息，并且快照也在这一层生成。

❑ Chubby API：最顶层的 Chubby 向客户端提供的服务。

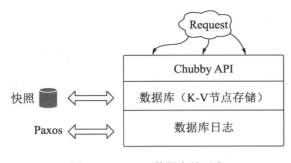

图 5.4　Chubby 数据存储示意

5.2 ZooKeeper 的简单应用

ZAB 并不是独立的类库，而是为 ZooKeeper 专门设计的解决共识问题的方案，因此学习 ZAB 就相当于学习 ZooKeeper 的技术核心。

本节主要介绍 ZooKeeper 的基础内容，通过本节的学习，读者可以了解 ZooKeeper 的数据节点、ACL 权限控制、Watch 机制及 ZooKeeper 架构设计的相关知识。

5.2.1 ZooKeeper 是什么

很明显，Chubby 所解决的锁服务和命名服务并非只是 Google 的痛点，在分布式环境下，应用之间的协调显得尤为重要。为了享受应用协调服务带来的便利，ZooKeeper 应运而生。

ZooKeeper 诞生于 Yahoo 研究院。在 Yahoo，研究人员发现，他们的大型系统都依赖于一个高度重合的系统协调功能。为了让 Yahoo 的开发者专注于业务开发，研究人员抽象出了独立于系统之外的协调服务，并为其取名为 ZooKeeper。后来，ZooKeeper 转入 Apache 孵化，成为 Apache 的顶级项目，是 Hadoop[①]和 HBase 的重要组件。

ZooKeeper 是一个分布式的应用协调服务，设计思想源于 Chubby，提供了包括配置服务、命名服务、分布式同步（锁）、提供者组等功能。

在过去，这些服务都以某种形式散落在各个系统中，维护起来服务过于复杂。另外，每次实现它们时，都存在大量重复的工作，以及难以解决的异常和竞争条件。有了 ZooKeeper，这一切都迎刃而解。

---

① Hadoop：由 Apache 基金会开发的分布式基础架构，可以充分利用集群的高速运算和存储功能，帮助开发者快速地开发分布式程序。

5.2.2　数据节点

ZooKeeper 被认为是 Chubby 的开源实现，很大的原因是其沿用了 Chubby 的数据模型。ZooKeeper 的数据存储为文件目录形式，可以通过 ZooKeeper 提供的 API 创建和更新文件。这里演示的 ZooKeeper 版本为 3.6.3[①]。

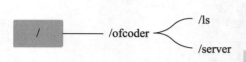

图 5.5　ZooKeeper 目录树示意

ZooKeeper 的根节点是 "/"，我们在根节点下面使用 create 命令创建以下节点，得到如图 5.5 所示的目录树。

```
create /ofcoder "application name"
create /ofcoder/ls "lock service"
create /ofcoder/server "member info"
```

我们可以使用 ls 命令查询节点信息。需要注意的是，ZooKeeper 创建和查询节点信息时，需要输入绝对路径查询，如 ls /ofcoder/ls。ZooKeeper 最常用的数据节点有两类，分别是永久节点和临时节点，这两个节点都支持显式地删除。

1．永久节点

永久节点是 ZooKeeper 最普通的节点类型，也是最常用的。所谓永久节点，是指该节点一旦被创建，将一直保存在 ZooKeeper 上，除非被显式地调用删除操作。使用不带参数的 create 命令创建的就是永久节点。

2．临时节点

临时节点最突出的特性就是临时性，之所以被称为临时节点，是因为当创建该节点的客户端因会话超时或者异常关闭时，ZooKeeper 会自行删除该节点。

在日常开发中，通常使用临时节点来管理成员的上下线操作。例如，Dubbo[②]使用临时节点管理每个服务的 Provider 是否可用，Provider 启动时会在 ZooKeeper 中创建与自己信息相关的临时节点，当其出现故障不能及时响应 ZooKeeper 会话时，ZooKeeper 会自行删除该临时节点，这样消费者便能够立即察觉 Provider 的下线。

可以使用 create -e 创建临时节点。例如，在/ofcoder/server 下面使用 create -e 命令创建以下节点，在创建这些节点的会话关闭之后，ZooKeeper 会删除这些节点。需要注意的是，临时节点不允许创建子节点，代码如下：

```
create -e /ofcoder/server/192.168.1.100:8080 "provider info"
create -e /ofcoder/server/192.168.1.101:8080 "provider info"

# 使用 ls 查询创建的临时节点
[zk: localhost:2181(CONNECTED) 28] ls /ofcoder/server
```

① ZooKeeper 3.6.3 的下载地址为 https://downloads.apache.org/zookeeper/zookeeper-3.6.3/apache-zookeeper-3.6.3-bin.tar.gz。

② Dubbo：分布式 RPC 框架，对服务提供者的上下线非常敏感。使用 ZooKeeper 的临时节点可以快速地观察异常的提供者。

```
[192.168.1.101:8080, 192.168.1.100:8080]
# 尝试为临时节点创建子节点
[zk: localhost:2181(CONNECTED) 29] create /ofcoder/server/192.168.1.101:
8080/provider "service name"
Ephemerals cannot have children: /ofcoder/server/192.168.1.101:8080/
provider
```

3．有序节点

有序节点是基于永久节点和临时节点之上的节点属性，有序的属性可以和永久节点组合，也可以和临时节点组合。所谓有序，是指在创建节点时，ZooKeeper 会自动为节点名称增加单调递增的后缀，单调递增的数值由父级节点控制，每个父级节点都会为它的一级子节点维护一份单调递增的序号。

```
[zk: localhost:2181(CONNECTED) 0] ls /ofcoder/ls
[]
# 创建持久有序节点
[zk: localhost:2181(CONNECTED) 1] create -s /ofcoder/ls/commodity-
86ae5639if1 "user-001"
Created /ofcoder/ls/commodity-86ae5639if10000000000
# 创建临时有序节点
[zk: localhost:2181(CONNECTED) 2] create -e -s /ofcoder/ls/commodity-
86ae5639if1 "user-002"
Created /ofcoder/ls/commodity-86ae5639if10000000001
[zk: localhost:2181(CONNECTED) 3] ls /ofcoder/ls
[commodity-86ae5639if10000000001, commodity-86ae5639if10000000000]
[zk: localhost:2181(CONNECTED) 4]
```

通常来讲，可以使用有序节点来实现分布式环境下的公平锁，公平锁意味着获取锁时应该按照先后顺序进行处理，而有序节点正好满足这一点。我们可以约定，当前序号最小的节点为某个锁资源的持有者，释放锁时只需要删除自己持有的锁节点即可，下一个节点的创建者会自动持有该资源的锁。至于使用临时有序节点还是永久有序节点，需要根据自己的业务权衡选择。

4．其他类型节点

除了前面介绍的常用节点类型之外，在 ZooKeeper 3.5 以上的版本中还引入了 Container 节点和 TTL 节点。

- ❑ Container 节点：使用 create path [-c]创建，当该节点的最后一个子节点被删除时，该节点将在未来的某一时刻（默认 60s 检查一次）由 ZooKeeper 自行删除该节点。这个特性对于 Master 管理 Slave 或者锁资源管理持有者等场景非常有用。
  - ➢ 如果 Container 节点没有创建子节点，其表现为永久节点的特性。
  - ➢ 如果 Container 节点创建了子节点并且删除了所有子节点，则该节点也会被删除。
- ❑ TTL 节点：分为有序的 TTL 节点和无序的 TTL 节点，使用 create path -t 创建。如果该节点在给定的时间内没有被修改且其没有子节点，则该节点会被删除。

TTL 节点默认是禁止的，如果需要使用，则在 ZooKeeper 启动脚本 zkService.sh 中增加启动参数-Dzookeeper.extendedTypesEnabled=true。

5. 节点信息

ZooKeeper 的每一个数据节点除了存储自身的文件内容之外，还维护着一个二进制数组，用于存储节点的元数据，如 ACL 控制信息、修改信息及子节点信息。可以使用 get 或者 stat 命令查询节点信息，返回信息的字段描述如下：

```
[zk: localhost:2181(CONNECTED) 18] get /ofcoder
application name                                # 文件内容
cZxid = 0x11b                                   # 该节点创建时的 zxid
ctime = Mon Aug 09 21:34:14 CST 2021            # 该节点创建时间
mZxid = 0x11b                                   # 该节点最后一次修改的 zxid
mtime = Mon Aug 09 21:34:14 CST 2021            # 该节点最后一次修改的时间
pZxid = 0x11d                                   # 子节点最后一次修改的 zxid
cversion = 2                                    # 子节点的版本号
dataVersion = 0                                 # 该节点的版本号
aclVersion = 0                                  # 该节点的 ACL 版本号
ephemeralOwner = 0x0                            # 临时节点的持有者，即 SessionID
dataLength = 16                                 # 数据内容长度
numChildren = 2                                 # 子节点个数
```

当更改文件内容时，可以使用 set path data [version]命令，version 是期望的版本号。当传入的版本和当前节点的版本不一致时，ZooKeeper 会拒绝本次修改，这一点与 CAS[①]殊途同归，相信熟悉 CAS 的读者已经想到修改的方法了。具体操作如下：

```
[zk: localhost:2181(CONNECTED) 27] set /ofcoder "application name: ofcoder" 1
version No is not valid : /ofcoder
[zk: localhost:2181(CONNECTED) 28] set /ofcoder "application name: ofcoder" 0
cZxid = 0x11b
ctime = Mon Aug 09 21:34:14 CST 2021
mZxid = 0x13c
mtime = Mon Aug 09 23:16:44 CST 2021
pZxid = 0x11d
cversion = 2
dataVersion = 1
aclVersion = 0
ephemeralOwner = 0x0
dataLength = 25
numChildren = 2
```

5.2.3　Watch 机制

1. 应用场景

Watch 是 ZooKeeper 提供给客户端观察节点数据变更事件的一种机制。命名服务可以通过 Watch 机制，让客户端及时感知服务列表变更情况；锁服务也可以通过 Watch 机制，让客户端监听锁状态的变更情况。在业务开发中，Watch 机制的应用场景也非常广泛，例如：

---

① CAS：Compare and Swap，更新时比较期望的值。

- 实现发布或订阅服务，成员 A 和 B 分别负责生产任务和消费任务，当成员 A 负责生产任务时，在 ZooKeeper 中创建相关的节点，那么监听该节点的成员 B 就能及时察觉并进行相应的处理。
- 实现配置服务，当系统配置（节点内容）发生变更时，所有监听该节点的系统都能够获取最新的配置。

2．使用案例

我们可以使用带 watch 参数的命令来管理监听器，例如以下命令：

```
ls path [watch]          # 监听子节点变更情况
get path [watch]         # 监听节点内容变更情况
stat path [watch]        # 监听节点状态变更情况
```

以监听子节点变更为例，进行以下测试：

```
[zk: localhost:2181(CONNECTED) 49] create /ofcoder/watch-demo "watch demo"
Created /ofcoder/watch-demo
[zk: localhost:2181(CONNECTED) 50] ls /ofcoder/watch-demo watch
[]
[zk: localhost:2181(CONNECTED) 51] create /ofcoder/watch-demo/sub-001
"test"

WATCHER::Created /ofcoder/watch-demo/sub-001

WatchedEvent state:SyncConnected type:NodeChildrenChanged path:/ofcoder/
watch-demo
[zk: localhost:2181(CONNECTED) 52]
```

需要注意的是：Watch 机制是一次性的，一旦事件被触发后，对应的 Watch 注册就会被删除，后续该节点的其他事件便不会再通知客户端了。例如，继续创建/ofcoder/watch-demo/sub-002 节点，客户端不会再有通知。

```
[zk: localhost:2181(CONNECTED) 52] create /ofcoder/watch-demo/sub-002
"test"
Created /ofcoder/watch-demo/sub-002
[zk: localhost:2181(CONNECTED) 53]
```

5.2.4　ACL 权限控制

通常情况下，ZooKeeper 不会只服务于某个单一的系统，而是为分布式下的多个系统服务。因此，在这种情况下，需要权限控制来区分节点数据的归属。

在没有权限控制的情况下，A 应用可以操作归属于 B 应用的节点数据，这会导致 B 应用产生无法预知的故障。例如，锁服务或者配置服务的节点数据被其他系统错误删除或修改，这将是无法接受的结果。

作为一款优秀的中间件，ZooKeeper 提供了 ACL 权限控制机制，通过 ACL 可以控制每一个节点的操作权限。一个 ACL 权限由 3 部分组成：鉴权模式（Scheme）、授权对象及操作权限。

- 鉴权模式：分别有 Digest、Super、Ip 及 Word 模式，本节以 Digest 模式为例。

❑ 授权对象，即权限赋予对象，当鉴权模式为 Digest 时，授权对象为用户信息。
❑ 操作权限：包括 Create、Delete、Read、Write 和 Admin 权限。
　　➢ Create：创建子节点的权限。
　　➢ Delete：删除当前节点和子节点的权限。
　　➢ Read：读取当前节点的内容和子节点数据的权限。
　　➢ Write：修改当前节点数据的权限。
　　➢ Admin：管理 ACL 信息的权限。

以 Digest 模式为例，可以使用 setAcl path acl 命令对节点 ACL 权限进行设置，ACL 中的每一项使用":"来分割。代码清单如下，其中，digest:far:YRr673TKbed9VJU05hHR1NVw-qnI=:rwadc 的 digest 代表鉴权模式，far 代表授权用户，YRr673TKbed9VJU05hHR1NVwqnI= 是用户秘钥，rwadc 代表操作权限，对应每个操作权限的首字母。

```
[zk: localhost:2181(CONNECTED) 6] create /ofcoder/acl-demo "acl demo"
Created /ofcoder/acl-demo
[zk: localhost:2181(CONNECTED) 7] setAcl /ofcoder/acl-demo digest:far:
YRr673TKbed9VJU05hHR1NVwqnI=:rwadc
cZxid = 0x161
ctime = Wed Aug 11 00:39:45 CST 2021
mZxid = 0x161
mtime = Wed Aug 11 00:39:45 CST 2021
pZxid = 0x161
cversion = 0
dataVersion = 0
aclVersion = 1
ephemeralOwner = 0x0
dataLength = 0
numChildren = 0
[zk: localhost:2181(CONNECTED) 8] getAcl /ofcoder/acl-demo
# 查询 ACL 权限信息
'digest,'far: YRr673TKbed9VJU05hHR1NVwqnI=
: cdrwa
[zk: localhost:2181(CONNECTED) 9]
```

🔖注意：用户秘钥应是密文，需要额外执行 ZooKeeper 的 lib 目录下提供的 zookeeper-3.6.3.jar。其中，org.apache.zookeeper.server.auth.DigestAuthenticationProvider 用来生成秘钥，代码如下：

```
java -cp zookeeper-3.6.3.jar:slf4j-api-1.7.25.jar org.apache.zookeeper.
server.auth.DigestAuthenticationProvider far:12345678
```

继续为/ofcoder/acl-demo/创建子节点。由于当前会话没有该节点的操作权限，所以会创建失败。下面为当前会话增加之前设置的权限对象 addauth scheme auth，代码如下：

```
[zk: localhost:2181(CONNECTED) 9] create /ofcoder/acl-demo/sub-001 ""
Insufficient permission : /ofcoder/acl-demo/sub-001
[zk: localhost:2181(CONNECTED) 10] addauth digest far:12345678
[zk: localhost:2181(CONNECTED) 11] create /ofcoder/acl-demo/sub-001 ""
Created /ofcoder/acl-demo/sub-001
```

ACL 是基于会话的，当退出客户端重新创建会话时，需要使用 addauth 重新为当前会话增加授权。

5.2.5　会话

ZooKeeper 与客户端建立的通信连接被称为会话，会话的创建必然涉及销毁，ZooKeeper 不能允许积累大量历史无效的会话。客户端与 ZooKeeper 的成员建立会话之后，也会通过心跳机制维持会话的活性，这一点可以对比 Chubby 的 KeepAlive。只有在有效的会话基础上，客户端才能给 ZooKeeper 发送请求及接收 ZooKeeper 事件通知。

因为 Watch 机制和 ACL 权限都是与会话进行绑定的，会话过期后，Watch 和 ACL 需要重新绑定，所以，ZooKeeper 也提供了类似 Chubby 的宽限期的等待时间，即 SessionTimeout，以解决网络延迟或者系统 GC 等可能存在其他状况。在规定的 SessionTimeout 内，如果客户端与 ZooKeeper 的连接恢复了，即保持原有的会话信息。

ZooKeeper 作为一个优秀的中间件，每天都会维护着大量与客户端的会话，因此如何高效管理所有的会话是一个值得讨论的话题。ZooKeeper 采用的是分桶策略。

对于相邻创建的会话，ZooKeeper 会根据计算规则为其生成相同的过期时刻，然后以该过期时刻维护一个桶，桶中存储着该时刻过期的所有会话。这种方案可以使 ZooKeeper 批量销毁会话而不必逐一检查。

生成过期时刻的计算规则为 $(T \div N + 1) \times N$，其中，N 为间隔区间，T 为会话创建时刻。表 5.1 所示为 N=10000 时的计算结果，最终，T1 和 T2 时刻创建的会话会存储在一个桶内，T3 和 T4 时刻创建的会话会存储在一个桶内。

表 5.1　过期时刻计算结果

序　　号	会话创建时刻	过 期 时 刻
T1	1327155536	1327160000
T2	1327155688	1327160000
T3	1327177531	1327180000
T4	1327177683	1327180000

5.2.6　读请求处理

为了充分发挥集群的性能，集群中的所有成员必须提供自己力所能及的服务。例如，Follower 向客户端提供读服务，这意味着客户端可以和集群中的任何成员建立会话，并进行通信，如图 5.6 所示。

同时，因为每个客户端都会执行写操作，而客户端与 ZooKeeper 建立的会话对象并不一定是 Leader，该成员或许并不能处理事务请求。如图 5.7 所示，收到事务请求的成员需要将事务请求转发给 Leader，再将 Leader 处理的结果反馈给客户端。如果 Follower 收到的是非事务请求，那么只需要自己处理即可，即图 5.7 中的第 1 步和第 4 步。

这个设计方案不仅提高了集群的非事务请求的处理性能，而且减少了 Leader 与客户端之间的会话数量，相比于成千上万的客户端会话数量，Leader 与 Follower 的会话数量就显得非常少了。

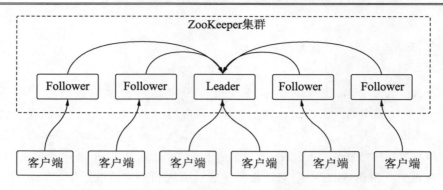

图 5.6　ZooKeeper 集群示意

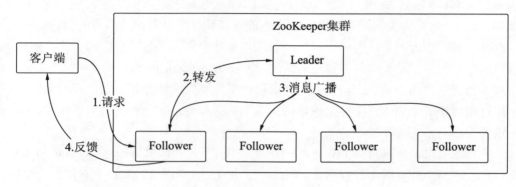

图 5.7　ZooKeeper 事务请求示意

5.3　ZAB 设 计

在我们对 ZooKeeper 有了简单了解后，即可开始本章主要内容的学习了。ZooKeeper 的安全性主要依赖于 ZAB，它保证集群数据的一致性和提案的全局顺序性，是 ZooKeeper 的核心技术。本节将从 ZAB 的设计背景到相关概念进行介绍，这些是学习 ZAB 必须要了解的基础。

5.3.1　ZooKeeper 背景分析

ZooKeeper 作为一个分布式协调组件，其可用性关系到所有依赖它的系统，同时我们也不能保证计算机永远按照期望的方向运行下去，因此，ZooKeeper 在本质上就是一个分布式系统，它的首要任务就是考虑如何在多副本的情况下提供服务。

1．多副本

虽然多副本部署是提高可用性的有效方法，但是我们仍然需要制定更详细的方案。对于处理客户端的请求，通常有以下两种处理方式：

❑ 所有副本都可以处理客户端请求；

❑ 主成员处理客户端请求，其他成员作为备份。

第一种模式可以类比去中心化思想，每个成员都是对等的，任意成员出现故障时都不会影响其他成员的处理请求。这种模式具有相当高的可用性，但是需要考虑各个副本之间数据如何保持一致，当事务请求[①]冲突时，如何保证数据的安全性，这里可以参考 Basic Paxos。

第二种模式是由主成员全面处理客户端请求，其他副本只需要被动地接收和更新即可。这种情况自然没有事务请求冲突发生，但缺点是由于过度依赖主成员，当主成员出现故障时，需要程序自动选举出新的主成员来接管它的工作，并且需要保证数据不会丢失。

ZooKeeper 权衡两种模式之后，选择了一个折中的方式。ZooKeeper 仍然会选举出主成员，对于事务请求，只有主成员能够处理，而对于非事务请求[②]，所有副本都可以处理。这样既可以降低主成员的压力，又可以提高非事务请求的吞吐量。

2．集群角色

在多副本解决单点故障的方案中，最简单且有效的就是 Master 和 Slave 模式。通常，Master 可以处理客户端的非事务请求和事务请求，而 Slave 只能处理客户端非实时的非事务请求。在 Master 处理事务请求后，会将更新数据以异步复制的方式同步给 Slave。

在 ZooKeeper 中并未沿用 Master 和 Slave 模式，而是在此基础上衍生出了三类成员角色，即 Leader、Follower 及 Observer，并且通过专门定制的算法让它们各司其职。这个算法就是本章的核心内容 ZAB。

Leader 为客户端提供读服务和写服务，Follower 与 Observer 只能为客户端提供读服务，关于各个角色的具体分工，将在后面进行介绍。

3．副本数据一致

制定多副本的成员角色之后，事情还没有结束，保证各个副本之间数据一致是提供安全服务的必要保证。

按照状态机的原理，只需要要求每个成员在一致的状态下输入一致，就能使所有成员的数据最终保持一致。这样，只要每个成员收到的事务请求和执行顺序是一致的，就可以保证每个成员的数据一致。

我们已经明确了事务请求只能由 Leader 来处理，由 Leader 将事务请求作为输入广播给所有的 Follower；同时，为了规避一部分成员执行成功，另一部分成员执行失败的可能性，整个广播应该是一个二阶段提交协议，第一阶段的目的是使所有 Follower 都能收到同一事务请求，第二阶段才能执行该事务请求。

最后还需要允许少数成员出现故障，这里可以参考 Paxos 的多数派思想。

---

① 事务请求：通常包含节点的创建、删除和更新等。

② 非事务请求：不会造成数据状态变更的请求，如读操作。

4．崩溃恢复

由于整个设计过度依赖于 Leader，当集群出现故障时，即 Leader 出现故障或者丢失多数派的 Follower 时，我们期望程序能自动处理这些异常情况。

无论是 Leader 自身出现故障，还是丢失多数派的 Follower，这两种情况都无法正常为客户端提供服务，需要重新选举一个新的 Leader。新 Leader 晋升之后，需要取得属于自己的多数派 Follower，因为接下来事务请求的处理需要多数派 Follower 的支持。最后，由于新 Leader 的数据可能少于上一任 Leader，所以需要进行一次数据对齐，使集群的 Leader 和多数派 Follower 的数据保持一致。

总结一下，在崩溃恢复阶段需要完成三步：Leader 选举、获取多数派 Follower 及数据对齐。在这些工作完成之后，集群又恢复为正常工作的状态了。

5.3.2　为什么 ZooKeeper 不直接使用 Paxos

为什么 ZooKeeper 不直接使用 Paxos？这也是 ZooKeeper 团队第一个要回答的问题，毕竟重复造轮子，并不是一件值得推崇的事。回答这个问题，一方面可以从 Paxos 本身的局限性来思考，另一方面则可以从 ZooKeeper 的业务特性来思考。

1．Paxos的局限

在学习完第 4 章的内容之后，这个问题很容易就能回答出来。活锁、RPC 交互次数多及实现难度大，这些问题在 Multi Paxos 中都已有所改善，但并不完美，在某些情况下，协商效率并不能达到期望的效果。

❑ 活锁：Multi Paxos 只能减少出现活锁的概率，并不能完全避免。

❑ RPC 交互次数多：Multi Paxos 只是减少了 Prepare 阶段执行的次数，并没有完全省略，当存在两个 Leader 时，执行 Prepare 阶段的概率依然很高。

❑ 实现难度大：Basic Paxos 虽然理解起来并不复杂，但是同时要兼顾性能与安全是一个比较大的挑战，因此出现了各式各样的 Paxos 变种，如 Fast Paxos 和 EPaxos 等，在工程实现上需要考虑的问题很多，因此在多数框架中 Paxos 不是共识算法的最佳选择。

2．提案顺序

Paxos 的共识着重于，在各个成员之间就一系列提案按照相同的顺序达成一致，而不用关心达成提案之间的依赖性。应用于工程实践中，这个条件并不严谨，往往提案是包含一部分业务含义的，需要严格按照业务逻辑来选择提案。例如，连续创建多个目录文件，/ofcoder、/ofcoder/foo，如果由 Multi Paxos 来协商的话，就有可能出现/ofcoder/foo 在/ofcoder 之前被选择，在业务上这是无法被理解的。

例如，在并行协商情况下，Proposer B 先收到创建/ofcoder 的请求，在 $Instance_1$ 上进行协商，Proposer A 收到创建/ofcoder/foo 的请求，在 $Instance_2$ 上进行协商。由于网络原因，

Instance$_2$ 在 Instance$_1$ 之前达成共识，此时执行 Instance$_2$ 的状态转移肯定会失败。

当然，我们还可以增加一些约定来避免乱序协商带来的影响。例如，选择一次只能协商一个 Instance 来避免提案的乱序，或者在执行状态转移时增加前置必要条件，即当一个 Instance 执行状态转移时，在它之前的所有 Instance 都必须完成状态转移。

虽然对 Paxos 做出了上述一系列的约定，但是仍然无法避免当提案发生冲突时提案值的不确定性。图 5.8 描述了提案值不确定性带来的问题，Proposer A 先后收到创建/ofcoder 和/ofcoder/foo 的请求，Proposer B 先后收到创建/method 和/method/foo 的请求。

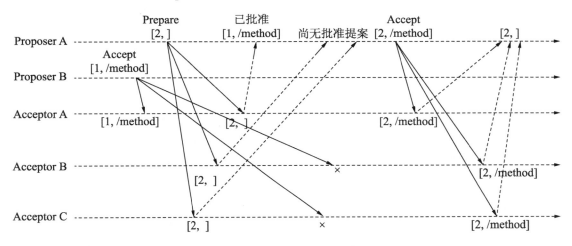

图 5.8　Paxos 提案冲突示意

（1）Proposer B 先发起 Prepare 请求并获得大多数选票，开始 Accept 请求。

（2）在 Proposer B 的 Accept 请求中，只有 Acceptor A 批准了该 Accept 请求，其他节点都通过了 Proposer A 的 Prepare 请求。

（3）Proposer A 的 Prepare 请求获得了多数派的支持。根据约定，其 Accept 请求的提案应该为[2, /method]，并且集群选择了提案[2, /method]。

（4）此时 Proposer A 开始第二个值的协商过程，即/ofcoder/foo 并达成共识。

由此，第一个达成共识的值是/method，当 Proposer A 将/ofcoder/foo 执行状态转移时，因为其父节点/ofcoder 不存在而失败。

在 Paxos 中解决前面两类问题简单且有效的方式就是选择单 Leader，并且要求同时只协商一个 Instance，这样便不会出现乱序和冲突问题。但是这个方案显然是低效的，并不能满足 ZooKeeper 上千个客户端的高并发量。

如果选择同时只能协商一个 Instance，也有一些优化的方案，可以参考 PhxPaxos 的批量协商，将多个事务请求封装为一个提案进行协商，而由此带来的延迟，取决于单次提案协商所包含的事务数量大小。

3．Paxos还缺少一些必要的实现

Paxos 着重于如何达成共识，而对达成共识之后的数据如何管理没有明确的方向。工程实践需要的是一套完整的方案，其中必然会出现的业务场景 Paxos 并没有提到。例如以

下的必要实现：

❑ 日志对齐：成员上线时，历史日志如何同步给新成员，成员下线时，历史日志如何重放；在正常协商过程中，落后的少数派成员如何与其他成员进行对齐。

❑ 成员变更：对于永久下线的成员，应该有相应的方法可以移除它；对于暴增的请求量，应该有相应的方法增加成员数量进行缓解。

❑ 数据快照：历史日志应该如何归档，快照应该如何同步。

❑ 崩溃恢复：集群崩溃后如何安全地恢复未完成的协商。

ZooKeeper 需要的是一套完整的解决方案，与其解决 Paxos 这些难以攻克的问题，不如参考 Paxos 的思想重新实现一套简单的、完整的共识解决方案。

5.3.3　ZAB 简介

ZAB 借鉴了 Paxos，是专门为 ZooKeeper 设计的崩溃可恢复的原子广播算法，它贯穿了 ZooKeeper 的整个运行过程，包含 Leader 选举、成员发现、数据同步及消息广播。

原子广播是指 Leader 将提案（事务操作）广播给所有的 Follower，通知 Follower 批准该提案；而原子是指约定数量的 Follower 要么都批准该提案，要么都拒绝该提案。

相比于 Paxos，ZAB 注重于提案（事务操作）的顺序性。在 ZAB 算法中，如果一个事务操作被处理了，那么所有依赖它的事务操作都应该被提前处理。

在 ZAB 的资料中，相关术语比较多且概念冗余，这将是学习路上的绊脚石。我们需要先统一几个术语。

❑ 提案（Proposal）：进行协商的最小单元，常被称为操作（Operation）、指令（Command）。

❑ 事务（Transaction）：指提案，常出现在代码中，并非指具有 ACID 特性的一组操作。

❑ 已提出的提案：广播的第一阶段所提出的但未提交到状态机的提案。在集群中，可能有多数派成员已拥有该提案，也可能仅 Leader 拥有该提案。

❑ 已提交的提案：指广播的第二阶段已提交到状态机的提案。在集群中，可能有多数派成员已提交该提案，也可能仅 Leader 提交了该提案。

1. 集群角色

为了帮助理解，ZAB 定义了三个角色：Leader、Follower 及 Observer。

❑ Leader：领导者。Leader 是整个 ZAB 算法的核心，其工作内容如下：
  ➢ 事务操作的唯一处理者，将每个事务请求封装成提案广播给每个跟随者，根据跟随者的执行结果控制提案的提交。
  ➢ 维护和调度 ZooKeeper 内部各个成员。

❑ Follower：跟随者。Follower 类似于 Paxos 中的 Acceptor，其工作内容可以分为三部分。
  ➢ 接收并处理非事务请求，也就是读请求。如果 Follower 收到客户端的事务请求，则会将其转发给 Leader 进行处理。
  ➢ 参与提案的决策，对 Leader 提出的提案进行投票。

> ➢ 参与 Leader 选举投票。

❑ Observer：观察者。Observer 不参与提案的决策，不参与 Leader 的选举，像是一个没有投票权的 Follower，其工作内容如下：

> ➢ 可以为客户端提供非事务请求（读请求）。
> ➢ 在跨地域场景中，增加 Observer，可以降低所在地域读请求的网络延迟。
> ➢ 在读性能不佳时，增加 Observer，可以在不影响集群写性能的情况下提升读性能。

2．成员状态

Leader 选举隐含的一个条件就是集群部署，在只有多个成员的前提下，选举 Leader 才有意义。为了区分选举的进展，每个成员在每个阶段都有特定的状态，这些状态也隐含了当前成员所扮演的角色。

❑ ELECTION：已丢失与 Leader 的连接。该状态可能在集群中没有 Leader、Leader 出现故障或者由于网络原因感知不到 Leader 存在时出现，此时当前成员的状态就会更新为 ELECTION，在该状态下，当前成员会发起 Leader 选举。

❑ FOLLOWING：跟随状态。暗示当前成员扮演着 Follower 的角色，明确知道 Leader 是谁，并且和 Leader 保持稳定的连接。

❑ OBSERVING：观察状态。暗示当前成员扮演着 Observer 的角色，明确知道 Leader 是谁，并且和 Leader 保持稳定的连接。

❑ LEADING：领导状态。暗示当前成员是 Leader，并且和多数派的 Follower 保持稳定的连接。

3．运行阶段

ZAB 的另一个重要目标是在集群崩溃时能自动恢复至正常状态，因此整个运行过程可划分为四个阶段：Leader 选举、成员发现、数据同步及消息广播。这四个阶段分别对应 ZAB 的四个状态：ELECTION、DISCOVERY、SYNCHRONIZATION 及 BROADCAST。

正常情况下，ZAB 一直循环运行在四个阶段，任何时候都允许成员回到第一阶段重新运行。ZAB 会先选举出 Leader，然后依次执行成员发现和数据同步阶段，直到消息广播阶段才向客户端提供正常的服务。当 Leader 出现故障或者 Leader 丢失多数派的 Follower 时，ZAB 会回到第一阶段（Leader 选举），并按照顺序执行成员发现和数据同步阶段，使成员之间的数据达到一致的状态，恢复至消息广播阶段。如图 5.9 所示，通常把前三个阶段归于崩溃恢复模式，消息广播阶段为消息广播模式。

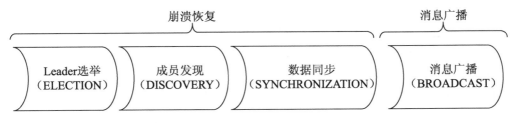

图 5.9　ZAB 阶段划分示意

如果有新的成员加入集群，当集群中存在一个 Leader 正处于消息广播时，则新加入的成员先进入 ELECTION 状态尝试选举，它将会发现 Leader 的存在，随后新成员将进入 FOLLOWING 状态，并依次完成成员发现、数据同步后才可以进入消息广播阶段参与提案决策。

- ❑ Leader 选举：该阶段处于崩溃恢复之初。当集群中不存在 Leader（集群启动时）或者 Follower 感知不到 Leader 存在时，则会通过该阶段重新选举数据最完整的 Follower 作为新一任的准 Leader。
- ❑ 成员发现：选举出准 Leader 后集群所处的状态，用于成员协商沟通 Leader 的合法性。
- ❑ 数据同步：选取在 Follower 中最完整的数据作为基础，修复各个成员的数据一致性。完成该阶段后，准 Leader 正式晋升为 Leader。
- ❑ 消息广播阶段：属于集群良好运行阶段，即 Leader 拥有多数派的 Follower 且彼此心跳感知正常。在此阶段，Leader 可以向客户端提供正常的服务。

消息广播阶段是一个类似于二阶段提交（2PC）过程，针对客户端事务请求，Leader 将其生成对应的 Proposal，并发给所有的 Follower。Leader 收集多数派 Follower 的选票后，决定是否提交该 Proposal。

消息广播与二阶段提交协议的区别是，消息广播仅需要多数派 Follower 的支持就可以进入第二阶段的提交操作，而二阶段提交协议需要所有成员都成功处理后才可以执行第二阶段的提交操作；消息广播移除了第二阶段的中断逻辑，所有的 Follower 要么批准每一个 Proposal，要么抛弃 Leader 服务器。

上面这两个设定意味着 Leader 收到过半的 ACK 响应后就可以提交该事务了，无须等待所有的 Follower 都返回 ACK，也无须判断 ACK 的处理结果。

5.3.4　事务标识符

为了从集群崩溃状态中快速地恢复，ZAB 使用的是事务标识模式，重度依赖事务标识符（zxid）选举 Leader，以及数据对齐。新的 Leader 只需要收集每个成员的最高事务标识符，就能决定需要为哪个成员恢复哪些事务，无须像 Paxos 一样为之前所有已达成共识的提案再执行一轮 Paxos（第一阶段）。

事务标识符，后面使用 zxid 命名。zxid 在 ZAB 中占据很重要的位置，每个提案都有一个全局唯一的 zxid，它标示着事务请求的先后顺序。在 Leader 选举中，可以根据 zxid 的大小快速对比出拥有最完整的数据成员；在数据同步中，可以根据 zxid 得出本次需要同步的数据。

zxid 是一组成对的值，由一个 64 位的字符组成，其中，低 32 位可以看成一个简单的计数器，高 32 位代表当前 Leader 所处的周期 epoch。每进行一次 Leader 选举，Leader 周期自增 1 且低 32 位的计数器重置为 0。这个设计的好处有很多，具体表现在以下几个方面。

- ❑ 低 32 的计数器，可以定义提案的先后顺序，保证提交提案的顺序。
- ❑ 可以有效地防止 zxid 冲突的情况。每个 Leader 周期只有一个 Leader，而且计数器由 Leader 管理，很简单地就能生成全局唯一的 zxid。

- 根据 zxid 的大小即可判断两个提案的先后顺序，不用额外判断 Leader 的周期。
- 在崩溃恢复模式中，能快速挑选出拥有最完整数据的 Follower 作为 Leader。
- 新 Leader 产生的 zxid 一定比上一任 Leader 产生的 zxid 大。
  - 当处于上一任 Leader 周期并且拥有尚未提交提案的成员启动时，就算新 Leader 晋升后尚未发起任何提案，该成员也一定不会成为 Leader，因为在集群中一定存在一个多数派的成员拥有更高 Leader 周期的 zxid。
  - 在上一任 Leader 宕机恢复并加入集群后，如果有尚未提交的事务，则可以对比 zxid 进行抛弃（回退）这些提案，直到回退到一个确实已经被集群中的多数派提交过的提案。

5.3.5　多数派机制

一个 ZooKeeper 集群通常由 5 个成员组成，要求 5 个成员都能时刻正常处理客户端的请求，这是非常苛刻的，也是无法保证的。因此，必须允许在少数成员出现故障后，不能影响集群提供的服务。

对于非事务请求，集群中每个成员都能提供对等的服务。对等服务本身就拥有最好的容错，在集群的最后一个成员出现故障之前，都能正常处理这一类请求。

对于事务请求，Paxos 提供了很多经验。和 Paxos 一样，ZooKeeper 采用“多数派”机制处理事务请求，这里多数派的定义与 Paxos 一致，即成员个数大于 $\lfloor N/2 \rfloor + 1$（N 为成员总数）的集合。

当成员个数为 N 时，那么多数派的数量为 $\lfloor N/2 \rfloor + 1$。因此，ZooKeeper 集群的成员数量推荐为奇数。例如，当成员总数为 5 时，多数派的数量为 $\lfloor 5/2 \rfloor + 1 = 3$，允许出现故障的成员数量为 2。当成员总数为 6 时，多数派的数量为 $\lfloor 6/2 \rfloor + 1 = 4$，允许出现故障的成员数量也为 2。因此从节约资源的角度看，没有必要部署 6（偶数）个成员。

5.3.6　Leader 周期

我们知道事务请求的处理，只需要多数派存活，这意味着只要能获得多数派成员的支持，就能当选 Leader，看上去通过“多数派”机制选举 Leader 也是一个不错的选择。但是仅仅依赖“多数派”机制选举 Leader 还不够，在极端情况下，仍然有可能出现“脑裂”的情况。

在网络不确定的环境下，ZooKeeper 有一个很重要的问题，那就是根据什么去判断 Leader 是否出现故障了？目前比较有效的解决方案依然是心跳机制。但是当 Follower 和 Leader 之间的心跳超时后，Follower 并不知道 Leader 是真的故障了，还是因为网络原因心跳丢包了，或者只是因为网络延迟导致心跳晚到了。

无论哪种情况，Follower 都会按照约定重新发起 Leader 选举，如果真的有新 Leader 晋升了，而此时旧的 Leader 又恢复了，那么就会同时存在两个 Leader。如果此时两个客户端对同一个数据更新且分别发送给了新旧两个 Leader，将会出现很严重的问题。

针对这个问题，ZooKeeper 的解决方案是引入 Leader 周期（epoch），每一轮 Leader 选举都会增加 Leader 周期。当 Leader 选举时，要求 Leader 周期高的成员不能投票给 Leader 周期低的成员，这个要求能保证在一个 Leader 周期内只会存在一个 Leader，那么上述的"脑裂"情况将变成两个 Leader 周期里的两个 Leader。

接下来还要求，当处理事务请求时，所处 Leader 周期高的 Follower 禁止处理来自 Leader 周期低的事务操作。在上述情况中，旧 Leader 的更新操作不会获取到多数派成员的正确响应，因此其收到的事务请求将会处理失败。

5.4　ZAB 描述

ZAB 的四个阶段（Leader 选举阶段、成员发现阶段、数据同步阶段及消息广播阶段）环环相扣、互相依赖，算法会严格按照执行顺序在四个阶段之间流转，本节将介绍它们的处理逻辑以及流转顺序。

5.4.1　Leader 选举阶段

事实上，ZAB 描述的 Leader 选举更像一个崩溃恢复方案，Leader 选举包含两个阶段。第一阶段选出一个准 Leader，第二阶段是准 Leader 在新的 epoch 上建立明确的领导地位。第二阶段包含成员发现阶段和数据同步阶段。

这里笔者更愿意将 ZAB 划分为 Leader 选举阶段、成员发现阶段、数据同步阶段及消息广播阶段，划分得越细，越易于理解，不致于混淆划分的层次。我们只了解 ZAB 划分的层次即可，在和同事分享 ZAB 的时候，不用刻意在划分阶段上争论对错。

ZAB 并没有详细地设计如何选举出准 Leader 的方法，实际上，可以使用任意的算法选出准 Leader。在 ZooKeeper 中选择提案比较的方式来选举准 Leader，这种方式可以快速地选举出具有最完整数据的成员成为准 Leader。

各个成员第一步会互相交换自己支持的准 Leader 的信息（包含历史提案信息），收到对方发来准 Leader 信息后，和自己支持的准 Leader 信息进行比较，更新自己支持的准 Leader 为二者之间数据最完整的成员，并再一次和其他成员交换准 Leader 信息，直到集群中多数派的成员都支持同一成员晋升为准 Leader，即完成选举阶段。更详细的步骤将在 5.5.1 小节中具体讲解。

5.4.2　成员发现阶段

完成 Leader 选举后，各个成员的状态已经变更为 LEADING、FOLLOWING 或者 OBSERVING。此时选出 Leader 并不足以确立其领导地位，为了建立领导地位，需要完成成员发现阶段。

成员发现的目的除了让每个 Follower 和 Leader 之间建立明确的领导关系，另一个目的就是使得旧 Leader 不能继续提交新的事务，这需要通过双方交换 epoch 来达成。在了解 Leader 和 Follower 各自的步骤之前，先通过表 5.2 了解所涉及的变量。

表 5.2　成员发现阶段变量描述

变　　量	描　　述
f_p	Follower f 最后接受的提案的 epoch
f_a	Follower f 最后接受的 NEWEPOCH 消息中的 epoch
h_f	Follower f 历史提案数据
f_{zxid}	在 h_f 中最后一个 zxid
I_e	Leader 为 e（epoch）周期的数据同步阶段准备的初始提案数据

（1）Follower 通过 CEPOCH(f_p) 消息向 Leader 发送自己最后接受的提案的 epoch。

（2）Leader 接收到多数派 Q 的 CEPOCH(f_p) 消息后，Leader 发送 NEWEPOCH(e') 消息给 Q 中的所有 Follower，其中，携带 e' 为 CEPOCH(f_p) 消息中最大的 epoch 值加 1。

（3）Follower 接收到 NEWEPOCH(e') 消息后，如果 f_p<e'，则更新 f_p←e'，建立与 Leader 的领导关系，并给 Leader 回复 ACK-E(f_a, h_f)，Follower 结束成员发现阶段。

（4）Leader 收到 Q 中 Follower 的 ACK-E(f_a, h_f) 消息后，选择其中一个消息的 h_f 作为初始提案集 $I_{e'}$，Leader 结束成员发现阶段。

令 f 为所有 ACK-E 消息的每一个 Follower，选举成为 $I_{e'}$ 的 Follower f' 至少需要满足下面的一个条件：

$$f_a < f'_a$$
$$f_a = f'_a \ \&\& \ f_{zxid} < f'_{zxid}$$

5.4.3　数据同步阶段

数据同步阶段是由 Leader 发起的，确定完初始提案集 $I_{e'}$ 的前提是收到多数派 Q 的 ACK-E(f_a, h_f) 消息，这意味着 Leader 已经建立了明确的领导关系，该阶段的目的是使 Leader 和所有 Follower 对齐数据，具体交互步骤如下：

（1）Leader 会发送 NEWLEADER(e', $I_{e'}$) 消息给多数派 Q 中的所有 Follower。

（2）Follower 收到 NEWLEADER(e', $I_{e'}$) 消息后，如果 $f_p \neq$ e'，则说明该 NEWLEADER 消息已过期，需重新发起一轮选举，因为 Follower 已经接受了更高的 epoch。如果 $f_p =$ e'，则完成以下动作：

❑ 更新 f_a←e'。

❑ 遍历自己的历史提案，如果每个提案<zxid, val>∈$I_{e'}$，则意味着接受该初始提案集 $I_{e'}$，更新 h_f←$I_{e'}$。

❑ 向 Follower 反馈消息给 Leader，这里反馈消息记作 ACK-LD。

（3）在 Leader 收到多数派的 ACK-LD 消息后，Leader 接着发送 COMMIT-LD 消息给这些 Follower，Leader 结束数据同步阶段。

（4）Follower 收到来自 Leader 的 COMMIT-LD 消息时，Follower 将按照 $I_{e'}$ 的顺序依次

提交 $I_{e'}$ 中的所有提案并结束数据同步阶段。

5.4.4　消息广播阶段

完成数据同步阶段后，ZAB 集群才会对外提供服务，这属于消息广播阶段的范围。如果没有出现如 Leader 故障或者 Leader 丢失多数派 Follower 的异常情况，那么，ZAB 集群将无限期地停留在该阶段。

消息广播的核心思想来源于二阶段提交协议，在 Leader 收到事务请求后，需要通过两个阶段来完成事务的提交。Follower 收到事务请求，需要转发的情况属于 ZooKeeper 的具体实现，暂且不予讨论，在 5.7 节再讲解。当 Leader 收到事务请求后，将进行以下操作：

（1）Leader 按照 zxid 的递增顺序，通过 PROPOSE(e', <zxid, val>)向多数派 Q 中的 Follower 发起提案，其中，zxid 由两部分组成<epoch, counter>。这使得 Follower 可以快速得知在 e'中该 zxid 之前的所有 zxid 值。

（2）Follower 在接收来自 Leader 的提案后，将按照顺序追加到 h_f 中，即提案已持久化，才会回复 ACK(e', <zxid, val>)消息给 Leader。

（3）Leader 在收到多数派 Follower 的 ACK 消息后，接着会给所有的 Follower 发送 COMMIT(e', <zxid, val>)消息。

（4）一旦 Follower 收到 COMMIT(e', <zxid, val>)消息，便会提交提案<zxid, val>。在这个过程中，会顺带提交 zxid 之前的所有提案<zxid', val'>，其中，<zxid', val'>$\in h_f$, zxid' <zxid。

消息广播阶段是允许其他成员处于非消息广播阶段的。例如，当新 Follower 加入集群时，Follower 会先进入成员发现阶段，此时 Leader 在收到 CEPOCH(e)消息后，应当依次回复 NEWEPOCH(e')和 NEWLEADER(e', h_f)，协助新的 Follower 进入消息广播阶段；在收到新 Follower 的 ACK-LD 消息后，会将新 Follower 加至多数派 Q 中。

另外，在工程实现中，是没有必要让 PROPOSE、ACK 及 COMMIT 消息都携带 val 值的，PROPOSE 将 val 复制到多数派 Follower 后，ACK 和 COMMIT 消息仅携带 zxid 就能让 Leader 和 Follower 得知当前消息作用于哪个提案。

5.4.5　算法小结

任何一个成员都可能处于 ELECTION、FOLLOWING 或者 LEADING 中的任意一个状态，当一个新成员启动时，会先进入 ELECTION 状态，然后开始尝试选举一个 Leader（包括自己）。如果它发现已存在 Leader，则会进入 FOLLOWING 状态并追随该 Leader；如果它自己被选为 Leader，则会进入 LEADING 状态，晋升为 Leader。接着集群将依次完成成员发现阶段和数据同步阶段，然后停留在消息广播阶段。

当处于 FOLLOWING 状态的成员丢失与 Leader 的连接，或者处于 LEADING 状态的成员丢失与多数派 Follower 的连接时，都会回到 ELECTION 状态开始新的一轮选举。

如图 5.10 展示了 ZAB 阶段交替的过程（不包含选举阶段），其经历的每个阶段总结如下：

- 成员发现：准 Leader 收集多数派 Q 中的 epoch，发起新的 epoch，防止 Q 中的 Follower 继续接收并处理来自上一个 epoch 的提案，同时收集 Q 中每个 Follower 的历史提案。
- 数据同步：准 Leader 提出自己作为新 epoch 的 Leader，并携带新 epoch 的初始提案集。一旦准 Leader 收到多数派 Follower 的确认（即 ACK-LD），就正式晋升为 Leader，然后通知 Follower 完成初始提案集的提交。
- 消息广播：处理客户端的事务请求，类似一个基于多数派思想、没有回滚操作的二阶段提交协议。

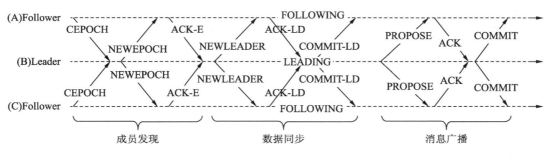

图 5.10　ZAB 阶段交替示意

5.5　ZooKeeper 中的 ZAB 实现

虽然 ZAB 是为 ZooKeeper 量身定制的，但在工程实现上并没有那么理想。在一些必要的地方需要对其优化，具体实现也与 ZAB 论文中介绍的稍有不同，因此，在学习 ZAB 的过程中，工程实现与论文理论容易混淆，例如以下情况：

- 成员状态：在 ZooKeeper 中将其定义为 LOOKING、LEADING、FOLLOWING 及 OBSERVING。
- 消息名称：为了更贴合实际场景，消息名称要易于理解。例如：
  - CEPOCH → FOLLOWERINFO。
  - NEWEPOCH → LEADERINFO。
  - ACK-E → ACKEPOCH。
  - NEWLEADER → NEWLEADER。
  - ACK-LD → ACKNEWLEADER。
  - COMMIT-LD → UPTODATE。
- 消息内容：鉴于 Follower 的历史提案可以无限多，在 RPC 消息中传输整个提案数据并不现实，有必要通过其他方式来减少传输的数据，例如：
  - ACK-E(f_a, h_f) 消息：Follower 无须将整个历史提案列表发送给 Leader，因为 Leader 已经是拥有最完整数据的成员了，所以 Leader 不必从所有 Follower 中挑选初始

提案集 I_e，直接使用自己的提案集作为初始提案集即可。

- ➢ 因为 zxid 严格按照顺序自增，所以针对 ACK-E 消息，Follower 仅回复自己所见的最大的 zxid 即可，这足以让 Leader 知道对应的 Follower 所缺失的提案。
- ❑ 数据同步阶段：ZooKeeper 并不需要通过 NEWLEADER 消息传输过去的所有提案数据，这是非常占用资源且无用的。
  - ➢ ZooKeeper 根据 Follower 缺失的提案数据分别使用 DIFF、SNAP 和 TUNC 这 3 种方式对齐历史数据，不再依靠 NEWLEADER 消息来发送历史提案数据。
  - ➢ NEWLEADER 消息在 ZooKeeper 中的重要作用是将成员配置同步到 Follower。
- ❑ 消息广播阶段：ACK(e', <zxid, val>>)和 COMMIT(e', <zxid, val>)可以省略其中的提案值 val，以减少消息的大小。

下面详细讨论 ZAB 算法及一些实现方面的问题。

5.5.1　选举阶段

ZAB 是一个强领导者模型的算法，Leader 的选举关乎整个集群的可用性，我们希望以最快的方式选举出新 Leader，以减少对客户端的影响。Leader 选举就是对比集群中各个成员的信息，然后选举出数据最完整的成员作为 Leader。

ZooKeeper 为 Leader 选举提供了三种算法，可以在配置文件 zoo.cfg 中使用 electionAlg 属性来指定并分别通过数字 1～3 进行配置，具体如下：

- ❑ 1：LeaderElection 算法。
- ❑ 2：AuthFastLeaderElection 算法。
- ❑ 3：FastLeaderElection 算法。

electionAlg 的默认值是 3，在 ZooKeeper 3.4 版本之后，另外两种算法已被弃用，并且在未来的版本中将彻底移除，不再支持。本小节主要介绍 FastLeaderElection 算法，对其他两种算法仅做简单介绍。

LeaderElection 算法的执行步骤如下：

（1）发起选举的 Follower$_{elec}$ 会向其他 Follower（包含自己）发送一张选票<myid[①], zxid>，该选票表示 Follower$_{elec}$ 支持 myid 的成员为 Leader，并且会附带其支持的成员的最大 zxid。当进行第一次投票时，每个 Follower 都会投票给自己，即 myid、zxid 都属于自己的信息。

（2）Follower 收到选票后与自己的数据进行比较，并回复自己支持的选票。

（3）Follower$_{elec}$ 收到所有 Follower 的选票后再进行统计，更新自己的选票信息为 zxid、myid 最大的成员。

（4）如果某个成员获得了多数派的选票，则将它晋升为 Leader，否则所有成员将会再次执行选举过程，直到选出 Leader。

（5）各个成员根据晋升的成员信息更新自己的角色，晋升成员更新成 Leader，其余成员更新成 Follower 或者 Observer。

---

① myid：成员唯一标识，在配置文件 myid 配置的值。

FastLeaderElection 算法采用异步的通信方式来收集选票，在收到选票后根据投票者的状态回复不同的消息，加快 LeaderElection 的收敛速度，提升选举效率。AuthFastLeader-Election 算法在 FastLeaderElection 的基础上，增加消息认证信息。

1. 逻辑时钟

逻辑时钟即 logicalclock，是一个自增的 Long 类型数字，可以类比 Multi Paxos 中的提案编号。这里 logicalclock 表示选举的提案编号，每进行一轮选举之前 logicalclock 都会先自增 1，用于判断选票的有效性，在成员收到选票后，只会处理 logicalclock 大于或等于自己的选票。

在选举中，逻辑时钟非常重要。因为用到的地方比较多，也容易混淆，算法这里先对它做一个总结。在 Leader 选举过程中，有两个名称比较相似但表述含义不同的两个变量。

- electionEpoch：选举周期。每进行一轮选举后，logicalclock 都会自增，当生成选票时，electionEpoch 字段取值于 logicalclock，并依赖 logicalclock 的自增随时更新。electionEpoch 用于检查选票的有效性。
- peerEpoch：成员周期，指所支持（被投票）的成员所处的周期，即本次选举前 Leader 所处的周期，用于选票比较。

2. 发起投票

成员在感知不到 Leader 存在的情况下，会将自己的状态更新为 LOOKING 状态，ZAB 状态更新为 ELECTION，并发起 Leader 选举。在开启一轮选举之前，每个成员会对自己维护的 logicalclock 进行自增，logicalclock 表示选举的轮次，即 ElectionEpoch（选举周期），当成员接收到任何小于自己 logicalclock 的选票时，都会拒绝该选票。

在第一轮选举投票中，任何成员都会将选票投给自己，并将该选票发送给其他的成员（包含自己）。一张选票表示为<logicalclock, state, selfId, selfZixd, voteId, voteZxid>，其中：

- logicalclock：投票者所处的选举轮次。
- state：投票者所处的状态。
- selfId：投票者的 ID，即在配置文件 myid 中配置的 myid 值。
- selfZxid：投票者所保存的最大 Zxid。
- voteId：被投票者的 ID。
- voteZxid：被投票者所保存的最大 Zxid。

例如，在一个三个成员组成的集群中，myid 分别为 1、2、3。集群启动时，没有处理任何事务请求，所有成员的 zxid 都为 0。在第一轮投票中，成员 1 投给自己的选票则为<1, LOOKING, 1, 0, 1, 0>。

3. 处理选票

任意成员收到其他成员发来的选票时，将依次完成以下 5 项工作。

（1）检查 logicalclock，选票接收者只会处理大于或等于自己 logicalclock 的选票。

- 对于小于自己 logicalclock 的选票，选票接收者将拒绝该选票。发生这种情况，一般是投票者落后于其他成员的选举轮次或者这是一张迟来的选票。无论哪种情况，该选票都已过期，选票接收者都应该忽略该选票。

❑ 对于大于自己 logicalclock 的选票，意味着选票接收者落后于其他成员的选举轮次，应该清空自己的选票池，更新自己的 logicalclock，接着完成后续工作。

❑ 对于等于自己 logicalclock 的选票，属于正常选票，接着完成后续工作。

（2）选票比较，按照选票比较规则更新自己的选票。

（3）广播选票。

❑ 对于大于自己 logicalclock 的选票，选票比较后，无论是否更新自己的选票，最后都会重新广播自己的选票。

❑ 对于等于自己 logicalclock 的选票，只有自己的选票更新了，才会重新广播自己的选票。

（4）记录选票，将收到的选票记录到本地维护的选票池中。

例如，存在三个成员的集群，成员 1 收到的选票是：成员 1 投票给成员 1，成员 2 投票给成员 3，成员 3 投票给成员 3。选票池以<投票者, 被投票者>的格式保存选票，因此成员 1 的选票池记录为：<1, 1>、<2, 3>、<3, 3>。

值得注意的是，在选票池中只会保存投票者最后的一张选票，如果成员 1 更新了选票，投票给了成员 3，那么成员 1 的选票池为：<1, 3>、<2, 3>、<3, 3>。

（5）更新状态，如果自己选票支持的成员在选票池中存在多数派的支持者，则意味着本次选举结束，新的 Leader 诞生，从而更新自己的状态。

❑ 如果新 Leader 是自己，则将状态更新为 LEADING，并更新自己的追随成员列表，即选票池中支持自己的成员。

❑ 如果新 Leader 不是自己，则更新为 FOLLOWING 或者 OBSERVING，这需要根据成员角色来确定。

4．选票比较

选票比较是用自己的选票与收到的选票进行比较，选出最合适的选票作为自己的选票。最适合的标准就是该选票所支持的成员拥有最新且最完整的数据，一般通过以下几个方面来判断。

❑ 任期编号（epoch），优先判断被投票者的 epoch，epoch 大的选票获胜。

❑ 事务标示符（zxid），如果被投票者的 epoch 相同，则比较被投票者的 zxid，zxid 大的选票获胜。

❑ myid，如果 epoch 和 zxid 都一致，则比较 myid（在 myid 文件中指定的值），myid 大的选票获胜。因为 myid 在集群中不允许重复，所以判断 myid 一定能选出一个获胜的选票。

🔊注意：在选票比较阶段判断的 zxid，是指成员收到的最大 zxid，而不是已提交的最大 zxid。

如果读者看到在源码中选票比较使用的是 dataTree.lastProcessedZxid，不要迷惑。在正常运行过程中，dataTree.lastProcessedZxid 确实表示已提交的最大 zxid。无论是 Leader 还是

Follower，当检测到自身异常时，在 shutdown()方法中会依次调用 ZooKeeperServer#shutdown()、ZKDatabase#fastForwardDataBase()来快速推进日志，使 dataTree.lastProcessedZxid 更新为已收到的最大的提案 zxid。

5.5.2　成员发现阶段

完成 Leader 选举后，各个成员的状态已经变更为 LEADING、FOLLOWING 或者 OBSERVING。无论当前成员状态更新为 LEADING 还是 FOLLOWING，随后都会将 ZAB 的状态更新为 DISCOVERY。

成员发现是为了在每个 Follower 和 Leader 之间建立明确的关系，交换各自的 epoch 并建立新的 epoch，使旧 Leader 不能继续提交新的事务，并使 Leader 能收集每个 Follower 收到的最后一个 zxid。这两项工作主要由三个 RPC 消息来完成。

- ❑ FOLLOWERINFO 消息是由 Follower 向 Leader 发送的，用于向 Leader 汇报自己所接收的 acceptedEpoch。
- ❑ LEADERINFO 消息是由 Leader 向 Follower 发送的，用于向 Follower 发送新一轮 Leader 周期，即 newEpoch。
- ❑ ACKEPOCH 消息由 Follower 向 Leader 发送，向 Leader 汇报自己收到的最后一个 zxid 及 currentEpoch。

多数情况下，acceptedEpoch 和 currentEpoch 都相等，但是二者的含义大有区别。acceptedEpoch 是当前成员已接收的最后一条 LEADERINFO 消息中的 epoch；currentEpoch 是当前成员所处的 Leader 周期，在崩溃恢复过程中，currentEpoch 往往是上一任 Leader 所处的周期。

1. 发送FOLLOWERINFO

成员发现阶段由 Follower 主动开启。因为当前成员明确知道谁获得了多数派的选票，即谁将晋升 Leader，所以只需要简单地遍历成员列表就能找到 Leader 的地址。

在找到 Leader 地址后，Follower 将向 Leader 发送 FOLLOWERINFO 消息，消息中会携带 Follower 自己的 myid 和当前的 acceptedEpoch。acceptedEpoch 是通过 zxid 字段传送的，前面说过 zxid 是由 epoch 和计数器组成的，这里会使用 acceptedEpoch 生成一个计数器为 0 的 zxid。

2. 发送LEADERINFO

完成 Leader 选举后，当前成员晋升 Leader 后会为每个 Follower 创建一个单独的线程，维护与 Follower 的连接，并且等待 Follower 发送的 FOLLOWERINFO 消息。

（1）从 FOLLOWERINFO 消息的 zxid 中获取 Follower 最后所处的 acceptedEpoch，存入 $epoch_{Fa}$ 列表中。

（2）Leader 收到多数派有效的 FOLLOWERINFO 消息后，计算下一个 epoch。下一个 epoch 的值为 newEpoch=Max($epoch_{Fa}$)+1，即取 $epoch_{Fa}$ 中最大的 epoch 自增 1，并将自己的

acceptedEpoch 更新为 newEpoch。

（3）确定 newEpoch 后，Leader 才会给所有的 Follower 回复 LEADERINFO 并携带 newEpoch；同样，newEpoch 也是通过 zxid 字段传送的，通过 newEpoch 可以生成一个计数器为 0 的 zxid。

3. 发送ACKEPOCH

当 Follower 收到 LEADERINFO 消息后，会更新自己的 acceptedEpoch，并通过 ACKEPOCH 正式向 Leader 反馈自己所收到的最大 zxid。

（1）更新 acceptedEpoch。从 LEADERINFO 消息的 zxid 中获取 newEpoch，如果自己的 acceptedEpoch 小于 newEpoch，则需要更新 acceptedEpoch 为 newEpoch。

（2）发送 ACKEPOCH 消息给 Leader，并携带自己所见过的最大的 zxid 及自己更新后的 currentEpoch。Leader 通过 zxid 就可以判断该 Follower 拥有哪些提案了。

5.5.3　数据同步阶段

Follower 发送完 ACKEPOCH 消息后，成员发现阶段的所有工作都已完成，此时会将 ZAB 状态更新为 SYNCHRONIZATION。Leader 在等待多数派 Follower 的 ACKEPOCH 消息后，更新 ZAB 状态为 SYNCHRONIZATION。

Leader 需要在收到多数派有效的 ACKEPOCH 消息后，才会开启数据同步阶段的工作。在没有收到多数派有效的 ACKEPOCH 消息之前，说明 Leader 还没有和多数派的 Follower 建立明确的关系，Leader 仍有可能会重新选举。因此，在此之前进行数据同步是没有意义的。

数据同步阶段具体可分为 4 步：准备同步数据，同步数据，发送 NEWLEADER 消息和发送 UPTODATE 消息。

1. 准备同步数据

Leader 在收到 ACKEPOCH 消息后，会使用 ACKEPOCH 消息中的 $zxid_F$，与 Leader 所记录的最大日志项 maxCommittedLog 及与最小日志项 minCommittedLog 进行比较，为每一个 Follower 选择快速的数据同步方案。数据同步方案分为 3 种，即 TRUNC、DIFF 和 SNAP，具体区别如下：

❑ TRUNC：删除指定日志。

❑ DIFF：差异同步，同步缺失日志。

❑ SNAP：快照同步。

下面对这 3 种方案具体介绍。

TRUNC：当 $zxid_F$ 在(maxCommittedLog, +∞)范围内且 $zxid_F$ 的计数器不为 0 时，说明当前的 Follower 可能是上一任 Leader。如图 5.11 所示，我们用使用<epoch, countor>标识 zxid。成员 A 可能因为故障没有参与本轮选举，最终作为 Follower 加入集群，而此时 Leader 拥有的 maxCommittedLog = <1, 102>，因此 Follower A 需要截断<1, 102>之后的提案并将其

丢弃。这里暂且不考虑丢弃这些提案是否会给客户端造成不可预知的异常，这部分内容将在 5.5.7 小节中介绍。

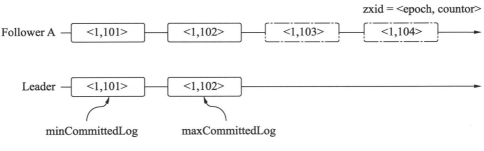

图 5.11　TRUNC 消息示意

对于 $zxid_F$ 的计数器不为 0 的条件，是为了兼容低版本（3.4.0 之前）的 ZAB 成员。对于低版本的 Follower，$zxid_F$ 只能从 FOLLOWERINFO 消息中获取，而不是 ACKEPOCH 消息。FOLLOWERINFO 消息中的 zxid 是根据 acceptedEpoch 生成的，其 zxid 的高 32 位会随着选举轮次的增加而增加。因此，这些 zxid 也可能大于 Leader 的 maxCommittedLog，TRUNC 消息需要排除这些情况。

DIFF：差异同步可能是触发次数最多的同步方案了。当 $zxid_F$ 在[minCommittedLog, maxCommittedLog]范围内时，会选择 DIFF 同步。如图 5.12 所示，Leader 需要将 zxid 为<1, 103>和<1, 104>的提案同步给 Follower。

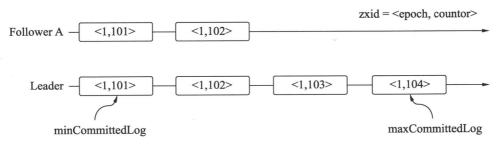

图 5.12　DIFF 消息示意

具体的同步过程是，Leader 会将提案封装为 PROPOSAL 和 COMMIT 消息并追加到队列中，等待后续发送的指令。这种设计类似于发布/订阅模式，在 ZooKeeper 中大量应用了这种设计。如果读者在阅读源码时看到一个操作推入队列后线索就断了，不妨找找是不是存在一个后台线程在持续监听这个队列。

SNAP：当 $zxid_F$ 在$(-\infty, minCommittedLog)$范围内时，说明当前 Follower 落后的数据太多，如图 5.13 所示。如果在 Leader 的 Log 中不存在需要同步的提案，则需要将 minCommittedLog 之前的所有提案打包成快照一起发送给 Follower。

由于快照同步产生的负荷比较大，ZooKeeper 会尽量去避免。例如，当 CommittedLog 不能完成差异同步时，ZooKeeper 会尝试使用 TxnLog 进行差异同步，最后才会选择快照同步。

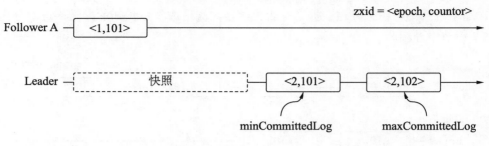

图 5.13　SNAP 消息示意

2. 同步数据

同步数据也是由 Leader 主动发起的，开启一个新线程，将"准备同步数据"阶段为每个 Follower 准备的差异数据，按照 zxid 的顺序逐个发送给 Follower。具体的消息是以一条 DIFF 或者 TRUNC 的消息开启数据同步，接着将所需同步的提案以 PROPOSAL 和 COMMIT 消息通知 Follower 处理相关提案。

SNAP 同步稍有不同，SNAP 不会将所需同步的数据放入队列等待发送，而是以一条 SNAP 消息开启数据同步，接着立即发送快照文件。

在这个阶段，Follower 会分别收到 TRUNC、SNAP、DIFF、PROPOSAL 及 COMMIT 消息。前三者代表着同步方式，Follower 会分别处理这三种同步方式。

TRUNC 消息包含 Leader 日志的最大日志项 maxCommittedLog。Follower 只需删除在 maxCommittedLog 之后的提案即可，在图 5.11 中，Follower 最终会删除 zxid 为<1, 103>及<1, 104>的提案数据。

SNAP 消息，Follower 将全部应用 Leader 发送的快照数据，其包含 ACL 数据、节点数据及成员配置等。

DIFF 消息，它的消息交互次数最多，其中 PROPOSAL 和 COMMIT 消息就是 DIFF 同步需要用到的。其中，PROPOSAL 消息包含完整的日志项（logEntry），如图 5.14 的结构图所示，Follower 会按照每个 PROPOSAL、COMMIT 消息的顺序依次将提案推入队列，等待 NEWLEADER 消息后在本地批量持久化。

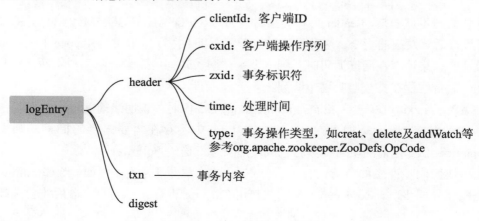

图 5.14　提案信息示意

3．发送NEWLEADER消息

NEWLEADER 消息是 Leader 在"准备同步数据"阶段之后追加至发送队列的，也就是在发送完同步数据之后再发送给 Follower。它的主要作用是将成员配置发送给 Follower，携带有 newEpoch（通过 zxid 传输）及成员配置信息。

虽然提案是否达成共识的逻辑不需要 Follower 来判断，但是 Follower 必须要知道集群的成员配置信息。因为 Leader 发生故障后，集群需要重新选举出新 Leader，此时 Follower 必须要知道集群的成员配置才能做出多数派的判断。

Follower 在两个阶段会收到 NEWLEADER 消息，一个是发现阶段，另一个是数据同步阶段。如果在发现阶段收到 NEWLEADER 消息，则说明是一个低版本（3.4.0 之前）的 ZooKeeper 成员发来的，这种情况下会作为 LEADERINFO 信息来处理，即更新 acceptedEpoch；如果在数据同步阶段收到 NEWLEADER 消息，则会按照约定依次完成以下工作：

- ❑ 更新成员配置。
- ❑ 更新 acceptedEpoch。
- ❑ 将 PROPOSAL 消息中的日志项批量持久化。
- ❑ 回复 ACK 消息。

4．发送UPTODATE消息

Leader 等待多数派 Follower 回复 ACK 消息后，发送 UPTODATE 消息给 Follower，然后通知 Follower 可以准备提交的提案并退出数据同步阶段。

Follower 在收到 UPTODATE 消息之前，都在循环接收 Leader 发来的消息（PROPOSAL、COMMIT 和 NEWLEADER）。在收到 UPTODATE 消息之后，意味着集群可以对外服务了，Follower 进入消息广播阶段。

> 注意：此时 Follower 还会重新持久化一次 PROPOSAL 消息队列中剩余的日志项，因为 ZAB 版本问题，Leader 可能在发现阶段发送了 NEWLEADER 消息，而在数据同步阶段，Follower 没有收到该消息，自然没有将 PROPOSAL 消息中的日志项持久化，因此需要在此统一补偿。

5.5.4　消息广播阶段

Follower 在完成上述阶段的工作后，将退出数据同步阶段，更新 ZAB 状态为 BROADCAST。而 Leader 本身也作为 Follower，在等到多数派 Follower 回复的 NEWLEADER 的 ACK 消息后，更新 ZAB 状态为 BROADCAST。

在消息广播阶段，ZooKeeper 处理客户端的请求采用的是责任链模式，一个客户端请求的处理都由多个不同的处理器协作完成，每个处理器仅负责单一的工作，具体责任链实现逻辑将在 5.7 节中介绍，本小节着重介绍消息广播阶段的协商过程。

上面提到了消息广播阶段是一个移除了回滚操作的二阶段提交协议，熟悉二阶段提交协议的读者，此刻应该已经想到了这个阶段的处理逻辑。消息广播阶段分为三个 RPC 消息：PROPOSAL、ACK 和 COMMIT。

PROPOSAL 消息在 Leader 收到客户端事务请求后，发送 PROPOSAL 消息给所有追随它且已进入消息广播阶段的 Follower。PROPOSAL 消息会携带事务请求的相关信息，我们将请求的相关信息称为日志项，其包含请求头、事务内容及 digest，具体结构如图 5.14 所示。

Follower 在收到 PROPOSAL 消息后，先记录一条日志项，Leader 本身作为 Follower 在广播完 PROPOSAL 消息后，会主动调用记录日志项的方法。完成日志项的记录后，Follower 会向 Leader 反馈 ACK 消息。

Leader 每收到一个 ACK 消息，都会记入 ACK 响应池，并且判断是否已有多数派的 Follower 响应了 ACK 消息。如果已有多数派的 Follower 响应了 ACK 消息，则接着发送 COMMIT(zxid)消息给 Follower 通知提交提案，Leader 本身作为 Follower 也会在发送完 COMMIT 消息后主动调用提交操作。

Follower 在完成提交提案后会执行事务操作，即执行状态转移，在 dataTree 中维护本次的数据变更。如果本次协商的内容是 create 请求的话，那么状态转移函数会创建一个节点。最后由到客户端请求的成员回复客户端本次事务执行结果。

🔔注意：Observer 不参与整个协商过程，只会被动地学习提案，而在提交阶段，Observer 并没有完整的提案信息，这样在提交阶段只发送一个包含 zxid 的 COMMIT 消息是不够的。因此，Leader 在发送 COMMIT 消息给 Follower 的同时也会发送一个 INFORM 消息给 Observer，而 INFORM 消息包含完整的提案信息。

5.5.5　算法小结

我们可以对比 ZAB 论文中有出入的地方，如图 5.15 所示为 ZooKeeper 实现的所有消息交互过程，这个过程包含选举阶段。

ZooKeeper 中的 ZAB 实现与 ZAB 论文不同的地方主要表现在数据同步阶段，在 ZAB 论文中是通过发送整个历史提案来完成 Leader 和 Follower 之间数据对齐的。在 ZooKeeper 实现中，是利用 ACKEPOCH 消息中的 zxid 来明确需要对齐提案，然后通过 DIFF、TRUNC 和 SNAP 三种同步方案来完成。在图 5.15 中，主要体现了 DIFF 同步的过程，对于 TRUNC 同步，Follower 只需要截断指定位置的提案即可，没有多余的消息交互，SNAP 同步也不需要额外的消息交互。

同时，串联整个运行过程，每个阶段涉及的变量至关重要，选举阶段和成员发现阶段所需的变量相互依赖，整理如表 5.3 所示。

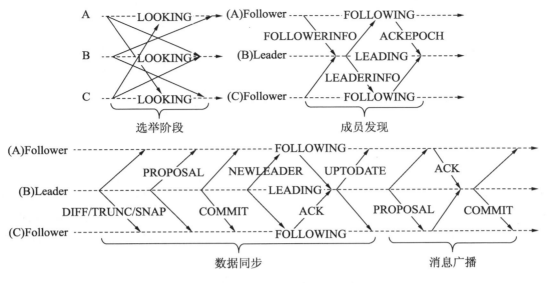

图 5.15　ZAB 实现消息交互示意

表 5.3　ZAB中的变量及其说明

消息类型		变　量	说　明
选举阶段	广播选票	currentEpoch	当前所处的epoch，选举阶段该值为上一任Leader的epoch；消息广播阶段用该值生成zxid。Leader在成员发现阶段更新该值为newEpoch。Follower在数据同步阶段更新该值为newEpoch
		initLastLoggedZxid	最后见过的最大的zxid，即lastLoggedZxid
		logicalclock	标识选举轮次。每一轮选举自增1
		electionEpoch	取值于logicalclock，用于判断选票是否有效
成员发现阶段	FOLLOWERINFO消息	acceptedEpoch	新成员启动时该值为0。Follower最后一次收到LEADERINFO消息中的epoch
	LEADERINFO消息	newEpoch	所有FOLLOWERINFO消息最大的acceptedEpoch+1
	ACKEPOCH消息	currentEpoch	Follower此时尚未更新该值，依旧为上一任Leader的epoch
		lastLoggedZxid	Follower最后见过的最大的zxid

5.5.6　算法模拟

本小节我们以一个三成员的集群为例，描述 ZooKeeper 的实现过程。如图 5.16 所示为由三个成员 A、B、C 组成的集群，各自的 myid 依次为 1、2、3。我们使用<epoch, counter>来描述一个 zxid，其中，成员 A 为 Leader，成员 B、C 为 Follower，成员 A 和 B 已提交两个提案，zxid 分别为<1, 101>和<1, 102>，成员 C 只提交了 zxid 为<1, 101>的提案。

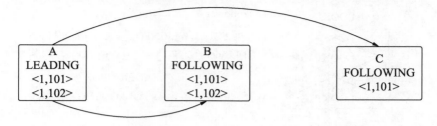

图 5.16　ZAB 阶段交替示意

此时，Leader A 发生故障，Follower B 和 Follower C 感知不到 Leader 的心跳，随后退出 FOLLOWING 状态，进入 LOOKING 状态，并尝试选举新的 Leader。在第一轮选举中，B、C 都会推荐自己作为 Leader，并向所有成员广播自己的选票。我们使用<logicalclock, state, selfId, selfZixd, voteId, voteZxid>来描述一张选票，并且在每一轮选举之前各个成员都会自增本地的 logicalclock，如图 5.17 所示，成员 B 广播选票<2, LOOKING, 2, <1, 102>, 2, <1, 102>>给成员 B 和 C；成员 C 广播选票<2, LOOKING, 3, <1, 101>, 3, <1, 101>>给成员 B 和 C。

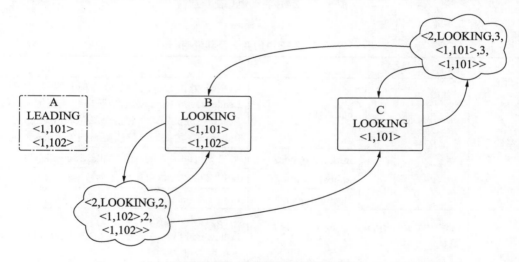

图 5.17　Leader 选举-广播选票示意

成员 B 和 C 都将收到两个选票，根据 5.5.1 小节中的选票比较规则，依次比较 epoch、zxid 和 myid，很明显，$epoch_B=epoch_C$，$zxid_B>zxid_C$。因此，成员 B 不需要更新自己的选票，成员 C 需要更新自己的选票为<2, LOOKING, 3, <1, 101>, 2, <1, 102>>，并重新广播该选票。logicalclock 只用于判断选票的有效性，具体可以回顾 5.5.1 小节的内容。如图 5.18 所示为成员 C 重新广播选票的情况。

此时，成员 B 收到来自自己的选票（支持成员 B 晋升 Leader）和成员 C 的选票（支持成员 B 晋升 Leader）；成员 C 收到自己最后更新的选票（支持成员 B 晋升 Leader）和成员 B 的选票（支持成员 B 晋升 Leader）。

最终的情况如图 5.19 所示，成员 B 获得多数派的选票，并且成员 B 和 C 都知晓该投票情况，于是成员 B 变更成员状态为 LEADING，成员 C 变更成员状态为 FOLLOWING。

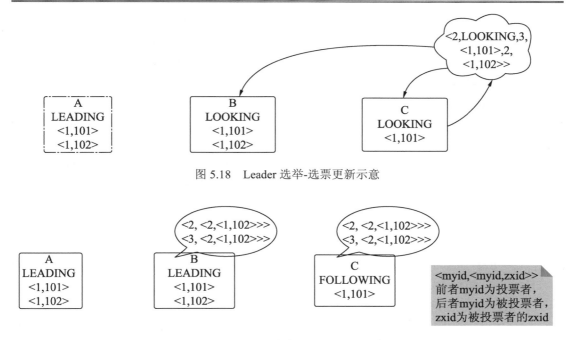

图 5.18　Leader 选举-选票更新示意

图 5.19　Leader 选举-Leader 晋升示意

接着进入发现阶段，成员 C 会主动联系成员 B，通过 FOLLOWERINFO 和 LEADERINFO 相互交换 acceptedEpoch。如图 5.20 所示，成员 B 和 C 的 acceptedEpoch 都为 1。

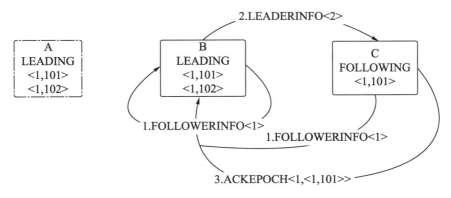

图 5.20　成员发现阶段-消息交互示意

（1）成员 C 通过 FOLLOWERINFO 消息向成员 B 汇报 acceptedEpoch＝1，其中，成员 B 作为 Follower 会直接调用处理 FOLLOWERINFO 消息的操作。

（2）成员 B 计算 newEpoch＝2，通过 LEADERINFO 消息发送给成员 C。由于该消息的目的在于通知 Follower 更新 acceptedEpoch，而成员 B 在计算 newEpoch 时即可以完成更新，因此不需要像步骤（1）一样进行额外的调用。

（3）成员 C 通过 ACKEPOCH 向成员 B 汇报 currentEpoch＝1 和 lastLoggedZxid＝<1, 101>。

进入数据同步阶段，在该示例中，成员 B 将使用 DIFF 同步，将 zxid＝<1, 102>的提案同步给成员 C。如图 5.21 所示，完成以下处理。

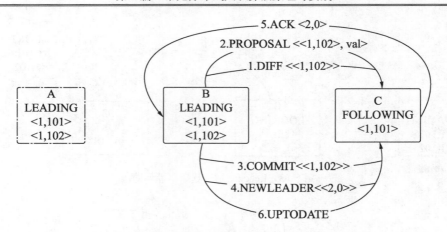

图 5.21　数据同步阶段-消息交互示意

（1）DIFF 消息将携带成员 B 最大的 zxid。

（2）PROPOSAL 消息将携带 zxid 及提案值。

（3）COMMIT 消息将携带需要提交的 zxid。

（4）NEWLEADER 消息意味着数据已对齐,将成员配置发给 Follower 并携带 newEpoch（以 zxid 方式）。

（5）ACK 消息是 NEWLEADER 消息的反馈,携带同样的 zxid。

（6）在收到多数派的 ACK 消息后,意味着集群可以对外服务了,发送不携带任何数据的 UPTODATE 消息,通知 Follower 进入消息广播阶段。

处理完 UPTODATE 消息后,ZAB 集群进入消息广播阶段,前面多次提到消息广播是一个类似于二阶段提交的算法。同时,为了严格保证提案的因果关系,即提交提案的顺序性,ZAB 在广播提案之前会为提案生成对应的 zxid,并严格按照 zxid 的顺序执行状态转移。具体说就是,Leader 会为每个 Follower 分配一个单独的队列,按照 zxid 的顺序依次将提案推入队列中,并按照 FIFO 策略进行发送。

如图 5.22 所示为这个阶段的交互过程,成员 B 作为 Leader,接收到来自客户端的指令 create 后将其封装为提案并推入队列,然后依次发送 PROPOSAL 和 COMMIT 消息,PROPOSAL 消息会携带提案的内容<<2, 1>, create>,包含 zxid 为<2, 1>,提案指令为 create。

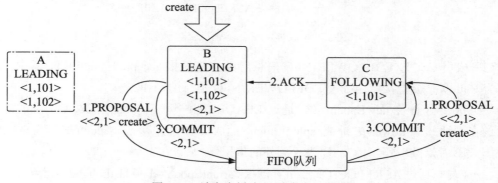

图 5.22　消息广播阶段-消息交互示意

至此,ZAB 的实现过程全部呈现完毕。

5.5.7　提案的安全性

通过前面的分解，我们得到了一个不错的共识算法，它可以维护提案执行状态转移的顺序，并且在集群崩溃后也能快速恢复，但是还有一些细节被我们忽视了。

ZAB 是一个基于 Leader 的算法，在长时间运行过程中，将会出现多个 Leader，当集群崩溃恢复后，我们必须要讨论这些 Leader 对算法的正确性的影响。下面通过 3 个场景来讨论如何处理影响安全性的提案。

1. 已经提交的提案不能丢失

在多数派机制保证下，正常完成提交的提案会永久保存在集群中。但是在 Leader 崩溃时，无法做到这一点。

Leader 发送 PROPOSAL 消息，同时获得了多数派 Follower 的 ACK 响应，但在广播 COMMIT 消息给 Follower 之前 Leader 宕机了，而 Leader 自身已经执行了 COMMIT 操作。如图 5.23 所示，成员 B 处理了 PROPOSAL(<2, 1>)和 COMMIT(<2, 1>)消息，成员 A 和成员 C 处理了 PROPOSAL(<2, 1>)。

图 5.23　仅在 Leader 上提交的提案示意

此时，Leader（B）和 Follower（A、C）对于 zxid 为<2, 1>的提案状态是不一致的，Leader 提交了该提案，而 Follower 没有提交该提案。更重要的是，Leader 执行状态转移之后，有可能已经给客户端反馈本次事务请求成功的响应了。而从 Follower 中选出的新 Leader，因为没有提交<2, 1>提案就抛弃该提案，这对客户端来说是不能接受的。

对于"已经提交的提案"，应该定义为任意成员提交了该提案，而非多数派成员已提交该提案。为了达到"已经提交的提案不能丢失"这个要求，ZAB 的实现过程如下：

（1）Leader 使用收到的最大 zxid（即已提出的 zxid），而非已提交的 zxid。准 Leader 拥有集群中曾出现的最大 zxid 的提案。

（2）准 Leader 收集各个 Follower 的提案情况（包含自己在内）。

（3）Leader 根据各个 Follower 的提案执行情况，分别建立队列，先后发送 PROPOSAL 和 COMMIT 请求给 Follower，让所有 Follower 都同步与 Leader 一样的数据。

2. 丢弃只在Leader上提出的提案

丢弃只在 Leader 上提出的提案情况是由第一种情况所引入的，在 Leader 选举过程中，由于选票的比较规则使用的是收到的最大的 zxid。对于那些只在上一任 Leader 上提出的提案，其他 Follower 尚未收到这些提案，而此时上一任 Leader 处于宕机状态，因此，在选举过程中没有任何成员拥有这些只在 Leader 上提出的提案，那么选举出的准 Leader 也不存在这些提案。

如图 5.24 所示，PROPOSAL<2, 2>和 PROPOSAL<2, 3>仅在成员 B 上做了处理，集群恢复之后会丢弃 zxid 为<2, 2>和<2, 3>的提案。

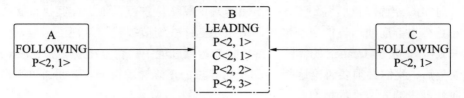

图 5.24　仅在 Leader 上提出的提案示意

关于是否会对客户端造成不可预估的异常，由于成员 B 只会在协商的第二阶段向客户端反馈提案执行结果，对于这一类提案，上一任 Leader 并未给客户端反馈任何信息，因此，将其抛弃不会有任何歧义，客户端可以选择重新查询这些事务是否已完成。

3．已经丢弃的提案不能被重复提交

上一任 Leader 崩溃之后，集群选举新 Leader，并且抛弃了只能在上一任 Leader 上才能提出的提案。上一任 Leader 恢复后，它拥有上一个 Leader 周期多余的提案，这些提案不能被提交。ZAB 的实现过程如下：

（1）Leader 选举前递增 epoch，新 Leader 一定拥有最大的 epoch，上一任 Leader 恢复过来后，因为 epoch 落后于多数派，所以它只能以 Follower 的身份加入集群。

（2）Follower 加入集群后，依次进入成员发现阶段和数据同步阶段，新 Leader 可以通过 Follower 的 zxid 来判断哪些提案是已经被丢弃的，然后 Leader 通过 TRUNC 消息通知上一任 Leader 删除多余的提案。

5.6　ZooKeeper 成员变更

成员变更能力对于已应用于生产的系统来说是至关重要的。一些系统的流量是阶段性的，如电商系统在促销期间其流量会指数级地增长，而促销结束后又会指数级地递减，这使得系统流量在促销期间过载，在促销过后空载。另外，有些成员还可能永久下线，这就要求系统具备弹性扩展的能力，即动态成员变更。

动态成员变更是危险的，在过去很长一段时间内一直没有一个比较完美的动态成员变更方案。在 ZooKeeper 3.5.0 之前的版本中，成员关系是在启动阶段静态加载的，运维人员需要经过集群关闭→更新成员配置→重启几步来更新成员变更，这个过程需要大量的人工操作，即使 ZooKeeper 的专业人员也很难不出错地更新一个大规模集群的成员配置。另外，在成员变更期间，由于服务不可用的负面影响导致工程师不愿意尝试变更成员配置，使得 ZooKeeper 集群常以过载的状态运行，直至无力承担。

ZooKeeper 从 3.5.0 版本开始支持动态成员变更，为了区分动态和静态成员配置，动态成员配置被存储在一个单独的文件中，使用者可以在启动配置中指定成员配置方式和动态

配置文件存储路径。

　　ZooKeeper 的动态成员配置与 Raft 提出的联合共识（Joint-Consensus）大致相同。动态成员变更的首要目的是在成员变更期间，最大限度地降低服务不可用问题，但不能破坏算法安全：

- ❑ 因成员变更导致发生任意异常时，仍然通过多数派选出正确的 Leader。
- ❑ 旧配置的 Leader 和新配置的 Leader 不会同时出现，即不会出现一个以上的 Leader。

5.6.1　变更过程

　　变更过程分为两步骤：数据对齐和配置协商。数据对齐是指新加入的成员需要与集群中的数据保持一致，之后才能加入集群中，否则一个空白的成员即使加入集群也不能马上参与决策。配置协商是指将旧的成员配置切换至新的成员配置。

　　本小节的示例集群成员由 C_{old}＝{Leader, Follower A, Follower B}变更为 C_{new}＝{Leader, Follower C, Follower D}。数据对齐如图 5.25 所示，Leader 除了发送过去已达成共识的提案之外，也会将后续提出的提案发给新成员。

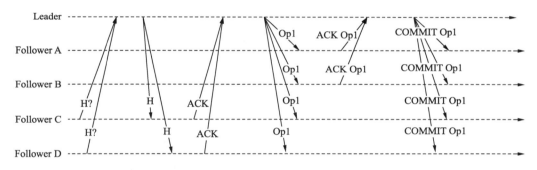

图 5.25　成员变更-数据对齐

　　在这段时间内，虽然 Leader 会将新提案也发送给 C_{new} 成员，但是达成共识的条件只需要获取 C_{old} 的支持即可，如图 5.25 中的 Op1。

　　C_{new} 成员和集群的数据保持同步后即可开始真正的成员变更。Leader 将 C_{new} 配置发送给 $C_{old} \cup C_{new}$。在这一阶段发起的协商任务需要同时获得 C_{old} 和 C_{new} 的支持，如图 5.26 中的 Op2 和 C_{new} 提案需要获得 C_{old} 和 C_{new} 的支持才能进入 Commit 操作。

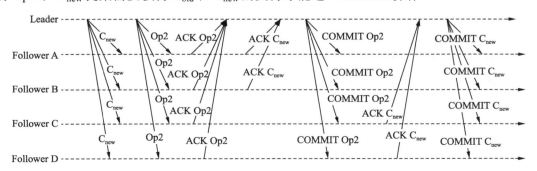

图 5.26　成员变更-配置协商

至此，成员变更已经完成，此后发起的所有提案只需要获得 C_{new} 的支持即可。

5.6.2　并行变更

在 ZooKeeper 的成员变更过程中，协商需要同时获取新配置和旧配置的支持是非常巧妙的设计。对变更条件没有太多的约束，可以批量变更成员，甚至允许在一次成员变更尚未完成之前发起另一个成员变更操作，这同样满足了安全性要求。

并行变更的过程可以进一步优化新配置的 Commit 操作。在 C_{new} 变更未完成之前，$C_{new'}$ 也被提出，因此可以省略 C_{new} 的 Commit 操作，如图 5.27 所示，Op3 的协商条件变为 C_{old} 和 $C_{new'}$。

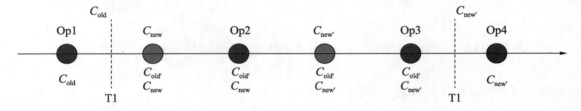

图 5.27　成员并行变更

5.7　ZooKeeper 源码实战

本节学习 ZooKeeper 的源码，本节使用的源码版本为 3.6.3[①]。在 ZooKeeper 3.4 之后，使用的 ZAB 版本为 1.0，ZooKeeper 为了兼容以前的低版本 ZAB，有许多兼容操作，这里需要特殊关注一下。

5.7.1　启动

我们从 ZooKeeper 的启动脚本 zkServer.sh 入手，ZooKeeper 通过执行 java -cp 命令来启动 QuorumPeerMain 中的 main()，在 main()中通过启动的参数分别执行集群启动和单个成员启动任务。

本小节我们介绍 Leader 的选举及数据对齐，必须以集群启动为例。集群启动的核心是 QuorumPeer 类，QuorumPeer 类继承自 Thread 类，在 run()中完成 Leader 选举及消息广播，因此，每个成员都是一个 QuorumPeer 对象。

QuorumPeer 启动时，优先初始化成员，包含本地数据库加载，创建 Leader 选举算法等，代码如下：

[①] ZooKeeper 3.6.3 的源码地址为：https://github.com/apache/zookeeper/tree/release-3.6.3。

```
public synchronized void start() {
    // 校验配置文件的myid
    if (!getView().containsKey(myid)) {
        throw new RuntimeException("My id " + myid + " not in the peer list");
    }
    // 初始化本地数据库
    loadDataBase();
    // 启动与客户端通信渠道
    startServerCnxnFactory();
    try {
        adminServer.start();
    } catch (AdminServerException e) {
        LOG.warn("Problem starting AdminServer", e);
    }
    // 初始化 Leader 选举算法
    startLeaderElection();
    // 创建 JVM 的 STW 监听器
    startJvmPauseMonitor();
    super.start();
}
```

上面的代码主要进行初始化成员，其包括以下几步：

（1）初始化本地数据库，用于加载历史提案执行状态转移操作之后在状态机中的数据，以及前文提到的用于成员发现阶段的 currentEpoch 和 acceptedEpoch。在新成员启动之时，将以 0 初始化 currentEpoch 和 acceptedEpoch。

（2）初始化 Leader 选举算法，根据配置文件的 electionAlg 初始化选举算法的对象，在这里可以看到 1、2 已经被弃用了，选项 3 初始化的是 FastLeaderElection。

（3）创建 JVM 的 STW 监听器，由于 ZooKeeper 是用 Java 实现的，存在垃圾回收现象，而垃圾回收会使 Java 中的所有线程暂停，这个现象被称为 Stop The World（STW）。STW 会给 ZooKeeper 造成难以接受的后果。例如，可能会使客户端请求超时，这将造成该客户端创建的临时节点被删除。ZooKeeper 无法避免 Java 的这个"痛点"，但是在这一现象出现后，必须要有线索可查证，因此需要 STW 监听器。

QuorumPeer 初始化之后，处理 Leader 选举和消息广播的逻辑在 QuorumPeer#run()中，在 run()方法中，根据成员的状态完成相应的工作。处于 LOOKING 状态的成员，开始选举 Leader，处于 FOLLOWING 和 LEADING 状态的成员则依次进入成员发现和数据同步阶段，然后会永久停留在消息广播阶段，代码如下：

```
public void run() {
    // 省略代码：注册成员列表
    ...
    try {
        while (running) {
            switch (getPeerState()) {
            case LOOKING:
                // 省略代码：只读成员
                ...
                try {
                    reconfigFlagClear();
                    if (shuttingDownLE) {
                        shuttingDownLE = false;
                        startLeaderElection();
                    }
```

```
                // 开始选举 Leader，5.7.2 小节再分析
                setCurrentVote(makeLEStrategy().lookForLeader());
            } catch (Exception e) {
                setPeerState(ServerState.LOOKING);
            }
            break;
        case OBSERVING:
            // 省略代码
            ...
            break;
        case FOLLOWING:
            try {
                setFollower(makeFollower(logFactory));
                // 追随 Leader，依次进入成员发现阶段，数据同步阶段和消息广播阶段，
                   5.7.3 小节再分析
                follower.followLeader();
            } catch (Exception e) {
            } finally {
                follower.shutdown();
                setFollower(null);
                updateServerState();
            }
            break;
        case LEADING:
            try {
                setLeader(makeLeader(logFactory));
                // 进入成员发现阶段，数据同步阶段和消息广播阶段，5.7.3 小节再分析
                leader.lead();
                setLeader(null);
            } catch (Exception e) {
            } finally {
                if (leader != null) {
                    leader.shutdown("Forcing shutdown");
                    setLeader(null);
                }
                updateServerState();
            }
            break;
        }
    }
} finally {
    // 省略代码：资源销毁
    ...
    }
}
```

🔔注意：LOOKING 状态的成员在选举 Leader 之前，会额外判断是否为只读成员。只读成
　　　员可以通过 Java 系统配置进行设置，开启只读模式后，只接受客户端的读操作，
　　　但仍然会参与选举 Leader。

5.7.2　Leader 选举

在实现过程中，为了加快 Leader 选举（FastLeaderElection）的进程，选票会携带投票
者的状态，成员如果发现收到的选票状态是 LOOKING，说明二者都处于选举阶段，则进
行选票比较。成员如果发现收到的选票状态为 FOLLOWING 或者 LEADING，则说明在集

群中已经存在 Leader，不需要进行选票比较，在收到的所有选票中一定存在一个成员拥有多数派选票的支持，那么该成员则为 Leader。第二种情况常常出现在成员加入一个正常运行的集群的时候。

Leader 选举由 FastLeaderElection#lookForLeader() 来完成，成员在开始 Leader 选举时，第一次都会推荐自己为 Leader 并广播其选票。每个成员都会为本轮选举创建两个选票池 recvset 及 outofelection。前者存储本轮选举收到的有效选票，用于判断是否有多数派的选票支持同一成员为 Leader；后者用于加快 Leader 收敛，当成员加入集群时推测哪个成员为 Leader，并且在广播选票之前对 logicalclock 自增 1。logicalclock 对应选票中的 electionEpoch，用于判断选票是否属于当前选举的轮次，代码如下：

```
public Vote lookForLeader() throws InterruptedException {
    try {
        // 存储所有收到的有效的（vote.electionEpoch == logicalclock）选票，用于
           判断是否有成员存在多数派的选票
        Map<Long, Vote> recvset = new HashMap<Long, Vote>();
        // 存储之前 Leader 选举的选票和本次 Leader 选举的选票，多用于成员加入正常运行
           的集群场景
        // 如果收到的选票是过时的（vote.electionEpoch < logicalclock），则当前
           成员可以使用它来了解哪个成员是 Leader
        Map<Long, Vote> outofelection = new HashMap<Long, Vote>();
        int notTimeout = minNotificationInterval;
        synchronized (this) {
            // 每一轮选举时 logicalclock 先自增 1
            logicalclock.incrementAndGet();
            // 更新自己支持的 Leader,getInitLastLoggedZxid() 为自己见过的最大的 zxid
            // getPeerEpoch() 为自己所处的 epoch，即 currentEpoch
            updateProposal(getInitId(), getInitLastLoggedZxid(), getPeerEpoch());
        }
        // 广播自己支持的 Leader
        sendNotifications();
        SyncedLearnerTracker voteSet = null;
        // 接收其他成员的选票，并广播自己更新后的选票，直到选举结束
        while ((self.getPeerState() == ServerState.LOOKING) && (!stop)) {
            // 获取其他成员的选票
            Notification n = recvqueue.poll(notTimeout, TimeUnit.MILLISECONDS);
            if (n == null) {
                // 省略代码：如果没有收到选票，则重新广播自己的选票
                ...
            }
            // 检查选票发送者的 ID（sid）和所支持的 Leader 的 ID（leaderid）是否存在
               于集群成员配置中
            else if (validVoter(n.sid) && validVoter(n.leader)) {
                switch (n.state) {
                    // 省略代码：根据发送者的状态分别处理
                    ...
                    // 如果是 LOOKING 状态则进行选票比较，见下面的代码 lookForLeader
                    #LOOKING
                    // 如果是 FOLLOWING 或 LEADING 则可以推测 Leader,不用再进行选票
                       比较
                }
            }
        }
    }
    return null;
```

```
    } finally {
        // 省略代码：资源销毁
        ...
    }
}
```

下面着重讲解关于选票状态为 LOOKING 时的选票比较，如果收到的选票为 LOOKING 状态，则先判断选票的有效性。

❑ 如果选票所处的轮次（electionEpoch）大于自己的 logicalclock，则说明自己所处的选举轮次是落后的，应该更新自己的 logicalclock，清空选票池，并重新广播自己的选票。

❑ 如果选票所处的轮次（electionEpoch）小于自己的 logicalclock，则说明该选票是过时的，本次选举忽略该选票。

❑ 如果选票所处的轮次（electionEpoch）等于自己的 logicalclock，说明该选票有效，则进行选票比较；如果收到的选票成员更适合作为 Leader，则更新自己的选票并重新广播。

对选票进行有效性判断之后，接着记录选票至选票池，根据选票池判断选票成员是否已获得多数派的选票支持，标志着 Leader 选举成功，更新自身状态。由 LOOKING 状态更新至 FOLLOWING 或者 LEADING 状态，退出本次选举，返回本轮选举获胜的选票信息，代码如下：

```
// 选票比较，lookForLeader#LOOKING
...
case LOOKING:
// 省略代码：安全校验 zxid
...
if (n.electionEpoch > logicalclock.get()) {
    // 如果收到的消息选举轮次大于自己的 logicalclock，则说明自己的选票已经落后应该更
       新选票并重新广播
    logicalclock.set(n.electionEpoch);
    recvset.clear();
    if (totalOrderPredicate(n.leader, n.zxid, n.peerEpoch, getInitId(),
getInitLastLoggedZxid(), getPeerEpoch())) {
        updateProposal(n.leader, n.zxid, n.peerEpoch);
    } else {
        updateProposal(getInitId(), getInitLastLoggedZxid(), getPeerEpoch());
    }
    sendNotifications();
} else if (n.electionEpoch < logicalclock.get()) {
    // 过期的选票，忽略
    break;
} else if (totalOrderPredicate(n.leader, n.zxid, n.peerEpoch, proposedLeader,
proposedZxid, proposedEpoch)) {
    // n.electionEpoch = logicalclock.get()
    // 比较选票
    updateProposal(n.leader, n.zxid, n.peerEpoch);
    sendNotifications();
}
// 记录选票
recvset.put(n.sid, new Vote(n.leader, n.zxid, n.electionEpoch, n.peerEpoch));
// 给定一组选票和自己的选票，判断自己的选票是否获得多数派，以此来结束本轮选举
voteSet = getVoteTracker(recvset, new Vote(proposedLeader, proposedZxid,
logicalclock.get(), proposedEpoch));
if (voteSet.hasAllQuorums()) {
    // 此时已经获得多数派的选票了，即选出 Leader。这一段代码的目的是移除那些还未处理
```

且支持的是其他 Leader 的选票

```
        // 如果还存在下一个选票未处理，或选票中支持的 Leader 与获得多数派支持的 Leader
            相同，则重新推入队列，完成处理（记录选票池），其余情况则忽略该选票
        while ((n = recvqueue.poll(finalizeWait, TimeUnit.MILLISECONDS)) !=
null) {
            if (totalOrderPredicate(n.leader, n.zxid, n.peerEpoch, proposedLeader,
proposedZxid, proposedEpoch)) {
                recvqueue.put(n);
                break;
            }
        }
        if (n == null) {
            // 没有选票了，意味着 Leader 选举结束，更新自身的状态
            setPeerState(proposedLeader, voteSet);
            Vote endVote = new Vote(proposedLeader, proposedZxid, logicalclock.
get(), proposedEpoch);
            leaveInstance(endVote);
            return endVote;
        }
}
break;
```

选票比较的具体工作由 FastLeaderElection#totalOrderPredicate 完成，依次判断成员信息：epoch（currentEpoch）、zxid 和 myid 并选出最适合成员 Leader 的成员，代码如下：

```
protected boolean totalOrderPredicate(long newId, long newZxid, long
newEpoch
, long curId, long curZxid, long curEpoch) {
    if (self.getQuorumVerifier().getWeight(newId) == 0) {
        return false;
    }
    return (
        (newEpoch > curEpoch) || (
            (newEpoch == curEpoch) && (
                (newZxid > curZxid) || (
                    (newZxid == curZxid) && (newId > curId)
                )
            )
        )
    );
}
```

当成员加入一个正常运行的集群中时，在 Leader 选举过程中所收到的选票状态大部分都为 FOLLOWING 或者 LEADING。以收到的选票状态为 FOLLOWING 为例，此时不用进行选票比较，因为一定存在一个多数派的成员支持同一 Leader 的情况，此时统计这些选票即可，需要用到 outofelection 选票池。

```
private Vote receivedFollowingNotification(Map<Long, Vote> recvset
, Map<Long, Vote> outofelection, SyncedLearnerTracker voteSet, Notification n) {
    // 在本轮选举中，可能其他成员已经统计出了多数派选票，因此发送了状态为 FOLLOWING
        状态的选票，此时不用进行选票比较，因为对方已经比较过统计出了多数派选票
    if (n.electionEpoch == logicalclock.get()) {
        recvset.put(n.sid, new Vote(n.leader, n.zxid, n.electionEpoch,
n.peerEpoch, n.state));
        voteSet = getVoteTracker(recvset, new Vote(n.version, n.leader,
n.zxid, n.electionEpoch, n.peerEpoch, n.state));
        if (voteSet.hasAllQuorums() && checkLeader(recvset, n.leader,
n.electionEpoch)) {
            setPeerState(n.leader, voteSet);
```

```
                Vote endVote = new Vote(n.leader, n.zxid, n.electionEpoch,
n.peerEpoch);
                leaveInstance(endVote);
                return endVote;
            }
        }
        // 记录 outofelection 选票池
        outofelection.put(n.sid, new Vote(n.version, n.leader, n.zxid,
n.electionEpoch, n.peerEpoch, n.state));
        voteSet = getVoteTracker(outofelection, new Vote(n.version, n.leader,
n.zxid, n.electionEpoch, n.peerEpoch, n.state));
        // 已有多数派的选票
        if (voteSet.hasAllQuorums() && checkLeader(outofelection, n.leader,
n.electionEpoch)) {
            synchronized (this) {
                logicalclock.set(n.electionEpoch);
                setPeerState(n.leader, voteSet);
            }
            Vote endVote = new Vote(n.leader, n.zxid, n.electionEpoch,
n.peerEpoch);
            leaveInstance(endVote);
            return endVote;
        }
        return null;
}
```

当收到状态为 LEADING 的选票时，情况与收到 FOLLOWING 状态一样，处理逻辑也类似，这里不再赘述，感兴趣的读者可查阅相关代码（FastLeaderElection#received-LeadingNotification()），至此，Leader 选举全部结束。

5.7.3　Follower 和 Leader 初始化

回顾 5.7.1 小节我们知道，在 QuorumPeer#run()中是通过成员状态来分别处理对应逻辑的，处于 LOOKING 状态的成员会执行 Leader 选举，而处于 FOLLOWING 或者 LEADING 状态的成员则会启动 Follower 或者 Leader 来处理客户端的请求。

启动 Follower 或者 Leader 都会经历成员发现阶段和数据同步阶段，接来下无论 Leader 还是 Follower，都会停留在消息广播阶段。在 ZooKeeper 的实现中，这三个阶段划分并没有明确的界限，分别由 Follower#followLeader()处理 Follower 的工作，Leader#lead()处理 Leader 的工作。

1．Follower初始化

在 Follower#followLeader()方法中，更新 ZAB 状态意味着进入某个阶段。

（1）Follower 更新自己的状态为 DISCOVERY，标志着进入成员发现阶段，随后遍历成员列表找到 Leader 的地址。在 Learner#registerWithLeader()方法中，与 Leader 交换 FOLLOWERINFO、LEADERINFO 及 ACKEPOCH 消息。

```
// @see Follower#followLeader()
// 进入成员发现阶段
self.setZabState(QuorumPeer.ZabState.DISCOVERY);
// 遍历找到 Leader
```

```
QuorumServer leaderServer = findLeader();
connectToLeader(leaderServer.addr, leaderServer.hostname);
connectionTime = System.currentTimeMillis();
// 和 Leader 交换相关信息
long newEpochZxid = registerWithLeader(Leader.FOLLOWERINFO);
```

（2）Follower 更新自己的状态为 SYNCHRONIZATION，标志着进入数据同步阶段，接着在 Follower#syncWithLeader()中处理 Leader 发送的 DIFF（PROPOSAL、COMMIT）、SNAP、TRUNC 消息。

```
// @see Follower#followLeader()
long newEpoch = ZxidUtils.getEpochFromZxid(newEpochZxid);
// 省略代码：安全校验，newEpoch
...
self.setLeaderAddressAndId(leaderServer.addr, leaderServer.getId());
// 进入数据同步阶段
self.setZabState(QuorumPeer.ZabState.SYNCHRONIZATION);
// 等待 Leader 的数据同步
syncWithLeader(newEpochZxid);
```

（3）Follower 更新自己的状态为 BROADCAST，标志着进入消息广播阶段，循环接收并处理 Leader 发送的 PROPOSAL 和 COMMIT 等。

```
// @see Follower#followLeader()
// 进入消息阶段
self.setZabState(QuorumPeer.ZabState.BROADCAST);
completedSync = true;
QuorumPacket qp = new QuorumPacket();
while (this.isRunning()) {
    // 接收消息广播阶段的消息
    readPacket(qp);
    // 处理消息广播阶段的消息
    processPacket(qp);
}
```

2. Leader初始化

Leader 初始化需要关注两个方面：一方面是在 Leader 初始化过程中会启动一个 LearnerCnxAcceptor 线程，等待 Follower 连接，并且 Leader 与 Follower 的消息交互都在 LearnerCnxAcceptor 线程中；另一方面，在 Leader#lead()方法中，多数代码是为了兼容 Leader 本身也作为一个 Follower 而进行的本地消息处理。

在 Leader#lead()代码中处理的逻辑如下。

（1）进入成员发现阶段，开启一个 LearnerCnxAcceptor 线程，处理和发送与 Follower 的消息交互。

```
// @see Leader#lead()
// 进入成员发现阶段
self.setZabState(QuorumPeer.ZabState.DISCOVERY);
self.tick.set(0);
// 恢复会话和数据
zk.loadData();
leaderStateSummary = new StateSummary(self.getCurrentEpoch(), zk.
getLastProcessedZxid());
// 开启一个线程等待 Follower 连接
// 处理来自 Follower 消息，以及发送消息给 Follower
```

```
cnxAcceptor = new LearnerCnxAcceptor();
cnxAcceptor.start();
```

（2）Leader 本身也作为一个 Follower 加入 FOLLOWERINFO 消息池并等待多数派
FOLLOWERINFO 消息。

```
// @see Leader#lead()
// Leader 本身也作为 Follower 加入 FOLLOWERINFO 消息池并等待多数派的 FOLLOWERINFO
    消息，然后才继续后续的工作
long epoch = getEpochToPropose(self.getId(), self.getAcceptedEpoch());
// 重置 zxid，后续使用时 zxid 只需要自增即可
zk.setZxid(ZxidUtils.makeZxid(epoch, 0));
synchronized (this) {
    lastProposed = zk.getZxid();
}
```

（3）Leader 本身也作为 Follower 加入 ACKEPOCK 消息池并等待多数派的 ACKEPOCK
消息。

```
// @see Leader#lead()
// Leader 本身也作为 Follower 加入 ACKEPOCK 消息池并等待多数派的 ACKEPOCK 消息，然
    后才继续后续的工作
waitForEpochAck(self.getId(), leaderStateSummary);
self.setCurrentEpoch(epoch);
self.setLeaderAddressAndId(self.getQuorumAddress(), self.getId());
// 进入数据同步阶段
self.setZabState(QuorumPeer.ZabState.SYNCHRONIZATION);
```

（4）进入数据同步阶段。在数据同步阶段，由于是以 Leader 的数据为基准，因此 Leader
不用执行 DIFF、SNAP 和 TRUNC 处理。

（5）Leader 本身也作为 Follower 加入 ACK（NEWLEADER 的 ACK）消息池并等待多
数派远程 Follower 的 ACK 消息。

```
// @see Leader#lead()
// 这是一个特殊的提案，模拟 Leader 向 Follower 发送的 NEWLEADER 消息
newLeaderProposal.packet = new QuorumPacket(NEWLEADER, zk.getZxid(), null,
null);
// 省略代码：修改可能变更的成员配置
...
newLeaderProposal.addQuorumVerifier(self.getQuorumVerifier());
// 当前可能正处于成员变更阶段，NEWLEADER 的 ACK 消息需要同时获得新配置和旧配置的支持
if (self.getLastSeenQuorumVerifier().getVersion() > self.getQuorum
Verifier().getVersion()) {
    newLeaderProposal.addQuorumVerifier(self.getLastSeenQuorumVerifier());
}
try {
    // Leader 本身也作为 Follower 加入 ACK 消息池，等待多数派远程 Follower 的 ACK 消息
    waitForNewLeaderAck(self.getId(), zk.getZxid());
} catch (InterruptedException e) {
    // 省略代码：资源销毁
    ...
    return;
}
```

（6）进入消息广播阶段，维护与 Follower 的连接。

```
// @see Leader#lead()
// 启动 Leader 服务并在新的 epoch 上初始化 zxid
```

```
startZkServer();
// 指定省略代码:修改 zxid 为指定的 zxid,用于跳过一段 zxid 至指定的 zxid,通过 system.property
...
// 进入消息广播阶段
self.setZabState(QuorumPeer.ZabState.BROADCAST);
self.adminServer.setZooKeeperServer(zk);
boolean tickSkip = true;
String shutdownMessage = null;
// 维护和 Follower 之间的连接, 跳出该循环时, 意味着 Leader 关闭
while (true) {
    // 省略代码:维护和 Follower 之间的连接
    ...
}
if (shutdownMessage != null) {
    // 跳出上面的循环后, shutdownMessage 一定不为空
    shutdown(shutdownMessage);
}
```

5.7.4　成员发现阶段

接下来的内容涉及 Leader 和 Follower 消息交互,这是一个类似于回合制游戏的过程,笔者会将一个方法拆分为多段代码,按照消息交互的顺序来讲解。

成员发现阶段是由 Follower 主动发起的,在 Follower 更新成员状态为 DISCOVERY 之后会立即调用 Learner#registerWithLeader()。在 Learner#registerWithLeader() 中有发送 FOLLOWERINFO 消息、处理 LEADERINFO 消息及发送 ACKEPOCH 消息的代码,其中,FOLLOWERINFO 消息会携带 acceptedEpoch 及 Learner 的标识,代码如下:

```
// Learner#registerWithLeader()
protected long registerWithLeader(int pktType) throws IOException {
    long lastLoggedZxid = self.getLastLoggedZxid();
    // pktType 为 FOLLOWERINFO。
    QuorumPacket qp = new QuorumPacket();
    qp.setType(pktType);
    qp.setZxid(ZxidUtils.makeZxid(self.getAcceptedEpoch(), 0));
    // 省略代码: qp 携带 Learner 的信息
    ...
    // 发送 FOLLOWERINFO 消息
    writePacket(qp, true);
    // 省略代码: 等待并处理 LEADERINFO 消息
    ...
    // 省略代码: 发送 ACKEPOCH 消息
    ...
}
```

在 5.7.3 小节中我们了解到,Leader 与 Follower 消息交互是在 LearnerCnxAcceptor 线程中,LearnerCnxAcceptor 线程会为每个 Follower 创建一个 LearnerHandler 对象。LearnerHandler 代表该 Follower 与 Leader 之间的关系,当 LearnerHandler 销毁时,意味着该 Follower 与 Leader 失去连接。

以下代码取自 LearnerHandler#run(),为了兼容性,依然使用 ZAB 旧版本中的 Follower。在收到 FOLLOWERINFO 消息后,如果该 Follower 使用的是旧版本的 ZAB,则会由 Leader 主动将其加入 ACKEPOCH 消息池,这意味着该 Follower 跳过了成员发现阶段。

如果使用 ZAB 新版本的 Follower，则会依次处理 FOLLOWERINFO 消息，发送 LEADERINFO 消息，等待多数派的 ACKEPOCH 消息。

（1）处理 FOLLOWERINFO 消息。在 LearnerHandler#run()中首先会收到 FOLLOWERINFO 消息，如果第一个消息不是 FOLLOWERINFO，Leader 会结束 LearnerHandler，这意味着放弃该 Follower。接着 FOLLOWERINFO 消息会阻塞当前线程，直到超时或者已收到多数派的 FOLLOWERINFO 消息，并更新 Leader 的 acceptedEpoch 为消息中最大的 acceptedEpoch+1。

🔔注意：Leader 本身作为 Follower 也会加入 FOLLOWERINFO 消息池。

（2）发送 LEADERINFO 消息。LEADERINFO 消息会携带 Leader 更新后的 acceptedEpoch，即 newEpoch，代码如下：

```
// LearnerHandler#run()
public void run() {
    // 省略代码：try-catch、初始化成员变量
    ...
    // 读取消息
    QuorumPacket qp = new QuorumPacket();
    ia.readRecord(qp, "packet");
    // 省略代码：qp 安全校验、更新该 Follower 的 ZAB 版本
    ...
    // 当前对象，是 Leader 与 Follower 之间消息交互的处理对象，向 Leader 注册该对象
    learnerMaster.registerLearnerHandlerBean(this, sock);
    long lastAcceptedEpoch = ZxidUtils.getEpochFromZxid(qp.getZxid());
    // 阻塞当前线程，等待多数派的 FOLLOWERINFO 消息，更新 Leader 的 acceptedEpoch
    为消息中最大的 acceptedEpoch+1
    long newEpoch = learnerMaster.getEpochToPropose(this.getSid(),
lastAcceptedEpoch);
    long newLeaderZxid = ZxidUtils.makeZxid(newEpoch, 0);
    if (this.getVersion() < 0x10000) {
        // 省略代码：兼容低版本的 ZAB 协议，直接结束成员发现阶段
        ...
    } else {
        byte[] ver = new byte[4];
        ByteBuffer.wrap(ver).putInt(0x10000);
        // 发送 LEADERINFO 消息
        QuorumPacket newEpochPacket = new QuorumPacket(Leader.LEADERINFO,
newLeaderZxid, ver, null);
        oa.writeRecord(newEpochPacket, "packet");
        messageTracker.trackSent(Leader.LEADERINFO);
        bufferedOutput.flush();
        // 省略代码：等待并处理 ACKEPOCH 消息
        ...
    }
    // 省略代码：进入数据同步阶段
    ...
}
```

回到 Learner#registerWithLeader()，Follower 收到 LEADERINFO 消息后，会更新 acceptedEpoch，并通过 ACKEPOCH 消息携带 lastLoggedZxid 及 currentEpoch。

如果收到的 LEADERINFO 消息中的 acceptedEpoch 与自己的 acceptedEpoch 相等，意味着更新 acceptedEpoch 的操作重复执行（使用-1 标识）。对于这类消息，Leader 不用加入消息池，但是 Follower 仍需要响应 ACKEPOCH，使 Leader 与该 Follower 的 LearnerHandler

对象能正常退出阻塞，即等待多数派的 ACKEPOCH 消息再向下执行，代码如下：

```
// Learner#registerWithLeader()
protected long registerWithLeader(int pktType) throws IOException {
    // 省略代码：发送 FOLLOWERINFO 消息
    ...
    // 等待 LEADERINFO 消息
    readPacket(qp);
    final long newEpoch = ZxidUtils.getEpochFromZxid(qp.getZxid());
    if (qp.getType() == Leader.LEADERINFO) {
        leaderProtocolVersion = ByteBuffer.wrap(qp.getData()).getInt();
        byte[] epochBytes = new byte[4];
        final ByteBuffer wrappedEpochBytes = ByteBuffer.wrap(epochBytes);
        if (newEpoch > self.getAcceptedEpoch()) {
            // 返回信息携带自己的 currentEpoch
            wrappedEpochBytes.putInt((int) self.getCurrentEpoch());
            // 更新 acceptedEpoch
            self.setAcceptedEpoch(newEpoch);
        } else if (newEpoch == self.getAcceptedEpoch()) {
            // 重复处理
            wrappedEpochBytes.putInt(-1);
        } else {
            throw new IOException("Leaders epoch....");
        }
        QuorumPacket ackNewEpoch = new QuorumPacket(Leader.ACKEPOCH,
lastLoggedZxid, epochBytes, null);
        // 发送 ACKEPOCH 消息
        writePacket(ackNewEpoch, true);
        return ZxidUtils.makeZxid(newEpoch, 0);
    } else {
        // 省略代码：异常消息处理
        ...
    }
}
```

（3）Leader 在收到 ACKEPOCH 消息后会加入消息池，等待多数派的 ACKEPOCH 消息后再往下执行，这意味着成员发现阶段已结束，代码如下：

```
// LearnerHandler#run()
public void run() {
    // 省略代码：try-catch、处理 FOLLOWERINFO 消息、发送 LEADERINFO 消息
    ...
    // 等待接收 ACKEPOCH 消息
    QuorumPacket ackEpochPacket = new QuorumPacket();
    ia.readRecord(ackEpochPacket, "packet");
    messageTracker.trackReceived(ackEpochPacket.getType());
    // 省略代码：ackEpochPacket 安全校验
    ...
    ByteBuffer bbepoch = ByteBuffer.wrap(ackEpochPacket.getData());
    ss = new StateSummary(bbepoch.getInt(), ackEpochPacket.getZxid());
    // 通知 Leader，该 Follower 完成成员发现阶段，已成功连接
    // 并等待其他 Follower 完成成员发现阶段
    learnerMaster.waitForEpochAck(this.getSid(), ss);
    // 省略代码：数据同步阶段
    ...
}
```

5.7.5　数据同步阶段

Leader 在收到多数派的 ACKEPOCH 消息后，会立即为每个 Follower 准备需要发送的数据，具体步骤如下。

（1）根据 ACKEPOCH 中的 zxid 选择相应的同步方式，将需要同步的数据放入队列中，如何选择同步数据可以自行查看 LearnerHandler#syncFollower()方法。

（2）如果需要快照同步则直接发送快照数据。

（3）将 NEWLEADER 消息推入队列，在所有数据发送完之后发送 NEWLEADER 消息。

（4）开启一个新线程发送队列中的数据。

（5）阻塞当前线程，等待多数派的 ACK（NEWLEADER-ACK）消息。

（6）发送 UPTODATE 消息，通知 Follower 退出同步阶段，可以正常处理请求了。

（7）不间断接收 Follower 的消息，分别处理 ACK、PING、REVALIDATE 和 REQUEST 消息。其中，REQUEST 为 Follower 转发事务请求而发送的消息。

代码如下：

```
// LearnerHandler#run()
public void run() {
    // 省略代码：try-catch、处理 FOLLOWERINFO 消息、发送 LEADERINFO 消息、处理
       ACKEPOCH 消息
    ...
    // 将需要同步的数据放入队列，peerLastZxid 为 ACKEPOCH 中的 zxid，即该 Follower
       收到的最大的 zxid
    boolean needSnap = syncFollower(peerLastZxid, learnerMaster);
    if (needSnap) {
        // 省略代码：try-finally
        ...
        long zxidToSend = learnerMaster.getZKDatabase().getDataTreeLast
ProcessedZxid();
        oa.writeRecord(new QuorumPacket(Leader.SNAP, zxidToSend, null,
null), "packet");
        messageTracker.trackSent(Leader.SNAP);
        bufferedOutput.flush();
        // 发送快照，ACL+NODE
        learnerMaster.getZKDatabase().serializeSnapshot(oa);
        oa.writeString("BenWasHere", "signature");
        bufferedOutput.flush();
    }
    if (getVersion() < 0x10000) {
        // 省略代码：低版本的 ZAB，直接发送 NEWLEADER 消息
    ...
    } else {
        QuorumPacket newLeaderQP = new QuorumPacket(Leader.NEWLEADER,
newLeaderZxid, learnerMaster.getQuorumVerifierBytes(), null);
        // 将 NEWLEADER 消息放入数据同步队列，在所有数据同步完成之后再发送 NEWLEADER
           消息
        queuedPackets.add(newLeaderQP);
    }
    bufferedOutput.flush();
    // 开启一个新线程发送队列中的数据
```

```
    startSendingPackets();
    qp = new QuorumPacket();
    // 等待 ACK（NEWLEADER-ACK）消息
    ia.readRecord(qp, "packet");
    messageTracker.trackReceived(qp.getType());
    // 省略代码：qp 安全校验
    ...
    // 阻塞当前线程，等待多数派 ACK（NEWLEADER-ACK）消息
    learnerMaster.waitForNewLeaderAck(getSid(), qp.getZxid());
    learnerMaster.waitForStartup();
    // UPTODATE 通知 Follower 退出同步阶段，可以正常处理请求了
    queuedPackets.add(new QuorumPacket(Leader.UPTODATE, -1, null, null));
while (true) {
    // 省略代码：接收 Follower 的消息
    ...
    // 省略代码：分别处理 ACK、PING、REVALIDATE 和 REQUEST 消息处理
    ...
    }
}
```

　　至此，Leader 完成了所有数据同步阶段的工作，但是还有一件事没有交代，那就是成员状态是什么时候变更的呢？对于 Follower 来说，在执行完 Learner#registerWithLeader() 后会将状态由 DISCOVERY 更新为 SYNCHRONIZATION，在 5.7.3 小节中可以看到完整的内容。对于 Leader 来说，不会在 LearnerHandler 中变更成员状态，而是将 Leader 本身作为 Follower 加入 ACEPOCH 消息池，然后等待多数派 ACKEPOCH 并更新自己的成员状态。后续变更 BROADCAST 状态也是类似的逻辑。

　　回到 Follower，在这一阶段，Follower 最后会发送 ACK 消息表示已接收并处理完 NEWLEADER 消息，期间只负责处理收到的数据。

　　Follower 收到的第一条消息往往是 DIFF、SNAP 或者 TRUNC，对于 SNAP 和 TRUNC 消息，Follower 直接应用快照或者删除指定日志就可以了，而对于 DIFF 消息，则需要等待后续发送 PROPOSAL 和 COMMIT 消息时才能完成一个提案的处理。

```
// @see Learner#registerWithLeader()
// 读取第一条消息
readPacket(qp);
if (qp.getType() == Leader.DIFF) {
    self.setSyncMode(QuorumPeer.SyncMode.DIFF);
    if (zk.shouldForceWriteInitialSnapshotAfterLeaderElection()) {
        snapshotNeeded = true;
        syncSnapshot = true;
    } else {
        snapshotNeeded = false;
    }
} else if (qp.getType() == Leader.SNAP) {
    self.setSyncMode(QuorumPeer.SyncMode.SNAP);
    // 接收快照，应用快照
    zk.getZKDatabase().deserializeSnapshot(leaderIs);
    // 省略代码：签名校验
    ...
    zk.getZKDatabase().setlastProcessedZxid(qp.getZxid());
    syncSnapshot = true;
} else if (qp.getType() == Leader.TRUNC) {
    self.setSyncMode(QuorumPeer.SyncMode.TRUNC);
```

```
    // 截断日志
    boolean truncated = zk.getZKDatabase().truncateLog(qp.getZxid());
    zk.getZKDatabase().setlastProcessedZxid(qp.getZxid());
} else {
    ServiceUtils.requestSystemExit(ExitCode.QUORUM_PACKET_ERROR.getValue());
}
```

然后 Follower 会循环地接收 PROPOSAL 和 COMMIT 消息并将消息分别推入提案待提交队列和提案提交队列。

在收到 NEWLEADER 消息后，Follower 会将提案待提交队列中的数据落盘，即持久化，并回复 ACK 消息给 Leader。

```
// @see Learner#registerWithLeader()
boolean writeToTxnLog = !snapshotNeeded;
TxnLogEntry logEntry;
outerLoop:
while (self.isRunning()) {
    // 循环读取消息
    readPacket(qp);
    switch (qp.getType()) {
    case Leader.PROPOSAL:
        PacketInFlight pif = new PacketInFlight();
        logEntry = SerializeUtils.deserializeTxn(qp.getData());
        pif.hdr = logEntry.getHeader();
        pif.rec = logEntry.getTxn();
        pif.digest = logEntry.getDigest();
        // 省略代码：成员配置消息
        ...
        // 将提案放入待提交队列
        packetsNotCommitted.add(pif);
        break;
    case Leader.COMMIT:
    case Leader.COMMITANDACTIVATE:
        pif = packetsNotCommitted.peekFirst();
        // COMMITANDACTIVATE 消息，提案提交后会立即执行状态转移操作，仅用于成员配置
        // 省略代码：COMMITANDACTIVATE 处理
        ...
        if (!writeToTxnLog) {
            // SNAP 同步之后的 COMMIT 消息，可以直接执行状态转移
            if (pif.hdr.getZxid() != qp.getZxid()) {
                // 待提交队列的 zxid 不等于 COMMIT 消息的 zxid。这意味着上一个提案尚未
                    提交，应该按照顺序执行状态转移，本次 COMMIT 消息不进行任何处理
            } else {
                // 应用事务，执行状态转移
                zk.processTxn(pif.hdr, pif.rec);
                packetsNotCommitted.remove();
            }
        } else {
            // 放入提交队列，待后续执行提交和状态转移操作
            packetsCommitted.add(qp.getZxid());
        }
        break;
    case Leader.INFORM:
    case Leader.INFORMANDACTIVATE:
        // INFORM 用于 Observer，我们在前面提到过这一类消息
        // INFORMANDACTIVATE 用于成员变更
        break;
    case Leader.UPTODATE:
```

```
            // 退出数据同步
            break outerLoop;
    case Leader.NEWLEADER:
        // 所有数据接收完，收到 NEWLEADER 消息
        // 更新成员配置
        if (qp.getData() != null && qp.getData().length > 1) {
            QuorumVerifier qv = self.configFromString(new String(qp.getData(),
UTF_8));
            self.setLastSeenQuorumVerifier(qv, true);
            newLeaderQV = qv;
        }
        // 一切准备就绪，更新 currentEpoch
        self.setCurrentEpoch(newEpoch);
        self.setSyncMode(QuorumPeer.SyncMode.NONE);
        zk.startupWithoutServing();
        if (zk instanceof FollowerZooKeeperServer) {
            FollowerZooKeeperServer fzk = (FollowerZooKeeperServer) zk;
            // 将所有待提交的提案落盘并清空队列
            for (PacketInFlight p : packetsNotCommitted) {
                fzk.logRequest(p.hdr, p.rec, p.digest);
            }
            packetsNotCommitted.clear();
        }
        // 回复 ACK 消息
        writePacket(new QuorumPacket(Leader.ACK, newLeaderZxid, null,
null), true);
        break;
    }
}
```

在收到 UPTODATE 之后，退出数据同步，然后将提案待提交队列的数据按照顺序进行提交并执行状态转移。由于低版本的 ZAB 成员成为 Leader，此阶段没有 NEWLEADER 消息，因此，需要将提案待提交队列中的数据持久化。

```
// @see Learner#registerWithLeader()
zk.startServing();
self.updateElectionVote(newEpoch);
if (zk instanceof FollowerZooKeeperServer) {
    FollowerZooKeeperServer fzk = (FollowerZooKeeperServer) zk;
    for (PacketInFlight p : packetsNotCommitted) {
        // 低版本的 ZAB 成员成为 Leader，此阶段没有 NEWLEADER 消息，因此需要将提案落盘
        fzk.logRequest(p.hdr, p.rec, p.digest);
    }
    for (Long zxid : packetsCommitted) {
        // 提交提案并执行状态转移操作
        fzk.commit(zxid);
    }
} else if (zk instanceof ObserverZooKeeperServer) {
    // 省略代码：Observer 处理
    ...
} else {
    throw new UnsupportedOperationException("Unknown server type");
}
```

5.7.6　消息广播阶段

在消息广播阶段，ZooKeeper 处理客户端的请求采用的是责任链模式，一个客户端请

求的处理由多个不同的处理器协作完成，每个处理器只负责单一的工作。我们以一个 create
请求为例，依次会经过预处理、发起提案、提交提案及响应客户端这几个阶段。

ZooKeeper 为每个客户端维护了一个 NIOServerCnxn 对象，客户端与 ZooKeeper 的所有通
信都由 NIOServerCnxn 对象从网络 I/O 中读取出来。如图 5.28 所示为请求传递的路径，当读
取到事务请求时，NIOServerCnxn 将请求传递给 ZooKeeperServer 处理。ZooKeeperServer#
processPacket()将请求封装为 Request 对象，接着由 RequestThrottler 将 Request 对象传递给
责任链来处理，在此之前 RequestThrottler 会对事务请求进行限流。

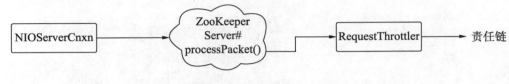

图 5.28　客户端请求传递示意

事务请求传递给责任链之后，情况就有些复杂了。如图 5.29 展示了当 Leader 收到事
务请求后，在责任链中每个处理器的执行情况。本小节的重点就是图 5.29，我们按照该图
的顺序来介绍。

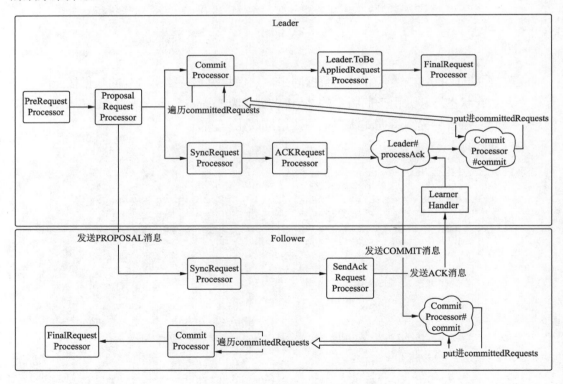

图 5.29　事务请求处理示意

1．预处理

责任链的第一个处理器是 PrepRequestProcessor。PrepRequestProcessor 第一步会对请求

进行分类，如 create、delete 和 reconfig 等。这里以 create 请求为例，PrepRequestProcessor 会完成以下处理工作。

（1）必要的校验，如路径是否有效、ACL 权限，以及是否在临时节点上创建子节点等。

（2）创建事务请求头，请求头的结构可参考图 5.14。

（3）创建事务体，事务体包含变更节点路径、节点数据和 ACL 等重要信息。

2．提案广播

在完成上述操作之后，PrepRequestProcessor 将请求传递至下一个处理器 Proposal-RequestProcessor，该处理器会将请求交由 Leader#propose()，由该方法来广播 PROPOSAL 消息。同时，成员变更也在这一步完成。

```
public Proposal propose(Request request) throws XidRolloverException {
    // 省略代码：限流、zxid
    ...
    // 序列化 hdr、txn 和 digest，封装发送数据 Proposal p
    byte[] data = SerializeUtils.serializeRequest(request);
    proposalStats.setLastBufferSize(data.length);
    QuorumPacket pp = new QuorumPacket(Leader.PROPOSAL, request.zxid, data,
null);
    Proposal p = new Proposal();
    p.packet = pp;
    p.request = request;
    synchronized (this) {
        // 当前成员配置的多数派校验器
        p.addQuorumVerifier(self.getQuorumVerifier());
        // 如果是成员变更请求，则更新最后见过的成员配置，此时不会直接使用该成员配置
        if (request.getHdr().getType() == OpCode.reconfig) {
            self.setLastSeenQuorumVerifier(request.qv, true);
        }
        // 最后见过的成员配置与当前使用的成员配置不同，说明正在进行成员变更
        // 按照成员变更约定，在这个过程中的提案需要获得新配置和旧配置的支持，因此还需
           要添加新配置的多数派校验器
        if (self.getQuorumVerifier().getVersion()<self.getLastSeenQuorum
Verifier().getVersion()) {
            p.addQuorumVerifier(self.getLastSeenQuorumVerifier());
        }
        lastProposed = p.packet.getZxid();
        outstandingProposals.put(lastProposed, p);
        // 广播提案
        sendPacket(pp);
    }
    return p;
}
```

如果本次处理的请求是成员变更，则会额外记录新的成员配置。根据约定，此时并不会直接应用该新配置，而是需要和旧配置联合决策在这个过程中提出的提案。在 ZooKeeper 中，每个提案都有对应的多数派校验器列表，在提案广播前会将旧配置和新配置都添加至该列表中。

3．提案处理

Leader 将 PROPOSAL 消息广播给 Follower 之后，自身也会作为 Follower 来处理该提

案。无论处理提案的是 Leader 还是 Follower，它们都会进入 SyncRequestProcessor 处理器，该处理器的核心任务是将请求记录到事务日志文件中，同时还会生成数据快照。

在 SyncRequestProcessor 处理器中，Leader 和 Follower 的区别有两点，第一点是 Leader 的 SyncRequestProcessor 由本地调用，而 Follower 的 SyncRequestProcessor 由 PROPOSAL 消息触发；第二点是二者传递的下一个处理器不一样，Follower 需要回复 ACK 消息给 Leader，因此下一个处理器是 SendAckRequestProcessor，而 Leader 可以本地调用 ACKRequestProcessor。

最终，无论 Follower 是通过 RPC 消息发送 ACK 消息，还是通过 Leader 本地调用 ACKRequestProcessor，都会触发 Leader 调用 Leader#processAck()方法。在该方法中，Leader 会尝试提交提案，当然前提条件是所有的提案都已提交。如果该提案没有收到多数派的 ACK 消息，则退出 Leader#processAck()方法，等待下一条 ACK 消息的到来；如果提案收到了多数派的 ACK 消息，则根据提案类型分别处理。

- ❑ 普通写请求：广播 COMMIT 消息给 Follower，INFORM 消息给 Observer，然后调用 CommitProcessor#commit()方法将提案加入 committedRequests 队列。
- ❑ 成员配置请求：切换至新的成员配置并进行 Leader 选举。因为 Leader 有可能不存在于新的成员配置中，因此不能再处理后续收到的 ACK 消息。这里不用担心协商过程未完成，因为新 Leader 上任后会处理这些未完成协商的提案。

Leader#processAck()方法的代码如下：

```
# org.apache.zookeeper.server.quorum.Leader#processAck
if (!allowedToCommit) {
    // 自己不再是新成员配置的 Leader，不能再处理这个 ACK 消息
    return;
}

# org.apache.zookeeper.server.quorum.Leader#tryToCommit
if (!p.hasAllQuorums()) {
    // 如果没有获得多数派的支持，则等待下一个 ACK 消息
    return false;
}
if (p.request.getHdr().getType() == OpCode.reconfig) {
    // 如果当前 Leader 不在新配置中，则计算一个新的成员作为推荐
    Long designatedLeader = getDesignatedLeader(p, zxid);
    // 获取提案中新的成员配置，成员配置是在发起 PROPSAL 时和提案关联的
    QuorumVerifier newQV = p.qvAcksetPairs.get(p.qvAcksetPairs.size() -
1).getQuorumVerifier();
    // 切换至新的成员配置，并以推荐的成员进行 Leader 选举
    self.processReconfig(newQV, designatedLeader, zk.getZxid(), true);
    if (designatedLeader != self.getId()) {
        // 如果推荐的 Leader 不是自己，说明自己已经不在新的成员配置中
        // 对于后续收到的 ACK，自己不应该再处理，哪怕协商过程未完成，因为新 Leader 上
            任后会处理这些提案
        allowedToCommit = false;
    }
    // 提交提案，广播 COMMITANDACTIVE 和 INFORMANDACTIVE 消息，激活新的成员配置
    commitAndActivate(zxid, designatedLeader);
    informAndActivate(p, designatedLeader);
} else {
    p.request.logLatency(ServerMetrics.getMetrics().QUORUM_ACK_LATENCY);
```

```
    // 提交提案，广播 COMMIT 消息给 Follower
    commit(zxid);
    // 发送给 Observer，因为 Observer 并未参与决策，它并没有拥有提案信息，所以需要发
       送整个提案
    inform(p);
}
// 执行 CommitProcessor
zk.commitProcessor.commit(p.request);
```

4．提案提交

Follower 在收到 COMMIT 消息后会进入 Commit 流程，即 CommitProcessor，Leader 也会显式地调起该处理器。对于 COMMITANDACTIVE 消息，Follower 需要切换至新的成员配置，使其立即生效。

在 Commit 流程中，没有类似于写盘或者状态转移这些敏感操作，CommitProcessor 的主要作用在于保证提案提交的顺序性。在请求传递至 CommitProcessor 处理器上后，该处理器会将请求保存至 queuedRequests 队列。CommitProcessor 会循环监听 queuedRequests 和 committedRequests 队列，当 committedRequests 队列的顶部请求与 queuedRequests 队列一致时，CommitProcessor 会将该请求加入当前客户端会话的 queuesToDrain 队列，然后批量执行下一个处理器任务。这样做的好处有两点：

❑ 对比 queuedRequests 队列和 committedRequests 队列的推入顺序，可以保证提案的提交顺序。
❑ 加入 queuesToDrain 队列，可以以客户端会话为单位批量执行状态转移任务。对于客户端请求来说，此时已经进入尾声，完全可以选择批量执行状态转移操作来提升整体的吞吐量。

5．状态转移

在进入 FinalRequestProcessor 之前，Leader 会先进入 Leader.ToBeAppliedRequestProcessor 处理器，该处理器的作用只是为了释放之前队列中的资源，可以认为该处理器只是透传（透明传输）而已。而 FinalRequestProcessor 的作用主要是执行状态转移及响应客户端。

❑ 状态转移：在整个责任链路中，只有在 SyncRequestProcessor 中有写盘的操作，而且仅用于记录事务日志。当提案达成共识后，应该执行该事务日志中的操作。状态转移由 FinalRequestProcessor#applyRequest() 完成，即在 dataTree 中执行对应的修改操作。
❑ 响应客户端：虽然 FinalRequestProcessor 存在于 Leader 和 Follower 的责任链路中，但是只有收到客户端请求的成员才会响应客户端。

以 create 请求为例，响应客户端的步骤如下：

（1）创建 CreateResponse 响应体和 ReplyHeader 响应头。
（2）更新当前客户端会话最后提交的 zxid 和客户端时效等。
（3）通过网络 I/O 层发送响应给客户端。

6．Follower收到事务请求

Follower 和 Observer 是可以接收客户端事务请求的，但是为了保证提案的顺序，协商提案必须由 Leader 来完成。

Follower 和 Observer 在收到客户端的请求后，分别由 FollowerRequestProcessor 和 ObserverRequestProcessor 这两个处理器优先判断收到的请求是否为事务请求。如果是事务请求，则会通过 REQUEST 消息转发给 Leader，Leader 在收到消息后，会将其传递到自己的责任链路中进行处理，如图 5.30 所示。感兴趣的读者可以参考 5.7.5 小节的 REQUEST 消息处理过程。

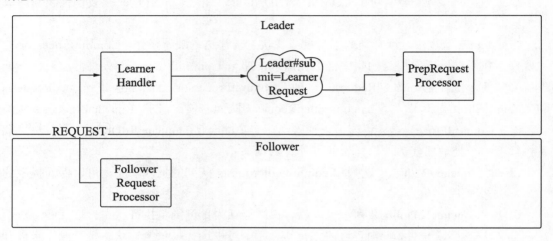

图 5.30　事务请求转发示意

5.8　本　章　小　结

ZAB 并不是独立的类库，而是一个为 ZooKeeper 量身定做的共识问题的解决方案。它的诞生是为了解决 Paxos 的活锁、实现难度高等问题，同时结合自身业务实现提案的有序性。ZAB 实现了日志对齐、数据快照及崩溃恢复等功能，使集群更加稳定、可靠。

整个 ZAB 分为 Leader 选举+三个阶段（成员发现阶段、数据同步阶段、消息广播阶段），笔者更倾向于把 ZAB 划分为四个阶段。其中，Leader 选举可以通过任意算法实现，ZAB 规范了后面三个阶段的实现方案。

在 ZAB 的工程实现中，Leader 选举采用选票比较方式能快速地选举出具有最完整数据的成员成为 Leader。选举过程大致如下：

（1）各个成员广播自己的选票（第一轮选票都支持自己成为 Leader）。

（2）在收到其他成员的选票后，与自己的选票进行比较，依次对比 epoch、zxid、myid。

（3）根据比较结果更新自己的选票并重新广播选票。

（4）直到收到多数派选票支持同一成员，退出选举，Leader 诞生。

ZooKeeper 为了加快 Leader 选举的进程，在选票中加入了投票者的成员状态。如果在收到的选票中成员状态为非 LOOKING，则说明其他成员已经统计出多数派的选票支持的是同一个成员，那么当前成员可以快速地切换到相应的状态。

对于后三个阶段的描述，我们对比了 ZAB 论文和 ZAB 实现，发现二者在消息交互及消息内容上有很大的区别，具体可以回顾 5.5 节的内容。

另外，消息广播阶段是一个基于多数派思想并移除了回滚操作的二阶段提交协议，Follower 要么接受提案，要么放弃 Leader。

下面简单介绍一下 ZAB 与 Paxos 的联系。

ZAB 在 Multi Paxos 基础上添加了 Leader 选举限制，简化了实现过程，更易让人理解，但强依赖 Leader 使灵活性略逊于 Multi Paxos。虽然二者都存在 Leader，但是作用不同。Multi Paxos 中的 Leader 主要用于限制 Proposer 数量，降低出现活锁的概率；而 ZAB 规定了单一的 Leader，主要用于保证提案的有序性。

ZAB 与 Paxos 的另一个不同点是：二者的目的不同，Paxos 的目的是构建一个分布式的一致性状态机系统，而 ZAB 的目的是设计一个高可用的分布式协调服务。二者的设计理念不在同一个层次，ZAB 更倾向于顶层应用。

ZAB 和 Paxos 的相同之处有以下三点：

❑ 都是多数派决策的算法。
❑ 都是两阶段处理。
❑ 都有类似 Leader 周期的变量，在 Multi Paxos 中是提案编号，在 ZAB 中是 epoch。

5.9　练　习　题

（1）有 A、B、C 三个节点，A 为 Leader，B 有 2 个已提交的 Proposal(<1, 101>, <1, 102>)，C 有 3 个未提交的 Proposal(<1, 101>, <1, 102>, <1, 103>)。当 A 发生故障后，B 和 C 谁会当选 Leader？

（2）在选举过程中会出现选票被瓜分导致选举失败的情况吗？

（3）有一个提案，在消息广播阶段，Leader 宕机，经过崩溃恢复后，该提案是否会被提交？

（4）在崩溃恢复后，Leader 首先将自己的状态设置为广播，然后再通知其他成员进行修改。如果此时有事务请求，会执行成功吗？

（5）ZooKeeper 提供的最终一致性使任何成员都能处理读请求，但是成员读到的可能是旧数据，如果必须要让成员读到最新的数据，应该怎么办？

第 6 章　Raft——共识算法的宠儿

Multi Paxos 理解起来很晦涩，其复杂的架构设计在工程实现中也困难重重。而 ZAB 是为 ZooKeeper 量身定做的，那么解决分布式共识问题又迫在眉睫，难道就没有一个易于理解且门槛较低的共识算法吗？

很明显，计算机领域的工程师们并不会止步于此。为了解决上述问题，必须要有一个新的共识算法，它将作为所有分布式系统核心算法的首选，不仅要求算法架构设计更简单，还要降低使用者的学习成本。Raft 正是在这样的目的指引下诞生了。

Raft 从问世开始就备受关注，被认为是所有共识算法的最优解，无论是工程实现还是协商效率的效果都很好。如果你正在设计一个分布式系统，正在寻找一个简单、有效的共识算法作为核心算法的话，笔者强烈推荐使用 Raft。

6.1　Raft 简介

Raft 与 ZAB 不同，Raft 并不是为了某个系统量身定做的，它与大多数共识算法一样，期望作为一个通用的类库，成为所有共识问题的通用解决方案。

6.1.1　Raft 诞生的背景

很多人对 Raft 的了解来源于斯坦福大学的 Diego Ongaro 和 John Ousterhout 教授联合发表的名为 *In Search of an Understandable Consensus Algorithm* 的论文。通过论文标题（中文为寻找易于理解的共识算法），可见斯坦福大学的研究人员对 Raft 的可理解性的重视。在此之前，斯坦福大学教授学生共识算法相关知识的主要工具是 Paxos，但是 Paxos 太难理解，尽管已有许多工程师为了使其更易懂做出了很多尝试。但是，Paxos 要真正用于实际生产中，还需要改变其复杂的架构。

在工程实现中没有其他共识算法可以代替 Paxos，工程师们陷入了与 Paxos 的斗争之中。Paxos 论文的主要内容是关于 Basic Paxos 的，虽然论文定义了可能实现 Multi Paxos 的方法，但是缺少实现的细节，因此在很长一段时间内没有一个被大众所认同的 Multi Paxos 算法。虽然在 Raft 诞生之初就有工程师尝试具体化 Paxos 的实现，但是这些实现方法各不相同，并且与 Lamport 描述的也不同。例如，Chubby 这样的大型系统已经实现了类似 Paxos 的算法，但是并没有公布细节，我们也就无法得知工程师们实现的 Paxos 是否能被大众接受。

实际上，几乎所有的共识系统都是从 Paxos 开始的，在具体实现过程中发现有很多难以逾越的难题，于是又开发了一种与 Paxos 完全不一样的架构，这样既费时又容易出错。虽然 Lamport 论证过 Paxos 的正确性，但是实际开发出来的系统与 Paxos 的差别太大，导致这些证明对实际系统没有太大的价值。借用 Chubby 作者的一句话：

Paxos 算法描述和工程实现之间存在巨大的鸿沟，最终的系统往往建立在一个还未被证明的算法之上。

6.1.2　可理解性

考虑到共识问题在大规模系统中的重要性，同时为了在共识问题上提供更好的教学方法，斯坦福大学的学者们决定设计一个可以代替 Paxos 的共识算法，该算法的首要目的就是可理解性，它必须保证能够被大多数人理解。此外，容错与高效也是必要条件。为了降低理解难度，Raft 做出的努力包括问题分解、消除不确定性及详细的细节实现。

- 问题分解：Raft 尽可能将问题拆分成多个独立且易于理解的子问题。例如，Raft 被拆分为 Leader 选举、日志复制、安全性及成员变更 4 个部分。
- 消除不确定性：尽可能消除不确定性，使得学习者尽可能减少在异常情况下遇到的问题。例如，Raft 要求所有日志必须要连续，不允许存在空洞。这样可以快速发现成员之间日志的差异，而不用像 Paxos 一样逐个重确认。另外，一切以 Leader 的数据为基准，这使得数据对齐工作显得格外简单，Follower 只需要被动地复制 Leader 的数据即可。
- 详细的细节实现：这是非常有必要的，这样能大大减少工程师的工作。给出细节实现能避免每位工程师对实现方式产生歧义如对超时的引入。

6.1.3　基本概念

Raft 涉及的关键术语可以分为 3 个方面，即成员状态、运行阶段和 RPC 消息。另外，多数派任期也会在本节中介绍。

1.多数派

Raft 和 Paxos 一脉相承，采用多数派决策的思想。多数派接受某一个日志项，即意味着整个集群接受该日志项。多数派的定义和 Paxos 一样，在一组成员 Π 中，任意一个多数派 Q 满足以下条件：

$$\forall q \in Q: Q \subseteq \Pi$$
$$\forall Q_1, Q_2 \in Q: Q_1 \cap Q_2 \neq \varnothing$$

2.任期

Raft 将时间分割为不同长度的任期，记作 term。term 可以类比 ZAB 中的 epoch，term 使用连续的整数进行单数递增，并随着 RPC 消息在成员之间交换。Raft 使用 term 作为 Leader 的任期号并遵循以下规则：

❑ 每个 Raft 成员在本地维护自己的 term。

❑ 在每轮 Leader 选举之前递增自己本地的 term。

❑ 每个 RPC 消息都将携带自己本地的 term。

❑ 每个 Raft 成员拒绝处理小于自己本地 term 的 RPC 消息。

这些规则可以让 Follower 使用 term 发现一些过期的消息和过时的 Leader。如果一个 Candidate 或者 Leader 发现自己的 term 小于接收的消息中的 term，则会立即回到 Follower 状态。

Raft 并没有强制要求在集群中只能存在一个 Leader，而是规范了一个 term 只会存在一个 Leader。这意味着 Raft 允许新旧多个 Leader 同时存在，此时需要通过 term 来拒绝那些过期的 Leader。

3. 成员状态

在基础的 Raft 算法中，Raft 为每个成员定义了 3 种状态，分别代表它们当前所扮演的角色：领导者（Leader）、跟随者（Follower）和候选人（Candidate）。任何时候的任意 Raft 成员，都处于 3 种状态之一。正常情况下，在集群中只会存在一个 Leader，其他成员都为 Follower，Candidate 只是 Leader 在选举过程中的中间状态。3 种角色互相转换的逻辑如图 6.1 所示。

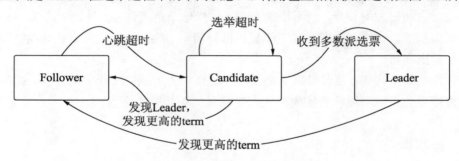

图 6.1　成员角色转换示意

Follower 在等待 Leader 的心跳超时后会进入 Candidate，Leader 只会从 Candidate 成员中诞生。当某个 Candidate 获得多数派选票后将晋升为 Leader，其余成员将变更为 Follower。Leader 在失去多数派的 Follower 或者收到来自更高的 term 的 RPC 消息后会重新回到 Follower 状态。

为了适应复杂的生产场景，Raft 又引入了无投票权成员及 Witness 成员。前者用于新成员上线时尽快赶上 Leader 的数据；后者用于在不降低集群可用性的基础上降低部署成本。具体总结如下：

❑ Follower：只会处理和响应来自 Leader 和 Candidate 的请求。如果一个客户端和 Follower 通信，Follower 会将请求重定向给 Leader，可以类比为 ZAB 中的 Follower。与其不同的是，在新 Leader 诞生后，ZAB 的 Leader 会参考 Follower 的数据而 Raft 的 Follower 只会以 Leader 的数据为准，被动地接收。

❑ Candidate：如果 Leader 出现故障或者 Follower 等待心跳超时，则 Follower 会变更为 Candidate，新的 Leader 只能从 Candidate 中产生。

- ❑ Leader：当某一个 Candidate 获得多数派的选票时，该成员晋升为 Leader，负责处理接下来的客户端请求、日志复制管理及心跳消息管理。
- ❑ 无投票权成员：当新成员上线时，以学习者的身份加入集群，在不影响集群的情况下，快速和 Leader 完成数据对齐。无投票权成员也可用于在不影响协商效率的基础上提供额外的数据备份。
- ❑ Witness 成员：一个只投票但不存储数据的成员，它对存储资源的需求较小。通常在一个由 5 个成员组成的集群中，可以选择其中一个成员作为 Witness，在不降低容错性的同时，节省了部分成员的资源。

Raft 是强 Leader 模型的算法，日志项只能由 Leader 复制给其他成员，这意味着日志复制是单向的，Leader 从来不会覆盖本地日志项，即所有日志项以 Leader 为基准。

4．运行阶段

Raft 强化了 Leader 的地位，整个算法基于 Leader 的服务状态可清晰地分成两个阶段。
- ❑ Leader 选举：在集群启动之初或者 Leader 出现故障时，需要选出一个新 Leader，接替上一任 Leader 的工作。
- ❑ 日志复制：在该阶段中，Leader 可以接收客户端请求并进行正常处理，由 Leader 向 Follower 同步日志项。

5．RPC消息

RPC 消息分为 4 种，其中，前两种是 Raft 基础功能的必要实现，后两种是为了优化 Raft 而引入的。
- ❑ RequestVote：请求投票消息，用于选举 Leader。
- ❑ AppendEntries：追加条目消息，用于以下场景。
  - ➢ Leader 用该消息向 Follower 执行日志复制。
  - ➢ Leader 与 Follower 之间的心跳检测。
  - ➢ Leader 与 Follower 之间的日志对齐。
- ❑ InstallSnapshot：快照传输消息。
- ❑ TimeoutNow：快速超时消息，用于 Leader 切换，可立即发起 Leader 选举。

6.2　Raft 算法描述

Raft 作为一个强 Leader 模型的算法（Based-Leader），不需要刻意地拆分，其算法本身就由 Leader 选举和日志复制两部分组成。接下来从这两个方面分别介绍 Raft。

6.2.1　Leader 选举

Raft 算法的日志项只能由 Leader 流向 Follower。为了保证算法的安全性，新晋升的

Leader 一定要满足以下特性才能保证已经达成共识的日志项不会被覆盖。

新晋升的 Leader 不一定拥有最新的日志项，但是一定要拥有已复制到多数派的日志项。

Follower 和 Leader 之间采用心跳机制来检测对方的状态，Leader 会周期性地向所有的 Follower 发送心跳信息（AppendEntries 消息）来维持自己的领导地位，而 Follower 只要能接收到心跳信息将永远停留在 Follower 状态。如果 Follower 在超过约定的时间内未接收到心跳，则会进入 Candidate 状态，从而发起 Leader 选举。

1. 选举进程

当集群刚启动时，所有成员都为 Follower，此时并不存在一个 Leader 向它们发送心跳信息。Follower 在等待一个超时后进入 Candidate 状态，然后发起 Leader 选举并通过 RequestVote 消息广播自己的选票，每张选票包含所支持成员的最新日志索引和所处的任期（term）。直到发生以下情况，当前成员才会退出 Candidate 状态。

- ❏ 自己获得多数派的选票而赢得了本次选举，进入 Leader 状态。
- ❏ 其他成员获得了多数派的选票，进入 Follower 状态。
- ❏ 在一段时间内，没有任何成员获得多数派的选票。

在每次 Leader 选举之前，Candidate 都会递增自己的任期。任意成员投出的每一张选票都是针对一个任期的，在同一个任期内，每个成员都只会投出一张选票，而不会像 ZAB 那样每次都变更选票并重新广播。在投票规则允许的情况下，采用先来先服务的原则。

例如，成员 A 收到来自成员 B 和 C 的同一任期的选票，如果成员 B 和 C 都符合成员 A 投票规则，并且成员 B 的选票比成员 C 的选票先到达成员 A，那么在该任期内，成员 A 会将选票投给成员 B。

当一个 Candidate 获得多数派的选票时，即表示获得本次选举的胜利，进入 Leader 状态。接着，Leader 周期性地向所有 Follower 发送心跳消息（AppendEntries 消息）来维持自己的领导地位，以防止 Follower 发起新的选举而影响集群的稳定性。

当一个 Candidate 在等待选票的过程中收到其他成员发来的 AppendEntries 消息，并且该消息中的任期大于等于自己的任期时，则意味着该成员已经获得了多数派的选票而晋升为 Leader，那么当前成员会退出 Candidate 状态并进入 Follower 状态。在此期间，如果 Candidate 收到 AppendEntries 消息中的任期小于自己的任期，即便这可能是上一任 Leader 迟到的心跳消息并且上一任 Leader 很有可能还可以正常处理请求，则当前成员也会拒绝该消息而继续推进新 Leader 的选举流程。

上面说的第三种情况——没有任何成员获得多数派的选票，这意味着同时存在多个 Candidate 发起 Leader 选举，其选票被瓜分。这种情况在 Raft 中称为 Split Vote，当没有其他方式干预时，选举有可能进入无限循环的状态，永远不会有新的 Leader 诞生。

2. 分割选举

分割选举是上面讲到的 Split Vote。至于干预的方式，ZAB 采用的是为每个成员设置一个 myid，并且让 myid 参与投票规则的设定。而 Raft 采用随机超过约定时间的方式来规避多个 Candidate 同时发起 Leader 选举，以降低发生 Split Vote 的概率。

　　每位 Raft 成员都有一个属于自己的随机等待心跳超时,如果在等待心跳超过约定的时间内没有收到心跳信息,则会进入 Candidate 状态并发起选举。这个设定降低了多个成员同时发起选举导致,选票被瓜分的可能性。

　　假设在极端情况下,多个成员的随机等待心跳超时一样并且同时发起了选举,导致选票被瓜分,每个 Candidate 为每次选举设置了随机等待选票的超时,因此,即使选票被瓜分,随机等待选票的超时也进一步控制了下一次发起选举的成员数量。

　　双重随机超时使选举被分割的情况变少。在 Leader 选举过程中,随机超时包含两层含义:

- 随机等待心跳的超时。
- 随机等待选票的超时。

3. 投票规则

　　对于任何基于 Leader 的共识算法,Leader 最终必须拥有所有已提交的日志项。共识算法通常会采用一些额外的机制来收集所有日志项并传送给 Leader,以保证 Leader 拥有最完整的数据,这些机制通常需要大量对比来确认哪些日志项是缺失的,因此会增加算法的复杂度。

　　增加算法的复杂度是与 Raft 的设计理念相悖的,Raft 期望采用更为简单的方式来保证 Leader 日志项的完整性。与 ZAB 一样,Raft 试图在选举阶段就保证晋升的新 Leader 一定拥有之前所有已提交的日志项,而不用再采用其他机制给 Leader 传送日志项。这种方式的唯一关注点是如何制定一套简单而有效的投票规则。

- 任期长的成员拒绝投票给任期短的 RequestVote 消息。
- 最后一条日志项编号(uncommited)大的成员拒绝投票给最后一条日志项编号(uncommited)小的成员。
- 每个成员在一届任期内只投出一张选票,先来的成员先获得投票。

　　以上投票规则可以有效阻止那些没有拥有完整数据的成员晋升为 Leader。Candidate 为了获得选举的胜利,必须要与集群内的多数派成员通信。因此在这多数派的成员中一定存在一个成员拥有最完整的数据(即拥有所有已提交的日志项)。

　　遵循以上投票规则,如果 Candidate 获得了多数派的选票,则意味着该 Candidate 比多数派成员中的任意一个成员的数据都更加完整或者和多数派成员的数据一样完整,这说明该 Candidate 在整个集群中拥有最完整的数据。

4. 稳定的Leader

　　Leader 是 Raft 的核心,一个稳定的 Leader 对 Raft 的可用性至关重要。在 Leader 选举期间,Raft 不能继续向客户端提供服务,因此我们并不希望进行非必要的 Leader 变更。而触发 Leader 选举最重要的条件是心跳间隔时间。

　　为了让 Raft 的使用者在进行系统设计时有一个参考,Raft 给出了以下不等式,只要系统满足以下要求,Raft 就能选举并维护一个稳定的 Leader。

　　消息交互时间 << 心跳间隔时间 << 平均故障时间

　　❑ 消息交互时间：Leader 并行地向 Follower 发送 RPC 消息并收到响应的平均时间，
　　　这里的 RPC 消息通常是 AppendEntries。

　　❑ 心跳间隔时间：Follower 等待心跳超过约定的时间，即触发 Leader 选举超过约定的
　　　时间。

　　❑ 平均故障时间：对于一个成员来说，两次故障间隔时间的平均值即为平均故障时间。

　　消息交互时间远小于心跳间隔时间是为了避免在消息传输过程中出现延迟、阻塞而引
发 Leader 选举。在这种情况下，Leader 通常处于正常运行的状态。

　　上面的不等式的主要作用是设定心跳间隔时间范围。例如，一轮 AppendEntries 消息
需要经过传输及持久化，预估消息交互时间为 5～20ms，这取决于持久化技术，因此心跳
间隔时间需要设置为 20～500ms。而平均故障时间通常不由我们控制，大多数服务器的平
均故障时间为几个月甚至更长。

6.2.2　日志复制

1. 日志项

　　在 Raft 中，数据都是以日志项（log entry）的形式保存的，客户端每一次的事务请求，
都会封装成一个日志项记录在日志中。

　　日志是一个无限长的列表，列表中的每一个元素都有固定的编号，如表 6.1 所示，每
个成员都维护着一个本地日志列表，其中，每个元素就是一个日志项。日志项除了存储事
务操作之外，同时还保存着 term 及日志索引。

表 6.1　日志存储

term	1		2		3	
Log Index	1	2	3	4	5	6
Leader A	Add	Mul	Add	Sub	Div	Add
Follower B	Add	Mul	Add	Sub	Div	
Follower C	Add	Mul	Add	Sub	Div	
Follower D	Add	Mul	Add	Sub		
Follower E	Add	Mul				

　　❑ 事务操作：用于输入状态机的指令，通常来自客户端事务请求中的操作。

　　❑ term：Leader 提出该日志项时的任期号，是判断该日志项是否过期的有效依据。

　　❑ 日志索引：全局唯一且连续递增的整数编号，用于标识每个日志项在日志列表中所
　　　处的位置。其连续性不限于多个 Leader 周期。

　　前面提到，Raft 规定日志索引必须是连续的，不允许出现空洞，虽然这是减少不确定
因素的有效手段，但是这样设计的好处远不止于此。例如：

　　❑ Leader 选举之后，无须考虑在新 Leader 的本地日志中是否存在空洞的日志，从而
　　　向其他成员拉取这些空洞的日志。

- ❑ Follower 可以用最大的日志索引快速定位自己缺失的数据，无须额外加入遍历日志项或者 checksum[①]机制，以此确保在此之前的日志项不存在空洞。
- ❑ 提升了协商效率，将协商过程优化为一阶段。通过下一轮协商的日志索引来确定在该日志索引之前的日志项都能提交（包括上一任 Leader 提出的日志项），因此不需要类似提交阶段的过程。

另外，Raft 只保证已提交的日志项永远不会丢失，因此我们需要准确地定义已提交的日志项和已提出的日志项。

- ❑ 已提交的日志项：集群中任意一个成员在本地提交过该日志项，如在表 6.1 中日志索引为 1～5 的日志项。
- ❑ 已提出的日志项：该日志项可能被 Leader 提出，也可能被成功复制到集群中[0, N]个成员的日志中，其中，N 为集群成员总数，如在表 6.1 中日志索引为 6 的日志项。

对于已提交的日志项，是一个比较严苛的定义，假设某个日志项被成功复制到多数派成员的日志中，但 Leader 没有来得及在本地日志中提交该日志项，那么它仍然只能被称为已提出的日志项，尽管它已具备了提交的条件。

2．日志复制

处理客户端的事务请求，就是把日志项复制给其他成员并应用到各自状态机的过程，而日志项只能由 Leader 流入 Follower。因此，客户端的事务请求只能由 Leader 处理。Leader 与 Follower 之间的交互步骤如下：

（1）Leader 首先以日志项的形式将该事务请求追加至本地日志中。

（2）Leader 并行地通过 AppendEntries 消息将该日志项广播给 Follower。

（3）Follower 按照 AppendEntries 消息将日志项追加至本地日志中。

（4）Follower 将执行结果发送给 Leader，通常这里可以忽略执行失败的响应，不影响 Raft 的安全性。

（5）Leader 收到多数派 Follower 复制成功的响应后会立即提交日志项，其提交操作包含状态转移。

（6）Leader 执行结果返回给客户端。

日志复制只由一个阶段组成，Leader 只会发送一次 AppendEntries 消息。因此，Raft 本身就是一个优化之后的成果。

Raft 可以保证已提交的日志项永远不会丢失，Leader 已提交的日志项一定已被成功复制到多数派成员的日志中。因此即使 Leader 在此时出现故障，下一任 Leader 也一定拥有该日志项。对于只是被提出的日志项，该日志项能否被提交，取决于下一任 Leader 是否拥有该日志项。

下面介绍 Follower 接受日志项的条件。在多数派思想的约定下，可以保证单个日志项在同一个日志索引上达成共识，但是无法保证两个成员在两个日志索引上的日志项是完全一致的。因为总存在一些少数派在某个日志索引上没有和多数派达成一致的情况，如果不

---

① checksum：按照一个特定的算法来比较两份体量较大的数据是否完全一致。

加任何约束，这些少数派可以在下一个日志索引上成为多数派，这种情况造成的结果是执行状态转移的顺序不一样，进而导致状态机输出的结果不一致，这是不能接受的。

因此，我们需要对 Follower 进行一致性检查，这个检查要求 Follower 接受某个日志项的条件是已拥有该日志项的前一个日志项。具体讲，在 Leader 发送的 AppendEntries 消息中，需要携带 Leader 上一个日志索引及其所处的 term，如果 Follower 在本地日志中找不到该日志索引，那么它就应该拒绝 AppendEntries 消息。因此，Leader 收到 AppendEntries 消息接收成功的响应，说明该 Follower 与 Leader 上一个日志项是相同的。

按照归纳法，如果 Follower 给 Leader 回复 AppendEntries 消息接收成功的响应，Leader 就可以推测出该 Follower 从第一个日志索引到 AppendEntries 消息中的日志索引之间所有的日志项与 Leader 完全相同。

之所以只需要比较前一个日志项的索引及其日志项所处的 term，就能断定前一个日志项是否完全相同，是因为日志项只能由 Leader 提出，并且在一个 term 上只会存在一个 Leader，而一个 Leader 不会在同一个日志索引上提出两个不同的日志项。

综上所述，我们总结出日志匹配特性如下：

如果在两个成员中，两个日志项拥有相同的日志索引和 term，那么它们存储着相同的指令。

如果在两个成员中，两个日志项拥有相同的日志索引和 term，那么在这个相同的日志项之前的所有日志项也都相同。

3．日志提交

可能读者会有疑问，Follower 什么时候提交该日志项呢？答案是由 Leader 发送心跳的 AppendEntries 消息或者下一个日志协商的 AppendEntries 消息来通知 Follower 提交日志项。这样的做法，可以使协商优化成一阶段，大幅提高协商效率，并且不会影响算法的安全性，这种优化是高效且有意义的。

为此，Raft 引入了 committedIndex 变量，committedIndex 是已达成共识的日志索引，也是应用到状态机的最大的日志索引。根据日志复制的过程，在第一轮 AppendEntries 消息中，Follower 只会持久化日志项，并不会执行提交操作。只有 Leader 才知道该日志项是否已成功复制到多数派，是否可以执行提交。

当 Leader 收到多数派 Follower 的成功响应后，Leader 将提交该日执项，并更新 committedIndex，同时在下一次心跳的 AppendEntries 消息或者下一个日志协商的 AppendEntries 消息中携带 committedIndex。

Follower 无论收到哪一类 AppendEntries 消息，都会从消息中取得 committedIndex，因此在 Follower 的本地日志中，所有小于或等于 committedIndex 的日志均可以执行提交操作。

4．并行协商

因为 Raft 规范了日志的顺序，在提交日志项和执行状态转移操作时都涉及日志的顺序。这种约束虽然做不到完全的并行协商，但是仍可以做一些优化来提升效率。

在允许少数 Follower 数据落后的条件下，可以让 Leader 并行给每个 Follower 发送日志项，但是对于单个 Follower 来说，仍要求 Leader 一个个地发送日志项。

当 Leader 收到事务请求时，不必去理会上一个日志项是否已完成提交，Leader 仍然可以处理本次事务请求。按照处理逻辑，Leader 为新的事务请求单调递增地分配日志索引，并在本地记录该日志项，然后并行地向每个 Follower 按照日志顺序发送日志项。这并不会影响 Raft 的安全性，我们从两方面来讲述：执行状态转移的顺序（提交顺序），以及是否存在空洞日志项。

有两个日志项 γ 和 β，并且 γ 在 β 之前，是否存在 β 在 γ 之前提交的情况？答案是不会的。虽然在 β 持久化时 γ 可能未提交，但是 β 绝不会在 γ 之前提交。因为 Follower 接受 β 的一致性检查约束该 Follower 一定拥有 γ；而对于单个 Follower，Leader 需要该 Follower 已经成功响应 γ 才能发送 β。综上所述，Leader 一定是先获得 γ 的多数派成功响应，然后再获得 β 的多数派成功响应，即 γ 一定在 β 之前执行提交操作。

假设有两个日志项 γ 和 β 且 γ 在 β 之前提出，是否存在一个成员拥有 β 但不拥有 γ 的情况呢？答案同样是不会的。Follower 的一致性检查约束了 Follower 拥有 β，但其一定拥有 γ，因此我们不用担心存在空洞的日志项。

6.2.3　日志对齐

日志对齐通常发生在 Follower 追随 Leader 之初或者 Follower 落后于 Leader 数据时，Raft 约定集群中所有成员的日志项以 Leader 为基准，只能将 Leader 的日志项复制到其他成员中，其他成员不能以任何形式覆盖 Leader 的日志项。这极大简化了日志管理，Raft 易于理解也得益于此。

实际情况是，日志项管理不只是简单地追加。当一些 Follower 新加入集群或者 Leader 刚晋升之时，Leader 并不知道需要发送哪些日志给 Follower，同时，当一些旧 Leader 以 Follower 的身份加入集群时，往往会携带一些上一任 term 仅被提出的日志项，而当前 Leader 不存在这些日志项，此时 Leader 应该命令该 Follower 删除这些冲突的日志项。

因此，在进行日志对齐之前，第一步是要找到每个 Follower 与 Leader 之间的日志差异，Raft 引入了 nextIndex 变量，该变量代表当前 Follower 与 Leader 日志项相同的下一个索引。Leader 为每个 Follower 单独设置了 nextIndex，其初始值为 lastLogIndex+1（lastLogIndex 为本地的最后一个日志项的索引）。

为了探测 Follower 与 Leader 的日志差异，找到对应的 nextIndex，Leader 和 Follower 将进行以下交互。

（1）Leader 会以 AppendEntries 的形式发送探测消息，携带 preLogIndex、preLogTerm，其中，preLogIndex＝nextIndex-1。

（2）Follower 收到探测消息后，将在本地日志中索引为 preLogIndex 和 preLogTerm 的日志项，与消息中的 preLogIndex、preLogTerm 进行对比，然后将结果反馈给 Leader。

只需要比较 index 和 term，这是由日志匹配特性带来的便利。

（3）Leader 收到探测消息的响应后，如果 index 和 term 不一致，则说明 Follower 落后于 Leader，将递减 nextIndex 并发起一轮新的探测消息，直到找到相应的 nextIndex 为止。

找到对应的 nextIndex 后，Leader 从 nextIndex 开始按照日志顺序，以日志复制的形式将日志项发送给 Follower。Follower 收到日志复制的消息，应该以 Leader 的数据为准，覆盖本地的日志项。

通过上述方式，新加入的 Follower 无须 Leader 配合自己来完成日志对齐操作，Leader 通过 AppendEntries 消息就能使 Follower 的数据自动趋于一致。

nextIndex 采用单调递减的方式探测两者之间的差异，并不能达到满意的效率，通常在工程实现中，还会进行以下两点优化。

- Follower 在探测消息的响应中会携带本地最大的日志索引 lastLogIndex，Leader 在收到响应后，无须单调递减 nextIndex，而是将 nextIndex 赋值为响应中的 lastLogIndex+1。因此，通常在下一轮探测消息中就能找到正确的 nextIndex。

如果在下一轮探测消息中仍然未找到正确的 nextIndex，通常是该 Follower 曾经当选过 Leader，并且仅提出了一些提案，这些提案与当前 Leader 冲突了。这种情况下仍需要以当前 Leader 的数据为准，但是当前 Leader 只能单调递减地寻找 nextIndex 了。

- 快照同步。如果 Follower 落后的数据较多，在探测 nextIndex 时，Leader 可能已为该日志项生成了快照并已删除该日志项，此时 Leader 需要发送快照文件给 Follower，并且以快照的 logIndex+1 作为 nextIndex。关于快照技术，将在 6.5 节介绍。

经过以上两点优化，日志对齐通常不会占用太多时间，如果有需要的话，还可以以 term 为单位进行探测。但是 Raft 并不认为这种优化是有必要的，这类情况出现的可能性较小，并且由此引入对齐方式机制会增大实现难度，因此在 Raft 的标准实现中并没有实现这类方案。

6.2.4　幽灵日志

强制要求 Follower 采用 Leader 日志来实现日志对齐可能会出现"幽灵日志"，虽然这是最简单的对齐数据的方案，但是幽灵日志是不可接受的。

如表 6.2 至表 6.5 为不同时间点对于日志索引 1 的存储情况，它们展示了幽灵日志产生的过程。在表 6.2 中，Leader A 提出 Add 日志项，并且只在本地日志中持久化了 Add；在表 6.3 中，成员 A 宕机，成员 E 晋升为 Leader，提出 Mul 日志项，并且只在本地日志中持久化了 Mul；在表 6.4 中，成员 E 宕机，成员 A 重新当选 Leader，并以自己的日志为基准将 Add 复制至多数派成员中；在表 6.5 中，成员 A 宕机，成员 E 重新当选 Leader，并以自己的日志为基准在集群中复制 Mul。

表 6.2　幽灵日志 1

Log Index	Leader A	Follower B	Follower C	Follower D	Follower E
1	Add				

表 6.3　幽灵日志 2

Log Index	Leader A	Follower B	Follower C	Follower D	Leader E
1	Add				Mul

表 6.4　幽灵日志 3

Log Index	Leader A	Follower B	Follower C	Follower D	~~Leader E~~
1	Add	Add	Add		~~Mul~~

表 6.5　幽灵日志 4

Log Index	~~Leader A~~	Follower B	Follower C	Follower D	Leader E
1	~~Add~~	Mul	Mul	Mul	Mul

很明显，在处理上一任 Leader 提出的日志项时，多数派的思想已经不适用了。如果继续使用多数派思想处理上一任 Leader 提出的日志项，那么将给客户端造成歧义。以表 6.4 时间点为例，Leader A 在此时应该已提交了 Add，客户端可以查询到 Add。在表 6.5 时间点，根据选举约定，成员 E 在递增自己所处的 term 后，仍然可以晋升为 Leader，而成员 E 在晋升 Leader 后，在集群中复制 Mul，而此时客户端再来查询索引为 1 的日志项时，结果却变成了 Mul。

为了不让客户端在表 6.4 时间点的时候读到 Add，在表 6.5 时间点的时候读到 Mul 而产生歧义，最好的解决方式就是在一切完全确定之前，不让客户端读取索引为 1 的日志项。那么在表 6.4 时间点和表 6.5 时间点上，不能因为 Add 或 Mul 已经被复制到多数派成员中而提交。上一任 Leader 提出的日志项，只能在当前 Leader 中提出并且在完成下一个日志项的协商后才能提交。当前的 Leader 通过多数派的思想使某个日志项达成共识后，根据日志匹配特性，意味着存在一个多数派，在该日志项之前的所有日志项都与 Leader 相同且已提交，当然也包含上一任 Leader 提出的日志项。

如果一味地等待客户端发送事务请求，才能提交上一任 Leader 提出的日志项，这就太不及时了。因此在新 Leader 晋升之后，通常会以当前 term 提出一个 Noop 日志项，并在集群中进行协商，当 Noop 日志项获得多数派的写入后，Leader 就可以大胆提交上一任 Leader 提出的日志项了。

6.2.5　安全性

我们已对 Raft 整体流程进行了一些描述，在这些流程中，Raft 必须时刻保证以下安全要求：
- ❑ 选举安全性：一个任期（term）内只能选出一个 Leader。
- ❑ Leader 只追加日志项：不能以任何形式删除或者覆盖 Leader 的日志项，Leader 只会追加新日志项。
- ❑ 日志匹配：对于两个索引相同，term 相同的日志项，它们拥有相同的内容，且在该日志项之前所有的日志项也完全一致。
- ❑ Leader 完整性：如果一个日志项被提交了，那么该日志项必然存在于后续任期较高的 Leader 中。
- ❑ 状态机安全性：如果一个成员已经应用了一条日志项在状态机中，那么其他成员不会向状态机中应用相同索引下的不同日志项。

接下来我们主要论证 Leader 的完整性，选举安全性和日志匹配都可以基于多数派的思想很快地被证明，在前面的章节中已有类似的例子。我们假设 Leader 的完整性是不满足的，然后尝试推导出矛盾，即可证明 Leader 的完整性。

在图 6.2 中有两个任期 T1 和 T2，且 T1 < T2。在任期 T1 中，成员 A 当选为 Leader 且提交了日志项 Add，在任期 T2 中，成员 E 当选为 Leader。假设成员 E 不存在日志项 Add，我们尝试推导有矛盾的地方。

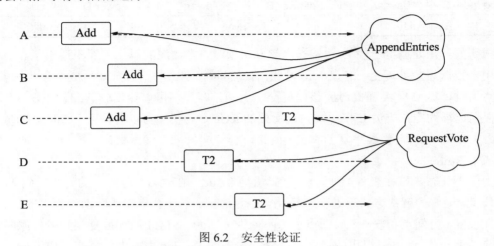

图 6.2　安全性论证

如果成员 E 不存在日志项 Add，那么一定是成员 E 在晋升为 Leader 之前就不存在该日志项，因为 Leader 不会覆盖自己的日志项。

在任期 T1 中，成员 A 一定是将 Add 复制给多数派成员了，而成员 E 在任期 T2 中晋升为 Leader，也一定获得了多数派成员的支持，那么两者之间一定存在一个重合的成员，即成员 C，成员 C 既存在日志项 Add，又把选票投给了成员 E。

成员 C 一定是先接受了成员 A 的 AppendEntries 消息，再接受成员 E 的 RequestVote 消息；否则成员 C 将拒绝成员 A 的 AppendEntries 消息，因为成员 E 的 RequestVote 消息会变更成员 C 的任期为 T2。

接着，成员 C 如果给成员 E 投票了，那么证明成员 E 的日志要么和成员 C 一样完整，要么比成员 C 更完整。两种情况都表明，成员 C 包含日志项 Add，那么成员 E 也一定包含日志项 Add，这便是与假设产生的矛盾。

因此，存在两个任期 T1 和 T2，且 T1<T2，那么在 T1 中提交的日志一定存在于 T2 中。

6.2.6　Raft 小结

Raft 虽然通过强 Leader 模型、心跳机制和日志连续性，将协商过程优化为一个阶段，但是并不代表算法不包含其他阶段，只不过 Raft 利用一些手段将这些额外阶段变得没那么重要了。

一个日志项从开始协商到提交的过程，仍然可以分为三个阶段，这在 Multi Paxos 中可以找到类似的阶段，如图 6.3 所示。

❑ Leader 选举：类似 Multi Paxos 中的 Prepare 阶段，同样为一个 term（Multi Paxos

的提案编号）授予发起提案的权利。

- ➢ Raft 通过租约机制保证唯一稳定的 Leader，它一直"霸占"发起提案的权利。
- ➢ Multi Paxos 允许其他 Proposer 抢占发起提案的权利，由于提案冲突，Prepare 阶段的另一个作用是收集上一个 Proposer 可能发起的提案值。
- ❑ 日志复制：类似 Multi Paxos 中的 Accept 阶段。二者的唯一区别是提案值的选择不同。
  - ➢ Raft 不存在提案冲突，可以由 Leader 任意指定提案值。
  - ➢ Multi Paxos 需要根据 Prepare 阶段的结果选取提案值。
- ❑ 日志提交：类似 Multi Paxos 的 Confirm 阶段。
  - ➢ Raft 通过下一次协商消息或者心跳消息来完成这个过程。
  - ➢ Multi Paxos 需要引入一轮 Confirm 消息。

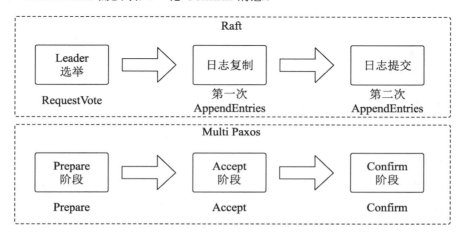

图 6.3　Raft 与 Paxos 对比

6.3　算法模拟

6.3.1　Leader 选举

存在 A、B、C 三个成员组成的 Raft 集群，刚启动时，每个成员都处于 Follower 状态，其中，成员 A 心跳超时为 110ms，成员 B 心跳超时为 150ms，成员 C 心跳超时为 130ms，其他相关信息如图 6.4 所示。

图 6.4　Raft 模拟初始状态

由于集群中不存在 Leader，A、B、C 三个成员都不会收到来自 Leader 的心跳信息。其中，成员 A 的超时最短，最先进入选举状态，修改自己的状态为 Candidate，并增加自己的任期编号为 1，发起请求投票消息，如图 6.5 所示。

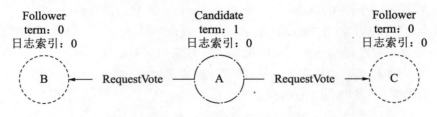

图 6.5　请求投票

成员 A 通过 RequestVote 广播自己的选票给成员 B、C，选票描述了成员 A 所拥有的数据，其包含成员 A 所处的 term 及最新的日志索引。成员 B、C 根据投票规则处理 RequestVote 消息。

- ❑ term 大的成员拒绝投票给 term 小的成员。
- ❑ 日志索引大的成员拒绝投票给日志索引小的成员。
- ❑ 一个 term 内只投出一张选票，采用先来先获得投票的原则。

很明显，成员 B、C 的 term 小于成员 A 的 term，也不存在比成员 A 日志索引更大的日志索引，并且 term 为 1 的选票还没有投给其他成员，因此成员 B、C 将 term 为 1 的选票投给成员 A 并更新自己的 term 为 1。

成员 A 获得包括自己在内的 3 张选票，赢得大多数选票，成员 A 晋升为 Leader，并向其他成员发送心跳信息，维护自己的领导地位，如图 6.6 所示。

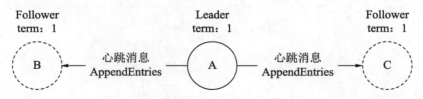

图 6.6　Leader 晋升示意

如果成员 A 在等待投票超过约定的时间内没有收到多数派的选票，则会重置自己的超时，并结束本次选举进程。接着会有其他成员在等待心跳超时后发起 Leader 选举，在当前案例中，发起 Leader 选举的顺序为 A→C→B。

可能因为网络问题，使集群中的所有成员又发起了一轮选举，但是都没有获得多数派的选票，因此会随机产生新的超时，开始下一个循环的选举。

6.3.2　日志复制

6.2.2 小节提过，日志复制是一个一阶段协商的过程，其中，日志项的提交操作由下一轮协商或者心跳消息来代替完成。因此处理事务请求，Raft 只需要发送一轮 AppendEntries 消息即可。

AppendEntries 消息除了会包含需要复制日志项的相关信息外，通常会携带 Leader 的 committedIndex 参数，标示着最后一个已提交的日志索引。每个 Follower 的本地都维护了 committedIndex，Follower 可以对比 Leader 的 committedIndex 来推进自己的提交操作。

接着图 6.6 所示的示例，一个三个成员组成的集群，成员 A 为 Leader，成员 B 和 C 为 Follower，并且在集群中未提交任何日志项。Leader 收到客户端发送的 Add 请求后，Leader 和 Follower 依次执行以下步骤，如图 6.7 所示。

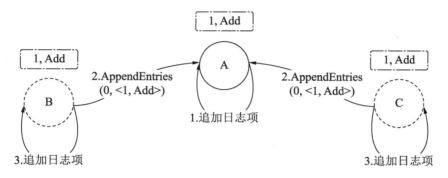

图 6.7　日志复制-复制

（1）Leader 将其封装成日志项追加到本地的日志中，日志索引为 1。

（2）Leader 通过 AppendEntries(0, <1, Add>)消息时将日志项广播给所有的 Follower。其中：

❑ 第一个参数为 committedIndex，即 Leader 最后提交的日志索引。

❑ 第二个参数为 Leader 所处的日志索引，即 Add 日志项的索引。

❑ 第三个参数为事务操作指令，即客户端的指令。

（3）Follower 收到消息，将日志项追加到本地的日志中。

此时，成员 A、B、C 都拥有日志项 Add 且都已在索引为 1 上完成了持久化。Follower 在处理完 AppendEntries 消息后需要回复 ACK 消息给 Leader，代表接受该日志项。Leader 收到多数派的 ACK 消息后，可以在本地提交该日志项并执行状态转移，之后将执行结果返回给客户端，如图 6.8 所示。

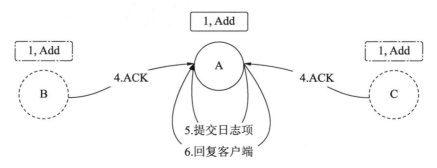

图 6.8　日志复制-回复

在当前场景中，成员 A 提交了索引为 1 的日志项，成员 B、C 仅仅拥有索引为 1 的日志项的所有信息但并未提交。成员 B、C 需要等待下一次 AppendEntries 消息，根据其

committedIndex 推进索引为 1 的日志项的提交操作。以心跳的 AppendEntries 消息为例，该 AppendEntries 消息仅携带了 committedIndex，此时 Leader 已经提交了索引为 1 的日志项，因此 committedIndex 为 1。Follower 则可以提交索引为 1 及其之前的所有日志项，如图 6.9 所示。

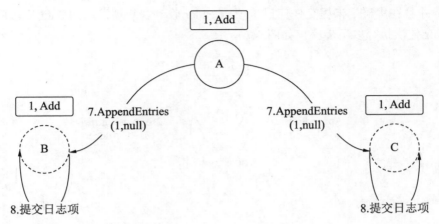

图 6.9　日志复制-心跳

6.3.3　日志对齐

我们使用<term, logIndex>表示一个日志项，如表 6.6 所示为 Follower E 的日志索引 3 和 Follower D 的日志索引 4，与当前 Leader 处理不一致的情况。出现这种情况可能是 Follower E 和 Follower D 曾经当选过 Leader，并且在自己的 term 上提出了日志索引为 3 和 4 的日志项后立即宕机造成的。

表 6.6　日志对齐

Log Index	1	2	3	4	5	6
Leader A	<1, 1>	<1, 2>	<2, 3>	<3, 4>	<3, 5>	<3, 6>
Follower B	<1, 1>	<1, 2>	<2, 3>	<3, 4>	<3, 5>	
Follower C	<1, 1>	<1, 2>	<2, 3>	<3, 4>	<3, 5>	
Follower D	<1, 1>	<1, 2>	<2, 3>	<2, 4>		
Follower E	<1, 1>	<1, 2>	<1, 3>			

要使 Follower E 和 Follower D 与 Leader 数据保持一致，大致步骤分为两步：寻找 nextIndex，复制 nextIndex 及其之后的日志项。在 Raft 中，这个步骤均可由 AppendEntries 消息来完成。这里以 Follower E 成员为例，交互细节如下：

（1）Leader 为 Follower E 初始化 nextIndex，nextIndex=lastLogIndex+1，即 nextIndex=6+1=7。

（2）Leader 通过 AppendEntries 发送探测消息，携带 preLogIndex（nextIndex−1）及 preLogTerm，其中，preLogIndex=6，preLogTerm=3。

（3）Follower 收到探测消息，对比索引为 6 的日志项，返回失败的响应给 Leader 并携带 lastLogIndex=3。

（4）Leader 收到失败的响应，更新 nextIndex=lastLogIndex$_{msg}$+1，即 nextIndex=4。

（5）Leader 发送下一轮的探测消息，其中，preLogIndex=3，preLogTerm=2。

（6）Follower 收到探测消息，对比索引为 3 的日志项，返回失败的响应给 Leader 并携带 lastLogIndex=3。

（7）Leader 收到失败的响应，此时 lastLogIndex$_{msg}$+1 ≤ nextIndex，则 nextIndex 单调递减为 3。

（8）Leader 发送下一轮的探测消息，其中，preLogIndex=2，preLogTerm=1。

（9）Follower 收到探测消息，对比索引为 2 的日志项，返回探测成功的响应给 Leader。

（10）Leader 在成功探测到 nextIndex 之后，通过 AppendEntries 消息从 nextIndex 开始发送索引为 3 的日志项给 Follower。

（11）Follower 将以 Leader 的数据为准，覆盖本地的日志项并返回处理成功的响应给 Leader。

（12）Leader 收到成功响应后，单调递增 nextIndex，继续发送下一个日志项。直到 nextIndex 等于 Leader 的 lastLogIndex，意味着该 Follower 拥有 Leader 所有的数据，本次日志对齐即完成。

6.4　成　员　变　更

Raft 之所以受欢迎的一个重要因素是，它是面向生产而设计的，切实地解决了行业内的痛点。Raft 并非只关注其算法的协商过程，对于成员变更也给出了规范的实现方法，而这正是应用于生产所必需的。成员变更这一规范后来也被应用于其他共识算法中。

Raft 的 Leader 选举和事务协商都源于多数派思想，而多数派是相对于一个固定集合来说的，只有在固定集合中，多数派的数量才是恒定的。但是在实际场景中，我们会遇到很多情况需要变更集群成员。例如，替换掉那些发生故障的成员，或者增加成员数量，允许更多的成员发生故障。

集群成员的变更，自然导致多数派的数量也会随之变化。如果处理不当，可能会导致两个"多数派"（变更前的多数派和变更后的多数派）之间不存在相交的成员，这样就会产生两个 Leader 在各自认为的"多数派"中工作的现象。因为这两个"多数派"不存在相交的成员，所以有可能在一个日志索引上会提交两个不同的日志项，从而影响 Raft 的安全性。

例如，存在一个由三个成员组成的集群，集群成员为 C_{old}＝{A, B, C}，现在需要上线两个新成员，变更后的集群成员 C_{new}＝{A, B, C, D, E}。在变更过程中，由于不能保证 C_{new} 在五个成员中同时生效，便会出现如图 6.10 所示的场景。在 T1 时刻，成员 C、D、E 拥有 C_{new} 的配置，成员 A、B 继续使用 C_{old} 的配置，此时可以形成两个多数派 Q_{old} 和 Q_{new} 满足：

$$Q_{old} = \{A,B\} : Q_{old} \in C_{old}$$
$$Q_{new} = \{C,D,E\} : Q_{new} \in C_{new}$$

两个多数派自然也可以选举出两个 Leader，这两个 Leader 都自认为能正常工作且都能正常完成事务协商。

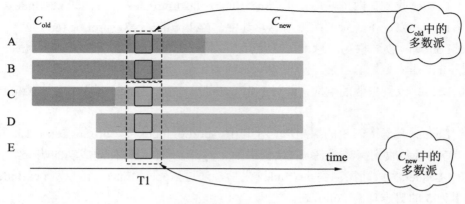

图 6.10　成员变更

通过引入一个物理配置来管理所有的成员信息，这是我们最容易想到的方案。为了让所有成员在同一时刻都能获取更新后的集群配置，可以选择集群停机后再更新配置。不否认这种做法是易于理解且有用的，但有很大的局限性。先不说集群停机时服务将不可用这个问题，将所有成员优雅关机就是一个大工程。

显然，通过关机并更新集群配置来完成成员变更是不能接受的，但问题还得解决。我们知道，在分布式环境中，让所有成员都认可某个配置，其本质就是共识问题。因此，解决该问题的方案只能是共识算法，因此可以考虑在 Raft 的基础上增加额外的机制进行变更成员，但是 Raft 的运行又依赖于固定的集合，而变更成员就是为了获得一个暂时固定的集合，这就变成一个"先有鸡还是先有蛋"的问题。因此，不可能通过一次变更就能以原子方式更新所有成员的配置，在变更过程中，应该需要一个中间集合来接替"多数派"的工作。

6.4.1　联合共识

为了规范 Raft 成员变更的方案，Diego Ongaro 博士在论文中提出了联合共识（Joint-Consensus）的概念。联合共识是指引入一个临时的"多数派"来保证算法的安全性，其被认为是基于多数派思想实现的共识算法的成员变更通用协议，被应用于某些 Paxos 的实现中。

因为"鸡"和"蛋"之间的循环，一次性自动变更所有成员配置是不可能的，需要通过两个阶段来完成。通过两个阶段切换成员配置有很多方法。例如，可以在第一阶段禁用旧的成员配置，这样便不会再接收客户端请求，接着在第二阶段启用新的成员配置，除此之外，还可以使用前面介绍的停机更新成员配置的方法。这些方法简单、有效且都能保证算法的安全性，但 Raft 还是做出了其他选择。对于共识算法，除了在变更过程中保证算法的安全性之外，还希望其能实现以下基本要求：

❑ 任何时候（包括成员变更时），集群都能提供完整的服务。

❑ 无论何种情况宕机重启后，集群都能正常选举 Leader 并正常运行。

为了在任何时候都能提供完整的服务，引入了一个中间状态，称为联合共识[①]。处于联合共识的集群允许处理客户端的事务请求，但是需要通过比多数派更加严格的决策。

1．变更过程

为了方便描述，我们使用 C_{old} 表示旧的集群配置（旧的成员集合），Q_{old} 表示旧的成员集合中的多数派，C_{new} 表示新的集群配置（新的成员集合），Q_{new} 表示新的成员集合中的多数派，$C_{old,new}$ 表示联合共识时的集群配置（旧的成员集合+新的成员集合）。

成员变更的过程由 Leader 发起，由 Leader 主导成员变更的过程。当 Leader 收到将 C_{old} 变更至 C_{new} 的请求后，分两阶段完成成员变更。

（1）第一阶段，将 $C_{old,new}$ 的配置发送给 $C_{old} \cup C_{new}$ 的成员，获得多数派 $Q_{old} \cup Q_{new}$ 的支持即执行第二阶段。

（2）第二阶段，将 C_{new} 的配置发送给 $C_{old} \cup C_{new}$ 的所有成员，但只需要获得 Q_{new} 的支持则完成成员变更。

在成员变更过程中，一旦完成第一阶段，即处于联合共识的状态，对于任何操作，C_{old} 和 C_{new} 都不能单方面地做出决定，这是为了保证算法的安全性。例如当提交一个日志项时，需要同时获得 Q_{old} 和 Q_{new} 的支持；在第二阶段的工作完成后，新的成员配置立即生效，后续的提案只需要获得 Q_{new} 的支持即可。

为了保证变更过程中的服务可用，在联合共识期间处理事务请求，需要保证：

❑ 将日志项分别发送至拥有 C_{old} 和 $C_{old,new}$ 配置的所有成员。

❑ 当提交一个日志项时，要求得到 Q_{old} 和 Q_{new} 两个多数派的支持。

❑ 拥有任意一种配置的成员都可以晋升为 Leader。

2．协议模拟

有一个 C_{old}＝{A, B, C}的集群，需要变更为 C_{new}＝{C, D, E}，如图 6.11 所示。

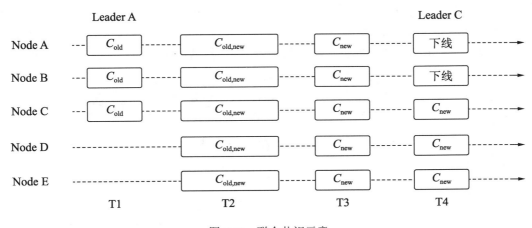

图 6.11　联合共识示意

[①] 联合共识是指旧的成员集合和新的成员集合联合起来共同批准提案。

（1）在 T1 时刻，Leader 为成员 A，在收到成员变更的请求后，将 $C_{old,new}$ 配置发送给 C_{old} ∪ C_{new} 的成员。

（2）在 T2 时刻，Leader A 完成了第一阶段的工作，所有成员都批准了 $C_{old,new}$ 配置，Leader A 开始处理第二阶段的工作。

（3）在 T3 时刻，Leader A 完成了第二阶段的工作，所有成员都批准了 C_{new} 配置。

（4）在 T4 时刻，成员 A、B 发现新配置中不包含自己，因此选择主动下线。在没有 Leader 的情况下会重新选出 Leader。

3．异常恢复

虽然联合共识能在保证安全性的情况下完成成员的变更，但这只满足了第一个基本要求，还有另一个基本要求需要考虑，即无论何种情况，宕机重启后，集群都能正常选举 Leader 并正常运行。

这里只讨论在成员变更过程中出现的故障问题，成员变更前后出现的故障问题前面已经讨论过了，只需要重新进行 Leader 选举即可。如果集群在联合共识的状态下 Leader 崩溃了，成员变更过程应该如何继续呢？

第一步是选举 Leader，因为成员变更需要 Leader 的驱动。Leader 崩溃时，集群中会存在三类配置成员。第一阶段会出现拥有 $C_{old,new}$ 配置的成员；第二阶段会出现拥有 C_{new} 配置的成员，至成员变更结束之前，都可能存在拥有 C_{old} 配置的成员。

❑ 拥有 C_{old} 配置的成员晋升 Leader 时，需要获得 Q_{old} 的支持。

❑ 拥有 C_{new} 配置的成员晋升 Leader 时，需要获得 Q_{new} 的支持。

❑ 拥有 $C_{old,new}$ 配置的成员晋升 Leader 时，需要获得 $Q_{old} \cup Q_{new}$ 的支持。

如果拥有 C_{old} 配置的成员晋升为 Leader 后并不知道当前是否处于成员变更的过程中，那么本次成员变更只能以失败告终，但是这并不影响集群以 C_{old} 的配置方式运行。

如果拥有 C_{new} 配置的成员晋升为 Leader，则意味着成员变更已经完成了第一阶段的工作并获得了 $Q_{old} \cup Q_{new}$ 的支持，且第二阶段的工作已经完成或者正在进行中。无论第二阶段处于哪个状态，第二阶段的工作都是将 C_{new} 复制到所有成员中且争取 Q_{new} 的支持；而 C_{new} 成员晋升成 Leader 也需要 Q_{new} 的支持，并且在晋升后 Leader 会将 C_{new} 复制到所有成员中，即间接地完成了成员变更第二阶段的工作。

如果拥有 $C_{old,new}$ 配置的成员晋升为 Leader，其一定是获得了 $Q_{old} \cup Q_{new}$ 的支持，这代表成员变更已经完成了第一阶段的工作，第二阶段的工作有可能尚未进行，或者正在进行中，也或者已完成。无论第二阶段处于哪个状态，Leader 都可以大胆地再完成一次第二阶段的协商，这并不会影响集群的运行。

4．脑裂

在 Raft 中，我们推荐以日志项的形式存储成员配置，每个成员只需要使用日志最后一个成员配置即可。

对于 $C_{old,new}$ 和 C_{new} 达成共识的方式，可以以日志复制的方式进行协商，不用再引入其他机制。同时，以日志项的形式存储成员配置，可以有效地限制变更过程中切换 Leader 的成员范围。

对于其他算法使用联合共识的情况，如果不能以日志项/提案的方式来实现，则需要着重关注在变更过程中 Leader 切换的安全性问题，下面介绍这一点的重要性。

在成员变更过程中，如果在第二阶段的工作未完成的情况下 Leader 宕机，则此时进行的 Leader 选举可能会出现两个 Leader 且拥有各自的"多数派"。如表 6.7 所示，一个 C_{old} = {A, B, C} 的集群需要变更成 C_{new} = {C, D, E} 的集群，成员 C 为 C_{old} 的 Leader。在第一阶段的工作完成后，成员 A 拥有的配置为 C_{old}，成员 B、C、D、E 拥有的配置为 $C_{old,new}$，在第二阶段只有成员 C 复制了 C_{new}。此时，如果 Leader 宕机，则成员 A 开始竞选 Leader 并获得 Q_{old} = {A, B} 的支持，成员 C 开始竞选 Leader 并获得 Q_{new} = {C, D, E} 的支持。

表 6.7　崩溃重启后的集群配置情况

	Node A	Node B	Node C	Node D	Node E
第一阶段	C_{old}	$C_{old,new}$	$C_{old,new}$	$C_{old,new}$	$C_{old,new}$
第二阶段	C_{old}	$C_{old,new}$	C_{new}	$C_{old,new}$	$C_{old,new}$

要解决拥有 C_{old} 配置的成员和 C_{new} 配置的成员同时晋升为 Leader 的问题，需要限制拥有 $C_{old,new}$ 配置的成员的投票规则。为此，需要为成员配置引入 Version 属性，并要求 Version 值高的成员不能投票给 Version 值低的成员。在这个约束条件下，拥有 C_{old} 配置的成员是获取不到多数派的支持的，只有拥有 $C_{old,new}$ 或者 C_{new} 配置的成员才有可能晋升 Leader，而拥有 $C_{old,new}$ 配置的成员晋升 Leader 也需要获取 Q_{new} 的支持，自然不可能同时出现拥有 $C_{old,new}$ 配置的 Leader 和拥有 C_{new} 配置的 Leader。

6.4.2　工程实践

联合共识通过两个阶段来实现成员变更，理论上并不复杂，但是真正用于生产中的话并没有那么简单。因为成员变更会改变多数派集合，而 Raft 本身就依赖于多数派集合，所以在变更的临界点上会面临一些问题。

1．新成员可能没有存储任何日志项

当一个全新成员加入集群时，它自身没有参与之前日志项的协商，由此会出现两个问题。

❑ 当全新成员加入集群时，无法决策 Leader 提出新日志项，如果将它作为多数派的关键一员，则会阻断 Raft 的协商过程，直到它赶上 Leader 的日志。

❑ 在旧成员全部下线后，已提交的提案可能再也获取不到。

第一个问题很好理解，一个数据落后的成员是不能跳过落后的日志项来处理新日志项的 AppendEntries 消息的，因此它可能导致集群在一段时间内的协商获取不到多数派的支持。

第二个问题以一个案例来描述，如表 6.8 所示，索引 7 在成员 A 和 B 上提交了 Add 日志项，接下来需要将成员配置由 C_{old} = {A, B, C} 变更成 C_{new} = {C, D, E}。经过成员变更，

C_{new} 生效后，在集群中就没有成员拥有索引为 7 的日志项了。

表 6.8　旧成员下线

	$C_{old}=\{A, B, C\}$	$C_{old,new}$	$C_{new}=\{C, D, E\}$
Log Index	7	8	9
Node A	Add	$C_{old,new}$	C_{new}，下线
Node B	Add	$C_{old,new}$	C_{new}，下线
Node C		$C_{old,new}$	C_{new}
Node D		$C_{old,new}$	C_{new}
Node E		$C_{old,new}$	C_{new}

为了避免这类情况产生的不良影响，在成员变更之前，需要为 Raft 加入一个额外的阶段，让这些新成员以学习的身份加入集群，但是不参与日志项的决策，以便让它们尽快赶上 Leader 中的日志。需要注意的是，Leader 在统计多数派时不应该将它们纳入在内。

2. 成员配置在什么时候生效

成员配置日志与普通日志不同，并不能约定要在提交之后再生效。成员变更运行在新旧配置交替的临界点上，因此我们必须明确每个成员对于新旧成员的配置何时生效，这样才能保证算法能正常推进。

一个日志项的协商过程，可以分为三个关键点：收到日志项、持久化日志及提交日志项。成员配置生效也必定在这三个时间点中。

对于 Leader 来说，第一阶段完成的标志是获得 $Q_{old} \cup Q_{new}$ 的支持，这要求 Leader 此时不能使用 C_{old} 了，因为 C_{old} 只需要 Q_{old} 的支持。因此，Leader 一定要在广播 $C_{old,new}$ 之前就应用了 $C_{old,new}$，而持久化日志项与广播日志项通常是并行的，我们约定 Leader 在收到成员变更请求时，就应该应用 $C_{old,new}$。第二阶段类似，Leader 应该在第二阶段开始时就应用 C_{new}。

对于 Follower 来说，它不需要统计多数派，因此，应用成员配置的临界点就没有那么敏感，只需要保证 Follower 能处理 Leader 的消息即可。在变更过程中，Leader 可能存在于 C_{old} 中，也可能存在于 C_{new} 中（旧 Leader 宕机，C_{new} 中的成员晋升 Leader，继续完成成员变更），但是 Follower 都要继续处理成员变更操作。因此约定：第一阶段，Follower 在收到 $C_{old,new}$ 后应用 $C_{old,new}$；第二阶段，Follower 在提交 C_{new} 后应用 C_{new}（保证仅包含 C_{old} 的 Leader 能继续完成它的工作）。

我们约定，任何成员在提交 C_{new} 时，如果发现自己不在成员配置中，就应该主动关闭自己，Leader 也不例外。这意味着在 Leader 提交 C_{new} 之前，它管理着一个不包含自己的集群，因此在协商日志项时，它不应该将自己纳入多数派的统计范围之内。

之所以在提交 C_{new} 之后而不是在应用 C_{new} 时关闭，主要原因有两个：

❑ 第一个原因是，只有已提交的日志项才不会改变，Leader 需要继续完成在此之前已提出且尚未完成的日志项的协商，而提交 C_{new} 就意味着在此之前所有日志项的协商都已完成。

❑ 第二个原因是，只有在此刻才能保证拥有 C_{new} 的成员晋升 Leader，在此之前，可

能由拥有 $C_{\text{old,new}}$ 配置的 C_{old} 成员晋升为 Leader，新晋升的 Leader 会在应用 C_{new} 时关闭自己，因此这是一个无效的 Leader 选举。

3．Leader如何切换

在实际场景中，我们应该允许 Leader 主动将自己的领导地位转移给其他成员，通常这类需求出现于下面两种情况：

- Leader 必须下台。例如，在成员变更中，Leader 不存在于 C_{new} 的配置中，Leader 需要定期维护或者重启。
- 其他成员可能更适合当选 Leader。例如，与客户端相邻的成员具有较低的延迟，某些成员的处理性能更好等。

虽然上面这些情况使得 Leader 强制关机，Raft 也能安全地选出下一任 Leader，但是在这个过程中，集群将闲置一个选举超时，直到下一任 Leader 晋升。这种短暂的不可用是可以优化的，可以将 Leader 的领导地位转移至其他成员进行优化。

切换 Leader，只需要通知其目标成员在不等待选举超时的情况下进入 Candidate 状态并发起选举。为了使目标成员能成功晋升 Leader，需要保证目标成员拥有当前任期内的所有日志项，而这个条件，当前 Leader 可以通过 AppendEntries 消息很快地确定，所以切换 Leader，仍需要当前 Leader 主动发起，具体步骤如下：

（1）当前 Leader 停止接收新的客户端请求，并通过 AppendEntries 消息将自己的日志项完全复制给目标成员。

（2）当前 Leader 发送 TimeoutNow 消息给目标 Leader，这个消息和目标成员选举超时具有同样的效果，将会引发目标成员发起一个正常的 Leader 选举。

（3）目标成员收到 TimeoutNow 消息后进入 Candidate 状态，递增 term 并发起选举。

（4）目标成员成功晋升 Leader 后，将发送心跳给前任 Leader，前任 Leader 就可以安全下线了，Leader 切换完成。

如果本轮选举没有在一个选举超过约定的时间内完成（可能是延迟或者目标成员未拥有完整的日志等原因），那么当前 Leader 需要尝试终止切换并重新接收客户端请求。如果只是延迟原因，目标 Leader 可能正在正常地运行，那么最坏的情况就是当前 Leader 在等到一个心跳超时后主动下线，安全性也不会受到影响。

4．被移除的成员会干扰集群

在第二阶段的工作完成后，Leader 不会给那些被移除的成员发送 Leader 心跳消息，因此它们会发起新的选举，这样会导致当前 Leader 下台。虽然这些被移除的成员不会晋升为 Leader，但是它们会一直发起选举，反复重试。

为了防止这种情况发生，当成员认为当前的 Leader 存活时，会忽略 RequestVote 消息。具体说，如果成员从当前 Leader 接收的 AppendEntries 消息在最小选举时间内，则不会更新其任期号或者不会为 RequestVote 消息投票，这不会影响正常选举，因为在最小选举时间内，Leader 有很大可能正常工作，拒绝这些 RequestVote 消息。这有助于避免被移除的成员造成的服务中断：如果一个 Leader 能够将心跳发送到集群，那么它就不会被更大的任期号所取代。

5．只有少数派成员存活时，如何恢复集群

只有少数派成员存活时，Raft 将失去安全性，这是一种 Raft 的异常情况。此时，为了保证集群继续运行，系统管理员就要在容忍数据丢失的前提下容许集群继续运行。这种情况，成员变更的目的是组建可用的多数派集合，但是成员变更本身又依赖于多数派集合。为了打破这个循环，通常需要提供一个强制更新成员配置的接口。

例如，有一个由 3 个成员组成的集群，当其中 2 个成员都出现故障时，那么只有 1 个成员存活的集群则无法进行成员变更。这里可以使用强制更新成员配置的接口将集群成员数量强制修改为 1 个，则唯一存活的这个成员就能获得多数派，然后再进行后续的成员变更即可。

虽然强制修改成员配置能尽快恢复服务的可用性，但是无法保证数据安全性。因为我们无法得知当前存活的成员是否拥有最新且完整的日志，也无法得知那些异常成员的日志执行情况。因此，当集群出现这种状况时，建议优先恢复旧的多数派集合，然后再进行成员变更。

6.4.3　单个成员变更

联合共识依赖两个阶段来实现成员变更算法，在工程实现中却有难度。于是有研究者发现了一个更加简单的方案，即不允许一次变更多个成员，而是一次只能从集群中添加或删除一个成员，称为单个成员变更（Single-Server Changes）。在这个限制条件下，我们可以使用 Raft Log 的形式，在日志协商阶段使新的成员配置在集群中得以应用，无须引入额外的机制。

1．单个成员变更简介

联合共识之所以分为两个阶段，是因为对需要变更的成员没有过多的要求，为了避免在变更过程中拥有 C_{old} 和 C_{new} 配置的成员形成没有交集的多数派，因此引入了中间状态。要求这个中间状态的决策条件是得到 Q_{old} 和 Q_{new} 的支持，这是比"多数派"更强的约束，变相地引入了一个相交的实体（中间状态），其目的就是为了保证两个决策集合一定存在相交的成员，进而保证算法的正确性。

联合共识对需要变更的成员没有过多的要求，甚至在保证集群可用的情况下，允许替换所有成员，但是在实际场景中并不经常有变更大量成员的需求，并且两阶段的逻辑在工程实现上比较困难。后来发现了一个更简单的方法，即不允许因为成员变更而产生不同的多数派。因此，Raft 限制了变更条件：一次只能从集群中添加或删除一个成员。这样便能保证 Q_{old} 和 Q_{new} 之间一定存在相交的成员，如图 6.12 所示。

这种重叠阻止了集群分区，保证一定存在重叠的成员，因此当只添加或删除单个成员时，直接切换到新的配置是安全的。利用这一点，不需要复杂的联合共识即可安全地更改集群成员身份。

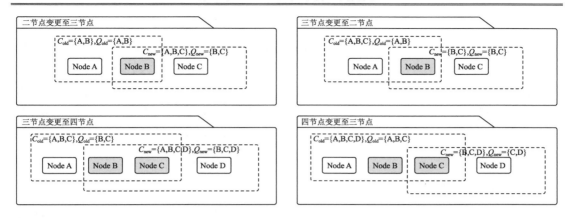

图 6.12　单成员变更

2．安全性

为了证明单个成员变更的安全性，假设当前成员数量为 N，那么多数派 Q_{old} 的数量为 $\lfloor N/2 \rfloor + 1$，上线一个成员后，成员数量为 $N+1$，多数派 Q_{new} 的数量为 $\lfloor (N+1)/2 \rfloor + 1$。

- 如果 N 为偶数，那么 $\lfloor N/2 \rfloor$ 可以整除，结果就是商；$\lfloor (N+1)/2 \rfloor$ 不能整除，模等于前者的商，余数为 1，得出 $\lfloor N/2 \rfloor + 1 = \lfloor (N+1)/2 \rfloor + 1$。
- 如果 N 为奇数，根据同样的推论，也可以得出 $\lfloor N/2 \rfloor + 1 + 1 = \lfloor (N+1)/2 \rfloor + 1$。

偶数情况，Q_{old} 即为 Q_{new}，两个 Q_{new} 一定相交，那么 Q_{old} 与 Q_{new} 也一定相交，即 $|Q_{old}|+|Q_{new}|>N$。

奇数情况，也可以表示为 $|Q_{old}|+1=|Q_{new}|$，两个 Q_{new} 一定相交，那么数量为 $|Q_{old}|+1$ 的集合与 Q_{new} 也一定相交，于是有：

$$|Q_{old}|+1+|Q_{new}|>N+1 \Rightarrow |Q_{old}|+|Q_{new}|>N$$

这又回到了偶数情况，因此得出结论：在一次只变更一个成员的前提下，Q_{old} 与 Q_{new} 一定相交。

这里展示了如果变更前后的两种配置只相差一个成员，那么两种配置的多数派至少有一个成员重叠的情况。因此，Leader 可以轻松地以日志复制的方式将新配置同步给其他成员且安全性不受影响。

3．注意要点

Raft 以日志协商的形式实现成员变更，在变更过程中需要明确以下要点：

- 在一个成员变更日志项提交之后，才可以进行下一次成员变更。
- Leader 需要明确感知到成员变更已经完成。
- 本次变更是移除成员，因此在日志项提交之后，该成员应主动关机。

虽然单个成员可以使 Q_{old} 和 Q_{new} 相交，但是两个相互重叠的成员变更操作仍然会导致变更过程中出现两个多数派。例如，集群需要增加两个新成员，需要执行两次成员变更，如果在第一次成员变更未提交之前进行第二次成员变更，那么第二次成员变更即相当于在旧配置的基础上一次变更增加了两个成员，这就破坏了我们最初对单个成员变更的设想，因此安全性也会失效。

要满足第一个要点，Leader 需要明确感知成员变更是否已经完成了，这要求 Leader 应收集所有 Follower 在第二阶段的执行情况，并确保它们都已完成数据落盘，这会让 Leader 花费较长的时间。因此，我们约定 Raft 总是以最后一条成员变更日志项为当前的成员配置，这意味着成员变更日志项在持久化后即会生效，而不用等到日志项提交的那一刻。不幸的是，这个设计会导致：在切换 Leader 后，成员变更日志项可能会被丢弃，程序需要回滚到前一个成员配置阶段。

4．变更中的日志覆盖

在一些极端情况下，成员变更方案曾引发过比较激烈的关于安全性的讨论。在成员变更过程中，如果频繁切换 Leader，可能会丢失已提交的日志。Diego Ongaro 曾公开讨论过这个 Bug[①]，但这个 Bug 仅限于单个成员变更，联合共识不受影响。

Diego Ongaro 在论坛中提出了 3 个反例来重现这个 Bug，其本质都是新成员配置被提交后，旧成员配置仍有可能被提交，这里以向集群中增加一个成员同时删除另一个成员为例进行说明。如图 6.13 所示，存在一个集群，其初始配置为 $C_1 = \{S1, S2, S3, S4\}$，先后收到两个成员变更请求 C_2 和 C_3，C_2 为集群增加成员 S5，C_3 为集群删除成员 S1。具体配置是 $C_2 = \{S1, S2, S3, S4, S5\}$，$C_3 = \{S2, S3, S4\}$。

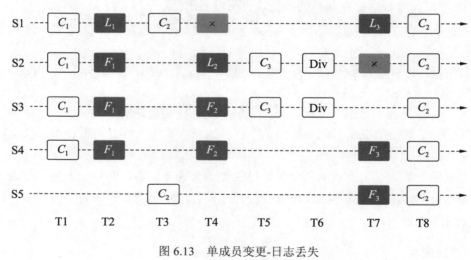

图 6.13　单成员变更-日志丢失

- ❑ T2 时刻：S1 在任期 term 为 1 时晋升为 Leader。
- ❑ T3 时刻：收到成员变更请求 C_2，并将其复制到 S1 和 S5 中。
- ❑ T4 时刻：S1 宕机，S2 在任期 term 为 2 时晋升为 Leader。
- ❑ T5 时刻：收到成员变更请求 C_3，并将其复制到 S2 和 S3 中。
- ❑ T6 时刻：收到事务请求 Div，并将其复制到 S2 和 S3 中，然后在获得多数派的支持后提交该日志项。

❑ T7 时刻：S2 宕机，S1 在任期 term 为 3 时晋升为 Leader，其多数派为{S1, S4, S5}。

❑ T8 时刻：S1 将 C_2 复制到所有成员中，但是 S1 没有拥有 Div 的日志项，因此 Div 最终会被抛弃。

笔者给这种情况取了一个形象的名字为穿越时间的脑裂，即两个不同时间的 Leader 拥有互不重叠的两个多数派。出现这种情况的原因是，Leader 一上任就开始执行成员变更，并使用新的成员配置协商日志项。

解决这个问题的方案是 Leader 上任之后，必须在当前任期中提交一条日志项，然后才能执行成员变更。这一动作的目的是使下一个晋升 Leader 的多数派与该日志项的多数派存在一个重叠的成员，这样就有效限制了后续 Leader 晋升的成员范围。

接着图 6.13 的示例，L_2 在晋升 Leader 之后，协商并提交一条 Noop 的日志项，其{S2, S3, S4}包含该日志项，那么在 term 为 3 的任期中，S1 不能再晋升 Leader，能晋升 Leader 的成员只能是 S3，最终 Div 日志项才得以延续保存。

为什么只能是 S3 晋升 Leader 呢？具体情况如下：

❑ S1 配置为 C_2={S1, S2, S3, S4, S5}，多数派数量为 3，会给它投票的成员为{S1, S5}。

❑ S2 宕机。

❑ S3 配置为 C_3={ S2, S3, S4}，多数派数量为 2，会给它投票的成员为{S3, S4}。

❑ S4 配置为 C_1={S1, S2, S3, S4}，多数派数量为 3，会给它投票的成员为{S1, S4}。

❑ S5 配置为 C_2={S1, S2, S3, S4, S5}，多数派数量为 3,会给它投票的成员为{S1, S5}。

6.5　日　志　压　缩

日志随着客户端的请求是无限增长的，而存储介质却是有限的。如果没有一个有效的机制来整理日志，最终日志项会填满所有的存储空间，产生难以接受的异常。

快照技术是解决日志无限增长的常规方案，第 5 章介绍的 Chubby 和 ZooKeeper 都采用的是这个技术。快照是状态机在某一时刻的完整镜像，在该时刻之前所有的输入都已保存在快照中，因此我们可以删除这些作为输入的日志项。

图 6.14 展示了快照的核心思想，索引 25 之前的所有日志项，可以通过快照保存其输入状态机的最终状态，即 $x=1$, $y=4$, $z=9$。

通常，快照包含 lastIncludedIndex 和 lastIncludedTerm 变量，它们分别代表最后一条已输入状态机的日志索引和该日志项的任期号，利用这两个变量可以快速地定位快照包含的已输入的日志项。保存这两个变量的目的是延续下一个的 AppendEntries 消息，因为 Raft 的日志匹配机制要求知道该日志项的前一个日志索引及任期号。

每个 Raft 成员都有日志无限增长的烦

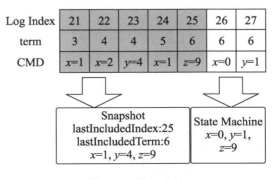

图 6.14　快照存储

恼，因此 Raft 允许每个成员创建自己的快照，这并不违背 Raft 以 Leader 为基准的原则，Follower 只会为已提交日志项创建快照，而已提交的日志项只可能从 Leader 流向 Follower。因此 Follower 与 Leader 在同一个日志项上创建的快照是完全一致的。

快照的另一个作用是，对于一些运行缓慢的 Follower 或者新加入集群的成员，Leader 可以直接将快照发送给这些成员，从而使日志快速对齐，无须逐个复制缺失的每个日志项。

Leader 通过 InstallSnapshot 消息将快照发送给 Follower，一个快照的数据量通常比较大，Raft 不会一次性地发送整个快照，而是将快照分为多个数据块分别发送，因此 Leader 每次发送的 InstallSnapshot 消息应当携带以下参数：

❑ term：当前 Leader 任期。

❑ lastIncludedIndex：最后一条已输入状态机的日志索引。

❑ lastIncludedTerm：最后一条已输入状态机的日志项的任期号。

❑ offset：该数据块在快照中的位置。

❑ data：数据块。

❑ done：是否为最后一个数据块。

Follower 收到 InstallSnapshot 消息后，将依次完成以下工作：

（1）校验消息的有效性，如果 $term_{msg} < term_{self}$ 则会拒绝该消息，其中，$term_{msg}$ 为 InstallSnapshot 消息中的 term；$term_{self}$ 为本地所处的 term。

（2）如果当前收到的是第一个数据块（offset＝0），则创建快照文件。

（3）按照 offset 顺序写入快照文件。

（4）等待后续的数据块，直到 done＝true。

（5）应用快照，Follower 根据消息中的 lastIncludedIndex 和自己的日志对比，分别应用快照。

❑ 如果在快照中全部包含 Follower 的日志，那么 Follower 会丢弃自己的日志，用快照来代替。

❑ 如果在快照中只包含 Follower 前面一部分的日志，那么该部分的日志依然用快照代替，而快照之后的日志依旧保存。

6.6　网　络　分　区

6.6.1　成员变更中的分区

在"多数派"思想的指导下，我们曾经从节省资源的角度分析过，偶数个成员是浪费资源的行为。而偶数个成员的另一个严重问题是，如果出现网络分区，极容易导致服务不可用。

通常为了灾备，我们会将成员分别部署在不同的机房。如图 6.15 所示，存在由{A, B, C, D}组成的偶数个成员的集群，其中，成员 A 和 B 部署在机房 1，成员 C 和 D 部署在机房 2。

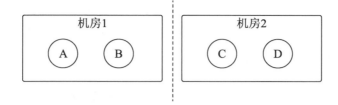

图 6.15　偶数分区

两个机房之间因为网络连通性产生分区的概率是比较大的，在偶数个成员的集群下，极有可能会形成{A, B}和{C, D}两个分区。4 个成员的集群，多数派的数量至少为 3 个，因此两个分区都不可能拥有多数派，此时集群处于不可用状态，而换成 3 个成员的集群，在不同机房之间产生分区的情况下则不会出现类似的情况。

正常情况下，集群成员的数量完全可以由开发者指定，但是依然存在特殊情况，我们无法避免出现偶数个成员的场景，需要格外注意。

在单成员变更的方案中，如果想替换某个成员时，通常的做法是先增加一个新成员，然后再删除需要替换的成员，在这个过程中会出现偶数个成员的场景。例如，存在一个集群{A, B, C}，其中，成员 A 部署在一个机房 1，成员 B 和 C 部署在机房 2，现在成员 A 出现故障，需要用机房 1 的成员 D 代替成员 A 的工作，变更过程如下：

{A, B, C} → {A, B, C, D} → {B, C, D}

在这个变更过程中存在{A, B, C, D}的情况，如果此时两个机房之间产生分区，就会形成{A, D}和{B, C}两个分区且它们都无法拥有多数派。因此无法再继续后面的变更操作，也无法为客户端提供服务，更无法自主地从这种故障中恢复过来。

为了解决这个问题，我们可以选择先删除成员 A，然后再增加成员 D。虽然在删除成员 A 之后，集群成员数量依然是偶数，但是成员 B 和 C 处于同一机房，如果此时两个机房之间产生分区，成员 B 和 C 依然能组成多数派，从而继续后面的变更操作。另一个方法是选择使用 Join-Consensus 进行成员变更，则不会出现这类问题。

6.6.2　对称网络分区

对称网络分区是指出现网络异常的成员与集群中的其他成员皆不可连通，这并不会影响集群的可用性和安全性。

如图 6.16 所示，在一个集群{A, B, C}中，成员 A 与成员 B 和 C 之间的网络都不能连通，在该场景中，成员 B 和 C 依旧能组成多数派集合，集群依旧可以向客户端提供稳定的服务。

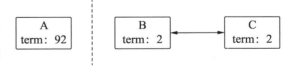

图 6.16　对称网络分区

成员 A 因为获取不到 Leader 的心跳信息会发起 Leader 选举，而本次选举必定不会获得多数派集合的支持，因此，成员 A 将无限循环发起选举→选举失败的过程。这将导致成员 A 所处的任期 term 远大于其他成员。

在{B, C}持续为客户端处理事务请求的情况下，在网络自行恢复后，成员 A 将使用超大的 term 发起 Leader 选举。虽然成员 A 不可能晋升为 Leader，但是它将会打断当前正在专心工作的 Leader，影响 Leader 的稳定性。

解决这个问题的方法，可以在 Follower 发起 Leader 选举之前，增加一轮额外的 RPC 消息（Pre-Vote），Pre-Vote 将携带 lastLogIndex 及 lastLogTerm 发送给所有成员，收到消息的成员根据 lastLogIndex、lastLogTerm 和自己最后一条日志项进行对比，以此来判断是否应该响应 Pre-Vote 消息。在 Follower 收到多数派的 Pre-Vote 响应后才可以进入 Candidate，发起正常的选举。

在图 6.16 中，当网络自行恢复时，成员 A 并不会获得成员 B 和 C 的 Pre-Vote 响应，因此不会打断当前 Leader。在等待一段时间后，成员 A 必定会收到来自 Leader 的心跳消息，进行日志对齐即可。

6.6.3　非对称网络分区

与大部分算法一样，Raft 对非对称网络分区的容忍性并不友好。非对称网络分区是指发生网络分区的成员，与集群中一部分成员能连通，与另一部分成员不能连通，这将严重降低集群的可用性。

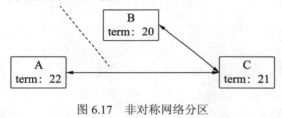

图 6.17　非对称网络分区

如图 6.17 所示，成员 A 与成员 C 之间的网络能连通，与成员 B 之间的网络不能连通。如果此时成员 B 为 Leader，成员 A 因为收不到心跳消息而增加 term 发起新的选举，这个选举会增大成员 C 的 term，因此成员 C 将打破成员 B（Leader）的领导地位，而成员 A 获得了成员 A 和 C 的选票晋升为 Leader。过了一段时间后，成员 A 的领导地位又会被成员 B 打破，如此反复地选举 Leader，使得集群的可用性降低。

解决这个问题的方法，与 6.4.2 小节介绍的防止被移除的成员会干扰集群一样，需要增加一个最小选举时间。成员 C 在收到成员 B 的心跳消息之后的最小选举时间内，收到任意的 RequestVote 消息时将不会更新其任期号，或者不会为其投票。

6.7　非事务请求

在 Raft 的事务请求中，一旦某个日志项被提交，那么在此之前所有的日志项一定都已提交。这种严格按照顺序处理的特性，称为线性一致性。线性一致性是一种非常强的一致性语义，它强调处理时间的因果关系。

对于非事务请求，由于不会引起数据变更，因此是否需要实现严格的线性一致性取决于客户端对数据的敏感程度。所有客户端并不是每次都需要获得最新的数据，但是在学习时我们不应该忽视这一点，Raft 在论文中也给出了相关的优化方案。

6.7.1　线性一致性

线性一致性也称为强一致性，这一点可以回顾第 2 章的内容。在一个线性一致性的系统里，任何操作从客户端视角都是原子且是瞬间被执行的，一旦执行成功，该操作对所有客户端是可见的。这一点在分布式场景中被无限放大，因为我们需要通过多个手段才能使所有成员达成一致。

举一个常见的案例，非线性一致性读通常会给客户端造成歧义。如图 6.18 所示，Client A 发送事务请求的内容是更新 x 值为 1，在 Leader 处理成功并响应给 Client A 之后，Client A 发起了两次非事务请求读取 x 值的请求，第一次读取的请求是 $x=1$；第二次读取的请求是 $x=0$。那么 Client A 就会迷惑，此时 x 到底是什么值？

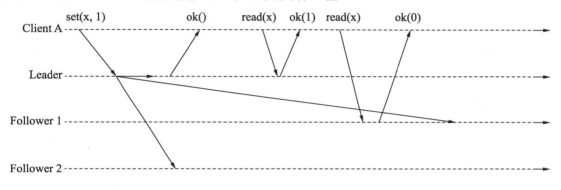

图 6.18　非线性读

非线性一致性通常会返回一些不合情理的结果，客户端可以看到新值和旧值在每一次读操作中来回翻转。虽然这个问题更像是分布式中多副本之间的延迟，但是线性一致性依然是这个问题的解决方案。线性一致性使集群看起来只有一个副本，并且所有操作都是原子的。

以图 6.19 为例，其中，所有操作都符合线性一致性。Client B 的 δ 请求与 Client C 的 λ 请求并行执行，考虑到 δ 可以在 λ 处理之前执行，也可以在 λ 处理之后执行，因此 Client B 读到 0 或 1 都是符合逻辑的。在 Client A 的 β 请求读取到 1 之后，后续的 μ 请求和 γ 请求都必须只能读到 1，得到线性一致性的约束如下：

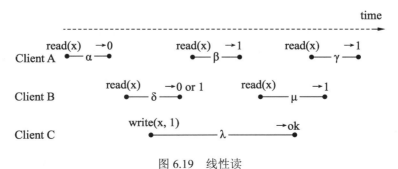

图 6.19　线性读

任何一个读请求获得最新的值后，后续所有的读请求不能返回比它更早的值。

我们允许出现网络延迟，如 δ 请求，但是要求所有的操作是原子且瞬时执行完成的。例如 λ 请求，它可以在收到请求和返回响应之间的任意时刻执行完成，但是在执行完成之后的所有读请求都可以看到该操作，如 β、μ 和 γ 请求。

6.7.2　Leader Read 方案

了解了什么是线性一致性，应该如何实现线性一致性读呢？

日志项只能由 Leader 流向 Follower，Leader 一定拥有在它任期内最完整的数据，那么能不能约定只能由 Leader 来处理读请求呢？

在一个稳定的 Leader 任期内，直接由 Leader 处理读请求是安全且高效的，但是在 Leader 切换的过程中，并不能保证安全性这一点。旧 Leader 往往需要等到下一次心跳/协商时，才知道自己已经丢失了多数派成员，而在此之前，旧 Leader 并不知道它不再拥有领导地位了，客户端也不知道它所访问的是否为真正的 Leader。因此，在这个过程中发生的读请求，通常会读过期的数据。

6.7.3　Raft Log Read 方案

Raft Log Read 是最简单的实现线性一致性读的方案，将非事务请求以事务请求的方式进行处理。

Raft Log Read 要求读请求以日志项的形式执行一轮共识协商，在此日志项提交时执行非事务操作。因为该日志项被提交之前，所有的日志项一定已提交，所以此时一定能读到最新的数据。

Raft Log Read 方案存在哪些问题呢？具体表现在以下几方面：
❑ 增加的一轮共识协商降低了非事务请求的效率。
❑ 增加了日志持久化的开销。
❑ 增加了日志的体积，要求更大的存储空间。

6.7.4　Read Index 方案

面对 Raft Log Read 增加的一轮共识协商及日志持久化开销问题，Raft 在论文中提到了一种优化方案，即 Read Index，比较好地规避了这两个问题。

Read Index 需要引入一个额外的变量 readIndex，用于记录本次读请求所处的位置。执行读请求并返回客户端结果，需要满足两个条件：
❑ 确保已提交的日志索引大于等于 readIndex。
❑ 确保自己仍然是有效的 Leader。

为了满足这两个条件，当 Leader 收到一个读请求时，具体处理步骤如下：
（1）记录 readIndex。
（2）等待已提交的日志索引大于等于 readIndex。

（3）等待下一次心跳消息或者发起一次心跳信息，并收到多数派的响应。

（4）执行读请求，响应客户端。

除了 Read Index 方案，也可以在 Follower Read 方案中实现，即在 Follower 中也可以实现线性一致性读。例如，在 Etcd[①]的 Raft 实现中就采用了 Follower Read 方案。当 Follower 收到一个读请求时，具体交互步骤如下：

（1）Follower 向 Leader 请求 readIndex。

（2）Leader 执行上面的（1）～（3）步并返回 readIndex。

（3）Follower 等待已提交的日志索引大于等于 readIndex。

（4）Follower 执行读请求，响应客户端。

在 Read Index 中，需要额外注意什么问题呢？

❑ 在 Leader 处理读请求前，需要先处理一个心跳，具体等待时间取决于最后一个响应的 Follower。

❑ 在 Follower Read 中，如果处理读请求的 Follower 的数据落后于 Leader，或者该 Follower 是一个慢成员，那么本次读请求的处理时间将大幅度延长。

6.7.5　Lease Read 方案

为了继续提升非事务请求的处理效率，在 Read Index 的基础上需要优化唯一影响效率的心跳消息。

在 Read Index 中需要等待一轮心跳信息，是为了确保当前 Leader 仍然拥有领导地位。那么是否可以在一个时间段内，使 Leader 一定不会发生切换？

在 6.4.2 小节中，我们引入了一个最短的选举时间来规避被移除的成员干扰集群的情况，在 6.6.3 小节中，Follower 在收到心跳消息后通过增加最小选举时间来规避非对称网络分区频繁切换 Leader 的情况。这个最小选举时间同样可以应用在这里，这样即可得到一个绝对不会发生 Leader 切换的期间。在 Leader 完成每一次心跳消息之后的最短选举时间范围内，Leader 都不会发生改变，如图 6.20 所示。具体处理方式与 Read Index 类似，依次经过以下步骤：

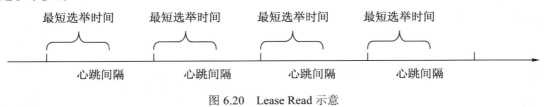

图 6.20　Lease Read 示意

（1）Leader 定期向 Follower 发送心跳消息，维护 Leader 的领导地位。

（2）记录 readIndex。

（3）在心跳之后的最短选举时间内，等待已提交的日志索引大于等于 readIndex，即可处理读请求，响应客户端。

① Etcd：一个存储关键数据的分布式、可信赖的 K-V 存储系统。

（4）不在心跳之后的最短选举时间内，Leader 仍然需要执行 Read Index 方案中的（1）至（4）步。

6.8 Parallel Raft 并行协商

Raft 必须保证日志项的连续性，这样可以减少 Leader 选举的时间，也可以在第一阶段就完成协商。但是这使得 Raft 的协商过程必须是高度串行化的，也因此在高并发环境中常常被人诟病。

在 6.2.2 小节的并发协商中提到，虽然 Leader 在处理事务请求时可以不必理会上一个日志项是否已完成提交，但是 Raft 为了保证日志项的连续性，一致性检查使得 Follower 仍然只能以串行的方式逐一接受日志项。以图 6.21 为例，如果 Follower B 在 Mul 日志项之前收到 Sub 日志项，那么 Follower B 将拒绝 Sub 日志项。

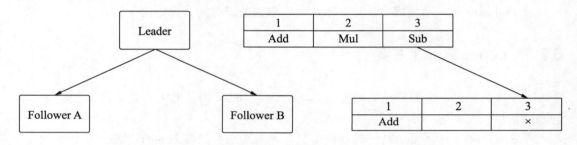

图 6.21 Follower 串行接受示意

相比于 Paxos 的每一个 Instance 都是独立存在、互不干扰的设计，Raft 对日志项必须连续强约束，这明显不够灵活。并且 Follower 只能以串行的方式逐一接受日志项，这种方式使得 CPU 常处于空闲状态，一个 Raft 集群并不足以让 CPU 达到瓶颈。

我们希望在满足 Raft 安全性的前提下削弱日志项的连续性，让 Raft 像 Paxos 一样能够支持乱序协商，从而让 Raft 拥有更高的吞吐量。乱序协商是指在一个日志协商未完成或者未开始时，就允许协商下一个日志项。为了实现这一目的，业界也有相应的解决方案，例如 Multi Raft 和 Parallel Raft。

Multi Raft 也称为 Multi Group，在 6.9 节介绍的 SOFAJRaft 的相关内容也给出了这一功能的实现方式。Multi Raft 为了将 CPU 资源最大化地利用起来，将集群拆分为多个 Group，每个 Group 都是一个完整 Raft 算法，且相互隔离。通过 Multi Raft，可以让一个集群服务于多个业务系统。例如，一个 Group 可以用来实现分布式配置中心，另一个 Group 可以用来实现分布式数据库。Multi Raft 让 Group 之间的日志协商不再需要串行协商，但是 Group 内部的日志项仍然需要按照 Raft 的约定进行串行协商，这样做降低了串行协商带来的影响。

Parallel Raft 是 PolarFS[①]基于 Raft 设计的新一代共识算法，该算法能够真正地支持乱

---

① PolarFS 是阿里云构建的云原生数据库 PolarDB 的底层文件系统。Parallel Raft 用于 PolarFS 各个副本之间的数据复制。当少数副本发生故障时，Parallel Raft 仍能保证 PolarFS 的正确性。

序协商，使其不再受到串行协商带来的困扰。因此，相比于 Raft，Parallel Raft 的吞吐量更高，其实现难度也有所提升。

我们来尝试推导一下 Parallel Raft 的设计过程。Raft 的一致性检查，要求 Follower 接受某个日志项的条件是它已经拥有该日志项的前一个日志项，这是 Raft 串行协商的重要原因。那么实现乱序协商，首先需要打破 Raft 的一致性检查，重新制定 Follower 的检查约束，让 Follower 在接受日志项时不再受到上一个日志项的影响。

很明显，打破 Raft 的一致性检查，将导致日志项出现空洞的情况，随之而来的是无法保证新选举出的 Leader 具有完整性。如图 6.22 所示，在 Leader 宕机之后，因为 Candidate A 见过的最大日志索引大于 Candidate B 见过的最大日志索引，所以 Candidate A 将晋升为 Leader，但是 Candidate A 缺少索引为 2 的日志项，这显然是不正确的。

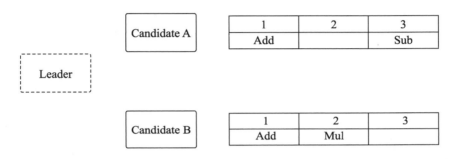

图 6.22　乱序协商影响数据的完整性

为了填补空的日志项，新上任的 Leader 需要向集群中的其他成员收集对应的日志项，这个操作被称为 Merge 阶段，该阶段可以弥补 Leader 数据的完整性。当然，Merge 阶段也会打破日志项只能由 Leader 流向 Follower 的约定。

6.8.1　乱序协商

共识算法是为了将一组日志项按照相同的顺序输入一组状态机中。然而事实情况是，状态机的输入顺序没必要完全一致，最终输出的结果也可以是一致的。例如，一个日志项更新 X 的值，另一个日志项更新 Y 的值，我们认为这两个日志项不存在干扰，那么这二者输入状态机的顺序不必严格按照相同的顺序执行，最终也能输出相同的结果。

基于上述分析，Parallel Raft 的乱序协商需要先明确当前日志项是否与未达成共识的日志项存在干扰。如果不存在干扰，Follower 的检测约束可以接收当前的日志项，否则需要拒绝当前的日志项。遵循该约束的执行过程不会违反传统存储语义的正确性，于是可以得到 Parallel Raft 乱序协商的条件：

❑ 乱序确认，当 Follower 收到一个新日志项时，无须等待接收在此之前的日志项就能向 Leader 返回成功。

❑ 乱序提交，当 Follower 提交当前日志项时，判断是否存在与之干扰的日志项尚未提交，如果干扰的日志项都已提交，那么可以无视在此之前是否存在空洞日志项即可提交，否则需要等待干扰的日志项提交后才能提交当前日志项。

为了让 Follower 能够感知到是否存在干扰的日志项，Leader 在广播日志项时需要携带与之干扰的日志项。为此引入了 Look Behind Buffer，这是一个类似数组的存储结构，它存储了干扰日志项的逻辑块地址（Logical Block Address，LBA）。

接下来以 PolarFS 为例进行讲解，将 Look Behind Buffer 的大小设置为 2，每个日志项都会携带前两个日志项的 LBA。表 6.9 是 Leader 的一段日志，每一个日志项都分配了一个 Look Behind Buffer。Follower 在准备提交索引为 6 的日志项时，将会有表 6.10～表 6.12 所示的 3 种情况。

如表 6.10 所示，Follower 准备提交索引为 6 的日志项时，因为前方有 3 个空洞日志项，Look Behind Buffer 不足以覆盖所有的空洞日志项，所以 Follower 便不能提交索引为 6 的日志项。

如表 6.11 所示，因为索引为 6 的日志项的 Look Behind Buffer 中包含 X，而 Follower 自身还没有提交对应的日志项（索引为 4），所以 Follower 也不能提交索引为 6 的日志项。

如表 6.12 所示，尽管索引为 6 的日志项的 Look Behind Buffer 中包含 X，但是 Follower 自身已经提交了对应的日志项（索引为 4），所以它可以直接提交索引为 6 的日志项，而不用等待索引为 5 的日志项被提交。

表 6.9　基于乱序协商的Leader数据

日志索引	1	2	3	4	5	6
Command	X = 1	Z = 1	Y = 1	X = 4	Y = 3	X = 4
Look Behind Buffer	[]	[X]	[X, Z]	[Z, Y]	[Y, X]	[X, Y]

表 6.10　基于乱序协商的Follower提交日志项 1

日志索引	1	2	3	4	5	6
Command	X = 1	Z = 1				X = 4
Look Behind Buffer	[]	[X]				[X, Y]

表 6.11　基于乱序协商的Follower提交日志项 2

日志索引	1	2	3	4	5	6
Command	X = 1	Z = 1	Y = 1			X = 4
Look Behind Buffer	[]	[X]	[X, Z]			[X, Y]

表 6.12　基于乱序协商的Follower提交日志项 3

日志索引	1	2	3	4	5	6
Command	X = 1	Z = 1	Y = 1	X = 4		X = 4
Look Behind Buffer	[]	[X]	[X, Z]	[Z, Y]		[X, Y]

6.8.2　Merge 阶段

在所有基于 Leader 的共识算法中，Leader 最终都需要拥有所有已提交的日志项。在一些共识算法中，允许选举出的新 Leader 暂时不拥有完整的日志，但是需要通过额外的机制来补充缺失的日志。很明显，Parallel Raft 在乱序协商的特性下，新选举的 Leader 是可能存在空洞日志项的，因此我们需要通过 Merge 阶段来填补空洞日志项。

因为 Merge 阶段的加入，选举新 Leader 的代价变得非常大，所以 Merge 阶段处理的日志需要尽可能的少。在选举新 Leader 时，不能选择拥有最大日志项的成员，而应该选择拥有最新快照的成员作为 Leader。因为快照中的日志项一定是已提交的，所以这些日志项不用再参与 Merge 阶段。

经过选举阶段后，被选出的成员晋升为 Leader Candidate。Leader Candidate 只有在经过 Merge 阶段之后才能晋升为 Leader，才能协商新的日志项。Merge 阶段由 Follower 主动向 Leader Candidate 发起，如图 6.23 所示。

（1）Follower 通过 merge 消息发送本地的日志项给 Leader Candidate，Leader Candidate 收到后 merge 消息后和本地的日志项合并。

（2）Leader Candidate 填补完空洞日志后，通过 sync 消息发送空洞日志项给所需的 Follower。

（3）Leader Candidate 提交本地日志项后晋升为 Leader，然后发送 commit 消息给所有的 Follower。

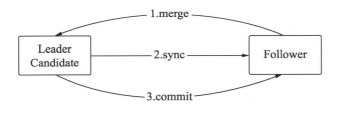

图 6.23　Merge 阶段的交互

这里需要重点关注 Leader Candidate 收到 merge 消息后的合并过程。如图 6.24 所示，其中实线标示的为已提交的日志项，虚线标示的为未提交的日志项，成员 A 和成员 B 发生故障，成员 C 晋升为 Leader Candidate。

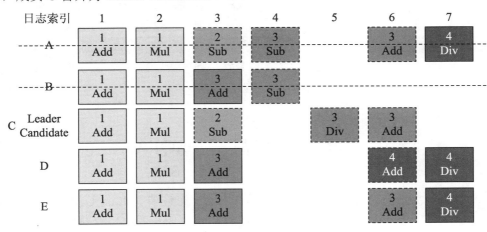

图 6.24　Merge 阶段的合并过程

成员 C 收到多数派成员的 merge 消息后，合并逻辑如下：

- 对于已提交的日志项，如果 Leader Candidate 在某个索引上发现多数派中有成员已提交了日志项，则会以已提交的日志项覆盖自己的日志项。如图 6.24 所示，对于索引为 3 的日志项，因为成员 D 和 E 都提交了 term 为 3 的日志项（Add），所以 Leader Candidate 会以 term 为 3 的日志项覆盖本地的日志项。

- 对于空洞日志项，如果 Leader Candidate 在某个索引上发现多数派中都未曾拥有该日志项，则会以 Noop 覆盖自己的日志项。如图 6.24 所示，对于索引为 4 的日志项，最终以 Noop 覆盖本地的日志项。

- 对于不确定的日志项，如果 Leader Candidate 在某个索引上发现多数派中有未提交的日志项，则会默认发生故障的成员都拥有该日志项。如图 6.24 所示，对于索引为 5 的日志项，Leader Candidate 会认为成员 A 和 C 都有 term 为 3 的日志项，因此 term 为 3 的日志项达到多数派的条件，最终 Leader Candidate 以 term 为 3 的日志项覆盖本地的日志项。

- 对于 term 不同的日志项，如果 Leader Candidate 在某个索引上发现多数派中有多个日志项的 term 都不相同，则会以 term 最大的日志项覆盖自己的日志项。如图 6.25 所示，对于索引为 6 的日志项，最终 Leader Candidate 以 term 为 4 的日志项覆盖本地的日志项。

上述规则穷举了 Leader Candidate 所有可能遇到的情况。如图 6.24 所示的案例，最终合并后的结果如图 6.25 所示。

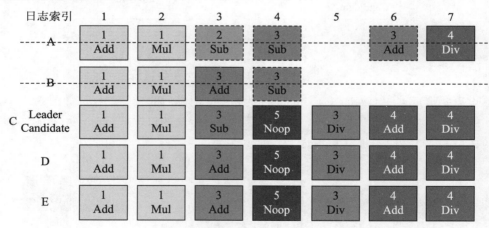

图 6.25 　Merge 阶段的合并结果

6.9 　Raft 源码实战——SOFAJRaft

Raft 拥有一大批的忠实粉丝，在不同的开发阶段，有许多 Raft 的实现，如表 6.13 展示了部分 Raft 工程实现相关的信息，感兴趣的读者可以在 Raft 的网站[①]获取每个工程实现的

---

① Raft 官网地址为 https://raft.github.io/。

Github 仓库地址。

表 6.13　部分 Raft 工程实现的信息

项　目　名	开 发 语 言	Leader选举＋日志复制	持　久　化	成 员 变 更	日 志 复 制
etcd/raft	Go	支持	支持	支持	支持
RethinkDB	C++	支持	支持	支持	支持
TiKV	Rust	支持	支持	支持	支持
hazelcast-raft	Java	支持	支持	支持	支持
hashicorp/raft	Go	支持	支持	支持	支持
Seastar Raft	C++	支持	支持	支持	支持
SOFAJRaft	Java	支持	支持	支持	支持
braft	C++	支持	支持	支持	支持

6.9.1　SOFAJRaft 简介

本小节的 SOFAJRaft（下文简称 JRaft）版本为 1.3.8[①]。JRaft 是由蚂蚁金服开源的一个纯 Java 的 Raft 通用类库。其核心实现从百度的 Braft 移植而来，并在此基础上做了一些优化和改进，是一个高性能的生产级类库。

行业内已有多家大型公司采用 JRaft，如蚂蚁集团、网商银行、京东和 OPPO 等。JRaft 除了提供单元测试之外，还可以使用 Jepsen[②]验证分布式一致性和线性化的安全性，以及模拟分布式的各种场景。

1．JRaft能做什么

JRaft 是一个通用的共识类库，开发者可以根据 JRaft 提供的状态机接口快速开发出一个分布式系统，其分布式系统所面临的可靠性和容错性皆由 JRaft 来保证。基于状态机，可实现的想象空间很大。例如：

- ❑ 选举，在一个多副本集群中，可使用 JRaft 选举出一个 Leader 或 Master。
- ❑ 锁服务，如 ZooKeeper 和 Chubby，皆可通过 JRaft 的状态机来实现相关功能。
- ❑ 可靠的存储服务，JRaft 的高容错性能有效降低数据丢失的概率，基于此，可实现的相关功能有注册中心、消息队列和文件存储等。

2．JRaft的特性

JRaft 所支持的功能列表已经非常全面了，覆盖了 Raft 的所有基础功能，包含 Leader 选举、日志复制、日志压缩、成员变更和 Leader 切换。JRaft 还做出了许多优化，具体如下：

- ❑ 可以在少数成员存活的情况下工作。在多数派成员出现故障后，为了尽快恢复服务，JRaft 提供了手动触发重置成员配置的指令并迅速重建集群，恢复其可用性。

---

② SOFAJRaft 1.3.8 的版本地址为 https://github.com/sofastack/sofa-jraft/releases/tag/1.3.8。

③ Jepsen 源码地址为 https://github.com/jepsen-io/jepsen。

- 支持网络分区容错。JRaft 实现了 Pre-Vote 消息，能友好地支持对称网络分区容错，能够通过 tick 检查来实现最小选举超时，适应非对称网络分区容错。
- 支持监控。JRaft 内置 Metrics[①]，提供了丰富的指标监控功能，并且可以通过每个成员的 setEnableMetrics() 来开启和关闭指标监控功能。
- 支持批量处理。JRaft 的批量处理功能包括批量处理客户端请求、批量复制、批量写盘和批量应用状态机。
- 支持并行处理。Leader 不仅能并行处理日志写盘和发送日志给 Follower，而且能并行给所有 Follower 广播消息。
- 支持读请求优化。Read Index 和 Lease Read 实现线性一致性读。
- 拆分多个 Group，成倍地提升 Raft 读写功能与第 4 章介绍的 PhxPaxos 的 Group 类似，在一个集群中可以拆分出多个 Group，每个 Group 都可以独立运行 Raft 算法且互不干扰。依赖这种设计可以成倍地提升 Raft 读写瓶颈。

3．JRaft设计

每个 JRaft 成员都是一个 Node 对象，它可以是 Leader，也可以是 Follower。多个组件挂载在 Node 对象上，组成一个 JRaft 成员。如图 6.26 所示为 JRaft 的设计示意，包含 JRaft 的三大重要组件，即状态机、存储及复制者。

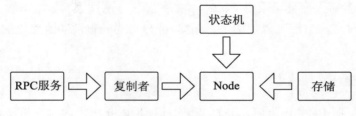

图 6.26　JRaft 设计示意

（1）状态机：与业务逻辑相关，需要由业务系统实现。在 JRaft 对某个日志项达成共识后，会将该日志项输入状态机并进行真正的业务处理。顶层抽象为 StateMachine 接口，上层调用为 FSMCaller，为状态机增加安全检查、批量提交及并发写盘等优化处理。

（2）存储：包含日志存储、元数据存储及快照存储。

- 日志存储：记录 Raft 协商的所有日志项及成员变更的日志项，由 LogStorage 实现，其上层调用为 LogManager，为存储实现增加缓存、批处理等优化功能。
- 元数据存储：主要存储节点所处的 term（currentTerm）及最近投票（votedFor），这些数据能有效地帮助重启的成员得知关机前的运行状况。
- 快照存储：存放业务状态机的快照数据，由 SnapshotStorage 实现，上层调用为 SnapshotExecutor，为快照存储增加快照安装和快照生成等功能。

（3）复制者：用于将 Leader 的日志发送给 Follower，同时提供 Leader 与 Follower 之间的心跳检测，由 Replicator 实现。Leader 的上层调用为 ReplicatorGroup，为其生成多个

---

① Metrics 的官网地址为 https://metrics.dropwizard.io/。

互不干扰的 Group。

6.9.2　Leader 选举

为了降低开发者的学习门槛，JRaft 提供了两个案例：RheaKV 和 Counter。RheaKV 是一个轻量级的分布式强一致的 K-V 存储服务，使用 JRaft 来保证各个成员之间的数据一致性和容错性。Counter 是一个分布式计数器，在多个成员之间保证计数器的一致性。本小节将介绍 Counter。Counter 分为 CounterClient 和 CounterServer，图 6.27 展示了它们的交互过程。

- ❑ CounterClient：计数器的使用者。
- ❑ CounterServer：计数器服务的提供者，多个 CounterServer 组成一个 Counter 集群。
    - ➢ 每个 CounterServer 都依赖于 JRaft，递增计数器的请求由 Leader 成员执行。
    - ➢ 每个 CounterServer 都需要实现 JRaft 状态机，在每次递增计数器的请求完成协商之后，执行递增计数器的操作。

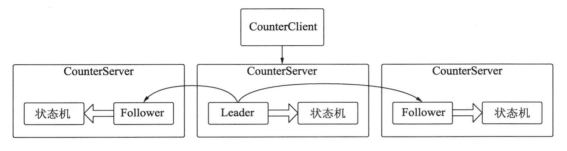

图 6.27　Counter 交互

CounterServer 提供两个服务：递增计数器及获取计数器最新值。下面将以这两个服务解析 JRaft 处理事务请求和非事务请求的过程。

1．成员启动

在 Counter 案例中，CounterServer 嵌入 JRaft，负责维护计数器，CounterClient 作为客户端，发送业务请求。当 CounterServer 启动时最重要的工作是初始化 Node 对象，包括挂载状态机、注册 RPC 消息处理器等。具体步骤如下：

（1）创建 RpcServer，用于处理接收的信息，通过 registerProcessor() 向 RpcServer 注册处理器，当收到不同的消息时，都会调用相应的处理器。

在 Counter 案例中，业务请求消息和 JRaft 成员交互消息使用同一个 RpcServer。其中，GetValueRequestProcessor 和 IncrementAndGetRequestProcessor 分别用于获取客户端计数器最新的值和递增计数器。

（2）初始化状态机，状态机将会在 Node 初始化时挂载。

为了让业务系统更简单挂载状态机，JRaft 提供了 StateMachineAdapter。通常，业务系统只需要着重关注状态机的 onApply()、onSnapshotSave() 和 onSnapshotLoad() 方法的实现，它们分别对应状态转移、生成快照及加载快照。

（3）准备存储配置，包括日志存储、元数据存储及快照存储，同样在 Node 初始化时初始化存储实例。

- ❑ 日志存储：用于记录 JRaft 成员变更和客户端请求日志，由 LogStorage 实现，其上层调用为 LogManager，为存储服务提供缓存和日志项检查等优化。LogStorage 主要功能包括追加日志项（appendEntry()）及获取日志项（getEntry()）。
- ❑ 元数据存储：用于存储成员的 term 和选票信息等，由 RaftMetaStorage 实现。
- ❑ 快照存储：用于存储状态机快照，由 SnapshotStorage 实现，其上层调用为 SnapshotExecutor，提供快照复制和安装的功能。

（4）初始化 RaftGroupService，它是当前成员的服务框架，负责推动 JRaft 成员的启动，包括初始化 Node 和初始化相关超时定时器如超时选举。

```java
// com.alipay.sofa.jraft.example.counter.CounterServer#CounterServer
public CounterServer(final String dataPath, final String groupId
, final PeerId serverId, final NodeOptions nodeOptions) throws
IOException {
    // 初始化路径
    FileUtils.forceMkdir(new File(dataPath));
    // 这里让 Raft RPC 和业务 RPC 使用同一个 RpcServer，通常也可以分开
    final RpcServer rpcServer = RaftRpcServerFactory.createRaftRpcServer
(serverId.getEndpoint());
    // 注册业务处理器
    CounterService counterService = new CounterServiceImpl(this);
    rpcServer.registerProcessor(new GetValueRequestProcessor(counterService));
    rpcServer.registerProcessor(new IncrementAndGetRequestProcessor
(counterService));
    // 初始化状态机
    this.fsm = new CounterStateMachine();
    // 设置状态机的启动参数
    nodeOptions.setFsm(this.fsm);
    // 必须要设置日志存储路径和元数据存储路径
    nodeOptions.setLogUri(dataPath + File.separator + "log");
    nodeOptions.setRaftMetaUri(dataPath + File.separator + "raft_meta");
    // snapshot 为可选参数，推荐设置
    nodeOptions.setSnapshotUri(dataPath + File.separator + "snapshot");
    // 初始化 Raft Group 服务框架
    this.raftGroupService = new RaftGroupService(groupId, serverId,
nodeOptions, rpcServer);
    // 启动
    this.node = this.raftGroupService.start();
}
```

RaftGroupService#start()是 JRaft 成员的关键代码，在该方法中创建并初始化一个 Node 对象并启动 RpcServer 监听 RPC 消息。其中，初始化 Node 由 NodeImpl#init()完成，但是该方法的代码较长，这里不方便展示所有代码，具体初始化步骤如下：

（1）初始化定时器，包括以下几项。

- ❑ 选举超时定时器（electionTimer）：在等待一个选举超时（electionTimeoutMs）后，发起 Leader 选举。
- ❑ 投票超时定时器（voteTimer）：用于选举超时的场景，在一个选举超时内，如果 Candidate 未获得多数派的响应，则重新进行 Pre-Vote 或者 RequestVote 操作。
- ❑ 集群健康监控定时器（stepDownTimer）：用于监控集群状况。

❑ 快照生成间隔定时器（snapshotTimer）。

（2）初始化成员配置，用于管理历史成员配置。

（3）初始化 Disruptor 队列，用于异步处理日志项，将日志项提交给 LogManager。

（4）初始化存储，包括日志项存储和元数据存储，通过 JRaftServiceFactory 来完成。JRaftServiceFactory 是 JRaft 通过 SPI 机制暴露的扩展点，用户可通过 SPI 来实现日志存储和快照存储等方式。JRaft 的默认实现为 DefaultJRaftServiceFactory。

（5）挂载状态机，初始快照存储。

（6）初始化 BallotBox，用于请求投票消息的投票池。

（7）初始化成员配置，如果该成员没有持久化任何日志项则使用启动配置中的成员配置，否则使用日志中的最后一个成员配置。

（8）初始化 RpcServer，在当前案例中，客户端消息与 JRaft 内部消息使用同一个 RpcServer 对象。这里主要初始化 Jraft 内部消息处理，而这些内容在 ReplicatorGroupImpl 中实现。

（9）初始化 ReadOnlyService，处理读请求。

（10）初始化自己的状态为 Follower。

2．Pre-Vote

在完成初始化工作之后，JRaft 才算正式启动。在初始化工作的最后，如果集群的成员配置只有一个成员且该成员是当前成员，则 JRaft 会立即发起 Leader 选举，无须触发选举超时定时器（electionTimer）。

在正常初始化工作结束之后，当前成员状态为 Follower，按照处理逻辑，在等待一个选举超时后会触发 Leader 选举，由 handleElectionTimeout()方法完成。在进行 Leader 选举之前，会完成以下预处理工作。

（1）由 isCurrentLeaderValid()方法校验当前 Leader 是否有效，主要校验依据是判断最后一次心跳到此刻是否已经超过选举超时。

（2）由 resetLeaderId()重置 Leader 信息，命令当前成员放弃 Leader，停止追随 Leader。

（3）由 allowLaunchElection()判断当前选举是否需要继续进行下去。这里引入优先级的概念，根据当前成员的优先级，判断选举是否需要延迟进行。

每个成员都拥有一个 targetPriority，只有当自己的优先级大于 targetPriority 时才允许进行选举；否则就等待下一次选举超时，然后再执行一次这个判断。直到下一次选举超时之前，如果新 Leader 仍然未诞生，将会衰减 targetPriority。

（4）执行 preVote()。这里的 preVote()与 Raft 论文中的 Pre-Vote 的功能一致，是为了防止在进行网络分区时，某些 Follower 干扰正常工作的 Leader，进行没有必要的选举。具体步骤如下：

① 初始化选票池，初始化多数派数量。

② 遍历配置的节点列表，发送 Pre-Vote 消息并绑定响应回调 done，当收到 Pre-Vote 的响应消息时回调 done。

③ 给自己投票，递减多数派的数量。

④ 判断是否已被多数派所支持，当多数派的数量递减为 0 时，表示已被多数派所支持。

实现代码如下:

```
// com.alipay.sofa.jraft.core.NodeImpl#preVote
private void preVote() {
    long oldTerm;
    // 省略代码: 成员配置安全校验
    ...
    final LogId lastLogId = this.logManager.getLastLogId(true);
    boolean doUnlock = true;
    this.writeLock.lock();
    try {
        // pre_vote 需要获得 writeLock 锁, 以避免竞态条件下产生的 ABA 问题
        if (oldTerm != this.currTerm) {
            return;
        }
        // 初始化新配置和旧配置初始化选票池。例如, 计算新配置的多数派数量和旧配置的多
           数派数量
        this.prevVoteCtx.init(this.conf.getConf(), this.conf.isStable() ?
null : this.conf.getOldConf());
        for (final PeerId peer : this.conf.listPeers()) {
            // 省略代码: 排除自己, 当前成员不需要发送 Pre-Vote 消息
            ...
            if (!this.rpcService.connect(peer.getEndpoint())) {
                continue;
            }
            // OnPreVoteRpcDone 将在收到 Pre-Vote 的响应消息后回调
            final OnPreVoteRpcDone done = new OnPreVoteRpcDone(peer, this.
currTerm);
            done.request = RequestVoteRequest.newBuilder()
                .setPreVote(true)                 // 表明这是一个 Pre-Vote 消息
                .setGroupId(this.groupId)
                .setServerId(this.serverId.toString())
                .setPeerId(peer.toString())
                .setTerm(this.currTerm + 1)       // 下一个 term
                .setLastLogIndex(lastLogId.getIndex())
                .setLastLogTerm(lastLogId.getTerm())
                .build();
            // 发送 Pre-Vote 消息
            this.rpcService.preVote(peer.getEndpoint(), done.request, done);
        }
        // 给自己投票
        this.prevVoteCtx.grant(this.serverId);
        // 判断是否获得多数派
        if (this.prevVoteCtx.isGranted()) {
            doUnlock = false;
            // 发起选举
            electSelf();
        }
    } finally {
        // 省略代码: 释放锁
        ...
    }
}
```

RequestVote 消息体中的 preVote_ 字段用于区分是否为 Pre-Vote 消息。其他成员收到消息的处理逻辑在 RequestVoteRequestProcessor 中, 它会根据消息中的 preVote_ 分别处理 Pre-Vote 消息和 RequestVote 消息。处理 Pre-Vote 消息由 handlePreVoteRequest 完成, 具体

步骤如下：

（1）检查自己的成员状态，因为自己可能处于异常中，如果异常则拒绝该消息。

（2）检查当前 Leader 是否有效，如果有效则拒绝该消息，以规避网络分区成员干扰正常工作的 Leader。

（3）如果自己的 term 大于消息中的 term 并且自己为 Leader，则拒绝 Pre-Vote 消息并检查 Replicator。该 Pre-Vote 消息可能是由于自己晋升 Leader 时未能及时启动 Replicator，导致该 Pre-Vote 消息发送者未能收到心跳消息才发起的。

（4）用自己最后见过的日志项与消息中的 term 和 logIndex 进行判断，如果在消息中，日志项更新于自己最后的日志项，则接受该 Pre-Vote 消息，否则拒绝。

（5）回复自己是否接受该 Pre-Vote 消息，在 RpcRequestProcessor 中完成。

```java
// com.alipay.sofa.jraft.core.NodeImpl#handlePreVoteRequest
public Message handlePreVoteRequest(final RequestVoteRequest request) {
    boolean doUnlock = true;
    this.writeLock.lock();
    try {
        // 判断自己是否异常
        if (!this.state.isActive()) {
            // 省略代码：return 拒绝回复
            ...
        }
        final PeerId candidateId = new PeerId();
        // 省略代码：candidateId 初始化
        ...
        boolean granted = false;
        do {
            // 省略代码：校验 candidateId
            ...
            // 当前 Leader 是否有效
            if (this.leaderId != null && !this.leaderId.isEmpty() &&
isCurrentLeaderValid()) {
                break;
            }
            if (request.getTerm() < this.currTerm) {
                // 如果自己为 Leader，检查 Replicator
                checkReplicator(candidateId);
                break;
            }
            checkReplicator(candidateId);
            doUnlock = false;
            this.writeLock.unlock();
            final LogId lastLogId = this.logManager.getLastLogId(true);
            doUnlock = true;
            this.writeLock.lock();
            final LogId requestLastLogId = new LogId(request.getLastLog
Index(), request.getLastLogTerm());
            // 比较在最后的日志项中，term 和 logIndex 与消息中的 term 和 logIndex 哪
            // 个更新
            granted = requestLastLogId.compareTo(lastLogId) >= 0;
        } while (false);
        return RequestVoteResponse.newBuilder().setTerm(this.currTerm)
            .setGranted(granted).build();
    } finally {
        // 省略代码：释放锁
```

```
       ...
   }
}
```

回到 Pre-Vote 的消息发送者，前面提到过，在发送 Pre-Vote 消息时，会绑定 Pre-Vote 的响应消息回调，即 OnPreVoteRpcDone，该回调器最终会调用 handlePreVoteResponse()方法。处理 Pre-Vote 响应消息的逻辑很简单，在进行参数校验之后执行的步骤如下：

（1）调用 Ballot#grant()将响应消息加入选票池，对多数派数量进行递减。

（2）调用 Ballot#isGranted()判断是否已获得多数派响应。

3. RequestVote

在 Pre-Vote 获得多数派支持后，由 electSelf()开启 Leader 选举。electSelf()的主要工作是向其他成员发送 RequestVote 消息，具体步骤如下，因为代码较多，所以仅按照步骤分析关键代码。

（1）暂停选举超时定时器（electionTimer），防止再次触发 Pre-Vote。

（2）递增 term 并更新自己的状态为 Candidate。

（3）启动投票超时定时器（voteTimer）并重新初始化选票池。

（4）遍历成员列表，发送 RequestVote 消息。

关键代码如下：

```
for (final PeerId peer : this.conf.listPeers()) {
    if (!this.rpcService.connect(peer.getEndpoint())) {
        continue;
    }
    final OnRequestVoteRpcDone done = new OnRequestVoteRpcDone(peer, this.
currTerm, this);
    done.request = RequestVoteRequest.newBuilder()
        .setPreVote(false).setGroupId(this.groupId)
        .setServerId(this.serverId.toString())    // 投票的成员 ID
        .setPeerId(peer.toString())               // 发送给目标成员 ID
        .setTerm(this.currTerm).setLastLogIndex(lastLogId.getIndex())
        .setLastLogTerm(lastLogId.getTerm()).build();
    // 发送 RequestVote 消息
    this.rpcService.requestVote(peer.getEndpoint(), done.request, done);
}
```

（5）给自己投票，递减多数派数量。

（6）判断是否获得多数派支持，如果是则使用 becomeLeader()启动 Leader 相关的工作。

```
// 更新元数据
this.metaStorage.setTermAndVotedFor(this.currTerm, this.serverId);
// 给自己投票，递减多数派数量
this.voteCtx.grant(this.serverId);
// 判断是否获得多数派
if (this.voteCtx.isGranted()) {
    becomeLeader();
}
```

其他成员收到 RequestVote 消息后，同样会进入 RequestVoteRequestProcessor，最终交由 NodeImpl#handleRequestVoteRequest()处理，是否接受 RequestVote 消息，与 Pre-Vote 消息处理类似。

（1）检查自己的成员状态是否异常，如果异常则拒绝 RequestVote 消息。

（2）检查 term，如果自己的 term 大于消息中的 term，则拒绝 RequestVote 消息。

（3）比较日志项的 term 和 logIndex，如果自己最后的日志项小于或等于消息中的 term 和 logIndex，则接收该消息并更新相关数据，具体包括：

❑ 更新自己的 term。

❑ 更新自己所支持的成员。

❑ 更新元数据。

关键代码如下：

```
final LogId lastLogId = this.logManager.getLastLogId(true);
final boolean logIsOk = new LogId(request.getLastLogIndex(), request.
getLastLogTerm())
    .compareTo(lastLogId) >= 0;
if (logIsOk && (this.votedId == null || this.votedId.isEmpty())) {
    stepDown(request.getTerm(), false, new Status(RaftError.EVOTEFORCANDIDATE,
        "Raft node votes for some candidate, step down to restart election_
timer."));
    this.votedId = candidateId.copy();              // 更新自己所支持的成员
    this.metaStorage.setVotedFor(candidateId);      // 更新元数据
}
```

（4）回复自己是否接受 RequestVote 消息。

```
return RequestVoteResponse.newBuilder()
.setTerm(this.currTerm)
// 是否接受 RequestVote 消息
.setGranted(request.getTerm() == this.currTerm && candidateId.equals
(this.votedId))
.build();
```

回到 RequestVote 的消息发送者，同样是由回调处理 RequestVote 的响应消息，其回调为 OnRequestVoteRpcDone。根据 granted_得知对应的成员是否接受 RequestVote 消息，将收到的响应加入选票池并判断是否已收到多数派的响应。

```
if (response.getGranted()) {          // 判断该成员是否接受了 RequestVote 消息
    this.voteCtx.grant(peerId);       // 加入选票池，递减多数派数量
    if (this.voteCtx.isGranted()) {   // 判断是否已获得多数派的支持
        becomeLeader();
    }
}
```

4．Leader初始化

在 Candidate 获得多数派的支持后，可以晋升为 Leader，在 NodeImpl#becomeLeader() 方法中的处理逻辑如下：

（1）关闭 voteTimer 定时器。

（2）遍历 Follower 和 Learner 列表，为每个 Follower 和 Learner 开启日志复制并加入 ReplicatorGroup。

每个复制者称为 Replicator，ReplicatorGroup 管理着单个 Group 下的所有 Replicator，并增加了必要的权限校验。

（3）通过 BallotBox#resetPendingIndex()推进 pendingIndex，即已经复制到多数派的日

志索引+1。

在新 Leader 晋升后，并不知道哪些日志项已被复制到多数派中，这里以 pendingIndex=last_log_index+1 进行初始化。根据 Raft 论文所述，上一 term 未提交的日志需要等待当前 term 提交一个日志项之后才能提交，因此，下一个协商日志索引应为 pendingIndex。

（4）注册 conf_ctx，以拒绝在提交第一个日志之前的成员配置变更请求，在此之前执行成员变更将会有日志被覆盖的风险，这一 Bug 在 6.4.3 小节介绍过。

（5）启动 stepDownTimer 定时器。

NodeImpl#becomeLeader()方法代码如下：

```
// com.alipay.sofa.jraft.core.NodeImpl#becomeLeader
private void becomeLeader() {
    Requires.requireTrue(this.state == State.STATE_CANDIDATE, "Illegal
state: " + this.state);
    // 停止投票定时器，防止再次发起 Leader 选举
    stopVoteTimer();
    this.state = State.STATE_LEADER;
    this.leaderId = this.serverId.copy();
    this.replicatorGroup.resetTerm(this.currTerm);
    for (final PeerId peer : this.conf.listPeers()) {
        if (peer.equals(this.serverId)) {
            continue;
        }
        if (!this.replicatorGroup.addReplicator(peer)) {}
    }
    // 省略代码：开启 Learner 复制
    ...
    // 推进 pendingIndex
    this.ballotBox.resetPendingIndex(this.logManager.getLastLogIndex() + 1);
    // 注册 conf_ctx，拒绝在提交第一个日志之前的成员配置变更请求
    if (this.confCtx.isBusy()) {
        throw new IllegalStateException();
    }
    this.confCtx.flush(this.conf.getConf(), this.conf.getOldConf());
    // 启动 stepDownTimer 定时器
    this.stepDownTimer.start();
}
```

6.9.3　日志复制

1．启动复制者

当 Candidate 成为 Leader 时，将会为每个 Follower 和 Learner 创建 Replicator（复制者）对象，Replicator 负责向对应的成员发送 AppendEntries 消息及心跳检查。ReplicatorGroup 管理着单个 Group 下的所有 Replicator，ReplicatorGroup 维护了两个集合 failureReplicators 和 replicatorMap，分别用于记录当前失败的 Replicator 和正常运行的 Replicator。

在 6.8.2 小节中，Leader 成功晋升后会为 ReplicatorGroupImpl#addReplicator()指定的成员开启日志复制功能。在该方法中使用 Replicator#start()创建 Replicator 对象，并将对象存储在 replicatorMap 集合中。

Replicator#start() 返回的是 ThreadId，ThreadId 是对 Replicator 的包装，为 Replicator 增加可重入锁。在发送心跳与发送探测消息时需要先获得 ThreadId 的可重入锁，具体步骤如下：

（1）创建 Replicator 对象并与对应成员建立连接。

（2）注册监控指标。

（3）开启心跳消息，心跳间隔根据选举超时动态生成。

代码如下：

```
private int heartbeatTimeout(final int electionTimeout) {
    return Math.max(electionTimeout / this.raftOptions.getElection
HeartbeatFactor(), 10);
}
```

心跳检测没有通过定时器实现，而是在每一次心跳完成之后的回调（heartbeatDone）中设置下一次心跳检测时间。这样做的好处是在该心跳没有返回时，Leader 不会再重复发送心跳。

（4）发送探测消息，探测该成员与 Leader 之间的日志差异，找到该成员的 nextIndex。

```
public static ThreadId start(final ReplicatorOptions opts, final RaftOptions
raftOptions) {
    if (opts.getLogManager() == null || opts.getBallotBox() == null || opts.
getNode() == null) {
        throw new IllegalArgumentException("Invalid ReplicatorOptions.");
    }
    final Replicator r = new Replicator(opts, raftOptions);
    // 建立连接
    if (!r.rpcService.connect(opts.getPeerId().getEndpoint())) {
        return null;
    }
    // 省略代码：指标监控
    ...
    r.id = new ThreadId(r, r);
    r.id.lock();
    notifyReplicatorStatusListener(r, ReplicatorEvent.CREATED);
    LOG.info("Replicator={}@{} is started", r.id, r.options.getPeerId());
    r.catchUpClosure = null;
    r.lastRpcSendTimestamp = Utils.monotonicMs();
    // 开启心跳定时器
    r.startHeartbeatTimer(Utils.nowMs());
    // 发送探测请求
    r.sendProbeRequest();
    return r.id;
}
```

2．AppendEntries消息

根据 Raft 论文所述，心跳消息、探测消息及日志复制消息皆以 AppendEntries 消息的形式交互，并且这三者处理逻辑基本相同，笔者整理了它们在发送时携带的相关参数，如表 6.14 所示。

表 6.14　AppendEntries消息

参　数	描　述	探 测 消 息	心 跳 信 息	日志复制消息
groupId_	Raft Group名	携带	携带	携带
serverId_	发送成员（Leader）	携带	携带	携带
peerId_	接收成员	携带	携带	携带

续表

参　　　数	描　　　述	探 测 消 息	心 跳 信 息	日志复制消息
term_	Leader所处term	携带	携带	携带
prevLogTerm_	前一个日志项的term	携带	携带	携带
prevLogIndex_	前一个日志项的index	携带	携带	携带
entries_	日志项的元数据			携带
committedIndex_	最后提交的日志索引	0	携带	携带
data_	日志项的提案值			携带

心跳消息和探测消息由 Replicator#sendEmptyEntries()发送，在 Replicator 启动时触发调用；在心跳消息或日志复制消息收到异常响应后，Replicator 会再次发送探测消息，重新寻找该 Follower 的 nextIndex。

日志复制消息由 Replicator#sendEntries()发送，当 Leader 收到客户端事务请求或者 Follower 跟 Leader 之间的数据存在差距时触发。

JRaft 以 Task 对象接收客户端的事务请求，并封装为 LogEntry 在集群中协商并保存。在 Counter 的案例中，CounterServer 收到递增计数器的请求后，将封装为 Task 对象交给 NodeImpl#apply()处理。其中，data 为本次事务操作的内容，done 为 JRaft 完成协商后的回调，done 用于响应 CounterClient 本次事务请求的结果，代码如下：

```
final Task task = new Task();
task.setData(ByteBuffer.wrap(SerializerManager.getSerializer(Serializer
Manager.Hessian2).serialize(op)));
task.setDone(closure);
this.counterServer.getNode().apply(task);
```

在 NodeImpl#apply()中将会把 Task 转为 LogEntry 推入 applyQueue 队列，applyQueue 队列存储了待协商的日志项，当该队列中的元素数量达到批量协商的条件时，将触发日志协商任务。applyQueue 队列的监听处理器为 LogEntryAndClosureHandler，该处理器的主要工作包括：

❏ 合并多个日志项并进行批量处理。

❏ 调用 BallotBox#appendPendingTask()初始化选票池及绑定 task 回调。

❏ 调用 LogManager#appendEntries()持久化日志项。

调用 LogManager#appendEntries()将日志项推入 diskQueue 队列，处理器为 StableClosure-EventHandler，该处理器的主要工作就是持久化日志项。为了减少磁盘 I/O 次数，该处理会等待内存中的日志项达到设定的阈值后再进行批量刷新保存。

LogManager#appendEntries()还引入了 WaitMeta 对象，在日志项推入 diskQueue 队列之后，将会唤醒所有的 WaitMeta。WaitMeta 用于将日志项复制给 Follower，当没有日志项需要发送时，将会创建一个 WaitMeta，继续等待新日志项产生，然后唤醒该 WaitMeta 发送日志项。

```
final int waiterCount = wms.size();
for (int i = 0; i < waiterCount; i++) {
    final WaitMeta wm = wms.get(i);
    wm.errorCode = errCode;
```

```
        Utils.runInThread(() -> runOnNewLog(wm));
}
```

runOnNewLog()最终会调用 Replicator#sendEntries()发送日志项。心跳消息和探测消息与日志复制消息类似，三者的发送代码都由 RaftClientService#appendEntries()来完成，Replicator#onRpcReturned()为收到 Follower 的响应后的处理方法。

addInflight()使用一个队列维护正在运行的请求，因为 Raft 要求严格按照顺序处理请求，所以需要跟踪每个请求的状态。当消息出现错乱时，调用 resetInflights()重置请求队列并再次进行消息探测。

```
Future<Message> rpcFuture = this.rpcService
    .appendEntries(this.options.getPeerId().getEndpoint(), request, -1,
    new RpcResponseClosureAdapter<AppendEntriesResponse>() {
        @Override
        public void run(final Status status) {
            RecycleUtil.recycle(recyclable);
            onRpcReturned(Replicator.this.id, RequestType.AppendEntries,
status, request
                , getResponse(), seq, v, monotonicSendTimeMs);
        }
});
// 维护正在运行的请求队列
addInflight(RequestType.AppendEntries, nextSendingIndex, request.get
EntriesCount()
    , request.getData().size(),seq, rpcFuture);
```

Follower 收到消息后的处理器为 AppendEntriesRequestProcessor，在该处理器中会调用 NodeImpl#handleAppendEntriesRequest()，心跳消息、探测消息及日志复制消息都由该方法处理，心跳消息与探测消息只需要完成相应的检查即可返回，而日志复制消息还需要经过写盘等处理。具体步骤如下：

（1）检查当前成员是否有效，如果当前成员不可用，则返回无效的编码。

（2）参数校验，检查请求中的 serverId 是否符合规范，如果不符合，则返回无效的编码。

（3）检查 term，如果消息中的 term 小于自己的 term，则说明 Leader 已过期或者是迟到的消息，应该拒绝并返回 false。这里包含大于等于自己的 term 的情况。

❑ 如果消息中的 term 大于自己的 term，则说明其他成员已经晋升为 Leader，在第（5）步中!serverId.equals(this.leaderId)判断应为 true。

❑ 如果消息中的 term 等于自己的 term，则是正确的情况，消息发送者一定是自己追随的 Leader，这一点由"在一个任期内只存在一个 Leader"来保证，在第（5）步中!serverId.equals(this.leaderId)判断应为 false。

（4）检查并更新当前成员的 term 和状态，以判断是否符合追随当前的 Leader。

（5）如果当前成员追随的 Leader 不是该消息的发送者，则说明其他成员已经晋升为 Leader 且已追随了新的 Leader。此时，当前成员将会递增自己的 term，使两个 Leader 都下台，这种情况下应当拒绝本轮消息，返回 false。

```
// 检查当前成员的 term 和状态
checkStepDown(request.getTerm(), serverId);
if (!serverId.equals(this.leaderId)) {
    // 如果当前成员的 leader 不是消息发送者，则说明其他成员已晋升为 Leader，自己原本
    所追随的 Leader 已经被抛弃了
```

```
    // 递增自己的 term，使得两个 Leader 都下台
    stepDown(request.getTerm() + 1, false, new Status(RaftError.
ELEADERCONFLICT,"More than one leader in the same term."));
    return AppendEntriesResponse.newBuilder().setSuccess(false)
        .setTerm(request.getTerm() + 1).build();
}
```

（6）更新 lastLeaderTimestamp。

（7）如果当前正在安装快照，则当前消息无须处理，因为快照中可能已经包含该日志项，因此返回"忙碌"。

（8）比较消息中 prevLogIndex 所处的 term，此时 Follower 将存在两种情况。

❑ 如果 Follower 落后于 Leader，即不拥有 prevLogIndex 的日志项，那么使用 0 和 prevLogTerm 进行比较，返回 false 并携带 lastLogIndex。

❑ 如果 Follower 优先于 Leader，即拥有 prevLogIndex 之后的日志项，此时比较两者的 term 应是相等的情况，则继续执行第（9）步。

```
final long prevLogIndex = request.getPrevLogIndex();
final long prevLogTerm = request.getPrevLogTerm();
final long localPrevLogTerm = this.logManager.getTerm(prevLogIndex);
if (localPrevLogTerm != prevLogTerm) {
    // 两个 term 不同，则返回 false
    final long lastLogIndex = this.logManager.getLastLogIndex();
    return AppendEntriesResponse.newBuilder().setSuccess(false)
        .setTerm(this.currTerm).setLastLogIndex(lastLogIndex).build();
}
```

（9）到此为止，心跳消息和探测消息的处理全部完成，此时 Follower 拥有 Leader 所有的日志项且有可能领先于 Leader，因此应该返回 true 并携带 lastLogIndex。

```
// 根据 entries 是否为空，判断是否为心跳信息或者探测消息
if (entriesCount == 0) {
    final AppendEntriesResponse.Builder respBuilder = AppendEntries
Response.newBuilder()
    .setSuccess(true).setTerm(this.currTerm).setLastLogIndex(this.logManager.
getLastLogIndex());
    doUnlock = false;
    this.writeLock.unlock();
    // 推进 committedIndex，执行状态转移
    this.ballotBox.setLastCommittedIndex(Math.min(request.getCommitted
Index(), prevLogIndex));
    return respBuilder.build();
}
```

（10）处理日志复制消息。Follower 也需要将日志项持久化，与 Leader 一样，同样使用 LogManager#appendEntries()完成，不同的是二者回调的内容不同。

❑ Leader 传入的回调为 LeaderStableClosure，用于持久化成功后将自己加入该日志项的选票池，如果收到多数派的响应，则执行提交操作，即推进 committedIndex 并执行状态转移。

❑ Follower 传入的回调为 FollowerStableClosure，用于持久化成功后回复 Leader。
代码如下：

```
// Leader 持久化日志项
this.logManager.appendEntries(entries, new LeaderStableClosure(entries));
// Follower 持久化日志项
FollowerStableClosure closure = new FollowerStableClosure(request
, AppendEntriesResponse.newBuilder().setTerm(this.currTerm), this, done,
this.currTerm);
this.logManager.appendEntries(entries, closure);
```

回到 Leader，处理 AppendEntries 消息的响应是以回调的方式进行，在发送 AppendEntries 消息的代码中，可以看到处理响应的是 onRpcReturned()。该方法的核心逻辑是检验响应的有效性并控制处理响应的顺序。onRpcReturned() 从两个方面来控制处理响应的顺序：

❑ 在 RPC 消息中会生成消息的序号，即 seq，而 Replicator 提供了一个 requiredNextSeq 变量，用于标识下一个需要处理响应的 seq。如果当前响应到的 seq 和 requiredNextSeq 不匹配，则本次循环不处理该响应，接着判断下一个响应的 seq 是否为 requiredNextSeq，直到找到一个响应的 seq 与 requiredNextSeq 一致为止。

代码如下：

```
if (queuedPipelinedResponse.seq != r.requiredNextSeq) {
    // 如果请求序列不匹配，则本次不处理，严格按照请求顺序处理响应，requiredNextSeq
        为下一个处理响应的 seq
    if (processed > 0) {
        break;
    } else {
        continueSendEntries = false;
        id.unlock();
        return;
    }
}
```

❑ 当一个响应的 seq 与 requiredNextSeq 一致时，还需要参考请求队列的顺序，即 inflights 队列，Replicator 发送请求后会将请求推入 inflights 队列。只有当 inflights 中的第一个元素的 seq 也等于 requiredNextSeq 时，才能保证一定是按照请求队列的顺序处理响应的。如果 inflights 队列的第一个元素的 seq 不等于 requiredNextSeq，则说明处理响应的顺序是错误的，应该重置 Replicator 的所有请求，并重新进行探测。

代码如下：

```
if (inflight.seq != queuedPipelinedResponse.seq) {
    // 响应序列顺序错误，重置请求队列，重新进入探测状态
    r.resetInflights();
    r.setState(State.Probe);
    continueSendEntries = false;
    r.block(Utils.nowMs(), RaftError.EREQUEST.getNumber());
    return;
}
```

Replicator#onRpcReturned() 完成消息预处理后，交由 onAppendEntriesReturned() 真正处理 AppendEntries 的响应，最后根据 onAppendEntriesReturned() 处理的结果在 onRpc-Returned() 的 finally 中决定是否需要发送日志项。可以在完成探测消息后尽快调动发送日志项的工作，代码如下：

```
try{
    switch (queuedPipelinedResponse.requestType) {
        case AppendEntries:
            continueSendEntries = onAppendEntriesReturned(id, inflight
                , queuedPipelinedResponse.status,
                (AppendEntriesRequest) queuedPipelinedResponse.request,
                (AppendEntriesResponse) queuedPipelinedResponse.response,
rpcSendTime, startTimeMs, r);
            break;
    }
} finally {
    if (continueSendEntries) {
        // 发送日志项
        r.sendEntries();
    }
}
```

在 onAppendEntriesReturned()中，如果 Leader 收到的响应消息为 false，则存在以下两种情况：

❑ Follower 的 term 大于 Leader 的 term，对应 Follower 处理的第（5）步。

❑ Follower 的日志项落后于 Leader，对应 Follower 处理的第（8）步。

对于第一种情况，如果 Leader 收到 term 更高的 AppendEntries 的响应，则意味着有新的 Leader 晋升了，当前成员应该立即下台。对于第二种情况，如果 Follower 的日志项落后于 Leader，Leader 则会更新该成员对应的 nextIndex 为响应中的 lastLogIndex+1，并进行下一轮探测，直到找到该成员所处的 nextIndex。

如果 Leader 收到的响应为 true 且是来自 Follower 的日志复制消息的响应，那么 Leader 将调用 BallotBox#commitAt()，在 commitAt()中逐个加入选票池。如果 Leader 已收到多数派的响应，则推进 lastCommittedIndex，并调用 FSMCaller#onCommitted()执行状态转移，具体代码如下：

```
final long startAt = Math.max(this.pendingIndex, firstLogIndex);
Ballot.PosHint hint = new Ballot.PosHint();
for (long logIndex = startAt; logIndex <= lastLogIndex; logIndex++) {
    final Ballot bl = this.pendingMetaQueue.get((int) (logIndex - this.
pendingIndex));
    hint = bl.grant(peer, hint);                // 加入选票池
    if (bl.isGranted()) {                       // 是否已收到多数派的响应
        lastCommittedIndex = logIndex;
    }
}
// 推进 CommittedIndex
this.pendingIndex = lastCommittedIndex + 1;
this.lastCommittedIndex = lastCommittedIndex;
// 执行状态转移
this.waiter.onCommitted(lastCommittedIndex);
```

Leader 执行完 commitAt()之后，接着更新 Replicator 的信息，包含 nextIndex 和状态等，除此之外，还需要根据消息响应者与 Leader 之间的数据差距，唤醒成员变更流程，因为消息响应者可能处于新增成员前的数据对齐状态，这一点将在 6.9.5 小节接着介绍。

Follower 需要等待下一轮心跳信息，根据消息中的 committedIndex_执行推进 committedIndex 及状态转移操作，这一点可以在 Follower 处理的第（9）步的 BallotBox# setLastCommittedIndex 中找到相关的代码。

3．日志截断

在 Follower 处理的第（9）步提到 Follower 领先于 Leader 的情况，根据 Raft 论文所述，应该截断领先的日志。读者可能会好奇截断日志的操作是在什么时候呢？

LogManager#appendEntries()除了将日志项保存到磁盘和唤醒 WaitMeta 对象之外，另一个作用就是截断日志。当 Follower 拥有领先于 Leader 的日志项时，需要调用 checkAndResolveConflict()解决冲突，通过对比日志索引找到冲突的索引，主要逻辑包含以下几个判断。

- ❑ firstLogEntry.getId().getIndex()＞this.lastLogIndex+1。第一个日志项的索引大于当前成员的最后一个索引+1，即下一个索引，说明两者之间存在空洞日志，此时 Follower 不应该持久化本批日志且向 Leader 返回无效。
- ❑ lastLogEntry.getId().getIndex()≤appliedIndex。收到的最后一条日志项不大于本地已应用的日志项，说明 Follower 已处理过这一批日志项，则直接向 Leader 返回处理成功的消息。
- ❑ firstLogEntry.getId().getIndex()=this.lastLogIndex+1。第一个日志项等于当前成员的最后一个索引+1，即下一个索引，则 Follower 与 Leader 的日志不存在冲突，这是一种正常的情况。
- ❑ 剩余的情况是 firstLogEntry.getId().getIndex()＜this.lastLogIndex+1，这意味 Follower 领先于 Leader，需要遍历收到的日志项并与本地的日志项进行比较，以直到找到冲突的起点日志。
- ❑ unsafeTruncateSuffix()，删除 Follower 本地领先的日志项。
- ❑ 从本次收到的日志项中删除 Follower 本地拥有的日志项。

日志复制消息的内容就介绍完了，与探测消息和心跳消息相比，日志复制消息的处理环节多了日志落盘的工作。在日志落盘时会检查冲突日志项，对于 Follower 领先于 Leader 的日志项应该被删除。

6.9.4　非事务请求

6.7 节介绍了多种实现线性一致性读的方案，JRaft 提供了两种读方式，即 Read Index 及 Lease Read，默认采用 Read Index。

与事务请求一样，真正处理业务逻辑的仍然是由状态机实现的，JRaft 只需要保证业务请求在线性一致性的前提下执行即可。JRaft 将非事务请求透传给状态机执行之前，需要确保所有事务请求都已完成状态转移。

Node 提供的 readIndex()方法用于实现非事务请求的处理。其中，requestContext 作为状态机处理的入参用于请求上下文中，会将请求透传至状态机，例如，在一个 K-V 存储系统中，上下文可存储查询的 key。done 入参用于状态机回调，JRaft 在确保线性一致性后将会调用该回调。在 Counter 案例中，上下文传入的空，回调用于从状态机获取最新的值并反馈给客户端，代码如下：

```
this.counterServer.getNode().readIndex(BytesUtil.EMPTY_BYTES, new ReadIndex
Closure() {
    @Override
    public void run(Status status, long index, byte[] reqCtx) {
        if(status.isOk()){
            // closure.success()回复客户端，getValue()从状态机获取最新的值
            closure.success(getValue());
            closure.run(Status.OK());
            return;
        }
        // 省略代码：异常处理
        ...
    }
});
```

然后非事务请求会传递至 ReadOnlyServiceImpl#addRequest()，将事务请求操作推入
readIndexQueue 队列，其处理器为 ReadIndexEventHandler。按照当前成员的状态
（STATE_LEADER 和 STATE_FOLLOWER）分别处理非事务请求。

如果当前成员为 Leader，则进入 NodeImpl#readLeader()，如果在当前 term 内未提交过
任何日志项，按照 Raft 论文所讲的规则，此时应该拒绝本次非事务请求。

```
final long lastCommittedIndex = this.ballotBox.getLastCommittedIndex();
if (this.logManager.getTerm(lastCommittedIndex) != this.currTerm) {
    // 当 Leader 在其任期内没有提交任何日志条目时，拒绝只读请求
    closure
        .run(new Status(RaftError.EAGAIN,
            "ReadIndex request rejected because leader has not committed any
log entry at its term, logIndex=%d, currTerm=%d.", lastCommittedIndex,
this.currTerm));
    return;
}
```

根据配置，判断使用 Read Index（ReadOnlySafe）还是 Lease Read（ReadOnlyLease-
Based），这里以 Read Index 为例，将会发送心跳信息给所有 Follower。在心跳消息获得多
数派响应后，将会回调 closure，查询状态机并响应客户端。

```
case ReadOnlySafe:
    final List<PeerId> peers = this.conf.getConf().getPeers();
    Requires.requireTrue(peers != null && !peers.isEmpty(), "Empty peers");
final ReadIndexHeartbeatResponseClosure heartbeatDone =
    new ReadIndexHeartbeatResponseClosure(closure, respBuilder, quorum,
peers.size());
    for (final PeerId peer : peers) {
        if (peer.equals(this.serverId)) {
            continue;
        }
        this.replicatorGroup.sendHeartbeat(peer, heartbeatDone);
    }
    break;
```

发送心跳消息与探测一样，都由 Replicator#sendEmptyEntries()完成，这里不再赘述。
每次收到心跳响应后，都会进入 ReadIndexHeartbeatResponseClosure 回调。回调代码如下：

```
public synchronized void run(final Status status) {
    if (this.isDone) {                              // 避免多次回调状态机
        return;
    }
    if (status.isOk() && getResponse().getSuccess()) {
```

```
            this.ackSuccess++;
        } else {
            this.ackFailures++;
        }
        if (this.ackSuccess + 1 >= this.quorum) {
            // 加上自己，已有多数派响应
            this.respBuilder.setSuccess(true);
            this.closure.setResponse(this.respBuilder.build());
            this.closure.run(Status.OK());        // 回调状态机
            this.isDone = true;
        } else if (this.ackFailures >= this.failPeersThreshold) {
            // 失败的响应，超过最大的少数派
            this.respBuilder.setSuccess(false);
            this.closure.setResponse(this.respBuilder.build());
            this.closure.run(Status.OK());        // 回调状态机
            this.isDone = true;
        }
    }
```

在 ReadIndexHeartbeatResponseClosure 回调中，无论已收到多数派的成功响应，还是收到一半及以上的失败响应，都会回调状态机，状态机需要判断本次 Read Index 是否成功然后反馈给客户端。

6.9.5　成员变更

关于成员变更，JRaft 核心逻辑采用的是单个成员变更的方式，当需要一次性变更多个成员时，先分析本次需要新增的成员和需要删除的成员，然后逐个变更成员。JRaft 提供了三个成员变更的接口，分别如下：

❑ 单个成员变更和新增成员方法 Node#addPeer()，删除成员方法 Node#removePeer()。
❑ 多个成员变更方法 Node#changePeers()。
❑ 强制变更成员方法 Node#resetPeers()。

无论单个成员变更还是多个成员变更，都会将请求传递给 NodeImpl#unsafeRegister-ConfChange()，该方法用于对请求的安全校验和相应处理，如当前成员是否 Leader，检查并发变更及重复变更的幂处理等。可以根据源码注释找到相应的代码。

在安全校验通过之后，接着使用 NodeImpl.ConfigurationCtx#start()方法执行真正的变更操作，该方法将会对比新旧两份配置，分析本次需要新增的成员和需要删除的成员，代码如下：

```
// 分析需要新增的成员和移除的成员，分别保存在 adding 和 removing 中
newConf.diff(oldConf, adding, removing);
addNewLearners();
if (adding.isEmpty()) {
    // 如果本次变更不需要新增成员，则直接进入下一阶段
    nextStage();
    return;
}
// 新增成员
addNewPeers(adding);
```

1．移除成员

如果本次变更不需要新增成员，如本次变更是移除成员，则直接进入下一阶段，即 nextStage()，记录成员变更日志项。这同样由 LogManager#appendEntries() 来完成，并且该方法会通过唤醒 WaitMeta 对象将成员变更日志项广播给其他 Follower，代码如下：

```
private void unsafeApplyConfiguration(final Configuration newConf, final
Configuration oldConf,
                          final boolean leaderStart) {
final LogEntry entry =
new LogEntry(EnumOutter.EntryType.ENTRY_TYPE_CONFIGURATION);
    entry.setId(new LogId(0, this.currTerm));
    // 省略代码: setPeers、setLearners、setOldPeers、setOldLearners ...
    ...
final ConfigurationChangeDone configurationChangeDone =
new ConfigurationChangeDone(this.currTerm, leaderStart);
    // 初始化并保存选票池，使用新配置进行本次日志项的决策
    if (!this.ballotBox.appendPendingTask(newConf, oldConf, configuration
ChangeDone)) {
        Utils.runClosureInThread(configurationChangeDone, new Status(RaftError.
EINTERNAL, "Fail to append task."));
        return;
    }
    final List<LogEntry> entries = new ArrayList<>();
    entries.add(entry);
    // 持久化成员配置日志项
    this.logManager.appendEntries(entries, new LeaderStableClosure(entries));
    // 更新 targetPriority，它是在选举中用到的优先级
    checkAndSetConfiguration(false);
}
```

2．新增成员

如果有新增成员，则进入 addNewPeers()。根据 Raft 论文描述，新成员加入后应该给它一个学习的时间，让它赶上 Leader 数据后，再加入集群中。

JRaft 同样是这样处理的，在 addNewPeers() 方法中将会遍历所有新增的成员，完成以下工作：

❑ 调用 ReplicatorGroup#addReplicator() 为当前成员增加 Replicator 对象，前面我们已经分析过了该方法，该方法在完成探测消息后，在 finally 中将执行日志复制的工作。

❑ 调用 ReplicatorGroup#waitCaughtUp()，完成初始化对齐后的回调（catchUpClosure）并增加对齐超时定时器。

承接 6.9.3 小节的内容，在 Leader 处理完日志复制消息的响应后，将会进入成员变更流程，这由 Replicator#notifyOnCaughtUp() 完成，其步骤如下：

（1）判断成员数据是否和 Leader 对齐，根据新增成员的 last_log_index 和 Leader 的 last_log_index 差距是否小于 catchupMargin 进行判断。

（2）暂停 ReplicatorGroup#waitCaughtUp() 的对齐超时定时器。

（3）执行回调，记录成员变更日志项。

核心代码如下：

```
if (this.nextIndex - 1 + this.catchUpClosure.getMaxMargin() < this.options.
getLogManager()
    .getLastLogIndex()) {
    // 差距过大，未捕获
    return;
}
// 暂停定时器
if (this.catchUpClosure.hasTimer()) {
    if (!beforeDestroy && !this.catchUpClosure.getTimer().cancel(true)) {
        return;
    }
}
final CatchUpClosure savedClosure = this.catchUpClosure;
this.catchUpClosure = null;
// 执行回调，记录成员变更日志项
RpcUtils.runClosureInThread(savedClosure, savedClosure.getStatus());
```

回调 catchUpClosure 是在 waitCaughtUp()中赋值的，真实的对象为 OnCaughtUp。在 catchUpClosure 回调中，会将成功完成对齐的成员从需要新增的成员列表中删除，直到需要新增的成员列表为空后才会调用 nextStage()执行和移除成员相同的工作。

6.10　本　章　小　结

Raft 是强 Leader 模型的算法，日志项只能由 Leader 复制到其他成员，这意味着日志复制是单向的，Leader 从来不会覆盖自己的本地日志项，即所有日志项以 Leader 为基准的。

Raft 能较好地适应真实的生产环境，在 Raft 论文中明确描述了 Leader 选举、成员变更及日志压缩等细节。本章在此基础上补充了幽灵日志、成员变更的 Bug 及网络分区等在工程实践中应注意的一些场景。

联合共识首次出现于 Raft 论文中，后来被认为是共识算法成员变更的通用协议。为了在变更过程中继续提供安全的服务能力，就必须要保证新成员集合和旧成员集合都选择同一提案，于是引入了中间状态。处于中间状态的集群发起的提案，需要获得新成员集合的多数派和旧成员集合的多数派才能完成协商。

（1）第一阶段，将 $C_{old}+C_{new}$ 的配置发送给 $C_{old} \cup C_{new}$ 的成员，获得多数派 $Q_{old} \cup Q_{new}$ 的支持后执行第二阶段。

（2）第二阶段，将 C_{new} 的配置发送给 $C_{old} \cup C_{new}$ 的所有成员，但只需要获得 Q_{new} 的支持即可完成成员变更。

为了简化联合共识，并且期望在一个阶段内就能完成成员变更，要求一次只能变更一个成员。在这种情况下，不管成员上线还是下线，新成员集合的多数派和旧成员集合的多数派的交集一定不为空，因此只需要一个阶段即可完成成员变更。

6.10.1　Raft 与 Paxos 的异同

Raft 与 Paxos 都采用了"多数派"决策的思想，能够友好地支持容错。二者有以下 7

点不同。

- □ Raft 引入了强 Leader 模型，规避了 Basic Paxos 活锁的问题，Multi Paxos 只降低了活锁的概率。
- □ 协商过程：Multi Paxos 在大多数情况下可以优化为在一阶段内提交，但是达到一阶段提交的条件仍然是需要进入 Prepare 阶段，而 Raft 通过心跳机制替代了提交阶段。
- □ 日志连续性：Paxos 允许乱序提交，同样允许存在空洞日志。而 Raft 通过 Leader 严格规定了日志项的连续性。换句话说，Paxos 只保证每个提案（日志项）达成共识的安全性，而 Raft 在此基础上还保证了日志项的连续性，这一特性表明在两个成员之间，相同日志索引且 term 相同，那么该日志项之前所有的日志项也必然相同。
- □ 非事务请求：虽然 Multi Paxos 可以让 Leader 为每个提案（日志项）记录 Confirm 日志，但是对于未记录 Confirm 日志的提案，必须重新走一遍 Paxos 流程，才能知道该提案是否已达成共识。而 Raft 在日志连续的特性上，也要求了日志项提交的顺序。因此，Raft 只需要明确 committedIndex，即可推测在此之前所有日志项都已达成共识。
- □ 日志压缩：Paxos 没有明确这个细节，但是在 Paxos 的工程实现中往往也会采用类似 Raft 提到的快照方式进行日志压缩。
- □ 日志存储：Paxos 并不要求每个成员拥有完整的数据，而 Raft 要求成员加入集群时先和 Leader 完成数据对齐。
- □ 崩溃恢复：这一点在 Paxos 中并没有那么重要，每个成员都具有对等性，成员崩溃后重启即可。而 Raft 成员崩溃后，再次加入集群时，需要以 Leader 的数据为基准恢复数据，然后才可以加入集群。

6.10.2　Raft 与 ZAB 的异同

Raft 与 ZAB 都引入了 Leader 这一角色，都通过心跳机制来维护 Leader 的领导地位，协商只能由 Leader 发起和推进，不过二者有以下 5 点不同。

- □ 当协商提案时，ZAB 中的 Follower 会参与提案的决策，而在 Raft 中，Follower 只会被动地接收日志项。
- □ 日志流向不同，在 Raft 中，日志只能从 Leader 流向 Follower，而在 ZAB 中，当 Leader 晋升时，需要收集所有 Follower 的数据来生成 Initial History。
- □ Leader 选举不同。Raft 引入了随机超时，降低了选举冲突的可能性，而 ZAB 通过增加成员 ID 来解决选举冲突的问题。Raft 的每个成员在一个 term 上只能投一票，而 ZAB 的每个成员在一轮选举中可以投出多票。
- □ 上一任 Leader 的数据处理不同。Raft 认为之前 term 不明确提交状态的日志都是未提交的，需要等待当前 Leader 提出新的日志项且达成共识后，才认为之前的日志项已提交。ZAB 认为上一任 Leader 提出的不明确提交状态的日志都是已提交的，并且会将这些日志复制到其他成员中。

❑ 在 ZAB 中，协商分为两个阶段，而 Raft 以心跳机制＋日志连续的特性将协商优化
成一个阶段。

6.11　练　习　题

（1）当 Follower 经过一个心跳超时后没有收到心跳时，会发起 Leader 选举，如果集群
的成员数量很多，难免会增加延迟，这样在集群中很容易触发选举，如何处理？

（2）如果一个成员 A 出现网络分区，它既获取不到大多数成员的选票，当选不了 Leader，
又接收不到其他 Leader 的心跳，那么 term 会一直增加（在没有 Pre-Vote 实现的算法下）。
那么当成员 A 恢复后重新加入集群时，因为它拥有很大的 term，其他成员是否会认它为
Leader。

（3）在一个日志项正在协商的过程中 Leader 宕机了，新 Leader 晋升后该日志项会被
提交吗？

（4）当进行 Leader 选举时，有可能产生两个任期相同的 Leader 吗？

（5）当进行 Leader 选举时，成员 A 将 term＝1 的选票投给了成员 C，之后宕机又瞬
间重启了，此时成员 A 收到了成员 B 的 term＝1 的 RequestVote 消息，如何保证算法正
确运行？

（6）客户端发送 α 请求，当 Leader 在等待多数派超时后如何反馈给客户端？

（7）Raft 一切依赖于 Leader，因此性能瓶颈集中在 Leader，写性能仅为单机，如何
提升？

（8）在一个正常运行的 Raft 集群中，以下场景哪些 Follower 是不可能出现的情况？
<term, logIndex>代表一个日志项，新晋升的 Leader 的 term=6，成员拥有的日志项如表 6.15
所示。

表 6.15　AppendEntries消息

Leader	<1, 1>	<1, 2>	<3, 3>	<3, 4>	<5, 5>	<5, 6>	<5, 7>
Follower A	<1, 1>	<1, 2>	<2, 3>	<2, 4>	<5, 5>		
Follower B	<1, 1>	<1, 2>	<3, 3>	<3, 4>	<2, 5>	<2, 6>	
Follower C	<1, 1>	<1, 2>	<6, 3>	<6, 4>	<6, 5>	<6, 6>	<6, 7>
Follower D	<1, 1>	<1, 2>	<1, 3>	<1, 4>	<1, 5>	<1, 6>	<1, 7>

第 3 篇
Paxos 变种算法集合

▶▶ 第 7 章　Paxos 变种算法的发展史

▶▶ 第 8 章　Fast Paxos——C/S 架构的福音

▶▶ 第 9 章　EPaxos——去中心化共识

第 7 章　Paxos 变种算法的发展史

从 1998 年 Lamport 在 *The Part-Time Parliament* 论文中提出 Paxos 以来，由于其难以理解和脱离实际场景，并没有得到足够的重视，但是它超前的设计思想却开启了共识算法的先河。

在行业内，对 Paxos 的优化工作稳步进行着，在 Paxos 的演进过程中诞生了很多 Paxos 的 "变种"。不过，无论怎么优化，重点都是围绕实际场景的落地展开的。本章将介绍对 Paxos 家族正式提出的一些变种的改进，重点学习这些算法的设计思想，以便在实际场景中结合其他算法得出最适合业务的解决方案。

如图 7.1 展示了 Paxos 的部分变种算法的演化历程。本章挑选几个有代表性的算法简要介绍一下，第 8 章和第 9 章会着重介绍 Fast Paxos 和 Egalitarian Paxos 算法。

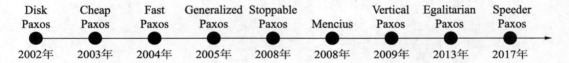

图 7.1　Paxos 的部分变种算法的演化历程

7.1　Disk Paxos 简介

从 1998 年 Paxos 被正式提出以来，Lamport 多次尝试给出易于理解的解释和优化的概念描述，但是直到 2002 年才正式发表论文将 Paxos 应用于实际场景中。Lamport 受 DEC 邀请，为其设计基于磁盘的容错共识算法，最终和 Eli Gafni 总结并整理出了 Disk Paxos 论文。后来，Mauro J. Jaskelioff 等对 Disk Paxos 进行了编码实现，在验证过程中发现了论文中的一些小错误，但是未将其更新至之前的论文中，这一点我们在学习过程中需要注意。

在当代互联网环境中，磁盘作为可插拔的独立组件，其相比于一台完整的计算机价格更加便宜。因此，使用磁盘实现容错更加经济。此外，由于磁盘不直接参与程序计算，它们出现故障的概率远远小于计算机，因此基于磁盘的共识算法是很有诱惑力的。但是磁盘并不具备计算条件，算法仍需要处理器的参与，人们仅依赖处理器的计算功能，处理器的故障不会影响算法的安全性和可用性。

按照设想，在多个处理器系统中，Disk Paxos 只要存在一个没有故障的处理器就可以读写多数派的磁盘，算法便可以正常工作。Disk Paxos 的容错对象是每一个磁盘，而 Basic Paxos 则指的是每一个进程，显然后者的实现成本和故障发生率更高。

7.1.1　算法描述

因为磁盘不具备计算能力，即不可编程，而在协商的过程中要对提案作出抉择，则必须引入处理器。例如，处理器负责帮助 Disk Paxos 协商操作的有效性，代替磁盘选择提案，以及进行提案传输和落盘等。

Disk Paxos 与 Paxos 有很多相似之处，它们都由一个递增的整数来标识本轮操作的有效性，并且提案编号都是一个单调递增的整数，在 Disk Paxos 中将提案编号称为 ballot，与 Basic Paxos 的提案编号类似。

Disk Paxos 将每个磁盘划分为有限个 Block，并将每个 Block 授权给指定的处理器。在算法的运行过程中，Block 的写操作只能由指定的处理器来执行，如图 7.2 所示，而 Block 的读操作对所有处理器开放。

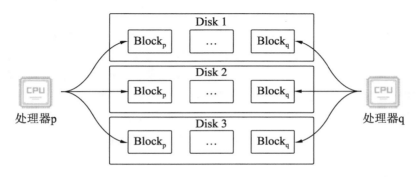

图 7.2　将磁盘划分为 Block

接下来简单介绍一下 Disk Paxos 的协商过程。使用<mbal, bal, inp>描述一个提案，其中，mbal 指当前所处的 ballot，bal 指阶段二中提出提案值时对应的 ballot；inp 指提案值，即处理器收到的输入值。

当处理器 p 收到一个输入 γ 时，协商进入阶段一，依次完成以下步骤：

（1）初始化提案。设置提案中每个字段的初始值，mbal 在处理器 p 见过的最大的 ballot 基础上递增 1，这里取值 1，bal 和 inp 分别为 0 和 Null。

（2）持久化阶段一。对于每个磁盘 d，处理器 p 都尝试将<1, 0, Null>写入自己的 $Block_p$。

（3）收集其他 Block。读取每个磁盘归属于其他处理器 q 的 $Block_q$ 中该提案的信息，记作<$mbal_q$, bal_q, inp_q>。如果多数派的 $mbal_q \leqslant 1$，则完成阶段一并进入阶段二；否则，本轮协商终止，处理器 p 可以继续递增 ballot 发起下一轮协商，也可以等待其他处理器继续协商。

（4）更新提案，即更新 bal 和 inp。将 bal 更新为 mbal。inp 的取值为所有不为 Null 的 inp_q，并且 bal_q 对应的最大值为 inp_q；如果所有的 inp_q 都为 Null，则取值为处理器 p 收到的输入 γ。

（5）持久化阶段二。处理器 p 将更新后的提案<1, 1, γ>写入每个磁盘中属于自己的 $Block_p$。

（6）当处理器 p 成功地将<1, 1, γ>提案写入自己的 $Block_p$ 且它读取的多数派的 $Block_q$ 中的 mbal 不大于 1 时，则完成阶段二的工作，说明处理器 p 成功提交了 γ。

7.1.2　Disk Paxos 小结

Disk Paxos 可以看作对 Paxos 进行的一种生产实践，每个处理器相当于 Paxos 的 Proposer，磁盘中的每个 Block 相当于 Paxos 的 Acceptor。不同的是，Block 作为 Acceptor 会接受所有操作，处理器作为 Proposer 需要自行判断 ballot 的大小。在 Paxos 中，根据提案编号判断消息的有效性是由 Acceptor 来完成的。实际上，只需要这一判断存在即可，至于在哪一端来完成则无关紧要。

在 Paxos 中，只要多数派的 Acceptor 正常工作就能保证算法的可用性和安全性。在 Disk Paxos 中，磁盘的可用数量才是算法是否可用的因素，而处理器的数量并不会降低可用性。

在上述 Disk Paxos 中，处理器可以直接访问所有的磁盘，与其他处理器之间也可以共享内存，拥有较高的协商效率。但实际上，工程师更倾向于基于网络实现 Disk Paxos。在这种方案下，处理器只能访问自己的磁盘，对于其他磁盘上的 Block，处理器需要通过远程消息将写操作和读操作发送给磁盘对应的处理器来完成。

基于网络的 Disk Paxos，通常是为了实现异地容灾方案，但这并不意味着退化成了 Paxos。处理器的故障可能会使得多数派磁盘不可访问，但是否可用的指标仍然是可访问的磁盘数量。

另外，Multi Paxos 优化也可以应用于 Disk Paxos 中。简单回顾一下，在 Basic Paxos 中，一个提案达成共识需要经过 Prepare 阶段和 Accept 阶段，提案值仅会在 Accept 阶段提出。为了优化协商效率，Multi Paxos 在执行一轮 Prepare 阶段的提案后，后续的所有提案可以直接在 Accept 阶段执行，直到遭到多数派的成员拒绝在 Accept 阶段执行为止。在 Disk Paxos 中，允许一个处理器自认为是 Leader，可以直接进入阶段二，直到被多数派的 Block 因为拥有更高的 ballot 而拒绝进入阶段二。

7.2　Cheap Paxos 简介

在 Basic Paxos 中，参与决策的 Acceptor 数量是恒定的，是预先设置好的。为了满足多数派的运行条件，在一个由 $2F+1$ 个成员组成的集群中，最多只能允许 F 个成员发生故障。在许多系统中，需要使用新上线的成员替换发生故障的成员，使集群时刻拥有最佳的容错性，而决定何时执行这一替换操作并不简单，甚至可能会使正常运行的成员下线。因此，我们需要一个更加复杂的算法使 Paxos 能自动完成这些烦琐的操作。

Cheap Paxos 组成的角色分为主成员和辅助成员。主成员用于状态机的实现，辅助成员只有在主成员发生故障时才会参与算法。在一个由 $2F+1$ 个主成员和 F 个辅助成员的集群中，它可以容忍 F 个主成员和 F 个辅助成员出现故障。

7.2.1　算法描述

在 Paxos 正常运行过程中，Proposer 会将消息发送给所有的 Acceptor，并期望多数派的 Acceptor 回复这些消息，算法才能继续推进。例如，在 3 个成员组成的集群中，至少需要 2 个成员正常回复，这意味着仅能容忍 1 个成员发生故障。

为了提升集群的故障容忍程度，大多系统都会为集群准备一些随时备用的成员，然后采用更新成员配置的方式，用备用成员替换发生故障的成员，这种方式称为 Dynamic Paxos。下面以一个例子来帮助读者理解。例如，在一个拥有 3 个活动成员和 2 个备用成员的集群中，当一个活动成员发生故障时，其中一个备用成员将会主动接替其工作。因此，在这个集群中最多能容忍 3 个成员发生故障。

基于 Dynamic Paxos，当活动成员不足以达到多数派的数量时，Cheap Paxos 需要更新成员的配置，使一个或多个辅助成员来参与算法。因为这一改动，使原来的"多数派"变成动态。因此，需要换一种方式来理解达成共识的条件。

回顾 Paxos 的两个阶段：Prepare 阶段可理解为读阶段，Accept 阶段可理解为写阶段，为了保证算法的安全性，不会在同一个 Instance 上选择两个提案。因此，需要一个承上启下的关键条件，使读阶段和写阶段存在一个强关系。而"多数派"正好可以实现这一强关系，因为任意两个多数派集合一定会存在相交的成员，控制这个相交的成员只能选择唯一的提案，从而保证算法在同一个 Instance 上只会选择一个提案。

除了"多数派"可以实现强关系外，我们还可以刻意控制参与决策的成员。令达成强关系的集合称为 Quorum。在 Paxos 中，Quorum 即为"多数派"。在 Cheap Paxos 中增加一个硬性要求：如果 M 为 Quorum，那么要求其他的 Quorum 必须至少包含 M 中的一个成员。因此，得到 Cheap Paxos 算法。

在一个 $2F+1$ 个主成员和 F 个辅助成员组成的集群中，F 个主成员已发生故障，即仅剩 $F+1$ 个主成员和 F 个辅助成员正常运行，在运行过程中，M 即为所有仍存活的主成员组成的集合。如果此时仍有主成员发生故障，则 M 不足以组成 $F+1$ 的 Quorum 集合，那么将执行以下步骤推进算法。

（1）正在协商的提案 α，推进 α 协商的成员称为 Leader。如果 Leader 发生故障，则需要 M 中的另一个成员来接替它的工作继续推进 α，从 Prepare 阶段收集旧 Leader 提出的提案值。至于怎么监测其他成员是否发生故障，这是另一个复杂的论题。不过不用担心监测错误时出现两个 Leader 同时推进 α 协商而导致算法出错的问题，因为新 Leader 会重新进入 Prepare 阶段递增提案编号使旧 Leader 协商失败。

（2）Leader 使用一个或多个辅助成员参与 α 的决策，与 M 组成 Quorum 集合，其集合成员大于或等于 $F+1$。

（3）Leader 提出更新成员配置，将发生故障的主成员移除，产生新的 M 集合。

（4）Leader 提出一个 Noop 提案使成员达成共识，这个操作可以参考在 Raft 中新 Leader 上线提出 Noop 的作用。Leader 需要确保新的 M 集合中的所有成员都已拥有 Noop 之前的所有提案，防止在变更过程中被覆盖。

（5）Leader 告诉所有辅助成员在 Noop 之前所有的提案都已达成共识，参与协商的辅助成员退为空闲成员。

由于辅助成员只需要在主成员发生故障时才进行辅助协商，它们不需要实现状态机及存储的相关数据，因此辅助成员不需要太好的处理性能，它们大部分时间可以去处理其他毫不相干的任务，辅助协商只是它们的兼职工作。

考虑到辅助成员仍然需要存储提案才能参与协商，而有些系统的提案值可能会非常大，从而导致辅助成员持久化需要花费很多时间。这里可以考虑让辅助成员只接收和存储提案值的 Hash 值（Hash 冲突的概率暂且考虑为 0），即辅助成员在 Accept 消息中接收 Hash 值，并在 Prepare 的响应中回复 Hash 值，Leader 可以只根据 Hash 值来判断 Accept 阶段需要提出的提案值。但需要注意的是，Leader 在 Prepare 阶段只收到一个 Hash 值，此时 Leader 不能直接进入 Accept 阶段，一定要等到与该 Hash 值对应的提案值回复才可以进入 Accept 阶段。

图 7.3 展示了 Cheap Paxos 的运行过程。Proposer 在协商 α 时，只有主成员 C 成功进行了响应，但不足以达成共识。于是 Proposer 将提案发送给辅助成员 D，试图获得辅助成员 D 的支持。最终 α 在主成员 C 和辅助成员 D 的支持下达成共识。接下来 Proposer 需要更新成员配置，将发生故障的主成员 A 和 B 移除并协商 Noop。此时辅助成员 D 退为空闲成员，后续协商仅需要主成员 C 来决策即可。

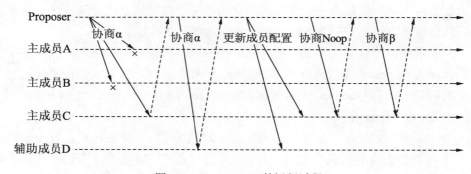

图 7.3　Cheap Paxos 的运行过程

7.2.2　Cheap Paxos 小结

Cheap Paxos 最核心的是 Cheap，其辅助成员不必全程等候，只有在必要的时候辅助成员才会参与算法，且辅助成员不必实现状态机，更不会保存执行状态转移产生的数据。大多数时候，辅助成员可以完成它的主职工作。也就是说，算法仅在必要的时候借用其他服务器的少量计算资源。因此，Cheap Paxos 可以用最经济的方式使集群拥有更大的瞬态故障容忍程度，辅助成员的协作关系如图 7.4 所示。

另外，为了不影响辅助成员的主职工作，辅助成员不应该长期参与算法，因此辅助成员参与算法需要完成以下两项工作：

❑ 与剩余的主成员组成 Quorum 集合，以协助完成正在协商的提案。

❑ 协助重新更新成员配置，移除发生故障的主成员，形成新的 Quorum，而辅助成员再次退为空闲成员。

图 7.4　辅助成员的协作关系

7.3　Generalized Paxos 简介

在 Paxos 的各类变种中，Generalized Paxos 是值得关注的，它打破了最初的共识规范，降低了安全约束。这种更弱的规范，允许不同成员的提案顺序可以不一致，以降低协商的通信成本。

在 Paxos 中，当发生并行协商时，产生冲突的两个提案通常需要重新进入 Prepare 阶段互相干扰，影响活性。Generalized Paxos 将这类情况拆分为不可交换提案和可交换提案。不可交换提案的定义是，两个提案的执行顺序将会影响最终输出的结果，如 set x＝x+3 和 set x＝x×2 互为不可交换提案。可交换提案与其相反，最明显的例子是，两个读请求之间的顺序并不会影响状态机最终的输出。为了保证算法的灵活性，Leader 需要按照约定的逻辑为不可交换的提案生成有序队列，并使该队列在集群中达成共识。

Generalized Paxos 本身即是优化后的成果，它结合了 Fast Paxos[①]，允许 Client 可以直接向 Acceptor 发起提案。这势必会出现多个提案冲突的情况。为了保证算法的安全性，Fast Paxos 引入了一轮 Classic Round 和大于常规多数派的 Quorum 来解决这个问题。而 Generalized Paxos 允许每个 Acceptor 以不同的顺序接收一组提案并进行投票，然后由 Leader 决定这组提案的提交顺序，最后再在集群中尝试协商该顺序。

在 Acceptor 收到 Client 发来的提案后，Acceptor 将其追加到当前轮次的提案列表上，并向 Learner 广播。由于存在并发协商，每个 Acceptor 可以按照不同的顺序接收、投票给不同的提案，但要求 Learner 一定要按照一致的顺序学习，即执行状态转移。

为此，对于可交换的提案，Learner 可以不必在意它们的顺序，等待有多数派的 Acceptor 同时支持这组提案即可学习。但是，为了保证读请求不会获取过期的脏数据，读请求需要等待在此之前的所有提案都完成状态转移后才执行。

对于不可交换的提案，将以不同的顺序追加到每个 Acceptor 的本地队列中。在这种情况下，Acceptor 广播的提案不会被 Learner 学习，Learner 需要维持原样，等待 Leader 需要

---

① Fast Paxos：优化了协商的通信交互次数，具体见第 8 章。

再运行一轮 Basic Paxos，收集 Acceptor 之前收到的提案并将其组装成队列，然后连同新的提案一起发送给 Acceptor，而 Learner 将按照总的顺序学习它们。因此，对于不可交换提案，在 Fast Paxos 中达成共识失败后，接下来会再运行一轮 Basic Paxos 算法，使其达成共识。于是得到如图 7.5 所示的算法。

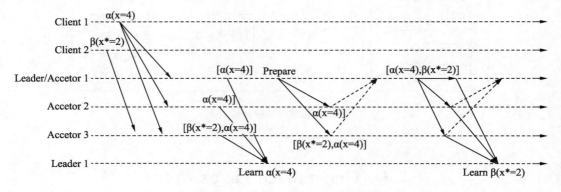

图 7.5　Generalized Paxos 算法执行流程

（1）发起 Fast Paxos，Leader 发送 Any 消息通知 Client 和 Acceptor 可以直接交互。

（2）Client 1 和 Client 2 分别发起提案 $\alpha(x=4)$ 和 $\beta(x=x\times2)$。

（3）Acceptor 1 和 Acceptor 2 只收到了 α，而 Acceptor 3 先收到了 β 又收到了 α，并且将各自的情况继续广播给 Learner。

（4）Learner 1 发现 α 已有多数派 Acceptor 的支持即可以学习 α，并执行状态转移。

（5）对于 β 来说明显发生了提案冲突，此时需要 Leader 参与进来，执行一轮 Basic Paxos 算法。

（6）整合 Prepare 响应中的提案，按照约定的规则排序，最终以生成的队列在 Accept 阶段执行。

（7）Acceptor 在收到 Accept 请求后，覆盖原先记录的数据并重新投票，然后广播给 Learner。

（8）Learner 在收到提案队列后，因为 α 已经学习，所以在该轮消息中，学习 β 即可。

7.4　Stoppable Paxos 简介

在共识系统中，通常只有固定的成员集才能保证参与决策的 Quorum 集是固定的。而实现一个长期运行的系统，弹性扩容和更新成员配置是必要的。在工程实现中，可以利用状态机的特性来更新成员配置。

例如，使用一个 RECONFIGURATION 命令来更改后续所有提案的成员配置，直到下一个 RECONFIGURATION 命令完成状态转移。这种方式的问题在于，当前提案一定要等待前一个提案达成共识后才能协商，因为前一个提案可能是 RECONFIGURATION 命令，这样就阻止了并发协商的出现。当然，可以采用 4.6.3 小节介绍的允许 N 个提案同时协商，但也要容忍同时带来的问题，另外这里再补充一个潜在的危险。

当短时间进行多次成员变更时，即在 i 到 $i+N$ 个提案之间发生多次成员变更时，意味着在一个旧配置中选出了多个新配置。在基于 Leader 的共识算法中，多个成员配置同时存在势必会导致多个 Leader 同时存在，这将影响算法的安全性。

可以发现，对于更新成员配置，我们始终没有较好的方案。那么不妨先保证算法的绝对安全。最简单的方式是停止状态机，在更新成员配置后，以新配置启动状态机。基于这个背景，学者们提出了 Stoppable Paxos 算法，其核心思想如下：定义了一个特殊命令 STP，用于停止状态机，如果 STP 在 Instance i 上达成共识，则不会再有提案在大于 i 的 Instance 上达成共识。

等价于：

如果 STP 在 Instance i 上达成共识，则不会再有提案在大于 i 的 Instance 上被提出。

Stoppable Paxos 的核心思想比较容易理解，接下来看看具体的算法流程。为了限制 Leader 提出提案（允许多个 Leader 的存在），仅需要修改 Accept 阶段的限制。事实上，Stoppable Paxos 与 Paxos 的区别也仅限于此。

在正常运行中，Stoppable Paxos 与 Paxos 无异（包括协商 STP 命令），但是 Prepare 请求的响应会影响 Accept 阶段的提案值，因此需要为进入 Accept 阶段增加以下条件。

❑ C1：如果 Leader 在 Instance i 的 Accept 阶段提出了 STP 命令，那么 Leader 就不能在大于 i 的 Instance 上提出其他命令。

❑ C2：如果 Leader 准备在 Instance i 的 Accept 阶段出 STP 命令，而在 Prepare 响应中存在 Instance k（$k>i$）已经提出了其他命令，那么 Leader 将不能继续在 i 上提出 STP 命令（可以用 Noop 继续协商）。

C1 是易于理解的，显式地保证了提出 STP 命令后，不会再有提案在后续的 Instance 上提出。C2 说明，如果 Leader 要在 Instance i 上提出 STP 命令，那么 Acceptor 必定没有在 Instance j（$j>i$）上接受过 Accept 请求，进而推导出，没有其他的 Leader 在 j 上提出过其他的命令。

7.5　Mencius 简介

时间来到 2008 年，为了适应各种场景，已经有很多可供选择的共识算法。无论 Cheap Paxos 还是 Fast Paxos 或者其他的共识算法，都是针对局域网的变种优化；而互联网发展至今，我们更希望将应用部署在广域网[①]中的多个机房上，虽然以前基于局域网设计的共识算法仍然可用，但是广域网的高延迟性，迫使我们不得不设计新的共识算法。

以 Multi Paxos 为例，不对等的通信模式，使 Leader 需要消耗比其他成员更多的带宽流量，这可能成为吞吐量的瓶颈，这个隐患在广域网中格外凸显，并且非 Leader 成员处理事务请求延迟更多。如图 7.6 中的 Instance_2 所示，Acceptor B 需要通过额外的消息转发事

---

① 广域网：指连接不同地区局域网通信的远程网，相比局域网，带宽少、延迟高且不可控。

务请求。

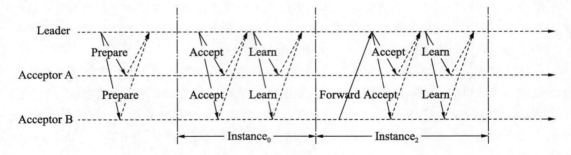

图 7.6　广域网中的 Paxos 协商

　　Mencius 同样是基于 Paxos 变化而来的多 Leader 的共识算法，它可以在广域网的高负载下实现高吞吐量，在低负载下实现低延迟，来适应不断变换的网络环境和业务体量。

　　Mencius 的核心思想是，通过预分配的方式将 Instance 交给不同的成员进行协商。这里以一个简单的计算公式来分配 Instance，令 S 为成员 ID，N 为成员总数，P 是每个成员自己维护的单调递增的整数，则 Instance 可表示为：

$$P \times N + S$$

　　例如，集群 {A, B, C}，成员 ID 分别为 {0, 1, 2}，那么使得成员 A 负责协商 $Instance_0$、$Instance_3$、$Instance_6$ 等，成员 B 负责协商 $Instance_1$、$Instance_4$、$Instance_7$ 等，成员 C 负责协商 $Instance_2$、$Instance_5$、$Instance_8$ 等。

　　明确地分配了 Instance 之后，客户端的事务请求可以由较近的成员来执行，而不用跨越千里去请求一个特定的成员，也不用像图 7.6 中的 $Instance_2$ 一样，增加一轮额外的转发。

　　令负责协商某个 Instance 的成员为该 Instance 的 Coordinator。约定一个 Instance，它的 Coordinator 可以在 Instance 上提出任何提案值（包括 Noop 指令），而其他的成员只能在该 Instance 上提出 Noop。为了区分 Paxos 的 Accept 请求，将 Coordinator 提出提案值的请求设为 Suggest 请求，如图 7.7 所示的 $Instance_0$。

　　每个成员都拥有相同的协商速率，算法可以很好地运行；否则，访问量多的成员将比访问量少的成员的 Instance 递增得更快。而状态机只能在之前所有的 Instance 上执行状态转移操作后才能对当前的 Instance 执行状态转移操作，因此，访问量少的成员将会阻止无限多个 Instance 的协商进程，在极端情况下，状态机将会因此长时间停止。例如，成员 A 负责协商 $Instance_0$、$Instance_3$、$Instance_6$ 等，因为 $Instance_1$、$Instance_2$ 未能完成协商，所以不能继续推进 $Instance_3$。

　　Mencius 引入 Skip 消息，如图 7.7 所示的 $Instance_1$，成员 A 和 C 收到 Skip 消息后，将以 Noop 指令进入 Learn 阶段。Skip 消息无须收集多数派的响应，只需要一个单向的消息通知即可，这种网络开销是极少的。当成员 A 未能收到 $Instance_1$ 的 Skip 消息时，它会将成员 B 当作故障成员来处理。

　　图 7.7 所示的 $Instance_2$ 展示了当成员 C 发生故障时的处理方式，成员 B 将递增提案编号，在 $Instance_2$ 上执行一轮完整 Basic Paxos 获取 $Instance_2$ 的提议权利。如果在 Prepare 阶段未获得任何提案值的响应，则以 Noop 执行 Accept 阶段，否则选择提案值的规则与 Basic

Paxos 无异。

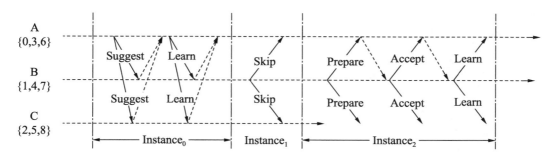

图 7.7　Mencius 协商过程

对于任意一个 Instance，由于非 Coordinator 成员只能提出 Noop 提案值，并且需要递增提案编号且需要获得多数派的支持。因此，Coordinator 不用担心提案冲突的情况发生，在自己负责的 Instance 上可以直接提出提案值，不用进入 Prepare 阶段。

当某个 Instance 上的其他成员提出 Noop 之后，那么集群中的提案编号一定已经完成递增了，此时在该 Instance 上的 Coordinator 提出提案值后，自然会遭到多数派的拒绝。

7.6　Vertical Paxos 简介

7.6.1　算法描述

Vertical Paxos 通常被认为是主备方案（Primary-Backup Replication）的应用，它实际上是在 Paxos 优化的道路上出现的一个 Paxos 变种，它可以使所有 Acceptor 成为 Leader 的备份。Vertical Paxos 主要体现在两个方面：

❑ 定义读/写 Quorum，后面使用 WQuorum 和 RQuorum。

❑ 引入 Master 成员，用于管理集群的成员配置，将成员配置与每一轮投票关联，每一轮投票的提案编号、对应的 Leader 和成员配置都由 Master 推选。

1．读/写Quorum

读/写 Quorum 是对 Paxos 中"多数派"更深层次的理解。前面我们提到过 Paxos 的 Prepare 阶段可理解成读阶段，Accept 阶段可理解成写阶段，"多数派"的约定只是为了使二者之间产生交集。因此我们可以推导一个动态调节的 Quorum 约束，即 RQuorum 减小，WQuorum 增大对应的数量，同样能使两者产生交集。这个动态调节类似于 NWR[①]中 $W+R>N$ 的强一致性场景。基于此，我们可以动态调节写性能和读性能的瓶颈。

接着可以发现一个有趣的现象：使 RQuorum 达到最小，即 RQuorum 只包含一个

---

① NWR：一种在分布式系统中控制一致性强度的策略。

Acceptor，那么所有的 Acceptor 组成 WQuorum。我们使 Leader 兼职 Acceptor，并且每次更新成员配置后，新 Leader 也从 Acceptor 中选取。此时，其他 Acceptor 将退化为 Leader 的备份成员，于是我们得到一个传统的主备复制的系统。

同时，因为新 Leader 本身就是上一轮 WQuorum，具有最完整的数据，它可以跳过 Prepare 阶段，不需要通过 RPC 消息访问其他 Acceptor 的数据。如果它自己未批准过任何提案，那么在上一轮协商中一定没有任何提案达成共识，因此它可以提出任意值。

2．Master成员

对于 Master，Vertical Paxos 假设这是一个完全可靠的程序，实践中，可以设立备用 Master 在需要的时候接替主 Master 的工作来提升可靠性。Master 可以根据成员状态主动修改集群的成员配置，并重新计算 WQuorum 和 RQuorum，这使集群能拥有更好的容错性，在极端情况下，在 $F+1$ 个成员的集群中能容忍 F 个成员发生故障。当发生故障的成员恢复过来并重新加入集群时，Master 又会为其重新计算 WQuorum 和 RQuorum。因此我们不用担心集群的可用性，除非最后一个成员也发生了故障。

另外，由于成员配置更新频率不会太高，Master 并不要求拥有较强的计算能力，因此，部署 Master 并不会增加较大的成本。

7.6.2　算法模拟

根据前面的介绍中，发生成员变更时，Master 重新计算 WQuorum 和 RQuorum，重新推选 Leader，并且会递增提案编号，因此不同的提案编号对应的成员配置、WQuorum 和 RQuorum 都有可能发生改变。

Vertical Paxos 也并非允许成员配置肆意的变更，因为旧成员配置的 WQuorum 可能在新成员配置中已经全部下线，那么就会丢失在旧成员配置中达成共识的提案。Vertical Paxos 需要明确旧成员配置的 WQuorum 什么时候才可以释放。

这个问题的本源是：需要保证新成员配置拥有旧成员配置的所有提案数据，这样旧成员配置才能被释放。为此，Vertical Paxos 提供了两种实现方案：Vertical Paxos Ⅰ 和 Vertical Paxos Ⅱ。

1．Vertical Paxos Ⅰ 方案

我们来看看算法的具体细节。一轮新的投票从 Master 开始，并由 Master 指定提案编号（因为过去都是由 Master 开启新的投票，所以 Master 生成全局唯一的提案编号是简单的）。Master 发送 newBallot(bal, completeBal)消息给指定的 Leader，其中，bal 是本轮提案编号，completeBal 是 Master 所知的最大已完成的提案编号。

与 Paxos 一样，算法也分为两个阶段。Leader 收到 newBallot(bal, completeBal)消息后，需要先确认(completeBal, bal)范围内的轮次已提出的提案是否都已达成共识，定义 prevBal= nextBallot−1，循环执行以下步骤。

（1）Leader 向其他 Acceptor 发送 Prepare(bal, prevBal)请求。

（2）Acceptor 收到消息后，根据 bal 和本地所知最大的提案编号 maxBallot，需要判断消息的有效性。如果 bal＜maxBallot，则忽略该消息；否则，更新 maxBallot=bal，并回复 PrepareResp (bal, val[prevBal], prevBal)。其中，val[prevBal]是该成员在 prevBal 轮次所批准的提案。

（3）Leader 收集 PrepareResp 消息，因为提案编号由 Master 生成，并且一个提案编号只会指定一个 Leader，所以响应中的 val[prevBal]要么是空的，要么所有非空的 val[prevBal]都是同一个提案值。如果存在一个 val[prevBal]不为空，说明在 prevBal 轮提出过提案，这表示在 prevBal 之前的轮次都已达成了共识，那么就跳出循环，定义 safeVal=val[prevBal]；否则，等待 RQuorum 个 PrepareResp 消息（它们的 val[prevBal]都为空），递减 prevBal，重复执行以上步骤，直到在(completeBal, bal)范围内的轮次都已确定，跳出循环。

（4）如果 safeVal 不为空，使用 safeVal 进入 Accept 阶段，Accept 阶段与 Paxos 处理类似，不同的是，Leader 需要等到 WQuorum 个 AcceptResp 才算达成共识。

（5）Leader 发送 Complete(bal)消息给 Master。

（6）Master 收到 Complete(bal)消息，更新 completeBal，那么后续的新 Leader 就可以使用 completeBal 了，然后释放 bal 之前的成员配置。

有了以上程序约定，就不必再担心旧成员配置的 WQuorum 全部下线而导致提案丢失情况发生了，因为只有新的 WQuorum 批准了之前所有的提案，旧的成员配置才会被释放。如表 7.1 展示了一个由五个成员组成的集群，经过多次故障后，变更为一个由三个成员组成的集群的过程，定义 WQuorum 和 RQuorum 的计算规则为 $\lfloor N/2 \rfloor +1$。

- 在 T1 时刻，成员配置为{A, B, C, D, E}，WQuorum 数量为 3。α 已经达成共识，成员 C、D、E 批准了 α。
- 在 T2 时刻，成员 E 发生故障，新的一轮协商开启，成员配置为{A, B, C, D}，WQuorum 经过计算数量仍为 3，那么此时成员 B 加入 WQuorum，并批准 α。
- 在 T3 时刻，成员 D 发生故障，新的一轮协商开启，成员配置为{A, B, C}，WQuorum 经过计算数量为 2。由此可见，经过多次成员下线后，已达成共识的提案仍然不会丢失。

表 7.1　Vertical Paxos Ⅰ 方案

	成员A	成员B	成员C	成员D	成员E
T1			α	α	α
T2		α	α	α	~~α~~
T3		α	α	~~α~~	~~α~~

以上程序逻辑仍有可以优化的地方，第（4）步，Leader 在等到 WQuorum 的回复后，正式成为 Leader，随后即可处理客户端的事务请求了。另外，Complete 消息是允许在网络传输中丢失的，最坏的情况是新 Leader 重复确认前一任已确认的投票轮次。

2. Vertical Paxos Ⅱ 方案

Vertical Paxos Ⅱ 是针对 Vertical Paxos Ⅰ 的优化。可以观察到，当新 Leader 上任时，需

要获取之前投票轮次的数据，尽管有了 completeBal 的优化，也存在一部分无效的 RPC 交互。例如，对于一个新的投票轮次 $b+1$，它的 Leader 未能执行完 Vertical Paxos I 的所有步骤，因此 Master 会发起 $b+2$ 轮投票，然后 $b+2$ 轮也可能发生同样的故障，直到 $b+10$ 轮时，新 Leader 才真正出现，而新 Leader 需要依次获取 $b \sim b+9$ 之间的提案数据，在此之间，明显是没有任何提案数据提出的。

为了解决这个问题，Vertical Paxos II 引入了提案编号是否活跃的状态，即在 Master 收到 complete 消息后，发送 active 消息给 Leader，通知 Leader 更新自己的状态为活跃，然后才允许处理客户端事务请求。因此后续当新 Leader 上任时，只需要获取处于活跃状态的提案编号的提案数据即可。对于提案编号是否活跃，这个状态可以由 Master 来维护，由 Master 告知新 Leader 需要获取确认哪一轮提案编号。Vertical Paxos 算法可以简单描述如下：

（1）Master 发送 newBallot(bal, activateBal)给 Leader，其中，activateBal 是已激活的最大的提案编号。

（2）Leader 仅为 activateBal 执行 Prepare 阶段和 Accept 阶段的任务。

（3）Leader 发送 Complete(bal)告知 Master，b 轮需要：

❑ 更新 activateBal＝bal；

❑ 发送 active(bal)消息给 Leader。

（4）Leader 收到 active(bal)消息后，才可以开始处理客户端事务请求。

7.6.3　Vertical Paxos 小结

Vertical Paxos 引入了一个额外的程序（Master）来管理集群的成员配置和提案编号，使集群能够根据成员状态自动调整成员配置。

Vertical Paxos 可以动态计算 WQuorum 和 RQuorum，使算法变得更加灵活，在极端情况下，可以做到容忍 $N-1$ 个成员发生故障，为现有主备复制协议提供了坚实的理论基础。

为了避免旧配置的 WQuorum 全部下线导致提案数据丢失，Vertical Paxos 给出了两种不同的解决方案，核心目的都是在新一轮协商开启之前，确保新的 WQuorum 已批准了之前的提案。

7.7　本　章　小　结

本章介绍了许多的 Paxos 变种算法，主要学习各类变种算法的设计思想，这里做一下简要回顾。

Disk Paxos 是基于磁盘运行的 Paxos 算法，降低了部署 Paxos 的经济成本。

❑ Disk Paxos 将每个处理器当作 Paxos 中的 Proposer，将磁盘中的每个 Block 当作 Paxos 的 Acceptor。

❑ 与 Paxos 不同的是，Block 作为 Acceptor 会接受所有操作，处理器作为 Proposer 需要自行判断提案编号（ballot）的大小，以确定 Acceptor 是否已批准提案。

Cheap Paxos 引入了辅助成员来提升集群的容错性。

- ❑ Cheap Paxos 的核心思想是当活动成员少于多数派，不足以维持协商过程时，辅助成员才会参与协商。
- ❑ 由于辅助成员不必全职等候，因此参与协商只是它的兼职工作，在更多的时间里它可以完成其他的主职工作。

Generalized Paxos 是基于 Fast Paxos 的优化，它使用更低的安全约束，减少了 Fast Paxos 要求的协商通信。

- ❑ Generalized Paxos 核心思想是允许 Acceptor 之间的数据不一致，由 Learner 来控制执行状态转移的顺序；
- ❑ 当遇到提案冲突时，Learner 需要等待 Leader 再运行一轮 Paxos，收集 Acceptor 之前收到的提案，并将其组装成队列，然后再按照总的顺序执行状态转移。

Stoppable Paxos 是一种可停止的 Paxos，在停止期间可以完成成员变更这类操作，其核心思想是引入一个 STP 命令来停止状态机。

Mencius 解决了广域网下高延迟的协商问题。

- ❑ Mencius 的核心思想是通过预分配 Hash 槽，将不同的 Instance 的所有权交给不同的成员。因此，客户端的写请求由最近的成员处理即可，不必跨越千里去请求特定的 Leader。
- ❑ 为了防止负载低的成员阻止负载高的成员发起协商，Mencius 引入了 Skip 消息让负载低的成员可以跳过某一段 Instance。

Vertical Paxos 可以根据成员状态来调整集群的成员配置。

- ❑ Vertical Paxos 的核心思想是引入 Master 来管理成员配置。
- ❑ 拆分 WQuorum 和 RQuorum，使集群可以动态调节读性能和写性能的瓶颈。

第 8 章 Fast Paxos——C/S 架构的福音

本章将着重介绍 Fast Paxos 算法。在一系列 Paxos 变种中，Fast Paxos 是较受关注的一种算法，它引入了 Client，使算法更加贴合实际的生产场景。

Fast Paxos 算法的灵感来自 Paxos 算法中存在的大量且多余的消息交互。在原来的 Paxos 中，消息交互的顺序是 Client→Proposer→Acceptor→Learner。Fast Paxos 使消息交互的顺序变为 Client→Acceptor→Learner，在持续运行的系统中，减少的这一轮消息交互所提高的协商效率非常显著。

Fast Paxos 使消息交互次数在两到三轮之间来回切换，算法在 $2E+F+1$（$E \leqslant F$）个成员组成的集群中运行。即使 E 个成员发生故障，也能在两轮消息中达成共识，如果 F 个成员发生故障，算法也能继续推进。

8.1 Fast Paxos 简介

Fast Paxos 解决的问题是共识系统的一个通病，其目的明显，因此算法推导也不太复杂。在传统的 Client/Server 架构中使用共识系统，通常约定只有共识成员才能提出提案值，而提案值的真正拥有者（Client）只能由共识成员代为发起。这导致在共识协商的过程中存在大量多余的消息交互，从而影响吞吐量。

Fast Paxos 优化的是传统 Client/Server 架构和共识系统的交互过程，因此其设计思路是学习的重点。Fast Paxos 的优化思路可以和大多数共识算法相结合，从而降低消息交互轮次[①]，使其拥有更高的协商效率。

8.1.1 背景介绍

过去，学者们对 Paxos 的学术研究从未停止过，但大多数的基于 Paxos 的扩展，只考虑了共识问题的协商过程。例如，Raft 将共识协商过程优化成一个阶段，ZAB 引入了 Leader 来解决活锁问题，而没有意识到一个更容易优化的历史问题，即多余的消息交互。

在共识系统中，提案值不是由系统凭空臆想出来的。实际情况是，Client（客户端）真实提出了某个具体的值，接着由共识算法在集群中达成一致。在传统的 Basic Paxos 集群中，

---

① 消息轮次指消息广播的次数，而并非总消息量。例如，A 将 Prepare 消息发送给 B、C 和 D，其中，轮次为 1，总消息量为 3。

消息交互是 3 轮（Client→Proposer→Acceptor→Learner）。可以观察到，从 Client 到共识系统的这一轮消息，只是为了遵循具体的提案值只能由共识系统的成员代而提出的约定，而这一约定是没有必要的。因为在实际情况中，Client 比共识系统的成员更了解需要协商的具体提案值是什么，也更关注最终达成共识的提案值是什么。

因此，2005 年，Lamport 提出了 Fast Paxos 这个改进算法。在 *Fast Paxos* 一文中，约定由 Client 直接向 Acceptor 提出提案值，从 3 轮消息交互优化成 2 轮消息交互。另外，Fast Paxos 引入了 Client 参与共识协商过程，更符合常用的 Client/Server 架构，使 Fast Paxos 更贴近实际生产。

总之，Fast Paxos 是 Basic Paxos 的变种，在正常运行情况下，从 Client 发起请求到达成共识仅需 2 轮 RPC 消息即可完成。在提案冲突的情况下，也能在 3 轮 RPC 消息中达成共识。

8.1.2　基本概念

1. 角色

Fast Paxos 的主要成员依然由 Proposer 和 Acceptor 组成，由于改变了协商过程，为了方便描述，对原有的成员角色做一下简单的区分。

❑ Client/Proposer：负责提出提案并推动协商的进程，可以类比 Basic Paxos 中的 Proposer。

❑ Coordinator/Leader：负责执行 Prepare 阶段的任务，授权 Client 某一轮协商的所有权。

❑ Acceptor：负责抉择提案，与 Basic Paxos 中的 Acceptor 完全一致。

2. 消息类型

❑ Prepare/Accept 消息：与 Basic Paxos 一致。

❑ Any 消息：Fast Paxos 新增的消息，如果 Acceptor 收到该消息，则说明 Acceptor 接下来可以接受该 Round（协商轮次）内的任何提案值，并且此刻无须进行任何操作。

3. Round

Round 即协商轮次，使用一个全局递增的整数编号来标识具体的协商轮次，记作 Round Number，可以类比为 Paxos 中的提案编号。与 Multi Paxos 一样，当 Coordinator 执行 Prepare 阶段的任务取得某个 Round 的所有权后，后续的提案都可以直接进入该 Round Number 的 Accept 阶段。

为了区分不同的协商过程，可将 Round 分为 Classic Round 和 Fast Round 两种。

❑ Classic Round 与 Basic Paxos 一样，执行 Prepare 阶段和 Accept 阶段的任务，常运行在 Fast Round 出现提案冲突的场景。

❑ Fast Round 用于 Client 直接向 Acceptor 发起提案值，是指 Coordinator 取得 Prepare 阶段进展，发送 Any 消息后的协商阶段。此时，存在多个 Client 直接向 Acceptor

提出多个提案值的情况，它们共用一轮 Fast Round，直到被下一轮 Round 打断。如果 Coordinator 未发送 Any 消息，则后续消息交互仍为 Classic Round。

8.2　算 法 详 述

8.2.1　算法设计

简单回顾一下 Paxos 的两个阶段：Prepare 阶段用于 Proposer 获取本轮协商发起提案值的所有权；Accept 阶段用于 Proposer 将提案值在集群中进行广播。为了优化 Prepare 阶段，又提出了 Multi Paxos，Proposer 在 Prepare 阶段取得本轮协商的所有权后，后续的提案协商可跳过 Prepare 阶段而直接进入 Accept 阶段并提出提案值，直到 Accept 请求未能获得多数派的成功响应为止。可以看到，在一个持续运行的系统中，在 Prepare 阶段执行的次数远少于 Accept 阶段，几乎可以忽略不计，只有 Accept 阶段才是优化的重点。

在 Multi Paxos 的 Accept 阶段，Client 发出请求给 Proposer，Proposer 再将其广播给 Acceptor。在这个过程中存在两个较高的开销，一是消息交互轮次，二是数据落盘轮次。

消息交互轮次很好理解，请求消息（Client→Proposer→Acceptor）和响应消息（Acceptor→Proposer→Client）一共有固定的 4 轮消息交互；数据落盘轮次是为了保证当 Proposer 重新启动时仍能获取关机前未达成共识的提案。这样就必须要求 Proposer 在广播 Accept 消息之前对提案进行持久化，Acceptor 在回复 Accept 消息前也应先对提案进行持久化，因此这个过程将进行 2 轮数据落盘，并且不能与发送消息并行执行。

造成 4 轮消息交互和 2 轮数据落盘的根本原因是，Paxos 约定只有 Proposer 才能提出提案值，而在这个过程中 Proposer 仅起到代理转发的作用，并且这一层代理不是必要的。因此，可以尝试使 Client 直接向 Acceptor 广播提案值。

为了保证算法的安全性，需要通过两阶段来完成，依然需要在 Prepare 阶段取得本轮协商的所有权。与 Paxos 不同的是，Prepare 阶段更像是为了将协商的所有权授权给 Client，接下来的协商由 Client 直接推进。最终期望的消息交互图如图 8.1 所示，这便是 Fast Paxos 的雏形。

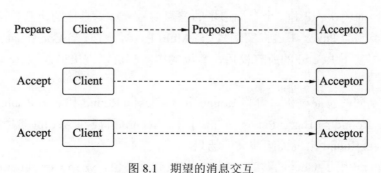

图 8.1　期望的消息交互

8.2.2　Fast Paxos 模拟

Fast Paxos 的核心思想并不难理解，其算法同样分为 Prepare 阶段和 Accept 阶段，其与 Paxos 的主要区别表现在两个方面：

❑ 增加了一轮 Any 消息。

❑ 改进了提案冲突时的恢复流程。

Any 消息很容易理解，算法需要告诉 Client 何时可以向 Acceptor 发起提案，因此需要增加一轮消息通知 Client 及 Acceptor 做好准备。这一轮消息通知表示将该 Round 的协商所有权授权给 Client，在 Acceptor 收到该消息后，将会把之后收到的 Accept 消息当作来自 Coordinator（在 Prepare 阶段取得进展的成员）的普通 Accept 消息来处理。

改进了提案冲突时的恢复流程，是因为 Client 可以直接向 Acceptor 发起提案值，这样自然存在多个 Client 发起不同值的情况，从而导致提案发生冲突。因此，需要制定明确的恢复程序。

为了区分 Client 直接向 Acceptor 发起提案值的行为，可以将协商过程定义为 Fast Round 和 Classic Round 阶段，二者的作用前面已经介绍过了。Fast Round 的流程如图 8.2 所示，在一个由 5 个成员组成的集群中，Acceptor A 兼职 Coordinator 的工作，Client 1 向 Coordinator 发起请求。

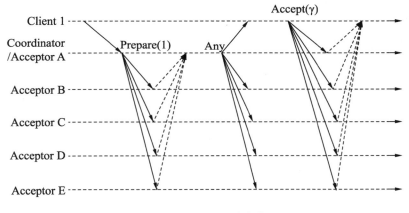

图 8.2　Fast Round 消息交互

（1）Coordinator 递增本地的 Round Number，向所有 Acceptor 发起 Prepare 请求，其 Round Number 为 1。

（2）Acceptor 处理 Prepare 请求的逻辑与 Paxos 一样，先判断请求的有效性，然后回复本地已接受的提案值。

（3）Coordinator 在收到响应后，进行以下判断：

❑ 如果有 Fast Quorum 个成员没有接受过任意提案值，则进入 Fast Round。

❑ 如果收到 Classic Quorum 个回复，则进入 Classic Round。否则，递增 Round，重新进入 Prepare 阶段。

（4）进入 Fast Round，Coordinator 向所有 Acceptor 和客户端发送 Any 消息。

❑ Acceptor 在收到 Any 消息后，可以接受所有当前 Round 发出的提案值。当收到 Accept 请求中的 Round Number 小于自己承诺的 Round Number 时，将忽略该请求。

❑ Client 在收到 Any 消息后，直接向 Acceptor 发起提案值，直到不再有约定数量的 Acceptor 响应。

（5）进入 Classic Round，从所有回复中选择一个提案值进入 Accept 阶段，选择提案值的规则在 8.4 节中再介绍。

8.2.3　Learn 阶段

在 Fast Paxos 中，提案值由 Client 提出，因此没有任何成员会收集每个 Acceptor 的投票情况，自然也没有成员知道提案是否已经达成了共识，更没有成员去通知 Learner 学习达成共识的提案并执行状态转移。下面提供两种方案：

❑ 由 Client 收集 AcceptResp，并通知 Learner 学习已达成共识的提案。

❑ Acceptor 将 AcceptResp 消息发送给 Coordinator，由 Coordinator 通知 Learner 学习已达成共识的提案。

第 1 种方案，Client 完全以 Proposer 的身份参与协商，这使得 Client 要实现的功能更加复杂，不利于 Fast Paxos 流传。

第 2 种方案如图 8.3 所示，由 Coordinator 收集 Acceptor 的投票，提案获得对应的 Quorum 的支持后，再发送 Commit 消息给 Learner。由于 Learner 不包含提案内容，所以在 Commit 消息中应包含完整的提案。

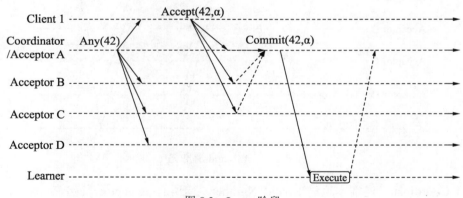

图 8.3　Learn 阶段

如何将提案传递至所有的 Learner 呢？实现方案与 Paxos 类似，如选举主 Learner 和 Gossip 等，具体内容可以参考第 4 章的相关内容。

8.3　Quorum 推导

在 Fast Paxos 的协商过程中，我们没有过多介绍 Fast Quorum 和 Classic Quorum，因为

这并不简单，本节从算法的决策条件开始推导 Quorum 的数量。

首先需要明确：Fast Quorum 和 Classic Quorum 分别是维持 Fast Round 协商和 Classic Round 协商的最小成员集合，可以类比 Paxos 的多数派集合。

另外，Fast Quorum 比 Classic Quorum 是更加严格的约束，即 Fast Quorum 的成员数量大于等于 Classic Quorum 的成员数量。

8.3.1　决策条件

Paxos 的正确性依赖于"多数派"，只需要保证在读阶段（Prepare 阶段）和写阶段（Accept 阶段）同时获得多数派的支持，那么一定存在相交的节点，而这个相交的节点只会选择一个提案值，进而整个集群只会选择一个提案。这个要求同样适用于 Fast Paxos。在 Fast Paxos 中，一个提案 α 达成共识必须满足条件 C（定义 Classic Round 期望的响应集合为 $\text{Quorum}_{\text{Classic}}$，简称 Q_C；Fast Round 期望的响应集合为 $\text{Quorum}_{\text{Fast}}$，简称 Q_F）：

C：任意一个 Q_C 和任意一个 Q_F 必须相交，并且交集中所有成员都接受了 α。

上面这种情况并不能覆盖所有场景，接着 8.2.2 小节的第（3）步，根据条件的严苛性，依次进入三个分支：Fast Round、Classic Round 及 Prepare 阶段。

Fast Round 分支没有特殊的约束，Client 可以自主发起提案，前面已经描述过了。

重新进入 Prepare 阶段，这可能是因为网络异常或者该 Round Number 已经过时使 Acceptor 忽略了本次的 Prepare 消息，从而导致 Coordinator 没有获得约定数量的回复，无法进入 Classic Round，更无法进入 Fast Round。因此，Coordinator 需要递增 Round Number 继续发起 Prepare 请求。

Classic Round 分支相对来说要复杂一些，因为多个 Client 发起提案值的缘故，在 Prepare 阶段，Coordinator 可能会收到多个不同的提案值。Coordinator 将会遇到以下 3 种情况，令所有响应中 Round 最大的提案值的集合为 V。

❑ 在 V 中没有满足条件 C 的提案值。例如，在上一轮协商的 Accept 阶段批准的成员有 {A}，而在本轮的 Prepare 阶段通过的成员有 {B, C, D}，显然二者并不相交。因此，Coordinator 只需要选择 V 中的任意一个值进入 Accept 阶段即可。

❑ 在 V 中存在一个满足条件 C 的提案值。此时，Coordinator 选择这个唯一的值进入 Accept 阶段即可。

❑ 在 V 中存在多个满足条件 C 的提案值。图 8.4 展示的就是这一类情况，α 的 Prepare 和 Accept 阶段的交集为 {A, B, C}，β 的 Prepare 和 Accept 阶段的交集为 {D, E}。这种情况，Coordinator 将不知道选择哪一个值进入 Accept 阶段。

为了避免第三种情况产生，我们继续补充条件 C：

C：任意两个 Q_C 必须相交，即 $Q_{C1} \cap Q_{C2} \neq \varnothing$。任意一个 Q_C 和任意两个 Q_F 必须相交，即 $Q_C \cap Q_{F1} \cap Q_{F2} \neq \varnothing$。

上面是对条件 C 的继续增强，在满足条件 C 的情况下，算法可以保证在一轮协商中只会有一个提案达成共识。因此 Coordinator 不会再陷入第三种困境了。为了证明条件 C 的有效性，假设存在 α 和 β 同时满足条件 C，意味着存在以下推论：

- ❑ 推论一：存在 $Q_{F\alpha}$ 满足 $Q_{F\alpha} \cap Q_{C1} \neq \varnothing$，并且交集中任意成员都接受了 α。
- ❑ 推论二：存在 $Q_{F\beta}$ 满足 $Q_{F\beta} \cap Q_{C2} \neq \varnothing$，并且交集中任意成员都接受了 β。

而 Q_{C1} 和 Q_{C2} 也一定存在交集，而它们的交集要么选择了 α，要么选择 β。因此，以上推论只有一个成立，进而保证在一轮协商中不会存在有多个值达成共识。

8.3.2　计算 Quorum

条件 C 是抽象的，计算机无法知道是否存在满足条件的集合，除非穷举所有的可能性，因此我们需要通过每个 Quorum 的大小来满足条件 C。

接着我们推导 Quorum 的取值，设 N 为总集合（元素个数为 n），如果从 N 中任意选出两个集合 A、B（元素数量分别为 a、b）必须相交的话，不难推出 a 和 b 必须满足：

$$a+b>n$$

而 A 和 B 最小相交数量为：

$$a+b-n$$

如果从 N 中选出三个集合 A、B、C（元素数量分别为 a、b、c）必须相交的话，令 $T=A\cap B$，T 的元素个数为 $a+b-n$，那么 C 只要和 T 相交就能满足。这就把三个集合相交转化为两个集合相交。那么 c 就需要满足：

$$c+(a+b-n)>n \Rightarrow a+b+c>2n$$

接来下推导 Fast Paxos 的 Quorum，令 N 为集群总数，F 为 Classic Round 允许发生故障的数量，E 为 Fast Round 允许发生故障的数量。那么 Q_C 大小为 $|Q_C|=N-F$，Q_F 大小为 $|Q_F|=N-E$，根据条件 C，可以得到：

$Q_{C1} \cap Q_{C2} \neq \varnothing$	$Q_C \cap Q_{F1} \cap Q_{F2} \neq \varnothing$
$\Rightarrow (N-F)+(N-F)>N$	$\Rightarrow (N-F)+(N-E)+(N-E)>2N$
$\Rightarrow N>2F$	$\Rightarrow N>F+2E$　　　　式（8.1）
$\Rightarrow F<N/2$	$\Rightarrow E<(N-F)/2$　　　式（8.3）
$\Rightarrow F \leqslant \lceil N/2 \rceil -1$　　式（8.2）	

另外，按照算法执行顺序，不难发现 Fast Quorum 比 Classic Quorum 更严格，所以我们始终认为 $E \leqslant F$。因为当 $E>F$ 时，F 是没有意义的，当 E 个成员发生故障时，算法是运行不了 Classic Round 的。

当 $E=F$ 时，不等式（8.1）等价于 $N>3F$，那么有以下推导：

$$N>3F \Rightarrow F<N/3 \Rightarrow F \leqslant \lceil N/3 \rceil -1$$

设 F 取最大值（允许发生故障的最大成员数量），即 $E=F=\lceil N/3 \rceil -1$，将其带入 $|Q_C|=|Q_F|=N-E$ 中，得到：

$$|Q_C|=|Q_F|=N-(\lceil N/3 \rceil -1)=\lfloor (2N)/3 \rfloor +1$$

当 $E<F$ 时，根据不等式（8.2），设 F 取最大值，即 $F=\lceil N/2 \rceil -1$，将其代入不等式（8.3）$E<(N-F)/2$，得到：

$$E < \left(N - \left(\lceil N/2 \rceil - 1\right)\right)/2 \Rightarrow E < \lfloor N/4 \rfloor + 1/2 \Rightarrow E \leqslant \lfloor N/4 \rfloor$$

将 E 和 F 取最大值（允许发生故障的最大成员数量），代入 $|Q_C|=N-F$ 和 $|Q_F|=N-E$，得到：

$$|Q_C| = N - \left(\lceil N/2 \rceil - 1\right) = \lfloor N/2 \rfloor + 1$$
$$|Q_F| = N - \lfloor N/4 \rfloor = \lceil (3N)/4 \rceil$$

最终，我们分别得到 $E=F$ 和 $E<F$ 情况下 Q_C 和 Q_F 的最小成员数，条件 C 转化为可量化的指标，一个提案获得了 Q_C 和 Q_F 的投票，则达成共识。

如果 $E=F$，则 $|Q_C|=|Q_F|$。如果 Coordinator 因为冲突而选择了 Classic Round，那么所有操作都跟 Paxos（Prepare+Accept 阶段）一样，不同的是，在 Fast Paxos 中，Classic Round 的 Quorum 条件大于"多数派"。

如果 $E<F$，则 $|Q_C|<|Q_F|$。Coordinator 可以根据 Quorum 分别执行 Fast Round 和 Classic Round，如果达到 $|Q_F|$ 个成员，表明没有接受任何提案值，则进入 Fast Round；如果收到 $|Q_C|$ 个回复，则进入 Classic Round；否则，递增 Round Number，重新进入 Prepare 阶段。

另外，不等式（8.1）展示了 $E<F$ 下的集群成员总数，即 $N>2E+F$。在 $E=F$ 的情况下，集群总数可表示为 $N>3F$。例如，允许 Fast Round 和 Classic Round 出现故障的成员都为 1，那么集群总数应该为 4，且 $|Q_C|=|Q_F|=3$。

我们可以根据需要满足的 E 来反推 N 和 F。例如，在 $E=2$ 的情况下，N 最少等于 8，$|Q_F|$ 至少等于 6；根据 N 又可以推出 F 最多等于 3，$|Q_C|$ 至少等于 5。

8.4　Classic Round 简介

经过前面的描述，仍不足以在工程上实现 Fast Paxos，因为允许多个 Client 发起提案，所以一定会存在提案冲突的情况。前面介绍的 Fast Round 并不具备解决提案冲突的能力，因此我们需要继续完善解决提案冲突的逻辑，即 Classic Round。

Fast Round 允许 Client 直接向 Acceptor 发起提案，这是 Fast Paxos 的唯一优势，只要有可能，Fast Paxos 会尽可能地选择 Fast Round 协商，只有在 Fast Round 协商失败或者因为提案冲突无法达成共识的时候才会选择 Classic Round。

8.4.1　提案冲突

在 Paxos 中，当多个 Client 同时向某一个 Proposer 发出事务请求时，该 Proposer 可以轻易地选择其中一个值进行协商，剩余的值可以在下一个 Instance 上完成协商。因此，单个 Proposer 只会在一个 Instance 上提出一个值，而不同的 Proposer 即使可以在同一个 Instance 上提出不同的值，但是它们的提案编号也是不同的。因此，在恢复的过程中，Accept 阶段只需要选择提案编号最大的提案值继续协商即可。

但是在 Fast Paxos 中，Coordinator 发送 Any 消息后，多个 Client 共用一个 Round Number。因此，不同的 Client 可以在同一个 Instance 上提出不同的提案值且它们的 Round Number

相同。这将使得在恢复过程中，Accept 阶段提案值的选择变得困难。

我们使用<Round Number, Value>来表示一个提案。如图 8.4 所示，Coordinator 发送 Any 消息后，该轮 Round Number 为 42，Client 1 和 Client 2 分别提出了 α 和 β，因此在恢复过程中，Coordinator 将会收到<42, α>和<42, β>的值。

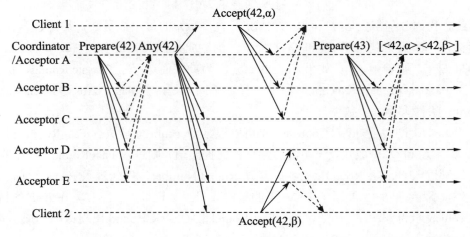

图 8.4　Fast Round 提案冲突

Coordinator 必须考虑在前几轮 Round *j*<42 中，α 和 β 中的一个已经达成共识，或者可能已经达成了共识。为了使已达成共识的提案不会改变，需要保证如果已有提案达成共识，那么 Coordinator 只能选择已达成共识的提案。但是，对于 Coordinator 来说，确定某个提案值已被选择或者可能被选择并不是一件简单的事情。

8.4.2　选择提案值的规则

因为提案冲突的原因，Coordinator 在新的一轮 Round 中，在 Prepare 阶段会收到多个提案值。接下来我们整理出一个明确的规则并提供给 Coordinator，在所有 PrepareResp 消息中选择一个正确的提案值。

选择提案值的规则，必须考虑到在此之前的 Round 可能有提案值已经达成了共识。为了发现在此之前的 Round 已经达成共识的提案值，新的一轮 Round 和之前的 Round 必须有能够交流信息的媒介。

如果一个提案达成共识，那么支持它的所有 Acceptor 集合 R 与任意一个 Q_C 或者 Q_F 必定相交，因此我们在以下选择提案值的程序中设计 $O(\omega)$ 规则，伪代码如下：

> 定义：
> 　　Q 是 Round i 轮已回复了 PrepareResp 消息的 Acceptor 集合。
> 　　k 是所有 PrepareResp 消息中最大的 Round。
> 　　V 是所有 PrepareResp 消息中 Round 为 k 提案值的集合。
> 　　v 是需要找寻的值，也是进入 Accept 阶段的提案值。
> 　　$O(\omega)$ 为真，即存在 Quorum R，R ∩ Q 中的所有成员都接受了 ω，并且 Round 为 k。
> 如果 k = 0，则 v 可以取任意值。
> 否则，如果 V 只包含一个提案值，则 v 取该提案值。

否则，如果 v 存在 ω 满足 O(ω) 为真，则 v 取值为 ω。

否则，v 可以取任意值。

我们有必要解释下这个选取规则程序，特别是对 $O(\omega)$ 的判定，因为它需要穷举在 Round k 中所有 Acceptor 的处理结果，才能断定是否存在一个 Quorum R 满足：$R \cap Q$ 中的所有成员都接受了 ω，并且 Round 为 k。

在实际场景中，获取所有 Acceptor 的处理结果是难以实现的。因此，必须考虑满足 $O(\omega)$ 的最小下限，即两个集合最小相交数 $|R \cap Q|$。如果 $O(\omega)$ 为真，那么一定有 $|R \cap Q|$ 个成员接受了 ω。令 T 是在 V 中接受了 ω 的成员数，只要满足 $T \geqslant |R \cap Q|$，那么 $O(\omega)$ 为真。

接下来我们只需要推导 T 的值，就可以量化 $O(\omega)$ 了。这里分为两种情况：i 是 Classic Round，或者是 Fast Round。根据 8.3 节推导出，两个集合 A 和 B 必须相交且最小相交数为 $a+b-n$，那么就有：

$$\text{Classic Round：} T \geqslant (N-E)+(N-F)-N \Rightarrow T \geqslant N-E-F$$
$$\text{Fast Round：} T \geqslant (N-E)+(N-E)-N \Rightarrow T \geqslant N-2E$$

根据不等式（8.1）$N>F+2E \Rightarrow E<(N-F)/2$，那么 i 为 Classic Round 的情况如下：

$$T \geqslant N-E-F$$
$$\Rightarrow T > N-(N-F)/2-F$$
$$\Rightarrow T > (N-F)/2$$
$$\Rightarrow T > |Q_\mathrm{C}|/2$$

同样，推导 i 为 Fast Round 的情况如下：

$$T \geqslant N-2E$$
$$\Rightarrow T > N-\mathrm{E}-(N-F)/2$$
$$\Rightarrow 2T > N-2E+F$$
$$\Rightarrow 2T > N-E+F-E$$
$$\Rightarrow 2T > N-E$$
$$\Rightarrow T > (N-E)/2$$
$$\Rightarrow T > |Q_\mathrm{F}|/2$$

在所有场景中，T 必须满足 $T > |Q|/2 \Rightarrow T \geqslant \lfloor |Q|/2 \rfloor +1$。$O(\omega)$ 的真伪可以通过计算 ω 在 V 中的投票数来确定，即在 V 中存在 T 个成员都批准了提案值 ω，则 $O(\omega)$ 为真。上述条件也可以描述为：

如果在 Quorum 中的多数派都支持 ω，那么 $O(\omega)$ 为真。

那么在第 $i+1$ 轮的 PrepareResp 响应中，选取提案值的规则变更为：

❑（R-1）：如果没有 Acceptor 投过票，那么 Coordinator 可以选择任意值。

❑（R-2）：如果所有响应中只有一个提案值，那么 Coordinator 选择该值。

❑（R-3）：如果响应中包含多个值，并且 $i+1$ 轮 Quorum 中的多数派（$|Q|/2$）都支持提案值 ω，则选择 ω 进入 Accept 阶段；否则 Coordinator 选择 Round 最高的提案值。

规则（R-1）和（R-2）与 Paxos 的规则一样，规则（R-3）是 Fast Paxos 定制的。根据条件 $O(\omega)$，一个提案值 v 在 i 轮通过 Fast Round 达成共识，那么我们在第 $i+1$ 轮的 PrepareResp 响应中一定存在提案值 v，并且在 PrepareResp 响应中存在一个 Quorum 有一半以上的 Acceptor 都支持提案值 v，即得出规则（R-3）。

最终，整理出 Coordinator 选择提案值的规则如以下伪代码所示。

> 定义：
> 　　Q 是 Round i 轮已回复了 `PrepareResp` 消息的 `Acceptor` 集合。
> 　　k 是所有 `PrepareResp` 消息中最大的 Round。
> 　　V 是所有 `PrepareResp` 消息中 Round 为 k 提案值的集合。
> 　　v 是需要找寻的值，即进入 Accept 阶段的提案值。
> 　　O(ω) 是选择条件，如果 Q 中的多数派成员都支持 ω，那么 O(ω) 为真，否则为假。
> 如果 k = 0，则 v 可以取任意值。
> 否则，如果 V 只包含一个提案值，则 v 取该提案值。
> 否则，如果 V 存在 ω 满足 O(ω) 为真，则 v 取值为 ω。
> 否则，v 可以取任意值。

8.4.3　证明

我们主要证明新增加的规则（R-3）是否能够满足算法的正确性，即，如果一个提案值已达成共识，那么在后续的协商中，该提案值不会再改变。

穷尽所有的可能性，得出以下四种情况。我们分别对这些情况逐一证明，假设某个 Instance 在第 i 轮中已选择了 v，那么在第 i+1 轮中只有 v 才会被提出。

- 当 Round i 为 Fast Round 时，Round i+1 为 Fast Round。
- 当 Round i 为 Fast Round 时，Round i+1 为 Classic Round。
- 当 Round i 为 Classic Round 时，Round i+1 为 Classic Round。
- 当 Round i 为 Classic Round 时，Round i+1 为 Fast Round。

第一种情况，v 在第 i 轮中达成共识，而第 i 轮和第 i+1 轮都为 Fast Round。于是，有第 i 轮的 Q_{F1} 和第 i+1 轮的 Q_{F2} 必定相交，并且最小相交数量为：

$$S = (N-E) + (N-E) - N = N - 2E$$

先讨论 $F=E$ 的情况。根据不等式（8.1）（$N>F+2E$），有 $N>3E$、$Q_{F1}=Q_{F2}=N-E=2E$、$S=E$。

接着讨论 $E<F$ 的情况。将不等式（8.2）的 F 取最大值，然后代入不等式（8.3）（$E<(N-F)/2$），有 $N>4E$、$Q_{F1}=Q_{F2}=N-E=3E$、$S=2E$。

综上所述，无论哪种情况，S 都达到了 Q_{F1} 和 Q_{F2} 中多数派的数量，也就是说 Q_{F2} 中的多数派也在 Q_{F1} 中。根据选择提案值的规则，Coordinator 将在第 i+1 轮中的 Accept 阶段提出 v。

第二种情况，v 在第 i 轮中达成共识，而第 i 轮为 Fast Round，第 i+1 轮为 Classic Round，那么一定存在第 i 轮的 Q_F 和第 i+1 轮的 Q_C 相交，并且最小相交数量为：

$$(N-F) + (N-E) - N = N - F - E > (N-F)/2$$

在第 i+1 轮的 Q_C 中至少存在 $(N-F)/2$ 个 Acceptor 支持 v，根据选择提案值的规则，Coordinator 将在第 i+1 轮的 Accept 阶段提出 v。

第三种情况，v 在第 i 轮中达成共识，而第 i 轮和第 i+1 轮都为 Classic Round，那么在这两轮协商内，算法退化为 Basic Paxos，如果 v 在第 i 轮达成共识，则意味着所有 Acceptor 只能批准 v。那么在第 i+1 轮的 Prepare 阶段，Coordinator 只会看到一个提案值 v，根据取值规则，Coordinator 将会选择 v 执行第 $i+1$ 轮的 Accept 阶段。

第四种情况，与第三种情况类似，如果提案值 v 在 Basic Paxos 中达成共识，那么在第 $i+1$ 轮的 Prepare 阶段中，Coordinator 只会看到一个提案值 v，因此只会选择提案值 v。

无论哪一种情况，我们得出了相同的结果，即，如果提案值 v 在第 i 轮已经达成共识，那么第 $i+1$ 轮只会提出提案值 v，从而保证一个提案达成共识后，在后续的协商中不会被新的值覆盖。

8.5　提　案　恢　复

本节内容是 Fast Paxos 的优化方案。提案恢复需要开启一轮新的 Round。新的一轮 Round $i+1$ 由 Coordinator 向所有 Acceptor 发送 Prepare 请求，每个 PrepareResp 消息都意味着该 Acceptor 承诺：

❑ 不再投票给 Round 小于 $i+1$ 的提案。

❑ 在 PrepareResp 消息中携带在此之前接受的提案值。

接着再看 Round i 轮的 AcceptResp 消息，每个 AcceptResp 消息表示该 Acceptor 承诺：

❑ 不再投票给 Round 小于 i 的提案。

❑ 接受 Accept 请求的提案值。

我们观察到，如果 Round i 轮和 Round $i+1$ 轮的 Coordinator 都为同一个成员 C，针对同一个 Acceptor，其在 Round i 轮回复的 AcceptResp 消息和在 Round $i+1$ 轮回复的 PrepareResp 消息的作用是完全相同的。因为成员 C 在 Round i 轮的 Accept 消息的提案值，等于在 Round $i+1$ 轮的 PrepareResp 消息的提案值，并且在 Round i 和 Round $i+1$ 连续的情况下，这两个消息给出的承诺是等效的。

基于此，如果 Round i 轮和 Round $i+1$ 轮的 Coordinator 都为同一个成员 C，当成员 C 收到某个成员 A 在 Round i 轮的 AcceptResp 消息时，无须等待成员 A 在 Round $i+1$ 轮的 PrepareResp 消息。接下来我们介绍两种实现这个优化的方案。

8.5.1　基于协调者的恢复

假设 Round i 轮和 Round $i+1$ 轮的 Coordinator 都为同一个成员 C，并且 i 是 Fast Round，这要求 Acceptor 在回复 AcceptResp 消息时，同时会将该消息发送给成员 C。这样成员 C 可以很简单地发现冲突，发起 Round $i+1$ 轮协商。如果成员 C 在收到第 i 轮的 AcceptResp 消息的数量达到 $|Q_C|$，那么成员 C 可以把这些 AcceptResp 消息当作 Round $i+1$ 轮的 PrepareResp 消息来处理。根据 8.4 节的程序选择一个提案值进入 Accept 阶段，这就要求在 AcceptResp 消息中必须携带该 Acceptor 的投票信息。

在这种情况下，成员 C 只会在发现冲突时触发上述程序，由于在 AcceptResp 消息中一定存在多个提案值，成员 C 也一定不会发送 Any 消息。如果在 Round $i+1$ 轮的 Accept 阶段取得进展，那么这些 Acceptor 将不会再接受 Round i 的任何请求，因此 Round i 的协商不会再取得进展。

8.5.2　基于非协调者的恢复

在没有 Coordinator 的参与下，发现提案冲突并自动恢复是困难的。这要求 Acceptor 在回复 AcceptResp 消息时，同时要将该消息发送给其他的 Acceptor。这样每个 Acceptor 都临时充当 Coordinator 的角色，它们可以自己发现提案冲突，并按照 8.4 节的程序选择一个提案值，然后假装自己收到 Round $i+1$ 轮的 Accept 消息，并执行 Round $i+1$ 轮的 Accept 操作。因为这个模拟的消息会使 Acceptor 拒绝 Round i 轮的消息，阻止 Round i 的协商，所以安全性依然是满足的。

这样做的好处很明显，每个 Acceptor 都可以自己触发 Accept 阶段的操作，无须等待 Coordinator 的 Accept 消息，这又节省了一轮通信延迟，但是这样会授予 Acceptor 一部分发起提案的权利，增加了算法的难度。

8.6　本　章　小　结

Fast Paxos 是从工程实现的角度，重新审视 Paxos 的结果。基于常见的 C/S 架构，Client 扮演着 Proposer 的角色，而 Server 扮演着 Acceptor 的角色。算法成员的 Coordinator 仅起到了一个初始化协商和解决冲突的作用，在算法运行良好的情况下，Coordinator 将不会参与协商进展。

Fast Paxos 允许由 Client 直接向 Acceptor 发起提案值，这样可以改进 Paxos 的消息延迟，由此可以将 Fast Paxos 拆分为 Fast Round 和 Classic Round，其中，Fast Round 允许 Client 直接发起提案，这使消息交互变为 Client → Acceptor → Learner。在持续运行的系统中，这是非常高效的，而 Classic Round 与最初的 Paxos 类似。

Fast Round 减少了一轮消息交互，产生的额外代价如下：

（1）将 Client 深度引入算法中，使算法不再易于扩展，难以抽象为公共类库，不利于推广。

（2）为了保证 Fast Quorum 和 Classic Quorum 产生交集，集群成员由 $2F+1$ 增加至 $2E+F+1$；当 $E=F$ 时，集群成员可表示为 $3F+1$。

（3）大于"多数派"的 Quorum 集合使算法难以收敛。

（4）Fast Round 产生的冲突，增加了额外的恢复成本，需要开启一轮新的 Round。如果冲突太频繁，那么 Paxos 可能是更好的选择。

（5）在冲突恢复实现过程中，无论是否基于协调者，都需要增加一轮消息，即将 AcceptResp 消息发给 Coordinator 或者其他的 Acceptor。虽然这一轮消息可以异步化，但是占据了一部分的网络带宽。

另外，Fast Round 产生的冲突并不局限于两个提案同时提出，Acceptor 以不同的顺序接受一系列提案，也会导致状态机最终输出不一样，这也是需要恢复的场景。因此，Fast Paxos 冲突的频率取决于 Client 产生提案的速度和部署环境，如果所有的 Acceptor 部署在同一个局域网内，那么 Acceptor 不太可能以不同的顺序接受一组提案。

第 9 章 EPaxos——去中心化共识

对于整个 Paxos 家族来说，EPaxos（Egalitaria Paxos）可以说是最复杂、最难学的算法，但是，如果因为它难而避而远之，则是算法学习的最大误区。

EPaxos 是 Paxos 算法的变种，二者相比，EPaxos 更为晦涩。EPaxos 的核心思想是 Egalitaria（平等），其最大的特性是 Leaderless。Leaderless 指无 Leader 的模型，表示集群中的各成员平等。在 EPaxos 中，每个成员都可以发起提案，推动协商进程。

本章首先对比已介绍过的共识算法，然后引入 EPaxos 算法，最后在介绍 EPaxos 的优势后对 EPaxos 算法进行模拟。

9.1 EPaxos 简介

第 4 章介绍了 Paxos 分布式共识算法。Paxos 作为分布式共识算法的奠基石，其家族非常庞大，成员众多。本章将要介绍的是 EPaxos 算法。它诞生的时间比 Raft 还早，由于其算法比较复杂，直到近两年才被重视起来。

9.1.1 共识算法对比

Paxos 为分布式共识算法的鼻祖。Lamport 当初提出 Paxos 只是为了使一个提案在多个成员之间达成共识，并没有考虑在生产实践中需要面对的问题，因此存在第 5 章介绍的一些局限性，如活锁和提案顺序等。

最重要的一点是，在很长一段时间内，行业内没有规范的工程实现。于是通过对一些细节的大量过度解读，诞生了诸如 Raft 和 ZAB 等多种工程实现。对于活锁和提案顺序问题，通过某种方式可以规避这些局限性，但并没有真正解决。例如，第 5 章介绍的 ZAB 是通过引入 Leader 和日志编号来规避活锁及提案顺序的问题，Raft 也有异曲同工之处。

强依赖于 Leader 的算法是只能由 Leader 推进协商模型，也称为 LeaderBased 算法。LeaderBased 算法虽然能解决多个提案者同时提出提案而造成的活锁问题，也可以很好地处理提案之间的顺序，但是由于其过度依赖 Leader，又出现了新的问题。

1. Leader产生的局限性

以前，所有成员都可以处理的请求，现在约定只能由一个成员来完成，这自然就带来了以下问题：

❑ 吞吐量降低。Leader 成为性能的瓶颈，其他成员无法为 Leader 分担压力。

❑ 可扩展性降低。必须要由 Leader 发起提案，这意味着在集群中只能有某一个成员处理写请求。当进行横向扩展时，如果受到这个条件的限制，则无法扩展 Leader 的数量。

❑ 可用性降低。当 Leader 的成员发生宕机时，整个集群将处于不可用的状态。虽然通过一些方案可以重新选举 Leader，但是在选举期间，整个集群仍然不能向外提供服务。

2. 跨地域请求延迟大

基于 Leader 的 Paxos 变种算法对瞬时请求峰值及网络延迟很敏感，这是由于引入了 Leader 这个特殊身份带来的。当客户端与集群的 Leader 处于两个地域或者不同的机房时，事务请求需要增加额外的网络请求，如图 9.1 所示。IP 的三层转发需要经过额外的路由器，这会加长网络传输路径。

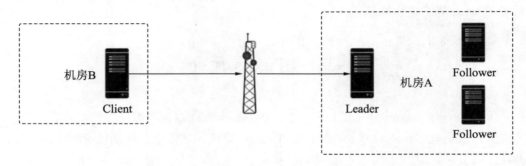

图 9.1　跨地域请求

虽然已有类似问题的解决方案，如分区或者使用代理服务器，但是不能解决根本问题，并且它们都限制了集群可以执行的操作类型。

9.1.2　认识 EPaxos 算法

1. EPaxos概况

EPaxos 是在 SOSP 2013 中提出的新一代 Leaderless 分布式共识算法，其主张各个成员平等，成员不会因为特殊角色而需要承受更大的处理压力。

为了解决 Paxos 的局限性，以前的算法采用一些方案对某些问题进行了规避。例如，通过限制发起协商的成员数量来降低活锁（如 Multi Paxos 和 Raft 等），通过预先分配提案编号来控制协商顺序（如 Raft 和 ZAB 等），或者通过分配命令槽来预先划分提案者，实现跨地域的低延迟（如 Mencius 等）。

EPaxos 直面冲突，它基于去中心化的思想，跳出了传统的 Leader/Master 模式，具有广阔的应用前景。不过，由于 EPaxos 在工程实现中的复杂度较高，以及高于常规的多数派成员存活的要求，业内至今尚未出现相对权威的工程实现，但这并不影响读者学习 EPaxos 的设计思路。

EPaxos 设计的目的是解决以下几个问题，在大多数情况下，仍然需要保证协商进程不干扰其他并发的协商进程。

- 消除地域限制。在跨地域场景下，客户端可以就近选择正常运行的任意成员，而无须增加额外的网络交互来请求具有特殊身份的成员，网络延迟更低。
- 具有平等的负载分配。任何成员不会因为特殊的身份而拥有更高的处理权限，允许系统将负载均匀地分配给每个成员，消除单一成员的处理瓶颈，可以实现更高的吞吐量。
- 有较高的容错性。允许少数成员运行缓慢甚至崩溃，但不会影响算法的安全性，这将大幅度减少尾部提交延迟。

2．算法设计

为了解决前面提到的问题，EPaxos 必须允许所有成员都能发起提案，这样客户端就不会在网络传输上浪费更多的时间，这是实现跨地域场景下低延迟的有效手段。在这个模式下，不仅没有选举 Leader 的开销，也不存在受限于单一 Leader 的性能瓶颈。此外，因为容错的特性，协商过程可以尽可能地避开地域跨度较大的成员及运行缓慢或者早已崩溃的成员。

这一切看起来都很不错。但是允许多个成员发起提案，势必存在活锁的问题。因此，需要为活锁设计一个高效的处理方案。在 Paxos 中，活锁是指多个 Proposer 为争夺同一个 Instance 发起提案的权利。而引起无法预估次数的重试的根本原因在于，多个 Proposer 共用同一个 Instance 的递增序列。因此，EPaxos 解决活锁的方式就是拆分 Instance 的递增序列，每个成员都有自己的 Instance 列表，成员只能在自己的列表上发起提案协商。

分布式环境下的共识是一个超级复杂的问题，拆分 Instance 递增序列也不是"银弹"，并不足以解决所有的问题。接来下要讨论的是提案干扰。举一个简单的例子，假设 $x=3$，以下两个提案的执行顺序将会影响 x 的最终输出结果。

$$x = x + 2$$
$$x = x \times 3$$

先执行 $x = x + 2$，再执行 $x = x \times 3$，x 输出的结果为 15；先执行 $x = x \times 3$，再执行 $x = x + 2$，x 输出的结果为 11。以不同的顺序输入状态机，每个成员的状态机都会输出不一样的结果，称这两个提案互相干扰。

对于两个并不干扰的提案，如提案 $x = x + 2$ 和 $y = y + 1$，可以调整执行顺序，不会影响输出的结果。

$$x = x + 2$$
$$y = y + 1$$

因此，协商的过程最少需要完成以下 3 步：

（1）寻找干扰提案，并维护干扰提案之间的依赖关系。

（2）携带依赖关系和提案一起协商，因为依赖关系关乎执行顺序，所以使依赖关系在集群中达成共识也同样重要。

（3）根据依赖关系生成执行顺序，然后执行状态转移。

综上所述，应该将 EPaxos 设计为两个协议：协商协议和执行协议。前者使提案和依赖关系在集群中达成共识；后者按照特定的排序规则对依赖关系进行排序并执行状态转移。因为依赖关系相同且排序规则相同，所以最终每个成员执行状态转移的顺序也一定相同。

3．协议保证

EPaxos 和其他共识算法类似，一定满足以下特性：

- 非凡性：被任意成员提交的任何提案一定是由客户端提出的。
- 不变性：任意两个时刻 T1 和 T2（T2＞T1），任何成员在 T1 时刻提交的提案集都是在 T2 时刻提交的提案集的子集。
- 一致性：两个成员永远不能在同一个 Instance 上提交不同的提案。
- 容错性：允许少数节点出现故障，这不影响集群的可用性。

针对容错性，在最理想的状态下，只要有不到一半的成员出现故障，那么提案就能在任何一个非故障的成员上提交。而对于日志干扰的情况，则需要大于常规的多数派成员的存活数量。

另外，前面介绍过，EPaxos 提交和执行状态转移是两个动作，需要特意强调以下两个保证：

- 执行的一致性：如果任意一个成员成功提交了两个互相干扰的 Command（指令）γ 和 δ，则每个成员将以相同的顺序执行它们。
- 执行的顺序性：有两个干扰提案 γ 和 δ，如果 δ 在任意成员提交 γ 之后才提出，那么每个成员一定在执行 γ 之后再执行 δ。

9.1.3　基本概念

为了避免产生歧义，这里先明确定义几个相关的概念。

1．Command

- Command：客户端发送的事务请求的操作指令，它是 EPaxos 协商的主要内容，也是 EPaxos 输入状态机的入参。
- Command 干扰：存在两个指令 γ 和 β，如果串行执行顺序 γ→β 的结果不同于串行执行顺序 β→γ 的结果，那么 γ 和 β 互相干扰。可参考 9.1.2 小节的相关示例。
- Command-Leader：每个 Command 都有一个 Command-Leader，它负责提出并推进 Command 的协商进程。

2．Instance

Instance 与 Paxos 中的 Instance 类似，代表一次协商过程。不同的是，EPaxos 需要记录 Instance 的依赖关系，存放的属性比 Paxos 更复杂，通常包含 R.i、state、deps 和 seq。

❏ R.i：Instance 的 ID。EPaxos 使用一个二维数组存放所有的 Instance，每个成员占据
二维数据的一行，每一列为单调递增的整数。使用 R.i 标识一个 Instance，其中，R
为成员编号，i 为该成员的 Instance 的列表序号，它是一个连续递增的整数，每进
行一轮协商，i 就单调自增一次。如表 9.1 所示，成员 A 产生的序号为 A.1，A.2，A.3，⋯，
A.∞。

表 9.1　Instance的二维存储

成员	1	2	3	4	5	⋯
A	A.1	A.2	A.3	A.4	A.5	⋯
B	B.1	B.2	B.3	B.4		

❏ state：Instance 所处的状态，代表该 Instance 所处的协商阶段，包含 pre-accepted、
accepted 和 committed。
❏ deps：用于存放当前 Command 所依赖的其他 Command（不一定是已提交的
Command）。
❏ seq：Command 所处的顺序，其取值为当前 Command 依赖的所有 Command 中最大
的 seq 值+1，它用于在排序期间打破依赖循环。

3．运行阶段

在 EPaxos 中，提交和执行状态转移是不同的操作，分为两部分，即协商协议和执行协
议。因此，协商和执行顺序不一定相同，但这并不会违背协议所保证的内容。
❏ 协商协议：与 Paxos 类似，使得当前 Command 及所依赖的 Command 在集群中达
成共识。与 Paxos 不同的是，EPaxos 为了解决执行顺序增加了一轮 RPC 交互，由
Prepare、PreAccept 及 Accept 共 3 类 RPC 消息组成。
❏ 执行协议：各成员将独立地对基于依赖关系的 Instance 进行排序，因为排序算法是
确定的，且依赖关系已达成共识，所以各个成员独立地执行相同的程序，最终一定
会得到一个全局一样的 Instance 顺序。
这个排序过程类似于对图的拓扑排序，但是拓扑排序仅限于有向无环图。而在 EPaxos
中，Instance 之间可能是因为互相依赖而形成的环链。因此，在 EPaxos 中并不能使用标准
的拓扑排序。具体排序规则将在 9.3 节中介绍。

4．RPC交互

❏ Prepare 消息：与 Paxos 稍有不同，在 Paxos 中，Prepare 阶段更重要的目的是各个
成员之间争夺对某个 Instance 发起提案的权利。而在 EPaxos 中，因为每个成员只
会在自己的那一行 Instance 上发起 Command，所以不存在争夺发起 Command 的权
利，更重要的作用是当某个成员复制某个 Instance 失败时，需要收集其他成员的
Instance 信息。
❏ PreAccept 消息：PreAccept 消息是设计 EPaxos 算法的关键，在该阶段，
Command-Leader 会尝试提出 Command 及 Command 的依赖关系，并且收集其他成

员的 Command 干扰信息。

❑ Accept 消息：与 Paxos 一样，Accept 也被称为 Paxos-Accept 阶段。在进行 PreAccept 消息收集后，如果存在 Command 干扰信息，则需要使用 Accept 消息重新协商。

9.2　协　商　协　议

协商协议负责使集群中的数据达成共识，它由 3 个阶段组成，即 Prepare 阶段、PreAccept 阶段和 Paxos-Accept 阶段，分别对应 Prepare 消息、PreAccept 消息和 Accept 消息的处理。

和前面介绍的一样，并非每个阶段都必须进入。新的一轮协商从 PreAccept 阶段开始，只在 Command 干扰的情况下才需要进入 Paxos-Accept 阶段。因此，包含 Paxos-Accept 阶段的协商过程称为 Slow Path，而不包含 Paxos-Accept 阶段的协商过程称为 Fast Path。下面的文字概括地描述了 Fast Path 和 Slow Path 的关系：

EPaxos 先尝试在 Fast Path 中协商 Command，将 Command 广播给 Fast Quorum 数量的成员，如果有成员反对这个 Command，即表示没有达到 Fast Quorum 数量。如果响应数量达到了 Slow Quorum，则在 Slow Path 中重新协商该 Command。

EPaxos 对于 Quorum 的大小极为敏感，因此需要预先定义每个变量，这样更利于理解。

集群的成员总数为 N，允许出现故障的成员总数为 F，那么存在等式 $N=2F+1$，当集群成员总数为奇数时，将多数派表示为 $F+1$，但这并不适用于成员数量为偶数的集群，因此多数派也表示为 $\lfloor N/2 \rfloor +1$。

同时，定义如下几个变量：

❑ i_L：在 Instance 二维数组中属于成员 L 那一行最后的递增序号。

❑ $L.i_\gamma$：成员 L 提出的 γ 的 InstanceId。

❑ $Interf_{L,\gamma}$：成员 L 上与 γ 干扰的 InstanceId 集合。

❑ seq_γ：γ 的 seq 变量。

❑ $deps_\gamma$：γ 的 deps 变量。

❑ $cmds_L$：成员 L 已接收的所有 Instance 集合，包含未提交的 Instance。

❑ $cmds_L[R][j]$：成员 L 上 InstanceId 为 R.j 的 Instance。

❑ $Quorum_{Slow}$：Slow Path 所要求的 Quorum 数量，常规的多数派（$\lfloor N/2 \rfloor +1$）。

❑ $Quorum_{Fast}$：Fast Path 所要求的 Quorum 数量，标准的 EPaxos 与优化的 EPaxos 不一致，但都满足 $Quorum_{Fast} \geq Quorum_{Slow}$，具体将在 9.2.5 小节中介绍。

9.2.1　Prepare 阶段

在 EPaxos 中，每个成员只会在属于自己的那一行 Instance 上协商 Command，而并不会有在 Paxos 中因为多个 Proposer 争夺同一个 Instance 而发起提案权利的场景。因此，在正常协商的过程中，通常可以跳过 Prepare 阶段而直接进入 PreAccept 阶段，即"隐式 Prepare"。

虽然在正常协商中不存在多个 Proposer 争夺同一个 Instance 而发起提案的权利，但是仍需要引入 Instance 所有权，只有拥有 Instance 所有权的成员，才能正常推进协商进程。这是因为我们需要考虑在协商过程中，那些落后的成员如何获取某个 Instance 的相关数据。

如果一个成员在等待某个 Instance 提交的过程中发生超时，则需要允许它通过 Prepare 阶段来获取该 Instance 的所有权，让它了解该 Instance 提出的 Command。有必要的话，它会继续推进该 Instance 的协商，这个推进过程类似于 Paxos 的重确认操作。

为了标识某个 Instance 的所有权，与 Paxos 一样，需要为每条消息携带一个提案编号，提出最大提案编号的成员即为 Instance 的所有者。同时，在 EPaxos 中的每一条消息都应该携带提案编号，以此来确保该消息是否已过期，接收消息的成员需要忽略提案编号小于在其协商的 Instance 上看到的最大提案编号的消息。

这个约定意味着 Command-Leader 在任意阶段都有可能接收不到特定数量的响应。因此，它需要重新进入 Prepare 阶段递增自己的提案编号，以重新获取该 Instance 的所有权。

综上所述，正常协商过程可以跳过 Prepare 阶段。显式调用 Prepare 阶段存在两种情况：一是集群中的任意成员通过 Prepare 阶段重确认 Instance 的数据；二是 Command-Leader 在未收到特定数量的正常响应时需要进入 Prepare 阶段。

1．提案编号

提案编号可以有效地保证消息是否过期，因此提案编号应该是一个递增的整数（b）；同时，为了保证提案编号的唯一性，多个成员之间生成的提案编号是不能发生冲突的，因此成员 ID（R）一定要成为提案编号的组成部分。此外，在发生成员变更后，仅拥有旧配置的成员提出的提案不应该被选择，因此集群成员配置版本（epoch）也应该参与提案编号的组成。关于 epoch 将在 9.7 节中进行介绍。

综上所述，提案编号通常由 3 部分（epoch、b、R）组成，它们的优先级如下：

$$epoch > b > R$$

根据优先级，使用 epoch.b.R 来表示一个提案编号。成员 R 在显式进入 Prepare 阶段后仅需要递增整数 b，而每个 Instance 的 b 都是从 0 开始的，因此每个 Instance 的第一个提案编号都为 epoch.0.R。

2．发起Prepare消息

无论成员在何种场景下进入 Prepare 阶段，都与 Paxos 一样，在该阶段不会发送真正需要协商的值。以下是成员 R 在 L.i 进入 Prepare 阶段时需要完成的步骤。

（1）递增提案编号，ballot＝epoch.(b+1).R。

（2）发送 Prepare(ballot, L.i)给所有成员，并且至少等待 $Quorum_{Slow}$ 个响应。

（3）定义 $ballot_{max}$ 为所有响应中 ballot 的最大值，定义 Π 为所有响应中 ballot 等于 $ballot_{max}$ 的响应集合。

（4）如果在 Π 中存在 1 个及以上的 $Instance_γ$<γ, $seq_γ$, $deps_γ$, committed>[①]，则成员 R 在

---

① $Instance_γ$<γ, $seq_γ$, $deps_γ$, committed>表示：committed 为 γ, seq 为 $seq_γ$, deps 为 $deps_γ$, 状态为 committed。

L.i 上对<γ, seqγ, depsγ>执行 Commit 阶段的操作。

（5）如果在Π中包含 1 个及以上的 Instanceγ<γ, seqγ, depsγ, accepted>，则成员 R 在 L.i 上为<γ, seqγ, depsγ>执行 Paxos-Accept 阶段的操作。

（6）如果在Π中至少存在 Quorum_Slow 个回复是 Instanceγ<γ, seqγ, depsγ, pre-accepted>，并且它们的 seqγ 和 depsγ 一样，则成员 R 在 L.i 上为<γ, seqγ, depsγ>执行 Paxos-Accept 阶段的操作。

（7）如果在Π中包含 1 个及以上的 Instanceγ<γ, seqγ, depsγ, pre-accepted >，则成员 R 在 L.i 上为<γ, seqγ, depsγ>执行 PreAccept 阶段的操作，否则在 L.i 上，以 Noop 执行 PreAccept 阶段的操作。

如果读者不理解这几个规则判断，也是正常的，因为尚未描述 PreAccept 阶段和 Paxos-Accept 阶段。读者可以先学习 9.2.2 小节及 9.2.3 小节的内容，然后再回过头来再理解这一段内容。

有必要着重说明一下这几个规则判断。根据 EPaxos 运行阶段可知，Instance 的状态可以分为三种，即 pre-accepted、accepted 及 committed。一个 Instance 在同一时刻只可能处于一种状态，每种状态的含义如下：

- pre-accepted：该 Instance 仅处于 PreAccept 阶段，此时 deps 并未整合，Command Leader 给其他成员发送该 Instance，发送的成员数量可能达到 Quorum_Fast，也可能没有达到 Quorum_Fast。

- accepted：该 Instance 处于 Accept 阶段，在之前的协商轮次中，认可且持久化该 Instance 及其 deps 成员数量一定在[Quorum_Slow, Quorum_Fast)范围内，但不一定在 Commit 阶段。

- committed：该 Instance 处于 Commit 阶段，集群已经接受该 Instance 及其 deps，但有一部分成员可能仍处于 Accept 阶段甚至 PreAccept 阶段。但可以确定的是，该 Instance 已经完成协商且与之相关的数据一定不会再发生变化。

下面我们来看上述步骤的含义。

步骤（1）到步骤（3）是成员 R 向其他成员发送 Prepare 消息。

步骤（4）存在一个成员的 Instanceγ 是 committed 状态，这意味着 Instanceγ 已被集群接受，尘埃落定，那么将已进行 committed 的信息广播给其他成员，就不会产生任何难以理解的歧义。

步骤（5）存在一个成员的 Instanceγ 是 accepted 状态，这意味着 Instanceγ 在 PreAccept 阶段一定获得了 Quorum_Slow 个成员的响应，并且拥有 accepted 状态的 Instanceγ 中的 seqγ 和 depsγ 一定整合了 PreAccept 阶段所有响应的数据。但集群中并不是所有成员都处于 accepted 状态，因此需要使用 accepted 状态的 Instanceγ 数据，以便从 Paxos-Accept 阶段开始协商。

步骤（6）存在 Quorum_Slow 个 Instanceγ 是 pre-accepted 状态。根据算法约定，PreAccept 阶段获得 Quorum_Slow 个成员的支持，则可以进入 Paxos-Accept 阶段，这里的支持表示 depsγ 和 seqγ 相同。因此，在 Prepare 阶段，有 Quorum_Slow 个 Instanceγ 是 pre-accepted 状态且它们的 depsγ 和 seqγ 相同，因此 Instanceγ 就可以进入 Paxos-Accept 阶段了。

这里读者可能会有疑问，只要求 Quorum_Slow 个成员的 Instanceγ 是 pre-accepted 状态，是否会影响算法的安全性？假设{A, B, C, D, E}组成一个集群，$Quorum_{Fast}=4$，$Quorum_{Slow}=3$。步骤（6）的处理情况为：A、B、C 返回 $deps_\gamma$ 和 seq_γ 相同的响应，D 返回 $deps_\gamma$ 和 seq_γ 不相同的响应，按照算法约定，仍然会进入 Paxos-Accept 阶段，这并不影响 γ 及其依赖关系在集群中达成共识。分析如下：

A、B、C 返回 $deps_\gamma$ 和 seq_γ 相同的响应，D 因为本地存在干扰 Command δ 而返回 $deps_\gamma$ 和 seq_γ 不相同的响应。这虽然意味着 γ 存在干扰的 Command δ，但是 δ 一定还处于 PreAccept 阶段，因为 δ 进入下一阶段的条件是至少有 $Quorum_{Slow}$ 个成员完成持久化，而 A、B、C 的响应意味着 δ 没有获得至少 $Quorum_{Slow}$ 个成员的支持，因此 $Instance_\gamma$ 可以依次进入 Paxos-Accept 阶段和 Commit 阶段。

虽然 D 的本地数据与集群中的其他成员不一致，但是这并不影响安全性。接着来看，协商 δ 时，D 因为先收到 δ 再收到 γ，因此 D 会支持 δ，但 δ 要被提交，至少还需要获得 A、B、C 中任一成员的支持，而 A、B、C 中的任一个成员都会返回 γ 存在的事实。因此，δ 将携带依赖于 γ 的事实进入 Paxos-Accept 阶段并达成共识。

在步骤（7）中，$Instance_\gamma$ 处于 pre-accepted 状态的数量一定在$[1, Quorum_{Slow})$范围内，不足以进入 Paxos-Accept 阶段，因此需要从 PreAccept 阶段开始。但是在此之前已提出过 γ，因此需要使用 γ 进行协商，此时可能响应的 $deps_\gamma$ 和 seq_γ 都不相同，因此取哪个 $Instance_\gamma$ 从 PreAccept 阶段开始协商，都不会影响算法的安全性。

步骤（8）以一个默认的指令从 PreAccept 阶段开始协商。

3．处理Prepare消息

成员 F 收到来自成员 R 的 Prepare(ballot, L.i)消息：

如果 ballot 大于在 L.i 上已接受的最大提案编号 ballot'，则回复 PrepareResp(cmds$_F$[L] [i], ballot', L.i)，否则回复 NACK，否定应答，无应答信号。

9.2.2　PreAccept 阶段

当成员 L 收到来自客户端的事务请求后，将其称之为 Command γ，同时成员 L 晋升为 γ 的 Command-Leader。Command-Leader 在属于自己的那一行 Instance 中寻找下一个可用的 $Instance_\gamma$，$Instance_\gamma$ 的初始提案编号 ballot=epoch.0.L，并且 Command-Leader 在 $Instance_\gamma$ 上进行 γ 的协商。就如"Prepare 阶段"介绍的一样，第 epoch.0.L 轮协商都为"隐式 Prepare"。

进入 PreAccept 阶段，Command-Leader 以本地数据初始化 $Instance_\gamma$，相关属性包含 command、deps、seq 及 state。

Command-Leader 通过 PreAccept 消息将 ballot 和 $Instance_\gamma$<command, deps, seq, InstanceId>发送给 Fast-Path 所要求的至少 Quorum 数量的成员，这里 Quorum 数量不是常规的多数派数量，具体推导过程将在 9.2.5 小节中讲解。

其他成员在收到 PreAccept 消息后，第一步先确定消息的有效性，然后根据自己本地的数据来更新 $Instance_\gamma$ 的 deps 和 seq 值，并在自己本地的数据相应位置记录 $Instance_\gamma$，最后将更新的 $Instance_\gamma$ 返回给 Command-Leader。

1．发起协商

成员 L 收到来自客户端的请求 γ，成为 γ 的 Command-Leader 将完成以下工作：

（1）为 γ 寻找下一个可用的 Instance，其 InstanceId 为 $L.i_\gamma = i_L + 1$。

（2）递增提案编号，ballot＝epoch.0.L。

（3）初始化 seq_γ，其取值为成员 L 的本地数据中与 γ 干扰的 Instance 的最大的 seq 值 +1，记为 $seq_\gamma = 1 + \max(\{cmds_L[R][j].seq, R.j \in Interf_{L,\gamma}\} \cup \{0\})$。

（4）初始化 $deps_\gamma$，取值为成员 L 与 γ 干扰的 InstanceId 集合，记为 $deps_\gamma = Interf_{L,\gamma}$。

（5）成员 L 接受 γ，并在本地的 $L.i_\gamma$ 上记录 $Instance_\gamma$ 的信息，记为 $cmds_L[L][i_\gamma] \leftarrow (\gamma, seq_\gamma, deps_\gamma, \text{pre-accepted})$。

（6）发送 PreAccept(ballot, $<\gamma, seq_\gamma, deps_\gamma, L.i_\gamma>$)消息至少给 $Quorum_{Fast}$ 个成员。

2．处理PreAccept消息

成员 R 在接收到成员 L 的 PreAccept(ballot, $<\gamma, seq_\gamma, deps_\gamma, L.i_\gamma>$)消息后，根据 ballot 比较该消息的有效性，如果已过期，将直接丢弃该消息。确定该消息的有效性后，成员 R 将完成以下工作：

（1）根据自己的数据更新 seq_γ，$seq_\gamma = \max(\{seq_\gamma\} \cup \{1 + cmds_R[Q][j].seq, Q.j \in Interf_{R,\gamma}\})$。

（2）根据自己的数据更新 $deps_\gamma$，$deps_\gamma = deps_\gamma \cup Interf_{R,\gamma}$。

（3）成员 R 接受 γ，并在本地的 $L.i_\gamma$ 上记录 $Instance_\gamma$ 的信息，记为 $cmds_R[L][i_\gamma] \leftarrow (\gamma, seq_\gamma, deps_\gamma, \text{pre-accepted})$。

（4）回复 PreAcceptResp(ballot, $<\gamma, seq_\gamma, deps_\gamma, L.i_\gamma>$)给成员 L。

3．处理PreAcceptResp消息

成员 L 需要至少接收到 $Quorum_{Slow}$ 的 PreAcceptResp(ballot, $<\gamma, seq_\gamma, deps_\gamma, L.i_\gamma>$)消息，否则需要重新进入 Prepare 阶段，递增 ballot。

如果在成员 L 接收的 PreAcceptResp 消息中，存在 $Quorum_{Fast}$ 个成员的 seq_γ 和 $deps_\gamma$ 都相同，则使用 Fast Path 执行 Commit 阶段，在 $L.i_\gamma$ 上提交 $Instance_\gamma$，否则使用 Slow Path 执行 Paxos-Accept 阶段。

9.2.3　Paxos-Accept 阶段

进入 Paxos-Accept 阶段意味着各个成员对于 γ 的干扰情况不一致，因此需要重新协商 γ 的依赖关系。在这个阶段，Command-Leader 需要整合在所有 PreAccept 的响应中干扰 γ 的 $deps_\gamma$ 和 seq_γ，同时合并所有的 $deps_\gamma$ 作为新的 $deps_\gamma$，并取最大的 seq_γ 作为新的 seq_γ。

Paxos-Accept 阶段由 Accept 消息完成，将 $Instance_\gamma<\gamma, deps_\gamma, seq_\gamma, L.i_\gamma>$ 重新发送给至少多数派的成员，这个过程类似经典的 Paxos 的 Accept 阶段。Command-Leader 需要收到多数派成员的正常响应才可以进入 Commit 阶段。

1. 发起Accept消息

成员 L 在 $L.i_\gamma$ 上开启 Accept 阶段：

（1）更新 $deps_\gamma$，整合所有 PreAccept 响应中的 $deps_\gamma$，记为 $deps_\gamma = deps_\gamma \cup \{deps_\gamma\ from\ all\ PreAcceptResp\}$。

（2）更新 seq_γ，取所有 PreAccept 的响应中值最大的 seq_γ，记为 $seq_\gamma = max(seq_\gamma\ from\ all\ PreAcceptResp)$。

（3）更新本地的 γ 信息，并且 γ 的状态为 accepted，记为 $cmdsL[L][i_\gamma] \leftarrow (\gamma, seq_\gamma, deps_\gamma, accepted)$。

（4）发送 $Accept(ballot, <\gamma, seq_\gamma, deps_\gamma, L.i_\gamma>)$ 给 $Quorum_{Slow}$ 个成员。

2. 处理Accept消息

成员 R 在收到 $Accept(ballot, <\gamma, seq_\gamma, deps_\gamma, L.i_\gamma>)$ 消息后，同样需要先确认消息的有效性，接着完成以下工作。

（1）更新本地的 γ 信息，并且 γ 的状态为 accepted，并记为 $cmds_R[L][i_\gamma] \leftarrow (\gamma, seq_\gamma, deps_\gamma, accepted)$。

（2）回复 $AcceptResp(ballot, \gamma, L.i_\gamma)$ 给成员 L。

3. 处理AcceptResp消息

同样，成员 L 需要收到 $Quorum_{Slow}$ 个 $AcceptResp(ballot, \gamma, L.i_\gamma)$ 消息，执行 Commit 阶段，在 $L.i_\gamma$ 上提交 $Instance_\gamma$，否则重新进入 Prepare 阶段，递增 ballot。

9.2.4　Commit 阶段

Commit 阶段通常由异步通知来触发，通常在完成 Fast Path 和 Slow Path 之后，便可以向客户端返回成功的响应。因此，Commit 消息常被忽略，可以类比 Paxos 中的 Confirm 消息。

无论从 Fast Path 还是 Slow Path 进入 Commit 阶段，其工作都是一样的。在 Commit 阶段，由 Command-Leader 发送 Commit 消息给各个成员，然后通知各个成员进行异步提交，主要是更新 Command 的状态。但是在此阶段并不会将 Command 输入状态机，执行状态转移。

成员 L 在 PreAccept 阶段收到 $Quorum_{Fast}$ 个一致的响应，或者在 Accept 阶段收到 $Quorum_{Slow}$ 个成功的响应后，进入 Commit 阶段，依次完成以下工作。

（1）更新本地的 γ 信息，其状态修改为 committed，记为 $cmds_L[L][i_\gamma] \leftarrow (\gamma, seq_\gamma, deps_\gamma, committed)$。

（2）向客户端返回成功信息，表明 γ 已被提交。

（3）发送 $Commit(\gamma, seq_\gamma, deps_\gamma, L.i_\gamma)$ 给所有的成员。

（4）成员 R 在收到 Commit 消息后，更新本地的 γ 信息，状态修改为 committed，记为

$cmds_R[L][i_\gamma] \leftarrow (\gamma, seq_\gamma, deps_\gamma, committed)$。

9.2.5　特殊的 Quorum

EPaxos 与 Paxos 不同的是：Paxos 只需要多数派的成员正常响应后，便能正常提交，而 EPaxos 则略有差异。

假设 F 为允许出现故障的成员数量，集群成员总数为 N。在 Fast Path 中，Quorum 数量为 $N-1$；在 Slow Path 中，Quorum 数量为常规的多数派，即 $\lfloor N/2 \rfloor+1$。另外，因为 $N=2F+1$，所以可以推导出 $Quorum_{Fast}=2F$，$Quorum_{Slow}=F+1$，但这仅适用成员总数为奇数的集群。

例如，在由 5 个成员组成的集群中，最大容忍出错成员数量为 2，则 Fast Path 的 Quorum 数量为 $5-1=4$；Slow Path 的 Quorum 数量为 $\lfloor 5/2 \rfloor+1=3$，即 Fast Path 需要 4 个成员的正常响应，Slow Path 需要 3 个成员的正常响应。

为什么 Fast Path 的 Quorum 数量要大于常规的多数派呢？原因是在少数成员出现故障时还能正确地提供服务。

在 Paxos 中，Acceptor 对于一个提案的决策只有两种结果：接受或者拒绝。而在 EPaxos 中，决策结果则更复杂，因为每个成员都拥有不同的 deps，与之干扰的提案也不同，所以它们做出的决策也不一致，因此需要更多的成员作出同样的决策，这样才能在少数派成员崩溃时还能保证可用性。

我们以一个简单的例子来说明超出常规多数派的必要性。存在由 7 个成员组成的共识集群，成员 L 在 L.i 上协商 δ，成员 R 在 R.i 上协商 γ，γ 和 δ 相互干扰，并且两者同时发起协商。为了便于描述，后面定义一种符号 $\leftarrow$，当 γ 依赖于 δ 时，记作 $\gamma \leftarrow \delta$，即 $\delta \in deps_\gamma$。

如表 9.2 所示，在 PreAccept 阶段，B、C、F、G 仅收到 γ；A、D、E 仅收到 δ。如果 $Quorum_{Fast}=4$，在 R.i 上有 B、C、F、G 支持 γ 且它们的 deps（$\varnothing$）都一样，则以 $\gamma \leftarrow \varnothing$ 直接进入 Commit 阶段，提交了 γ，但是只有 B、C 执行了 Commit 阶段，F、G 仍处于 PreAccept 阶段。表中灰色填充为 committed 状态，浅灰色填充为 pre-accepted 状态。

表 9.2　特殊的Quorum案例（一）

	A	B	C	D	E	F	G
R.i		$\gamma \leftarrow \varnothing$	$\gamma \leftarrow \varnothing$			$\gamma \leftarrow \varnothing$	$\gamma \leftarrow \varnothing$
L.i	$\delta \leftarrow \varnothing$			$\delta \leftarrow \varnothing$	$\delta \leftarrow \varnothing$		

接着集群重启，A、B、C 发生故障，按照容错约定，集群应该还可以继续提供服务，但实际情况是剩下的成员不知道 γ 和 δ 是否已达成共识，它们会为这两个 Instance 分别执行一轮 Prepare 阶段。在 R.i 上，Prepare 阶段收到的响应为：

❑ D、E 返回为 Null，没有批准过任何提案。

❑ F、G 返回 γ，其 deps 为 $\varnothing$ 并且状态为 pre-accepted。

根据 Prepare 阶段的约定，响应中包含一个以上的状态为 pre-accepted 的提案，需要再进入 PreAccept 阶段。此时，PreAccept 阶段会感知到 δ 的存在，其响应分别如下：

❑ D、E 批准 PreAccept 消息，响应中的 deps 为 $\{\delta\}$。

❏ F、G 批准 PreAccept 消息，响应中的 deps 为∅。

按照约定，成员 R 会整合所有的 deps（即 γ←δ）进入 Paxos-Accept 阶段，因此在 R.i 上最终达成共识的结果为 γ←δ，如表 9.3 所示。

表 9.3　特殊的Quorum案例（二）

	A	B	C	D	E	F	G
R.i		γ←∅	γ←∅	γ←δ	γ←δ	γ←δ	γ←δ
L.i	δ←∅			δ←γ	δ←γ	δ←γ	δ←γ

造成的影响是：在少数派（A、B、C）宕机之前，R.i 达成共识的结果是 γ←∅。但在少数派（A、B、C）宕机之后，R.i 达成共识的结果变为了 γ←δ。很明显，达成共识的结果被修改了，这不满足算法的安全性。

因此，我们需要更大的 Quorum$_{Fast}$ 才可以尽早发现与之干扰的提案。如果 Quorum$_{Fast}$＝N-1=6，那么在 PreAccept 阶段，B、C、F、G 仅收到 γ 后不会进入 Commit 阶段，而是以 γ←∅ 的依赖关系先进入 Paxos-Accept 阶段，再进入 Commit 阶段，如表 9.4 所示，其中，浅灰色填充的为 accepted 状态。

表 9.4　特殊的Quorum案例（三）

	A	B	C	D	E	F	G
R.i		γ←∅	γ←∅			γ←∅	γ←∅
L.i	δ←∅			δ←∅	δ←∅		

接着集群重启，A、B、C 发生故障，成员 R 在 R.i 上，运行 Prepare 阶段，收到的响应如下：

❏ D、E 返回为 Null，没有批准过任何提案。

❏ F、G 返回 γ，其 deps 为∅且状态为 accepted。

根据 Prepare 阶段的约定，响应中包含一个以上的状态为 accepted 的提案会进入 Paxos-Accept 阶段，并且 deps 为∅，最终达成共识的仍是 γ←∅。从安全性上来讲，在少数派宕机前后，如果达成共识的结果没有被改变，则满足安全性。

因此，在 EPaxos 中，Fast Path 需要更大的 Quorum 集合来判断是否达成共识，这样才能保证达成共识的值不会被修改。

另外，由于 Quorum$_{Fast}$≥Quorum$_{Slow}$ 这个要求，将会使一些关键成员具有决定性的权利，从而影响最终协商的结果，但这并不影响算法的正确性。

由{A, B, C, D, E}组成的 5 成员集群正在协商 γ，并且成员 D 本地的记录 δ 与 γ 互相干扰，那么在 PreAccept 阶段将会出现两种情况：

❏ 成员 A、B、C 返回 γ←∅ 的响应，成员 D 返回 γ←δ 的响应，但是由于网络原因，成员 D 的响应未能到达 Command Leader。

❏ 成员 A、B、C 返回 γ←∅ 的响应，成员 D 返回 γ←δ 的响应。

上面两种情况，因为未获得 Quorum$_{Fast}$ 个成员的支持，都将进入 Paxos-Accept 阶段，最终导致不同的协商结果。

第一种情况，γ 将以 $\gamma \leftarrow \varnothing$ 的依赖关系进入 Paxos-Accept 阶段，最终在成员 A，B，C 中达成共识。后续在协商 δ 的过程中，PreAccept 阶段的各个成员的响应信息为：成员 A，B，C 返回 $\delta \leftarrow \gamma$，成员 D 返回 $\delta \leftarrow \varnothing$。那么 δ 将以 $\delta \leftarrow \gamma$ 进入 Paxos-Accept 阶段并达成共识。

第二种情况，γ 将以 $\gamma \leftarrow \delta$ 进入 Paxos-Accept 阶段，最终在成员 A，B，C，D 中达成共识。后续在协商 δ 的过程时，PreAccept 阶段的各个成员的响应信息为：成员 A，B，C 返回 $\delta \leftarrow \gamma$，成员 D 返回 $\delta \leftarrow \varnothing$。最终，$\delta$ 以 $\delta \leftarrow \gamma$ 进入 Paxos-Accept 阶段并达成共识。

这里所举的这个示例，虽然由于成员 D 导致最终达成共识的结果不一样，但是各个成员依旧能对同一结果达成共识，因此算法的正确性不会受影响。

9.3　执 行 协 议

协商协议只是将 Instance 及其依赖关系在集群中达成共识，并没有输入状态机执行状态转移，而是在执行协议中按照约定的规则，对所依赖的 Instance 排序后，依次执行 Instance。执行协议通常发生在 Instance 执行 Commit 阶段之后，或者执行 Prepare 阶段使得 Instance 执行 Commit 阶段强制触发。

为了保证每个成员按照相同的顺序执行，执行协议的首要工作是将进行 Instance 排序，因此执行协议也分为两个阶段：排序阶段和执行阶段。

9.3.1　互相依赖

在协商协议过程中，可能会存在 Command 互相依赖的特殊情况，这通常发生在两个互相干扰的 Command 并行协商时产生的结果。如图 9.2（简化消息交互的参数及消息类型）所示，成员 A 在 A.1 上协商 δ，成员 E 在 E.2 上协商 γ，并且同时处于 PreAccept 阶段，每个成员的处理情况如下：

❑ 成员 A 仅参与 δ 的协商过程。

❑ 成员 B 先参与 γ 的协商过程，然后参与 δ 的协商过程。

❑ 成员 C 先参与 δ 的协商过程，然后参与 γ 的协商过程。

❑ 成员 D 先参与 δ 的协商过程，然后参与 γ 的协商过程。

❑ 成员 E 仅参与 γ 的协商过程。

最终，成员 A 收到来自成员 A、C、D 关于 δ 的成功且一致的响应，以及来自成员 B 的 $\delta \leftarrow \gamma$ 响应，即 $\gamma \in \text{deps}_\delta$。成员 E 收到来自成员 B、E 关于 δ 的成功且一致的响应，以及来自成员 C、E 的 $\gamma \leftarrow \delta$ 响应，即 $\delta \in \text{deps}_\gamma$。

γ 和 δ 都未获得 $\text{Quorum}_{\text{Fast}}$ 个成功且一致的响应，根据协商协议，都应该进入 Paxos-Accept 阶段。如图 9.3 所示，成员 A、E 分别整合 δ 和 γ 的 deps，进入 Paxos-Accept 阶段，最终 δ 被成员 A、B、C 所接受，γ 被成员 C、D、E 所接受，并且 γ 与 δ 以互相依赖的结果进入 Commit 阶段。

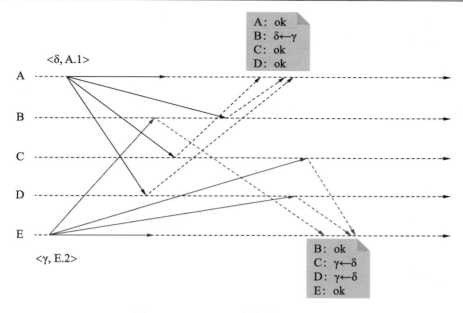

图 9.2　Command 互相依赖 PreAccept

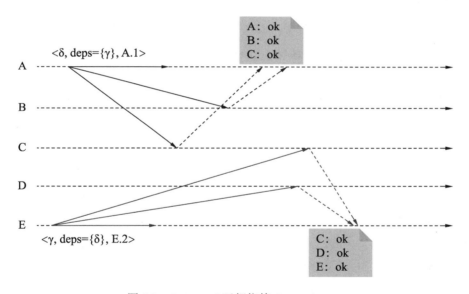

图 9.3　Command 互相依赖 Paxos-Accept

9.3.2　执行过程

首要声明：协商协议已将 Instance 及其依赖关系在集群中达成共识，因此每个成员执行相同的排序规则并且输入相同的参数，最终，每个成员一定能得到完全一致的执行顺序。

EPaxos 对 Instance 的排序，类似于对图进行确定性的拓扑排序。在当前场景中，以 Instance 为图的节点，Instance 之间的依赖关系看作节点的有向边并以此来构建图。Instance 及其依赖关系达成共识后，意味着各个成员将会获得相同的依赖图。

　　拓扑排序仅针对有向无环图，很明显，Command 之间的依赖可能会形成环路，即从一个 Command 出发最终会回到自己。因此，在 EPaxos 中并不能采用标准的拓扑排序。

　　为了处理环路，排序算法需要先寻找环路，即强连通分量，每一个环路都是一个强连通分量，如果将每个强连通分量的整体作为图的一个节点，则这个依赖图又可以转换为有向无环图，这样才可以继续使用拓扑排序。

　　综上所述，排序阶段大致分为以下几步：

（1）构建依赖图，以 Instance 为节点，依赖关系为有向边。

（2）寻找强连通分量，其整体作为一个单独的节点。

（3）对所有节点进行拓扑排序。

（4）对于强连通分量，按照 seq 对强连通分量中的所有 Instance 进行递增排序。

（5）按照排序依次执行每个 Command（如果未执行），并将其标记为已执行。

9.3.3　拓扑排序

　　经过一段时间的运行，表 9.5 中的 Instance 皆已达成共识，都进入 committed 状态，各 Instance 之间的依赖关系见表中所示。按照它们的依赖关系，以 Instance 为节点，依赖关系作为有向边，依赖图如图 9.4 所示。

表 9.5　Instance依赖关系

InstanceId	L.1	M.1	M.2	N.2	O.1	L.2	L.3
Command	α	κ	λ	γ	β	δ	μ
deps	{}	{}	{κ}	{α, κ, λ}	{α}	{γ, β}	{δ, λ}

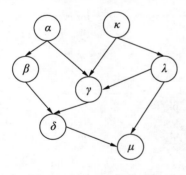

图 9.4　Instance 依赖示意

　　从图 9.4 中可以很明显地看到不存在循环依赖，其是一个有向无环图，这里可以直接对图 9.4 进行排序，排序的过程就是寻找图的拓扑序。寻找拓扑序时需要为每个节点定义两个变量，即出度和入度。

❑ 出度：该节点指向其他节点的有向边的数量。

❑ 入度：其他节点指向该节点的有向边的数量。

　　从图 9.4 中很容易就可以看出，我们应该先执行 α 和 κ，因为它们没有依赖其他的节点，也就是它们的入度为 0。寻找拓扑序，也要从入度为 0 的节点开始，当一个节点的入度为 0 时才可执行该节点，并减少依赖它的节点的入度。表 9.6 展示了图 9.4 在初始状态下每个节点的入度。

表 9.6　节点的入度

节点	α	κ	λ	γ	β	δ	μ
入度	0	0	1	3	1	2	2

　　首先执行初始入度为 0 的节点，即 α 和 κ。在工程实现中，可以使用一个队列存储入度为 0 的节点，每个节点出队后，意味着执行该节点并减少依赖于它的节点入度。α 和 κ

互不干扰，因此它们推入的队列顺序无关紧要，队列为[α, κ]。

- α 出队，导致 β 和 γ 的入度递减 1，此时，β 的入度为 0，γ 的入度为 2，将 β 推出队列，队列为[κ, β]。
- κ 出队，导致 γ 和 λ 的入度递减 1，此时，γ 的入度为 1，λ 的入度为 0，将 λ 推出队列，队列为[β, λ]。
- β 出队，导致 δ 的入度递减 1，此时 δ 的入度为 1，该过程没有节点入队，队列为[λ]。
- λ 出队，导致 γ 和 μ 的入度递减 1，此时，γ 的入度为 0，μ 的入度为 1，将 γ 推出队列，队列为[γ]。
- γ 出队，导致 δ 的入度递减 1，此时 δ 的入度为 0，将 δ 推出队列，队列为[δ]。
- δ 出队，导致 μ 的入度递减 1，此时 μ 的入度为 0，将 μ 推出队列，队列为[μ]。
- μ 出队。

然后按照每个节点的出队顺序即得出了 EPaxos 的执行顺序：

$$α→κ→β→λ→γ→δ→μ$$

9.3.4　寻找强连通分量

强连通分量是指依赖循环的子图在一个有向图中，α 和 β 两个节点既存在 α 到 β 的路径，又存在 β 到 α 的路径，则该有向图存在强连通分量。

强连通分量通常是因为并发协商的两个 Command 在不同的成员上建立了不同的依赖关系。循环的依赖关系将导致寻找拓扑序时陷入死循环，因此，我们需要在排序之前先寻找强连通分量。

寻找图的强连通分量的通用算法有 Kosaraju 和 Tarjan 等。本小节将以 Tarjan 为例，Tarjan 使用深度优先搜索算法将依赖图拆分为多条可达路径，然后倒序遍历路径上的每个节点，判断是否满足强联通条件。

存在依赖关系 α, κ, β, γ，依赖图如图 9.5 左图所示。Tarjan 在进行深度优先搜索时，会为每个节点分配两个变量，第一个变量是搜索至该节点的时间点，第二个变量是在有向边可达的节点中最小的时间点，最后根据第二变量拆分出两个强联通分量（灰色与浅灰色部分），如图 9.5 右图所示。

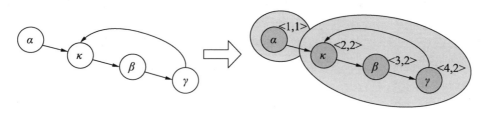

图 9.5　寻找强连通分量

接下来简单介绍 Tarjan 算法的执行过程。

（1）深度优先搜索将 α、κ、β 和 γ 依次推入堆栈中，并标记每个节点的第一变量分别为 1, 2, 3, 4。

（2）按照堆栈的顺序标记每个节点的第二变量。

❑ γ 存在一条有向边指向 κ，因此第二变量为 2。

❑ β 存在路径 β→γ→κ，因此第二变量为 2。

❑ κ 没有指向小于它的任何节点，因此第二变量为 2。

（3）κ 发现第一变量等于第二变量，因此将堆栈中 κ 以上的节点（即 κ, β, γ）出栈并作为一个强连通分量。

（4）α 没有指向小于它的任何节点，因此第二变量为 1。α 发现第一变量等于第二变量，因此将堆栈中 α 以上的节点出栈，作为一个强连通分量，即 α。

最终得到两个强连通分量{α}和{κ, β, γ}。

虽然 Tarjan 的运行效率很快，只需要执行一轮深度优先搜索即可，但是它终归是一个递归算法，无法控制递归的深度，因此在工程实现上具有一定的挑战。

9.3.5　EPaxos 排序

正如前面所说，EPaxos 需要先执行 Tarjan 算法，寻找强连通分量，然后对所有强连通分量进行拓扑排序，如图 9.6 所示的演变过程，最终得到以下序列：

$$\{α\}→\{κ, β, γ\}→\{λ\}$$

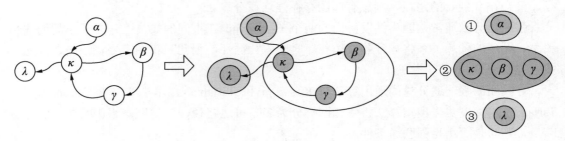

图 9.6　EPaxos 的排序

但是排序还没有结束，对于强连通分量{κ, β, γ}，需要按照它们的 seq 进一步排序。假设 $seq_κ < seq_β < seq_γ$，最终得到的完整的执行顺序为 α→κ→β→γ→λ。

通常在强连通分量中，不同的 Instance 的 seq 可能是相等的，因此在强连通分量内部，我们无法进行排序，通常需要为 Instance 引入一个额外的变量来标识执行的顺序。为了保证排序顺利进行，这个额外的变量要求全局唯一。最简单的方式就是为每个成员设定一个全局唯一的 ID 并在 Instance 中携带发起的成员 ID。在强连通分量的排序中，当 seq 相同时，使用成员 ID 进行排序。

9.4　算　法　证　明

本节将证明 9.1.2 小节提到的协议保证，重点是 EPaxos 的执行一致性和顺序性。另外，非凡性、一致性、不变性和容错性与其他 Paxos 变种算法的证明类似，这里仅做简要的介绍。

- 非凡性：被任何一个成员提交的任何一个提案，一定是由客户端所提出的。任何 Command 被提交一定是经过 Fast Path 或者 Slow Path，这二者一定包含 PreAccept 阶段，而 PreAccept 阶段一定是由客户端触发的。因此，非凡性是容易满足的。
- 一致性：两个成员永远不能在同一个 Instance 上提交不同的提案。这一点体现在 ballot 特性上，在 Instance 上，每一个 ballot 只会执行一轮协商，而在一轮协商中并不会提交两个不同的提案。
- 不变性：在任意两个时刻 T1、T2（T2＞T1），任何成员在 T1 时刻提交的提案集都是 T2 时刻所提交的提案集的子集。在一致性基础上，只需要确保每个 Instance 的持久性就能保证在一个无限长的时间跨度中的不变性。
- 容错性：允许少数节点出现故障，而不影响集群的可用性。这一点与其他 Paxos 变种算法一样，只要大多数成员能正常运行，就能保证算法正常运行。此时消息仍有可能发生丢包而导致协商失败，但是我们可以利用超时机制来重新发消息，提升消息的到达率。

9.4.1　执行的一致性

执行的一致性是指，如果任意一个成员成功提交了两个互相干扰的 Command γ 和 δ，则每个成员将以相同的顺序执行它们。

假设存在两个互相干扰的 Command γ 和 δ，则 γ 或者 δ 只会在以下三个场景中被提交。

- γ 或者 δ 在 PreAccept 阶段获得了 $Quorum_{Fast}$ 个一致的成功响应。
- γ 或者 δ 在 Paxos-Accept 阶段获得了 $Quorum_{Slow}$ 个的成功响应。
- 成员收到关于 γ 或者 δ 的 Commit 消息，除了在以上两种场景中会发送 Commit 消息之外，在 Prepare 阶段的 PrepareResp 中存在一个 committed 状态的 γ 或者 δ。

无论 γ 和 δ 是在第一个场景还是第二个场景中被提交，两个 $Quorum_{Fast}$ 或者两个 $Quorum_{Slow}$，或者一个 $Quorum_{Fast}$ 和一个 $Quorum_{Slow}$ 都存在相交的成员。因此，一定存在至少一个成员接受了 γ 并且也接受了 δ 的情况，那么这些相交的成员会将先收到的 Command 放在后接收的 Command 的 deps 中，最终使一个 Quorum 内的所有成员都接受同样的依赖关系。

第三种情况是已有成员提交了 Command，表明该 Command 已达成共识，即已满足第一种或第二种情况。

接着构建 γ 和 δ 的依赖图，存在以下三种情况：

- γ 和 δ 互相存在于对方的依赖图中。
- γ 在 δ 的依赖图中，但 δ 不在 γ 的依赖图中。
- δ 在 γ 的依赖图中，但 γ 不在 δ 的依赖图中。

第一种情况是 9.3.1 小节介绍的互相依赖的情况。协商协议只会提交已达成共识的 Command，而已达成共识的 γ 和 δ，因为它们互相依赖，所以在 γ 和 δ 的依赖图中拥有相同的强连通分量。又因为排序规则是确定的，所以排序后的顺序也是确定的，各个成员将以相同的顺序执行 γ 和 δ。

第二种情况是执行协议在对 δ 进行拓扑排序时，发现其包含 γ，因此先对 γ 执行协议，最终，所有成员都是先执行 γ 再执行 δ。

第三种情况是执行协议在对 γ 进行拓扑排序时，发现其包含 δ，因此会先对 δ 进行执行协议，最终，所有成员都先执行 δ 再执行 γ。

穷尽所有可能，所有成员最终将以相同的顺序执行 γ 和 δ，从而保证了执行一致性。

9.4.2　执行的顺序性

执行的顺序性是指对于两个干扰提案 γ 和 δ，如果 δ 在任意成员提交 γ 之后才提出，那么每个成员一定在执行 γ 之后再执行 δ。

存在两个互相干扰的 Command γ 和 δ，并且 γ 在提交之后 δ 才被提出，那么一定满足以下条件：

- ❑ 最终提交 δ 时，γ 一定存在于 δ 的 deps 中。
- ❑ 最终提交 δ 时，δ 的 seq 一定大于 γ 的 seq。

第一个条件，是因为 γ 被提交一定是在 PreAccept 阶段有 $Quorum_{Fast}$ 个成员接受了 γ，或者是在 Paxos-Accept 阶段有 $Quorum_{Slow}$ 个成员接受了 γ，又因为 $Quorum_{Fast} \geqslant Quorum_{Slow} \geqslant \lfloor N/2 \rfloor + 1$，那么在 δ 被提交的过程中，至少一个成员一定拥有 γ，并且它初始化 δ 的 deps 中一定包含 γ。

第二个条件是基于在第一个条件的，因为那些拥有 γ 的成员会更新 δ 的 seq，使得 δ 的 seq 大于 γ 的 seq。

在执行协议过程中，δ 会先触发执行协议。如果 δ 在 γ 的 deps 中，因为条件一，则二者互相存在于对方的依赖图中，根据执行一致性特性，所有成员执行 γ 和 δ 的顺序是一致的。又因为条件二，那么一定会先执行 seq 较小的 Command，即先执行 γ，再执行 δ；如果 δ 不在 γ 的 deps 中，根据执行协议，会先对 deps 中的 Instance 执行协议，因此，γ 将会先执行。

在执行协议中，γ 先触发执行协议。如果 δ 在 γ 的 deps 中，因为条件一，则二者互相存在于对方的依赖图中，根据执行一致性特点，所有成员执行 γ 和 δ 的顺序是一致的。又因为条件二，那么一定会先执行 seq 较小的 Command，即先执行 γ，再执行 δ；如果 δ 不在 γ 的 deps 中，此时先执行 γ 是我们期望的结果。

综上所述，对于两个互相干扰的 Command γ 和 δ，并且 γ 在提交之后 δ 才被提出，那么一定是先执行 γ 再执行 δ。

9.5　Optimized-EPaxos 简介

因为 EPaxos 高于常规多数派的 Quorum 要求，在工程实现中会极大影响协商效率，因此必须要减少获得投票的数量，这样可以使 EPaxos 具有更低的延迟（特别是在跨地域的网络环境中）和更高的吞吐量。

EPaxos 在论文中给出了优化方案，最终 Fast Path 的 Quorum 数量从 $N-1$ 优化为：

$F+\lfloor (F+1)/2 \rfloor$，这一优化对于 7 个以下成员的集群是最有效的。例如，3 个成员的集群，其 $Quorum_{Fast}=2$，5 个成员的集群，其 $Quorum_{Fast}=3$。但是，对于 7 个成员以上的集群优化要更复杂一些。

为了便于描述，我们同样约定优化之前的 EPaxos 称为 Basic-EPaxos，而优化之后的 EPaxos 称为 Optimized-EPaxos。Basic-EPaxos 大于常规多数派的 $Quorum_{Fast}$，一个重要原因就是在少数成员出现故障时还能正确地提供服务。为此，我们对 Basic-EPaxos 进行了两处额外的修改：在 PreAccept 阶段，修改在 Fast Path 上的提交条件；在 Prepare 阶段，保证优化后的在 Fast Path 上提交的 Instance 能正确地恢复（即使 F 个成员已发生故障）。

❏ 在 PreAccept 阶段，Command Leader 需要同时满足以下两个条件才可以在 Fast Path 上提交。

　➢ FP-quorum：Command Leader 需要接收 $F+\lfloor (F+1)/2 \rfloor$ 个 PreAcceptResp 消息，并且它们拥有一致的 deps 和 seq。

　➢ FP-deps-committed：对于 deps 中的每一个 Instance，在 FP-quorum 中至少有一个成员将该 Instance 记录为已提交（committed）状态，因此在 PreAcceptResp 中的 deps 需要携带 Instance 的状态。

第二个条件是必要的，它用于确保 deps 中的每个 Instance 的 seq 不会再发生改变，这有利于 Instance 在 Prepare 阶段准确地恢复。

❏ 在 Prepare 阶段，增加一轮 TryPreAccept 消息，以确保优化后的在 Fast Path 上提交的 Instance 能正确地恢复。

其中，第一处修改是本次优化的目的，第二处修改是为了执行第一处的优化后，仍然能保证其正确性。本节的重点是重新整理优化后的 Prepare 阶段。

9.5.1　Prepare 阶段

1．Prepare消息

成员 R 在 L.i 上执行 Prepare 阶段任务时，包括以下几步：

（1）成员 R 递增 L.1 的 ballot，并发送 Prepare(ballot, L.i)消息给所有成员，至少等待 $Quorum_{Slow}$ 个响应，如果未收到足够数量的响应，成员 R 则递增 ballot 再次进入 Prepare 阶段。其他成员收到 Prepare 消息后，将回复关于 L.i 的信息。

（2）定义 $ballot_{max}$ 为所有响应中的 ballot 最大值，定义 Π 为所有响应中 ballot 等于 $ballot_{max}$ 的响应集合。

（3）如果在 Π 中没有任何关于 L.i 的信息，则退出 Prepare 阶段，成员 R 以 Noop 在 L.i 上执行 Paxos-Accept 阶段的操作。

（4）如果在 Π 中存在一个以上的 $Instance_\gamma$<γ, seq_γ, $deps_\gamma$, committed>，则退出 Prepare 阶段，成员 R 在 L.i 上为<γ, seq_γ, $deps_\gamma$>执行 Commit 阶段的过程。

（5）如果在 Π 中存在一个以上的 $Instance_\gamma$<γ, seq_γ, $deps_\gamma$, accepted>，则退出 Prepare 阶段，成员 R 在 L.i 上为<γ, seq_γ, $deps_\gamma$>执行 Paxos-Accept 阶段的过程。

（6）如果在 Π 中存在 $\lfloor (F+1)/2 \rfloor$ 以上的 Instance$_\gamma$<γ, seq$_\gamma$, deps$_\gamma$, pre-accepted>，它们的 seq$_\gamma$ 和 deps$_\gamma$ 都相同，并且它们的 ballot 都为默认的 epoch.0.L，则成员 R 发送 TryPreAccept(ballot, <γ, seq$_\gamma$, deps$_\gamma$, L.i$_\gamma$>)消息给那些未回复 pre-accepted 的成员。

（7）退出 Prepare 阶段，成员 R 在 L.i 上使用 Slow Path 协商 γ，包含 PreAccept、Paxos-Accept 及 Commit 阶段。

第（3）至（5）步都有需要明确执行的逻辑，具体原因类似于 Basic-EPaxos 中的 Prepare 阶段。第（6）步是不确定的，CommandLeader$_\gamma$ 可能只广播给了 $\lfloor (F+1)/2 \rfloor$ 个成员，也可能广播给了 $F+\lfloor (F+1)/2 \rfloor$ 个成员。因此，要进行一轮 TryPreAccept 消息确认。

2．处理TryPreAccept消息

成员 S 收到来自成员 R 的 TryPreAccept (ballot, <γ, seq$_\gamma$, deps$_\gamma$, L.i$_\gamma$>)消息时，存在以下几种情况。

（1）如果在成员 S 的本地数据中不存在与 γ 干扰的 Command，则表明可以预接受 γ，回复 TryPreAcceptReply (ACK)。

（2）如果在成员 S 的本地数据中存在与 γ 干扰的 Command δ，并且成员 S 能够明确 γ 和 δ 之间的关系，则表明可以预接受 γ，回复 TryPreAcceptReply (ACK)。

（3）如果在成员 S 的本地数据中存在与 γ 干扰的 Command δ，并且成员 S 不能明确 γ 和 δ 之间的关系，即 δ 同时满足以下三个条件：成员 S 将携带 δ 回复 TryPreAcceptReply (NACK, Instance$_\delta$)，Instance$_\delta$ 包含 δ 的 InstanceId、seq、desp 和 state 信息。

❑ 条件一：$\gamma \sim \delta$，定义~为相互干扰符号，即 γ 和 δ 相互干扰；

❑ 条件二：$\gamma \notin$ deps$_\delta$；

❑ 条件三：$\delta \notin$ deps$_\gamma$，或者 $\delta \in$ deps$_\gamma$ && seq$_\delta \geqslant$ seq$_\gamma$。

理解成员 S 的处理逻辑及这三个条件的含义，先要明白 TryPreAccept 消息的意义。在 Prepare 消息响应中，如果至少存在 $\lfloor (F+1)/2 \rfloor$ 个成员拥有 pre-accepted，这可能是在上一轮协商中，PreAccept 消息只广播了 $\lfloor (F+1)/2 \rfloor$ 个成员，也可能广播了 $F+\lfloor (F+1)/2 \rfloor$ 个成员。因此，需要通过 TryPreAccept 消息来确认是否广播了 $F+\lfloor (F+1)/2 \rfloor$ 个成员。

条件一是客观存在的事实。如果成员 S 存在 δ，当收到 γ 的 TryPreAccept 消息时，发现 γ 与 δ 互相干扰，即满足这一客观事实。同时满足条件二（$\gamma \notin$deps$_\delta$）和条件三（$\delta \notin$deps$_\gamma$），即代表成员 S 此前没有收到 γ。如果在此之前收到了 γ，又因为存在 $\gamma\sim\delta$ 的事实，那么一定满足 $\gamma\in$deps$_\delta$ 或 $\delta\in$deps$_\gamma$ 的条件。至于条件三剩下的一部分，则表明 γ 和 δ 由同一个 Command Leader 提出，但是成员 S 仅收到了 δ。下面的两个例子有助于理解这三个条件的含义。

示例 1：成员 R 正在执行 Prepare 阶段的任务，在此之前，成员 S 收到 δ 的 PreAccept 消息，但是没有收到 γ 的 PreAccept 消息。成员 S 收到 γ 的 TryPreAccept 消息，此时发现 γ 与 δ 冲突，即满足条件一；成员 S 的本地数据仅记录了 δ，满足条件二和条件三，即 $\gamma\notin$deps$_\delta$ 和 $\delta\notin$deps$_\gamma$，因此成员 S 将会返回 NACK 的 TryPreAcceptReply 消息。

此示例中，在成员 S 中，γ 和 δ 的关系是：$\gamma\sim\delta$ && $\gamma\notin$deps$_\delta$ && $\delta\notin$deps$_\gamma$。用文字描述是：γ 和 δ 相互干扰，但是成员 S 没有收到 γ 的 PreAccept 消息，不知道是 $\gamma\leftarrow\delta$，还是 $\delta\leftarrow\gamma$，因此成员 S 返回 NACK。

示例 2：成员 R 正在执行 Prepare 阶段的任务，成员 S 在本地依次收到 γ 和 δ 的 PreAccept 消息且 $\delta \leftarrow \gamma$。成员 S 收到 γ 的 TryPreAccept 消息，此时发现 γ 与 δ 冲突，即满足条件一；成员 S 的本地数据记录了 $\gamma \in \text{deps}_\delta$，即不满足条件二。因此，成员 S 将返回 ACK 的 TryPreAcceptReply 消息。

此示例中，成员 S 的 γ 和 δ 的关系是：$\gamma \sim \delta$ && $\gamma \in \text{deps}_\delta$。用文字描述则是：$\gamma$ 和 δ 相互干扰，成员 S 知道 $\delta \leftarrow \gamma$，因此成员 S 返回 ACK，帮助成员 R 尽快完成 γ 的 Prepare 阶段。

3．处理TryPreAcceptReply消息

成员 R 收到 TryPreAcceptReply 之后，将依次判断下面几种情况：

（1）在 Prepare 响应中，如果 pre-accepted 的数量+ACK 的 TryPreAcceptReply 消息的总数超过 Quorum$_{\text{Slow}}$，并且它们的 seq$_\gamma$ 和 deps$_\gamma$ 都相同，则退出 Prepare 阶段，成员 R 在 L.i 上，为<γ, seq$_\gamma$, deps$_\gamma$>执行 Paxos-Accept 阶段。

（2）如果一个 NACK 的 TryPreAcceptReply 消息中的 δ 状态为 committed，则退出 Prepare 阶段，成员 R 在 L.i 上使用 Slow Path（包含 PreAccept、Paxos-Accept 和 Commit 阶段）协商 γ。

（3）如果在一个 NACK 的 TryPreAcceptReply 消息中 $\delta \notin \text{deps}_\gamma$，并且 CommandLeader$_\delta$ 属于 γ 的 Quorum$_{\text{Fast}}$ 中的一员，则退出 Prepare 阶段，成员 R 在 L.i 上使用 Slow Path（包含 PreAccept、Paxos-Accept 和 Commit 阶段）协商 γ。

（4）如果 Command γ' 与 γ 冲突，恢复 γ' 时需要先恢复 γ，并且 γ' 的 Command Leader 是 γ 的 Quorum$_{\text{Fast}}$ 中的一员，则退出 Prepare 阶段，成员 R 在 L.i 上使用 Slow Path（包含 PreAccept、Paxos-Accept 和 Commit 阶段）协商 γ。

（5）成员 R 需要退出 γ 的 Prepare 阶段，并试图开启与 γ 冲突且未提交的 Instance 的 Prepare 阶段。

下面来看在上述几种情况下处理逻辑的具体含义。

第（1）种情况，说明经过 TryPreAccept 消息的努力，在集群中已有 Quorum$_{\text{Slow}}$ 个成员的 Instance$_\gamma$ 达到 pre-accepted 状态，那么此时这种情况就类似 Basic-EPaxos 的 Prepare 的第（6）步了，同样的原因，可以进入 Paxos-Accept 阶段。

第（2）种情况，收到状态为 committed 的 δ，意味着 δ 已达成共识，尘埃落定了，因此成员 R 可以大胆地从 PreAccept 阶段开始重新协商 γ，使 γ 达成共识。

第（3）种情况，除了收到状态为 committed 的 δ 之外，其他状态下的 δ 都是不确定的（尽管 δ 可能已经达成共识，但成员 R 不知道）。需要判断所有回复中是否包含 δ 的 CommandLeader，因为只有 δ 的 CommandLeader 才知道 δ 所处的真实状态，所以成员 R 可以大胆地从 PreAccept 阶段开始重新协商 γ。在 γ 协商中，CommandLeader$_\delta$ 一定会参与决策，并会反馈 δ 与 γ 冲突的事实，这使得 γ 在 Slow Path 上提交。第（4）种情况的执行原理与第（3）种情况相同。

第（5）种情况，我们无法明确地断定与 γ 冲突的 Command 的真实状态，因此需要先尝试恢复与 γ 冲突的 Command。

4．Prepare处理逻辑

如图 9.7 展示了 Prepare 阶段的所有处理逻辑，包括 TryPreAccept 消息的处理逻辑。

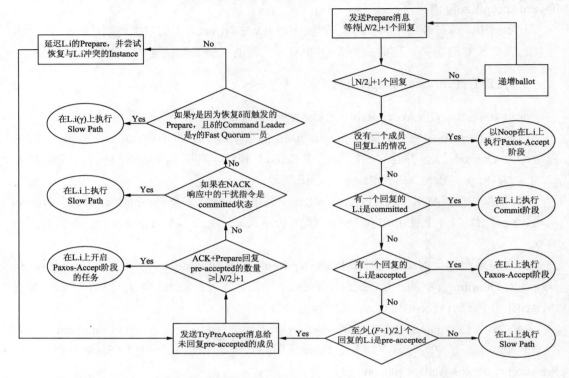

图 9.7　Prepare 的处理逻辑

9.5.2　论证 Quorum$_{Fast}$

可以看到，有了 TryPreAcceptReply 并不是一本万利，因为在有些情况下仍然无法恢复 Instance，只能等待与之干扰的 Command 先恢复，再让需要恢复的 Instance 重新进入 Prepare 阶段。因为存在 Command 互相依赖的情况，所以会导致 Prepare 阶段互相推迟，并且无法跳出互相推迟的困境。

为了让 Prepare 阶段尽快结束，定义 Quorum$_{Fast}$ 为 $F+\lfloor(F+1)/2\rfloor$。因此对于 Quorum$_{Fast}$ 的推导，只需要证明在 Quorum$_{Fast}$＝$F+\lfloor(F+1)/2\rfloor$ 的情况下，Prepare 阶段不会被永久地推迟下去即可。

假设存在两个已通过 Fast Path 提交的 Command γ 和 δ，它们互相干扰。成员 R 在恢复 γ 时因为 δ 被推迟，而 δ 又因为 γ 被推迟。

定义 RESP$_\gamma$ 为回复成员 R 发送关于 γ 的 Prepare 消息的所有成员集合；Quorum$_{Fast\_\gamma}$ 是 γ 的 Fast Quorum 数量。以同样的方式定义 RESP$_\delta$ 和 Quorum$_{Fast\_\delta}$，并且存在以下几种结果：

❑ $|\mathrm{RESP}_\gamma|\geqslant\lfloor(F+1)/2\rfloor$

- ❑ $|RESP_\delta| \geqslant \lfloor (F+1)/2 \rfloor$
- ❑ $RESP_\gamma \cap RESP_\delta = \varnothing$
- ❑ $CommandLeader_\gamma \notin deps_\delta$
- ❑ $CommandLeader_\delta \notin deps_\gamma$
- ❑ $|RESP_\delta| \geqslant \lfloor (F+1)/2 \rfloor + 1$

前两个结果是在 9.5.1 小节中处理 Prepare 消息第（6）步所要求的条件，只有在该条件下才会进入 TryPreAccept，恢复过程才有可能被推迟。

第 3 个结果是恢复过程出现的最坏的情况，如果 $RESP_\gamma$ 和 $RESP_\delta$ 相交，那么相交的成员可以明确 γ 和 δ 的顺序，所以不会互相推迟。

第 4 个结果，$CommandLeader_\gamma$ 不存在于 $deps_\delta$，否则 δ 不可能通过 Fast Path 被提交，同样的可推断出第 5 个结果。

第 6 个结果，成员 R 在发送 Prepare 消息后，需要等到 $F+1$ 个响应才会进行 Prepare 阶段后续的处理。因此，最多还有 F 个成员未回复 Prepare 消息，并且 $CommandLeader_\gamma$ 一定是 F 中的一员，否则成员 R 可以通过 TryPreAccept 消息来恢复 γ，不必推迟 γ 的恢复进程。又因为第 4 个结果，因此最多只有 $F-1$ 个成员未回复 δ 的 Prepare 消息，如果要让成员 R 能正常推进 δ 的 Prepare 阶段，那么必须满足 $|RESP_\delta| \geqslant \lfloor (F+1)/2 \rfloor + 1$。

我们可以推断出 $Quorum_{Fast\_\gamma}$、$RESP_\delta$ 和 $CommandLeader_\delta$ 这三者是不相交的，而 $Quorum_{Fast\_\gamma} = F + \lfloor (F+1)/2 \rfloor$、$|RESP_\delta| \geqslant \lfloor (F+1)/2 \rfloor + 1$、$CommandLeader_\delta = 1$，因此这三者的总数满足 $F + \lfloor (F+1)/2 \rfloor + \lfloor (F+1)/2 \rfloor + 1 + 1 > 2F+1$。而集群中成员总数仅为 $2F+1$，因此得证在 $Quorum_{Fast} = F + \lfloor (F+1)/2 \rfloor$ 时，两个冲突的 Command 在 Prepare 阶段互相推迟是不存在的。

9.6　算 法 模 拟

9.6.1　协商协议

正如 9.2 节介绍的一样，在协商协议中，任何 Instance 的第一轮协商都一定是隐式 Prepare，可以直接进入 PreAccept 阶段；而 Paxos-Accept 阶段仅用于 PreAccept 阶段未获得 $Quorum_{Fast}$ 个有效成员的支持，剩下 Commit 阶段异步进行，与其他的 Paxos 变种一样，通常不会是协商过程的重点。

1. Fast Path协商

可选的 Paxos-Accept 阶段，用于区分 Fast Path 和 Slow Path。Fast Path 是指集群中不存在其他的 Command 与正在协商的 Command 互相干扰，则可以跳过 Paxos-Accept 阶段，进入 Commit 阶段；Slow Path 与之相反，需要经过 Paxos-Accept 阶段，才可以进入 Commit 阶段。

是否存在干扰的 Command，是在 PreAccept 阶段判断，因此 PreAccept 阶段有时也被称为"建立约束阶段"。具体说就是，Command Leader 发送 PreAccept 消息给 Quorum$_{Fast}$ 个成员，收到 PreAccept 消息的成员将回复自己本地的日志中是否存在与之干扰的 Command。

如图 9.8 所示，成员 A 收到更新 objA 的 Command，成员 E 收到更新 objB 的 Command。显然，二者的执行顺序并不会影响最终的执行结果，即二者互不干扰。为了便于描述，我们将 objA 的 Command 和 objB 的 Command 分别定义为 γ 与 δ，成员 A 和 E 发起 PreAccept 请求后，成员 C 先收到 δ，后收到 γ，但由于 γ 与 δ 互不干扰，因此 A 和 E 将会获得 Quorum$_{Fast}$ 个成员的支持。此时便可以进入 Commit 阶段，提交 γ 与 δ。

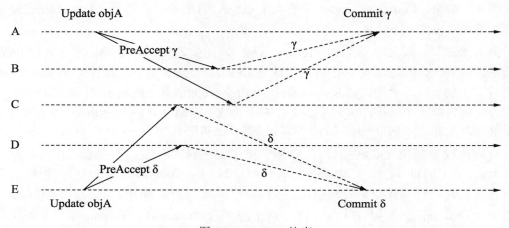

图 9.8　Fast Path 协商

2．Slow Path协商

Slow Path 是指在 PreAccept 阶段中，未获得 Quorum$_{Fast}$ 个成员的支持，但收到了 Quorum$_{Slow}$ 个成员的响应，或者响应中包含存在互相干扰的 Command 时，需要携带与之干扰的 Command 进入 Paxos-Accept 阶段进行协商。

如图 9.9 所示，成员 A 和 E 同时收到客户端更新 objA 的 Command，分别记作 γ 和 δ。成员 A 和 E 发起 PreAccept 请求后，成员 C 先收到 δ，后收到 γ。由于 γ 与 δ 互相干扰，所以，成员 E 将得到成员 C、D、E 的支持，成员 A 将会知晓成员 C 反馈的 γ 依赖于 δ 的事实。

成员 E 获得 Quorum$_{Fast}$ 个成员的支持，进入 Commit 阶段，提交 δ；成员 A 未获得 Quorum$_{Fast}$ 个成员的支持，但收到了 Quorum$_{Slow}$ 个成员的响应，且响应中包含干扰 Command δ，成员 A 将携带 γ←δ 的关系进入 Paxos-Accept 阶段，最终在 Paxos-Accept 阶段获得 Quorum$_{Slow}$ 个成员的支持，进入 Commit 阶段，提交 γ 及其依赖关系（γ←δ）。

3．协商的过程

我们简单地描述了协商协议，但是忽略了前面提及的 deps 和 seq 两个变量的初始化和变更过程。

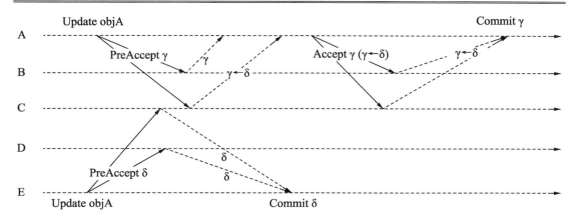

图 9.9　Slow Path 协商

我们使用<InstanceId, Command, seq, deps>描述一个 Instance，如< A.1, α, 0, {}>。如图 9.10 所示，存在一个由{A, B, C}组成的三成员集群，其中，成员 B 和 C 本地已记录了 Command α 和 Command β，成员 A 仅记录了 Command α。

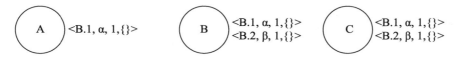

图 9.10　集群初始状态

成员 A 收到客户端请求 γ，即成为 γ 的 Command Leader，接下来协商过程皆由 Command Leader 来推进。成员 A 需要寻找下一个 Instance 来存放 γ，并初始化 Instance$_γ$ 的各项属性。在此之前，成员 A 本地未提出过其他 Command，因此 InstanceId$_γ$ 选值为 A.1；成员 A 本地也不存在与 γ 干扰的 Command，因此 seq$_γ$ 初始化为 1，deps$_γ$ 初始化为{}；并且第一轮提案编号 ballot＝epoch.0.A。

如图 9.11 所示，在 ballot＝epoch.0.A 时，EPaxos 直接进入 PreAccept 阶段。成员 A 在本地持久化 Instance$_γ$，γ 的状态为 pre-accepted，并且成员 A 发送 PreAccept 消息给 Quorum$_{Fast}$ 个成员，Quorum$_{Fast}$＝$F+\lfloor (F+1)/2 \rfloor$＝2。

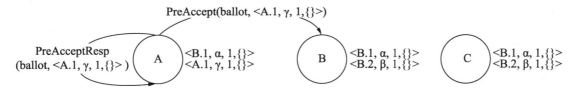

图 9.11　PreAccept 消息

最终处理 PreAccept 消息的有成员 A 和 B，二者首先需要对 ballot 进行校验，判断消息的有效性，因为二者在此之前尚未在 A.1 上承诺过大于 ballot 的提案编号，所以可以执行接下来的判断逻辑。

成员 A 已经完成 PreAccept 消息的处理，默认即为接受该 PreAccept 消息。成员 B 因为本地记录的 β 与 γ 存在干扰，所以需要更新 seq$_γ$＝2 和 deps$_γ$＝{β}，并持久化更新后的

Instance$_\gamma$，最后通过 PreAcceptResp 消息将更新后的 Instance$_\gamma$ 反馈给成员 A，如图 9.12 所示。

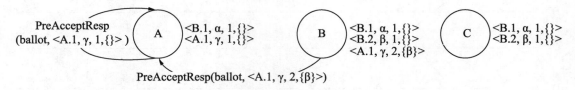

图 9.12　PreAcceptResp 消息

显然，成员 A 未获得 Quorum$_{Fast}$ 个 seq$_\gamma$ 和 deps$_\gamma$ 都相同的 PreAcceptResp 消息，不能立即进入 Commit 阶段。但是成员 A 收到了 Quorum$_{Slow}$ 个成员的回复，进入了 Paxos-Accept 阶段。成员 A 整合所有 PreAcceptResp 消息中的 seq$_\gamma$ 和 deps$_\gamma$，更新本地数据中的 Instance$_\gamma$ 为< A.1, γ, 2, {β}>，γ 的状态为 accepted。

Accept 阶段的处理类似于 Paxos 中的 Accept 阶段，如图 9.13 所示，通过 Accept 消息重新广播给 Quorum$_{Slow}$ 个成员，Quorum$_{Slow}$=$\lfloor N/2 \rfloor$+1=2。收到 Accept 消息的成员，在 ballot 有效的情况下，成员 A 和 B 就会接受该 Instance，更新 γ 的状态为 accepted，并通过 AcceptResp 消息反馈自己的处理结果。

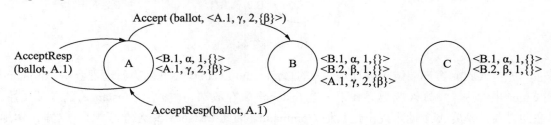

图 9.13　Accept 阶段

最终，成员 A 和 B 都接受 Accept 消息，即获得 Quorum$_{Slow}$ 个成员的支持，随后进入 Commit 阶段，更新本地 γ 状态为 committed，同时响应客户端 γ 已被受理的结果，并且异步发送 Commit 消息其他成员，更新 γ 的状态，至此，协商协议完成。

在协商过程中，任何消息的处理都需要先校验消息的有效性，并且允许任意数量的成员抛弃/忽略已过期的消息。当 Command Leader 未收到特定数量的响应后，都应进入 Prepare 阶段，然后递增 ballot，进行一轮新的协商。

9.6.2　Prepare 阶段

存在{A, B, C}组成的三成员集群，表 9.7 展示了每个成员记录的数据，α 和 β 都已达成共识。其中，成员 A 拥有 committed 状态的 α，pre-accepted 状态的 γ；成员 B 和 C 拥有 committed 状态的 α，pre-accepted 状态的 β。

表 9.7　Prepare初始数据

成员A	成员B	成员C
<B.1, α, 1, {}, committed>	<B.1, α, 1, {}, committed >	<B.1, α, 1, {}, committed >
<A.1, γ, 1, {}, pre-accepted>	<B.2, β, 1, {}, pre-accepted >	<B.2, β, 1, {}, pre-accepted >

对于 γ 而言，成员 A 是它的 Command Leader，并且曾经在 A.1 上尝试协商过 γ。但是，可能 ballot 已过时，或者网络原因未将 A.1 复制给其他成员，又或者成员 A 自身原因中断了协商，使得 γ 在 A.1 上未能顺利达成共识。

成员 A 开启 Prepare 阶段，尝试在 A.1 上恢复 γ。递增本地的 ballot，然后随 Prepare 消息一起发送给所有成员。ballot 保证了消息的有效性，这与 Paxos 中的提案编号的处理极为相似，这里不再详细讲解。

如图 9.14 所示，成员 A 发送 Prepare 消息，成员 B 和 C 都不曾记录 A.1 的任何数据，因此将不会返回任何信息给成员 A；成员 A 将返回自身记录的 A.1 的信息。

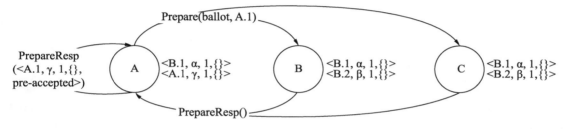

图 9.14　Prepare 消息

很明显，这一轮消息回复数量大于 Quorum$_{Slow}$，并且在所有回复中未包含 accepted 或 committed 状态的数据，但是满足 $\lfloor (F+1)/2 \rfloor = 1$ 个 pre-accepted 状态的数据。根据算法约定，成员 A 将继续发送 TryPreAccept 消息给这些未回复 pre-accepted 的成员。

如图 9.15 所示，成员 A 发送 TryPreAccept 消息给成员 B 和 C，并携带 γ 的相关信息。成员 B 和 C 收到 TryPreAccept 消息后，判断在本地数据中是否存在 Command 与 γ 互相干扰。如果 β 与 γ 互相干扰，而成员 B 和 C 不能明确 β 与 γ 的关系，则成员 B 和 C 会回复 NACK 的响应。

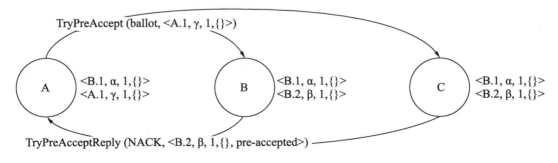

图 9.15　TryPreAccept 消息

在所有的 TryPreAcceptReply 和 PrepareReply 消息中，PrepareReply 消息中状态为 pre-accepted 的数量+TryPreAcceptReply 消息中 ACK 的数量并没有超过 Quorum$_{Slow}$；在

TryPreAcceptReply 消息中，NACK 中干扰的 Command 也不是 committed 状态，并且 γ 也不是因为恢复其他 Command 才触发的 γ。因此，本次需要推迟 γ 的恢复，先恢复与之干扰的 Command，即 β。虽然 β 此时可能正处于协商过程，但是这不会影响算法的安全性，最坏的情况就是递增 β 的 ballot，使得正在协商 β 的进程中断。

接下来的恢复过程简单描述就是，β 开启 Prepare 阶段的任务，依次发送 Prepare 消息、TryPreAccept 消息，最终，在 PrepareReply 中状态为 pre-accepted 的数量+ACK 的 TryPreAcceptReply 消息的数量超过 Quorum$_{Slow}$，β 进入 Paxos-Accept 阶段并达成共识。

γ 将重新进入 Prepare 阶段，依次发送 Prepare 消息和 TryPreAccept 消息，最终因为在 NACK 的 TryPreAcceptReply 消息中，干扰的 Command 是 committed 状态，进入 PreAccept 阶段后，通过 Slow Path 达成共识。

9.7　成 员 变 更

成员变更仍然是一个必须讨论的话题，在 EPaxos 中，因为不存在特殊身份的成员，所以成员变更的进程可以由任意一个成员来推进。

成员变更操作，首先需要获得一个更高的 epoch，我们可以像 Vertical Paxos 一样部署一个 Master 的配置程序来维护 epoch，也可以人工选择更高的 epoch。由于 epoch 参与 ballot 的组成，更高的 epoch 将会使得该成员拒绝所有旧配置成员发出的协商消息，因此需要把这个更高的 epoch 复制到集群的多数派成员中，使旧配置成员发出的协商消息不能再达成共识。

以新成员上线为例，推进成员变更的成员收到来自 Master 更高的 epoch，接着该成员会以 Join 消息将新成员和新 epoch 广播给旧配置的至少 $\lfloor N/2 \rfloor$+1 个成员，接收到 Join 消息的成员，在确认消息有效性后，将更新自己的 epoch，并拒绝接收旧配置的协商消息。当旧配置的 $\lfloor N/2 \rfloor$+1 个成员成功处理 Join 消息后，拥有旧配置的成员开启的 Instance 都将不会获得约定数量的响应。

但是以上逻辑并不完整，我们未考虑将新 epoch 复制给旧配置的 $\lfloor N/2 \rfloor$+1 个成员的情况。例如，一个集群由{A, B, C}变更为{A, B, C, D, E}，如果在旧配置中仅有 C 拥有新 epoch，那么就出现了两个不相交的"多数派" Q_{old}={A, B} 和 Q_{new}={C, D, E}。此时新配置可以处理事务请求，旧配置也可以处理事务请求。

这里为配置增加是否激活状态的条件，只有激活状态的配置才能处理事务请求，新配置将以未激活的状态加入集群，需要满足以下两个条件才能转变为激活状态。

❑ 需要等到旧配置中的 $\lfloor N/2 \rfloor$+1 个成员成功处理 Join 消息。

❑ 为了防止成员下线，导致已达成共识的 Instance 丢失，推进配置变更的成员还需要将本地已提交和正在协商的 Instance 发送给新成员，需要确认新配置的 $\lfloor N/2 \rfloor$+1 个成员拥有已提交的所有 Instance。

接着上面的例子，只有成员 C 拥有新的 epoch，Q_{new} 是处于未激活的状态，不能处理事务请求，只有成员 A 或者成员 B 拥有新的 epoch，才能满足上面的第一个条件，而因此导致的结果是旧配置的协商不会再获得约定数量的成员支持了。

可见，此方案可以保证绝对的安全，新成员不会同时参与新配置和旧配置的协商过程，从而保证任意两个多数派集合都存在重叠的成员。但是存在协商中断的可能，在一次变更中，新上线的成员数量过多时，在变更过程中可能获取不到新配置的 $\lfloor N/2 \rfloor + 1$ 个成员的响应，从而阻塞协商进程。

当成员下线时，如果在旧配置中有 $\lfloor N/2 \rfloor + 1$ 个成员已接受了新配置，被移除的成员将不能再参与协商，即使它有可能会收到协商消息，也应该自觉忽略这些消息。但可以宽松的允许被移除的成员接收事务请求，它需要将事务请求转发给在新配置中处于激活状态的成员代之协商。当所有成员接受了新配置后，需要发送一条关机的消息给被移除的成员。

9.8　工程优化

9.8.1　巨大的消息体

影响协商效率的因素，除了算法设计的合理性及 RPC 交互次数之外，另一个重要的因素是每一轮 RPC 消息传输的数据量。如果消息传输的数据量增大，那么在同一时间单位内，消息传输数量就会降低，这是毋庸置疑的。

在 EPaxos 的设计中，一个 Instance 达成共识，通常需要携带所依赖的 Command；执行协议构建依赖图时也需要所依赖的 Command。因此在无限长的时间维度里，这个依赖列表将会变得巨大，很快网络带宽和磁盘就不足以支撑这么大的依赖列表，这是不现实的。

如果 Command 之间的依赖关系是可传递的，则依赖列表只需要包含与之最近干扰的 Command 即可。例如，存在依赖关系 $\alpha \leftarrow \beta \leftarrow \{\kappa, \lambda\}$，$\text{deps}_\alpha$ 仅需要包含 β 即可，因为 deps_β 一定包含 κ 和 λ。

为了保证在执行协议中顺利地构建完整的依赖图，需要在算法中加入一个约束，当一个 Command γ 被提交时，其本地不包含所依赖的 Command δ，要为 δ 在指定的 InstanceId 上执行 Prepare 阶段，因此在 RPC 消息的依赖列表中还需要携带所依赖的 Command 位于的 InstanceId。

9.8.2　读请求处理

在基于 Paxos 变种的共识算法中，一个读请求通常需要作为一个提案进行协商，以避免读取到过时的数据。而读请求通常在所有提案中占据了很大的比例，通过协商的模式来处理虽然并不高效。

实际上，并不是所有的业务场景，都要求使用最新的数据，此时，可以选择让收到读请求的成员直接以本地数据处理，如 ZooKeeper，这些场景不需要过多解释。

在要求线性一致性读的场景中，我们可以借鉴第 6 章介绍的 Leader Lease，具体是以租约形式给一些成员授予特殊身份，这个特殊身份并不约束发起提案的权限，而是用于约束这些成员时刻拥有最新的数据。因此可以由这些具有特殊身份的成员根据本地数据来处理读请求。

为了保证这些具有特殊身份的成员时刻拥有最新的数据，我们约定，在协商过程中，在特定阶段获得特定数量成员的支持后，还必须获得这些具有特殊身份的成员的支持，才能提交协商的 Instance。这似乎违背了设计 EPaxos 的初衷，也降低了算法的灵活性，但这样做获得的收益更大，而且当特殊身份的成员足够多时，灵活性和协商效率才会明显降低，因此我们只会授予少数（一个）成员这个特殊身份。

EPaxos 中的 Leader Lease 也同样存在第 6 章介绍的问题，即在极端情况下读取到过时的数据，其解决方案"Read Index 和 Lease Read"也同样可以应用于 EPaxos。

9.9　本 章 小 结

我们简单回顾一下 EPaxos，EPaxos 存储 Command 的是一个有限行且无限长的二维数组，每一行代表一个 EPaxos 成员。每个 EPaxos 成员都只能在属于自己的那一行中开启 Instance。

EPaxos 的协商过程和执行过程分为两个互不干扰的协议：协商协议和执行协议。协商协议又分为三个阶段：Prepare、PreAccept 和 Paxos-Accept。其中，任何 Instance 第一轮协商中的 Prepare 阶段都是隐式执行的，并且 Paxos-Accept 阶段仅在未获得 $Quorum_{Fast}$ 个有效成员的支持时才需要执行。因此，根据是否执行 Paxos-Accept 阶段，协商过程又被分为 Fast Path 和 Slow Path。

任何一个 Command，EPaxos 都将尝试使用 Fast Path 进行协商，在 Fast Path 过程中，Command Leader 首先根据自身已知的干扰 Command 生成依赖顺序（deps 和 seq），随后连同自身一起广播给 $Quorum_{Fast}$ 个成员。如果没有成员反对这个依赖顺序，则可以进入 Commit 阶段，即 Fast Path；如果有成员反对这个依赖顺序，并且有 $Quorum_{Slow}$ 个成员回复，则需要再加入一轮 Paxos-Accept 阶段才能进入 Commit 阶段，即 Slow Path；如果没有 $Quorum_{Slow}$ 个成员回复，则需要进入 Prepare 阶段，重新协商。

与其他 Paxos 的变种相比，EPaxos 显式地维护 Instance 之间的依赖关系，不仅去除了对 Leader 的依赖，而且支持乱序协商。同时，EPaxos 还支持并发执行，使执行状态转移的效率大幅提升。

9.9.1　EPaxos 与 Paxos 的异同

EPaxos 毕竟源于 Paxos，很多地方都基于 Paxos 的优化。EPaxos 与 Paxos 的区别如下：
- ❑ Instance 拆分：EPaxos 约定每个成员只能在属于自身的 Instance 上发起协商，这极大降低了发生活锁的概率。
- ❑ 优化了 RPC 交互次数，这里是指大多数情况。
  - ➢ 虽然在 Multi Paxos 中 Prepare 阶段可以被优化，但是并没有完全被省略，在多个 Leader 情况下，Prepare 阶段被执行的概率是很高的。因此，Multi Paxos 在不额外干扰的情况下，很大程度需要两轮 RPC 消息才能进入 Commit。

> EPaxos 虽然由三个阶段组成，但是在 Prepare 阶段是隐式执行的，Paxos-Accept 仅在未获得 $Quorum_{Fast}$ 个成功支持的情况下才会执行。在正常运行的 EPaxos 集群中，每个成员都不会落后集群太多的数据，通常 Command Leader 本地就能生成最终的依赖关系，因此，在 EPaxos 中，大多数情况下，仅需一轮 RPC 消息就能进入 Commit。

❑ 显式地维护依赖关系，EPaxos 不用像 Multi Paxos 依赖于 Leader 争夺 Prepare 阶段的所有权，这使得 EPaxos 拥有乱序协商和并发执行的能力，比 Multi Paxos 拥有更好的吞吐量（并发执行是指两条互不干扰的依赖链路可以并行执行）。

❑ 执行顺序和提交顺序不一致。在 Paxos 中，提交顺序就是执行状态转移的顺序。在 EPaxos 中，提交顺序由两个单一且独立的协议来完成。

9.9.2　EPaxos 与 Raft、ZAB、Multi Paxos 的异同

Raft、ZAB 及 Multi Paxos 都是基于 Leader 的 Paxos 变种，极大简化了算法的可理解性，但是同时也降低了算法的灵活性。这正是它们与 EPaxos 最大的不同之处，EPaxos 增加了算法难度，提高了算法灵活性。

❑ 算法复杂度：EPaxos＞ZAB，Multi Paxos＞Raft。
　　> EPaxos 协商协议由三阶段组成，同时在 EPaxos 中，三阶段的执行并非一成不变的顺序，且每个阶段之间有复杂的逻辑关系。
　　> Raft 由一阶段组成。
　　> ZAB 和 Multi Paxos 由两阶段组成。

❑ 消息交互次数：大多数情况下，ZAB＞Multi Paxos＞EPaxos＞Raft。
　　> 相比 Raft，EPaxos 还是要略逊一筹。毕竟 Raft 的协商过程只包含一轮 RPC 交互。
　　> 相比 ZAB 固定的两轮 RPC 交互，大多数情况下，EPaxos 还是更优于 ZAB。
　　> 在大多数情况下，EPaxos 优于 Multi Paxos，因为 Multi Paxos 基本需要两轮 RPC 消息。

❑ 消息广播数量：EPaxos＞ZAB、Raft 和 Multi Paxos。EPaxos 的 $Quorum_{Fast}$ 大于常规的多数派，这使 EPaxos 更加受限于运行缓慢的成员。

❑ 跨地域延迟：ZAB 和 Raft＞Multi Paxos＞EPaxos。

❑ 负载均衡：EPaxos＞Multi Paxos＞ZAB 和 Raft。EPaxos 中的各成员之间负载相同，不再受限于 Leader 瓶颈。

❑ 可用性：EPaxos＞Multi Paxos＞ZAB 和 Raft。EPaxos 中的各个成员对等，不存在 Raft 和 ZAB 在选举 Leader 时服务不可用的情况。

❑ 乱序协商、并发执行。EPaxos 允许并发执行协商中的 Command 冲突，并且显式维护冲突关系，这使其拥有更高的吞吐量。而 Multi Paxos 过于保守，当发生提案冲突时，需要退回 Prepare 阶段重新协商。

9.10　练　习　题

（1）有一个{A, B, C, D, E}5 个成员组成的集群正在协商 γ，并且成员 D 的本地记录 δ 与 γ 互相干扰，最终 γ 和 δ 达成共识的结果是怎样的？

（2）对于两个互相干扰的 Instance，它们的 seq 会重复吗？如果是重复的，执行协议应该如何处理？

（3）Prepare 阶段在哪些情况下会显式触发？

第 4 篇
番外——FLP 定理

▶▶ 第 10 章　FLP——不可能定理

第 10 章　FLP——不可能定理

本章主要介绍 FLP 定理。之所以把 FLP 定理放在最后，是因为在介绍了许多共识算法后，可以更好的理解 FLP 定理。FLP 定理警示人们，在异步网络中始终有一座难以翻越的大山：很难设计一个完全正确的共识算法。

10.1　FLP 定理概述

10.1.1　FLP 简介

FLP 定理是 Fischer、Lynch 和 Paterson 三位计算机科学家在 1985 年发表的 *Impossibility of Distributed Consensus with One Faulty Process* 论文中提出的。后来取这三位前辈姓名的首字母，得名 FLP 定理。

FLP 定理又叫 FLP Impossibility 和 FLP 不可能性。它描述了一个令人震惊的结果，存在一只调皮的"神兽"，在达成共识的关键时候，它会使某个成员停止，进而导致系统无法达成共识。完整的定理如下：

在不考虑拜占庭故障，并且网络非常稳定，所有的消息都能被正确传递的情况下，也不存在一个完全异步的共识算法能容忍哪怕只有一个成员发生故障的情况。

定理如同读者所看到的那般简单，但是其证明过程是很难理解的，就好比解释 "1+1 为何等于 2" 那般困难。而且 FLP 设想的是完全的异步模型，这种案例几乎是不存在的，因此其证明过程没有相关案例来帮助人们理解。

10.1.2　FLP 的环境模型

FLP 定理基于完全的异步模型，这是一个对网络环境要求极低的模型，这里的同步和异步与网络 I/O 中的同步阻塞和异步非阻塞是不相关的两个概念。定义异步模型与同步模型的理解如下：

❑ 异步模型：指消息延迟无限大且没有任何辅助程序，不能使发送者和接收者保持同步，从而无法作出消息超时的判断，也无法探测消息是否发送失败。一个消息未能到达接收者，接收者就无法判断消息是延迟还是丢失了，或者发送者根本没有发送。

❑ 同步模型：所有成员的时钟偏移是有上限的，消息传输的延迟是有限的。这意味着可以参考过往经验为消息设置最大的延迟时间，以此探测消息状态和成员状态。

由 FLP 定理可知在异步模型下这类问题的理论极限。在现实世界中，人们更倾向于用同步模型，纯异步模型的使用场景较少。在工程实现中，可以放宽限制，使共识算法失效的概率降低，还可以通过程序解决问题，如采用超时策略等。例如，成员 A 发送一个请求给成员 B，如果成员 A 长时间未收到成员 B 的响应，则可以根据经验设立超时策略，结合幂等重发请求给成员 B。

另外，FLP 的环境模型还描述了两点：非拜占庭故障和健壮通信，进一步对环境进行增强，如果在这些要求下都不能设计出完全正确的共识算法，那么在更宽松的异步网络中也不能设计出完全正确的共识算法。

❑ 拜占庭故障：每个成员都是值得信任的，不存在恶意成员伪造消息，恶意破坏算法安全性的情况。

❑ 健壮通信：消息的传输是可靠的，所有的消息都能被正确地传递，并且每个消息只会到达一次。虽然消息会延迟，但是只要等待足够长的时间，消息一定会送达。

10.1.3 Paxos 为什么是正确的

从另一个角度来看，FLP 定理表明，在完全异步的网络环境中，安全（Safety）、活性（Liveness）和容错（Fault Tolerance）三者只能选其二，这与 CAP 定理很相似，但是描述的内容完全不同，如图 10.1 所示。

❑ 安全：所有成员必须认同已达成共识的值是同一个值，这是系统运行的最低要求。

❑ 活性：算法在有限的时间内达成共识，而不能无限循环下去，永远处于中间状态。

❑ 容错：允许部分成员发生故障，这不影响算法的正常运行。

在分布式环境中，成员发生故障是必然的，在不满足容错的情况下，分布式系统变得没有意义，只能在安全和活性之间权衡。显然，Paxos 在安全和活性的权衡之间选择了安全，Paxos 中存在的活锁问题就是最有力的证明。当提案发生

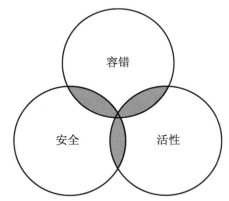

图 10.1 安全、活性和容错三者只能取其二

冲突时，Paxos 允许陷入长时间甚至无休止的争论中；当算法长时间没有完成时，可以断定陷入了 FLP 困局。可以看到，现有的共识算法采用的解决方案是开启下一轮协商，在无限长的时间维度中，算法总会执行成功。在真实的测试中，算法总能在有限的轮次中完成协商。

而在一轮又一轮的协商中，算法需要考虑上一轮协商达成共识的值。因此，这通常需要两个阶段来实现，第一阶段的作用是收集上一轮协商的结果。让任意两个 Quorum 相交，就可以在两轮协商之间进行信息传递，这样可以保证第一阶段收集的协商结果是真实且正

确的。在 Paxos 中采用的是"多数派"思想来实现这一要求，在之后的各类 Paxos 变种中，所要求的 Quorum 集合也需要满足信息传递的要求。

Lamport 针对这个问题表示"不存在完全正确的异步共识算法"，因此在 Multi Paxos 中，Lamport 引入了 Leader 来代替 Proposer 提出提案，这种假设的前提是，基于少量的 Leader 会降低提案发生冲突的概率。

10.2　FLP 的证明

10.2.1　基础定义

例如，一个由 5 个成员组成的 Paxos 集群{A, B, C, D, E}，在 T1 时刻，有 2 个 Proposer 分别发起了 0 和 1 提案；在 T2 时刻，成员{A, B}接受了 0 提案，成员{D, E}接受了 1 提案，成员 C 发生故障，或者成员 C 的响应消息被无限延迟，且 Proposer 无法探测到成员 C 的状态。

- 成员状态：每个成员包含一个输入寄存器、输出寄存器和执行函数。将一个输入值输入执行函数后得到一个输出值，使用该输出值作为成员状态。这里将以{0, 1}提案为例，最终输出的取值为{0, 1, ?}，其中，?表示未接受任何提案。每个成员从一个初始状态接受了一个 0 或 1 提案后，该成员的状态便记作"已决定状态"，那么该成员接受的值将不会再变。

- Configuration 是集群中的某一时刻，即所有成员所处的瞬时状态。在上述例子中，T2 时刻的 Configuration 记作(0, 0, ? , 1, 1)。

- 消息交互(p, m)，表示将消息 m 发送给成员 p。

- Step 是一个成员执行的最小操作指令，与消息对应，一个消息触发一个 Step。一个 Step 可以使一个 Configuration 转变为另一个 Configuration。一个 Configuration C1 能经过一系列的 Step S 到达 Configuration C2，称 C1 可达 C2，记作 S(C1)＝C2。

另外，为了方便描述，如果一个 Configuration 已处于达成共识的状态，它不会因为后续的 Step 而改变决定的提案，因此它是确定的，称作 univalent；如果一个 Configuration 在未来可以到达多个 univalent 的 Configuration，那么它是不确定的，称作 bivalent。也就是说，univalent 和 bivalent 描述的是某个 Configuration 未来可达成的结果数量。

在上述例子中，描述成员 C 时，T2 时刻的 Configuration 可达的"已确定"Configuration 有可能是{0, 0, 0, 1, 1}，也可能是{0, 0, 1, 1, 1}，因此 T2 时刻的 Configuration 是一个 bivalent。根据成员 C 接受的提案，分别称为 0-valent 和 1-valent。

10.2.2　完全正确

前面一直在强调完全正确的共识算法。完全正确是指能够同时满足安全、活性和容错这 3 个要求。一个完全正确（Totally correct）和部分正确（Partial correct）的共识算法在于它们是否能同时满足这 3 个要求。部分正确的共识算法需要满足以下条件：

- ❑ 条件 1：所有可达的 Configuration 都有相同的决议值（达成共识）且数量小于或等于 1。
- ❑ 条件 2：$v \in \{0, 1\}$，可达的 Configuration 只能决议为 v。

条件 1 描述的是安全性，所有成员必须认同同一个值；条件 2 描述的是非凡性，最终达成共识的值一定是真实被提出的。如果存在一个算法，从 $\{0, 1\}$ 之间协商，无论什么情况，所有成员都只接受 0，那么这是不满足条件 2 的。

一个完全正确的共识算法，意味着它必须是一个部分正确的共识算法。在允许一个成员发生故障的前提下，算法依然能满足活性，在每个执行分支中都可以完成协商，则该算法是完全正确的。

10.2.3　引理 1

FLP 定理的证明过程由 3 个引理组成，它们层层递进，最终推导出矛盾点，证明在异步网络模型中，容忍一个成员失败，就设计不出完全正确的共识算法。

引理 1：假设 Configuration C、Step S1、Step S2 满足 S1(C)＝C1、S2(C)＝C2。如果 S1 和 S2 执行的成员不相交，那么 S2(C1)＝S1(C2)＝C3。

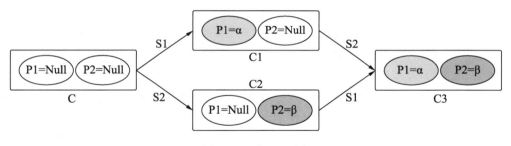

图 10.2　引理 1 示意

引理 1 描述的是 Step 的交换性，如果两个 Step 之间作用的成员没有交集，那么它们是可交换的。在图 10.2 中，S1＝(P1, M1)，S2＝(P2, M2)，它们分别作用于 P1 和 P2。显然，S1 和 S2 的应用顺序不会影响最终的结果，即 S1(S2(C))＝S2(S1(C))＝C3。

10.2.4　引理 2

引理 2：任意算法 P 都存在一个 bivalent（不确定）的初始 Configuration。

反证法：任意算法 P 的初始 Configuration 都是 univalent，即初始 Configuration 要么是 0-valent，要么是 1-valent。

例如，一个集群 $\{X, Y, Z\}$ 正在运行一个共识算法，使用 $\{0, 0, 1\}$ 表示每个成员的输入，即 X 输入 0，Y 输入 0，Z 输入 1。如果初始 Configuration 是 0-valent 或者 1-valent，那么输入就一定是 $\{0, 0, 0\}$ 或者 $\{1, 1, 1\}$。在输入中只要同时包含 0 和 1（如 $\{0, 1, 1\}$），那么 Configuration 就有可能是 0-valent 或 1-valent，只有当输入全部为 0（$\{0, 0, 0\}$）时，

Configuration 才一定是 0-valent；只有当输入全部为 1（{1, 1, 1}）时，Configuration 才一定是 1-valent。

定义两个 Configuration 相邻的要求：如果它们只有一个成员的输入不同，那么这两个 Configuration 是相邻的。例如，C1＝(0, 0, 0)和 C2＝(0, 0, 1)只有一个成员的输入是不同的，因此 C1 和 C2 是相邻的。

如果算法 P 没有 bivalent 的初始 Configuration，那么一定同时存在包含 0-valent 和 1-valent 的初始 Configuration Cx 和 Configuration Cy。将所有相邻的 Configuration 连接起来，就会得到它们的输入，如图 10.3 所示。

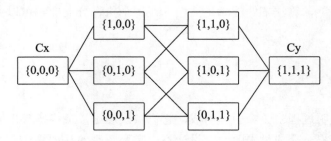

图 10.3　相邻 Configuration 的输入

由此可知，从 Cx 到 Cy 的路径上至少存在两个相邻的 Configuration C0 和 Configuration C1，满足 C0 为 0-valent 和 C1 为 1-valent 的要求。具体的原因是：一定存在一条分界线，某个成员是达成具体 valent 的关键成员。这里以"多数派"决策为例，图 10.3 中的{1, 0, 0}和{1, 1, 0}以及{0, 1, 0}和{1, 1, 0}等都满足相邻且分别为 0-valent 和 1-valent 的要求。

根据 FLP 的环境模型，算法必须允许一个成员发生故障。假设成员 P 是两个分界 Configuration C0 和 Configuration C1 的关键成员，而它发生了故障。先抛开成员 P 不说，C0 和 C1 执行输入后的状态应该是一样的，那么应用于 C0 上的某个指令也同样可以应用到 C1 上，而且得到的结果也相同。如果得到的结果是 1-valent，则和 C0 产生了矛盾，因为 C0 一开始是 0-valent；如果得到的结果是 0-valent，则同样可以推导出和 C1 产生矛盾。

总结得出，如果存在一个成员故障，将导致最终的结果为 univalent，即原本已确定的 Configuration 将变得不再确定，显然这是不满足正确性要求的。因此，在允许一个成员发生故障的前提下，不可能所有的初始 Configuration 都是 univalent（已确定）的，那么就一定存在 bivalent 的初始 Configuration，引理 2 得证。

10.2.5　引理 3

引理 3：从一个 bivalent 的 Configuration 执行一些指令后，仍能得到一个 bivalent 的 Configuration。

引理 3 描述的是算法的活性，即存在一个 Configuration C 是 bivalent，Step S 可以应用于 C，X 是从 C 可达但未应用 S 的 Configuration 集合。在协商的过程中，如果 Y＝S(X)，那么 Y 一定存在 bivalent 的 Configuration。

反证法：假设 Y 中的所有 Configuration 都是 univalent 的，即 Y 中的 Configuration 要

么是 0-valent，要么是 1-valent。也就是说，Step S 会将 X 中的 Configuration 转变为 0-valent 或者 1-valent。

例如，有一个 bivalent 的 Configuration C，从 C 开始，它可以转变为 Y 中的 0-valent 或者 1-valent；C 最终可达 univalent 的 C0 和 C1，分别对应 0-valent 和 1-valent。由于 C0 和 C1 是对称的，用推导 C0 的协商过程也可以推导 C1。这里以 C0 为例，其协商过程如图 10.4 所示。

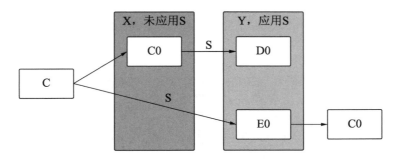

图 10.4　Configuration C0 的协商过程

如果 C0 属于 X，那么 C0 应用 S 后得到 D0；如果 C0 不属于 X，那么 C 应用 S 后得到 E0，E0 再通过其他 Step 到达 C0。无论 C0→D0，还是 E0→C0，D0 和 E0 都属于 Y，遵循反证假设，D0 和 E0 是 univalent，那么这里 D0 和 E0 是 0-valent。

可以推想出 C1 的协商过程与 C0 类似，也就是说，在 Y 中也必定包含 1-valent 的 D1 和 E1，即 Y 中既包含 0-valent 的 Configuration，又包含 1-valent 的 Configuration。

接着从 X 中找到两个相邻的 C2 和 C3，满足 C3 ＝S'(C2)，D0＝S(C2)，D1＝S(C3)，其中，D0 和 D1 属于 Y，分别为 0-valent 和 1-valent，如图 10.5 所示。

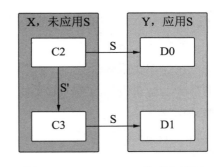

图 10.5　Configuration 的变化过程

令执行 S 的成员为 P，执行 S'的成员为 P'，这里存在以下两种情况：

❑ 如果 P≠P'，则根据 Lemma 1 的交换性，S'和 S 作用的成员不相交，就有 D1＝S'(D0)，显然从 D0 到 D1 是不允许的，于是产生矛盾。

❑ 如果 P＝P'，统称 P，在图 10.6 中虚线内的部分等同于图 10.5 所表示的情况。在图 10.6 中，虚线外增加的部分表示，在成员 P 发生故障的情况下，有一个不作用于 P 的 Step F 使 C2 达到 0-valent 或者 1-valent 的 A，同时 F 也可以作用于 D0 和 D1，有 E0＝F(D0)，E1＝F(D1)，且 E1 为 1-valent，E0 为 0-valent。

同样，根据 Lemma 1 的连通性，A 依次应用 S 和 S'可以转变为 E1，A 应用 S 可以转变为 E0。因此 A 是一个 bivalent 的，这就产生了矛盾，因为 A 是通过 C2 转变来的 univalent 的 Configuration。

总结：从证明可知，在 P＝P'和 P≠P'的情况下都产生了矛盾，因此反证假设是错误的，引理 3 得证。

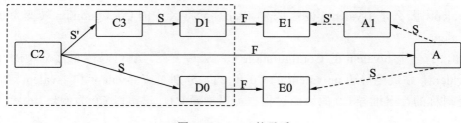

图 10.6　P＝P'的矛盾

10.2.6　证明

定理：在完全异步模型中，没有一个共识算法在允许一个成员发生故障的情况下是完全正确的。

引理 1 的交换性是证明的基础；引理 2 描述了在一个成员出现故障的情况下，一定包含 bivalent 的初始 Configuration；而按照引理 3 的描述，这个 bivalent 的 Configuration 在执行一些 Step 后，在即将达到 univalent 时，马上又有一个成员发生故障，使得下一个 Configuration 仍可能是 bivalent，这将是无穷尽的。因此，在完全异步模型中，容忍一个成员发生故障的共识算法是做不到完全正确的。

10.3　FLP 的指导意义

虽然在实际场景中完全异步模型的情况相对较少，但是仍需要考虑在 FLP 定理中最坏的情况。这对设计的指导意义是：在完全异步模型环境中，不要再妄想设计一个完全正确的共识算法。

一个完全正确的共识算法需要同时满足安全、活性和容错 3 个要求。而从引理 2 和引理 3 可知，一个成员发生故障，可能会使算法无限循环下去，但 FLP 定理并不是说如果有一个成员发生故障，就永远无法达成共识。

因此，当设计的算法遇到 FLP 困局时，允许算法循环执行，直到"神兽"睡觉的时候，便能达成共识。

可以看到，在现有的大多数共识算法中都引入了轮次的概念，当遇到 FLP 问题时就再执行一轮算法，只要坚持，总是有机会完成协商的。而引入轮次，就必须要考虑上一轮的协商结果，这使得现有的大多数共识算法都由两个阶段组成。这里引用 Raft 中的一句话：

如果有人告诉你，在分布式系统中一个阶段就能作出决策，那么你一定要仔细听听，他可能发现了图灵级别的东西。

如果无法解决 FLP 问题，那就想办法来规避它，例如：

❑ 进行故障恢复。假设所有发生故障的成员最终都会恢复，那么当没有收到某个成员的消息时，就一直等待，直到收到期望的消息。可以将所有成员都看作永远不会出故障的成员，只是在协商的过程中，有些成员可能需要很长的时间才能完成工作。

这就要求程序在运行过程中持久化足够多的消息，并且要求恢复时间要尽量短，否则协商进程将可能很长。

❑ 进行故障检测。需要制定一些额外的规则来检测故障，未能按约定的规则达到期望结果的成员认为发生了故障，如超时检测。这要求检测程序需要满足精准性，如果超时过短，可能会放弃一个正常工作的成员，如果超时过长，则需要很长的时间获得成员故障的结果。因此检测程序不能怀疑每一个正常的成员，也不能放过每一个错误的成员。

练习题答案

第 4 章

（1）为什么需要有多个 Acceptor，单个 Acceptor 有什么问题？

答：多个 Acceptor，一是为了保证已达成的提案不会丢失；二是提供能够容忍的发生故障的能力。

单个 Acceptor 带来问题就是单点故障，可用性和安全性都无法保证。

（2）提案编号解决了什么问题？

答：提案编号的引入，一是为了判断消息的有效性，选择地忽略那些小于自己提案编号的消息；二是为了标识当前所批准的提案。

（3）有三个成员的集群 A、B、C，其中，A 和 B 批准提案[4, 6]，C 没有通过任何提案。此时 C 收到客户端请求，提案指令为 5 且 C 的提案编号为 4。通过 Basic Paxos 后，最后集群的每个节点批准的提案应该是什么？

答：[5, 6]。C 发起 Prepare[4,]请求，A 和 B 会拒绝 Prepare[4,]请求。根据约定，C 应该递增提案编号，重新发起 Prepare[5,]请求，A 和 B 会返回已批准提案[4, 6]的响应，C 执行 Accept 阶段时，应该使用提案指令 6，发起 Accept[5, 6]请求，最终获得多数派的支持，达成共识。

（4）有五个成员的集群 A、B、C、D、E。其中，A、B 批准了提案[1, X]，D、E 批准了提案[2, Y]。这时另一个提案的 Prepare 请求发起 Prepare[3,]，按照 P2C 的约定，A、B 应该返回[1, X]作为 Prepare 的响应，D、E 应该返回[2, Y]作为 Prepare 的响应，那么这时编号为 3 的提案值使用 X 还是 Y 呢？

答：Y，应使用编号最大对应的提案指令。

（5）Multi Paxos 在没有提案冲突的情况下，在 Prepare 阶段最少执行多少次？最多执行多少次？

答：最少执行一次，最多执行无数次。

（6）有三个成员的集群 A、B、C，其中，A 发起 Prepare$_A$[1,]请求获得 A、B、C 的支持，B 发起 Prepare$_B$[2,]请求获得 B、C 的支持，二者都获得多数派的支持，并且提案指令都由自己指定。ProposerA 发送 Accept$_A$[1, X]，ProposerB 发送 Accept$_B$[2, Y]。最终，A 批准了提案[1, X]，B、C 批准了提案[2, Y]，这样就形成一致性了吗？

答：Paxos 是允许这种情况存在的，Paxos 并不要求所有节点的数据保持一致，只需要多数派的数据保持一致即可。并且 Paxos 一开始就设想 Acceptor 需要批准多个提案，最终

$Accept_B[2, Y]$也会达到 A，那时 A 再批准该提案即可。

第 5 章

（1）有 A、B、C 三个节点，A 为 Leader，B 有 2 个已提交的 Proposal(<1, 101>、<1, 102>)，C 有 3 个未提交的 Proposal(<1, 101>、<1, 102>、<1, 103>)。当 A 发生故障后，B 和 C 谁会当选 Leader？

答：C，因为竞选 Leader 时，使用的是所有已提出的 Proposal 最大的 zxid。C 最大的 zxid 为 103，而 B 最大的 zxid 为 102，因此 C 当选 Leader。

（2）在选举过程中会出现选票被瓜分导致选举失败的情况吗？

答：不会出现选票被瓜分导致选举失败的情况。因为每个成员的 myid 都是不同的，而 myid 会参与选票的判断。在 epoch 和 zxid 都一致的情况下，myid 可以决定选票给哪一个成员。

（3）有一个提案，在消息广播阶段，Leader 宕机，经过崩溃恢复后，该提案是否会被提交？

答：不一定，取决于新当选的 Leader 是否包含该提案。如果上一任 Leader 在消息广播的第一阶段有一个 Follower 收到了，而该 Follower 又正好当选了 Leader，则该提案会被提交。

（4）在崩溃恢复后，Leader 首先将自己的状态设置为广播，然后再通知其他成员进行修改。如果此时有事务请求，会执行成功吗？

答：会，这就是 ZAB 设计消息发送队列的原因，在 Leader 为广播状态时即可对外服务。因为新封装的 PROPOSAL 请求，一定会在通知其他成员数据同步完成的消息（UPTODATE）之后处理。

（5）ZooKeeper 提供的最终一致性使任何成员都能处理读请求，但是成员读到的可能是旧数据，如果必须要让成员读到最新的数据，应该怎么办？

答：ZooKeeper 提供的解决方案就是 sync 命令。可以在读操作之前先执行 sync 命令，这样客户端就能读到最新的数据了。

第 6 章

（1）当 Follower 经过一个心跳超时后没有收到心跳时，会发起 Leader 选举，如果集群的成员数量很多，难免会增加延迟，这样在集群中很容易触发选举，如何处理？

答：首先，心跳超时一定要妥善设置，如果设置得太小，则会进行频繁选举，如果设置得太大，则影响 Leader 宕机的恢复时间。

其次，为每个 Follower 设置最小选举时间，在 Follower 收到 Leader 心跳消息后的一个最小选举时间内收到的 RequestVote 消息将被直接拒绝，这样那些个别没有收到心跳信息而发起的选举，也不会打断正常运行的集群。

最后，为了保证集群的可用性，避免一些无效的选举，除了最小选举时间，还有 Pre-Vote 消息。不过在该题中，只适用于最小选举时间，Pre-Vote 消息用于规避对称网络分区恢复后的无效选举。

（2）如果一个成员 A 出现网络分区，它既获取不到大多数成员的选票，当选不了 Leader，又接收不到其他 Leader 的心跳，那么 term 会一直增加（在没有 Pre-Vote 实现的算法下）。那么当成员 A 恢复后重新加入集群时，因为它拥有很大的 term，其他成员是否会认它为 Leader。

答：不会，成员 A 加入集群后，会拒绝新 Leader 的消息（因为它的 term 大），然后修改状态为 Candidate，并发起 RequestVote 消息。其他成员收到成员 A 的 RequestVote 信息后，会将自己的 term 改成成员 A 的，然后在判断其他投票条件（最大日志索引）时，将会拒绝投票给成员 A。成员 A 加入集群的唯一的影响就是一下子增加了 term 的大小。

（3）在一个日志项正在协商的过程中 Leader 宕机了，新 Leader 晋升后该日志项会被提交吗？

答：不一定，这取决于新晋升的 Leader 是否拥有该日志项。

以一个五成员的集群{A, B, C, D, E}为例，成员 A 为 Leader，正在协商日志项<1, 2>，成员 A 将其复制到了成员 A 和 B 中后，成员 A 宕机。此时成员 B 正常运行，按照约定，成员 B 会成为新 Leader，那么日志项<1, 2>会被提交。如果此时成员 B 也宕机，那么剩余的{C, D, E}无论谁成为 Leader，都会丢弃日志项<1, 2>。

（4）当进行 Leader 选举时，有可能产生两个任期相同的 Leader 吗？

答：可能会出现两个不同任期的 Leader，但是绝不会出现两个任期相同的 Leader。这由多数派思想和每个成员在一个任期内只会投出一票两个方面来决定。

（5）当进行 Leader 选举时，成员 A 将 term＝1 的选票投给了成员 C，之后宕机又瞬间重启了，此时成员 A 收到了成员 B 的 term＝1 的 RequestVote 消息，如何保证算法正确运行？

答：一个 term 只能投出一张选票，这是必须要满足的约束，多投票将会产生同一 term 的多个 Leader。

为了防止成员投票后立即宕机又瞬间重启，约定在投票之前先持久化自己的选票，即 votefor，在 SOFAJRaft 中，这个信息使用 votedId 来保存。

（6）客户端发送 α 请求，当 Leader 在等待多数派超时后，如何反馈客户端？

答：Leader 不应该反馈给客户端失败的结果，在不可靠的网络中，Leader 无法得知未能在超过约定的时间内收到 Follower 的响应，是因为 Follower 出现故障，还是因为网络原因造成的延迟。因此 Leader 无法真正得知该请求的处理情况，客户端应该容忍这类超时的场景，例如发起查询请求，来确认是否已达成共识。

如果 Leader 收到多数派 Follower 明确的拒绝响应，Leader 也仍然不能反馈给客户端失败的结果，因为在此时，如果 Leader 宕机了，并且有少数派 Follower 复制了该请求，那么在这些少数派 Follower 晋升 Leader 后，将会在集群中复制该请求。

总结一下，对于一个事务请求，Leader 只能判断该请求是否成功，并不能判断其是否失败。只有当某一个索引提交时，才能知道在该索引上是哪个请求达成共识了。因此，如果 Leader 提前回复了客户端,将会给客户端造成歧义,引发无法预估的异常。

(7)Raft 一切依赖于 Leader,因此性能瓶颈集中在 Leader,写性能仅为单机,如何提升?

答:使用多个 Group 复制不同的业务。例如,在设计一个分布式数据库时,我们可以拆分元数据及业务数据,元数据用于存储表的结构,可以由一个单独的 Group 负责协商,业务数据由另一个 Group 协商。

(8)在一个正常运行的 Raft 集群中,以下场景哪些 Follower 是不可能出现情况? <term, logIndex>代表一个日志项,新晋升的 Leader 的 term=6,成员拥有的日志项如下表所示。

Leader	<1, 1>	<1, 2>	<3, 3>	<3, 4>	<5, 5>	<5, 6>	<5, 7>
Follower A	<1, 1>	<1, 2>	<2, 3>	<2, 4>	<5, 5>		
Follower B	<1, 1>	<1, 2>	<3, 3>	<3, 4>	<2, 5>	<2, 6>	
Follower C	<1, 1>	<1, 2>	<6, 3>	<6, 4>	<6, 5>	<6, 6>	<6, 7>
Follower D	<1, 1>	<1, 2>	<1, 3>	<1, 4>	<1, 5>	<1, 6>	<1, 7>

答:Follower A 和 Follower B 不可能存在,Follower C 和 Follower D 可能存在。

根据 Raft 对日志的约定,如果两个成员的某个日志项,它们的 term 及索引都相同,那么在此之前的日志项也一定相同。Follower A 的<5, 5>与 Leader 相同,但是在此之前的<2, 3>、<2, 4>与 Leader 不同,因此 Follower A 不可能存在。

根据 Raft 对 term 的定义,只能是递增的情况,Follower B 中 term=2 的日志项不可能出现在 term=3 的日志项后面,因此 Follower B 不可能存在。

Follower C 存在的场景是,在日志项<1, 2>之后,C 晋升为 Leader,其 term=6,并且提出了后续的日志项,但没有复制到当前 Leader 上。

Follower D 存在的场景是,它可能是 term=1 的 Leader,它提出了很多日志项,但是没有复制到当前 Leader 上。

第 9 章

(1)有一个{A, B, C, D, E}5 个成员组成的集群正在协商 γ,并且成员 D 的本地记录 δ 与 γ 互相干扰,最终 γ 和 δ 达成共识的结果是怎样的?

答:存在两种结果<γ, ∅>、<δ, {γ}>和<γ, {δ}>、<δ, {γ}>。

第一种结果:<γ, ∅>、<δ, {γ}>。γ 的 PreAccept 阶段,仅收到{A, B, C}的 γ←∅的响应,γ 以 γ←∅进入 Paxos-Accept 阶段,并达成共识。δ 的 PreAccept 阶段,将会收到{A, B, C}的 δ←γ 的响应,最终 δ 以 δ←γ 达成共识。

第二种结果:<γ, {δ}>、<δ, {γ}>。γ 的 PreAccept 阶段,收到{A, B, C}的 γ←∅的响应、{D}的 γ←δ 的响应,γ 以 γ←δ 进入 Paxos-Accept 阶段,并达成共识。δ 的 PreAccept 阶段,将会收到{A, B, C}的 δ←γ 的响应,最终 δ 以 δ←γ 达成共识。

(2)对于两个互相干扰的 Instance,它们的 seq 会重复吗?如果是重复的,执行协议应该如何处理?

答：会重复，需要引入额外的变量来解决强连通分量内部排序问题。

例如，有一个{A, B, C, D, E}5个成员组成的集群，成员 A 开始协商<γ, seq＝1>，成员 E 开始协商<δ, seq＝1>。以下是每个成员关于 γ 和 δ 的接收和响应情况：

A：收到 γ，响应 γ←∅。

B：先收到 δ，再收到 γ，响应 γ←δ。

C：先收到 γ，再收到 δ，响应 δ←γ。

D：收到 δ，响应 δ←∅。

E：收到 δ，响应 δ←∅。

因此，最终以<γ, seq＝2>和<δ, seq＝2>的结果进入 Paxos-Accept，并达成共识。

（3）Prepare 阶段在哪些情况下会显式触发？

答：在 PreAccept 阶段和 Paxos-Accept 阶段中，如果未获得 $Quorum_{Slow}$ 个成员的支持，则需要触发 Prepare 阶段。

当任意一个成员不能确定某个 Instance 的最终值时，都可以触发 Prepare 阶段来获取该 Instance 的最终值。

在 Prepare 阶段，可能会触发干扰 Instance 的 Prepare 阶段。

参 考 文 献

[1] Pritchett D. An Acid Alternative: In partitioned databases, trading some consistency for availability can lead to dramatic improvements in scalability[J]. Queue，2008，6(3).

[2] Lamport L，Shostak R，Pease M. The Byzantine Generals Problem[J]. ACM Transactions on Programming Languages and Systems，1982，4(3)203-226.

[3] Lamport L. Paxos Made Simple[J]. ACM Sigact News, 2001，32(4)1-11.

[4] Howard H. Distributed consensus revised[C]. Cambridge: University of Cambridge，2019.

[5] Junqueira F P. Reed B C. Serafini M. Zab: High-performance broadcast for primary-backup systems[C]. New York: IEEE，2011: 245-256.

[6] Ongaro D，Ousterhout J. In search of an understandable consensus algorithm[C]. Berkeley: USENIX Association，2014: 1-14.

[7] Gafni E，Lamport L. Disk Paxos[C]. Berlin: Springer Verlag，2000: 1-49.

[8] Lamport L，Massa M. Cheap Paxos[C]. New York: IEEE Computer Society，2004.

[9] Pires M，Ravi S，Rodrigues R. Generalized Paxos Made Byzantine (and Less Complex)[C]. Berlin: Springer，2017.

[10] Lamport L，Malkhi D，Zhou L. Stoppable Paxos[J]. TechReport, Microsoft Research，2008.

[11] Mao Y，Junqueira F P，Marzullo K A. Mencius: building efficient replicated state machines for WANs[C]. Berkeley: USENIX Association，2008: 369-384.

[12] Lamport L，Malkhi D，Zhou L. Vertical paxos and primary-backup replication[C]. ACM，2009: 312-313.

[13] Lamport L. Fast Paxos[J]. Distributed Computing，2006，19(2).

[14] Fischer M J，Lynch N A，Paterson M S. Impossibility of distributed consensus with one faulty process[J]. Journal of the ACM (JACM)，1985，32(2):374-382.

[15] Moraru I，Andersen D G，Kaminsky M. There is more consensus in egalitarian parliaments[C]. ACM，2013.